José Morón
Sultana del Lago Editores

Maracaibo, 2019.
PRIMERA EDICIÓN

HECHO EL DEPÓSITO DE LEY

ISBN: 9781687029133
Depósito Legal: ZU2019000142

Diseño de la portada:
Luis Perozo Cervantes

Diagramación y maquetación:
Sultana del Lago Editores

www.sultana.com.ve
+584246723597

Salvo por lo dispuesto en los artículos 43 y 44 de la Ley sobre el Derecho de Autor, queda prohibida la reproducción o comunicación, total o parcial de este libro, siendo que cualquier individuo u organización que incurriere en la conducta impropia señalada, podría ser perseguido penalmente conforme a lo establecido por los artículos del 119 al 124 eiusdem, constitutivos éstos del Título VII de la aludida ley y sin perjuicio de las responsabilidades civiles a las que pudiera haber lugar.

SEÑALES Y SISTEMAS

JOSÉ MORÓN

Prólogo

En este libro se presentan los principios básicos necesarios para el análisis de señales y sistemas. La motivación primordial para la presentación de este material es la presencia de un curso básico de este tópico en casi todos los programas de estudio de Ingeniería Eléctrica.

Los dos primeros capítulos están dedicados a las definiciones y propiedades básicas de las señales y los sistemas, y se trata con especial detenimiento los sistemas lineales que no varían en el tiempo y los teoremas de convolución y superposición. El estudio de los sistemas, tanto en tiempo continuo como en tiempo discreto, se presenta en forma paralela y los ejemplos discutidos están elaborados bajo la misma característica de presentar los dos tipos de sistemas en forma conjunta.

Los Capítulos Tres y Cuatro presentan una introducción al análisis de Fourier tanto en tiempo continuo como en tiempo discreto. Se trata de presentar la serie y la transformada de Fourier en una forma sencilla pero con suficiente rigor matemático de forma de obtener una base sólida en el conocimiento de esta herramienta matemática con grandes aplicaciones en el campo de la ingeniería y, especialmente, en la rama de las telecomunicaciones.

El libro no estaría completo sin una presentación de la transformada de Laplace y la transformada Z; éstas se presentan en los Capítulos Cinco y Seis y allí se estudian las propiedades de las transformadas y sus aplicaciones. El Capítulo Siete está constituido por un ejemplo de una aplicación típica de la teoría de Fourier en el análisis de los Sistemas de Comunicaciones: los esquemas de Modulación de Amplitud.

Los tópicos mencionados en los párrafos anteriores van acompañados por un buen números de ejemplos, todos éstos desarrollados paralelamente en tiempo discreto y en tiempo continuo de forma que el lector adquiera en forma conjunta las semejanzas y las diferencias en las propiedades y aplicaciones de ambas modalidades de sistemas y señales.

El texto está dirigido principalmente a estudiantes de ingeniería eléctrica y, en especial, a aquellos interesados en el estudio de sistemas lineales y en las aplicaciones a las telecomunicaciones, y también a aquellos interesados en el estudio de la teoría de Fourier por la importancia de ésta en la formulación de modelos de fenómenos físicos.

CAPÍTULO UNO
SEÑALES Y SISTEMAS

1.1	Introducción	9
1.2	Señales y Clasificación de Señales	9
1.3	Señales Periódicas y No Periódicas	13
1.4	Señales de Potencia y de Energía	13
1.5	Transformaciones de la Variable Independiente	19
1.6	Escalamiento en el Tiempo	23
1.7	Señales Pares e Impares	25
1.8	Señales de Tiempo Continuo Básicas	27
1.8.1	Señales Exponenciales Complejas	27
1.8.2	Señales Exponenciales Complejas Generales	32
1.8.3	La Función Escalón Unitario	33
1.8.4	La Función Impulso Unitario	34
1.9	Señales de Tiempo Discreto Básicas	39
1.9.1	Secuencias Exponenciales Complejas Generales	39
1.9.2	Secuencias Exponenciales Reales	39
1.9.3	Señales Sinusoidales	39
1.9.4	Señales Exponenciales Complejas Generales	41
1.9.5	Periodicidad de las Exponenciales Complejas	41
1.9.6	Periodicidad de la Exponencial Compleja	42
1.9.7	La Secuencia Escalón Unitario	44
1.9.8	La Secuencia Impulso Unitario	44
1.10	Sistemas y Clasificación de Sistemas	45
1.10.1	Sistemas en Tiempo Continuo y en Tiempo Discreto	46
1.10.2	Sistemas Con y Sin Memoria	48
1.10.3	Invertibilidad y Sistemas Inversos	49
1.10.4	Sistemas Causales	50
1.10.5	Sistemas Estables	51
1.10.6	Invariabilidad en el Tiempo	53
1.10.7	Sistemas Lineales	54
1.11	Interconexión de Sistemas	56
	Problemas	58

CAPÍTULO DOS
SISTEMAS LINEALES E INVARIANTES EN EL TIEMPO

2.1	Introducción	65
2.2	Sistemas LIT en Tiempo Discreto	66
2.2.1	La Representación de Señales de Tiempo Discreto Mediante Impulsos Unitarios	66
2.3	Sistemas LIT Discretos: la Suma de Convolución	67
2.3.1	Propiedades de la Suma de Convolución	76
2.3.2	Respuesta al Escalón	80
2.4	Sistemas de Tiempo Continuo: la Integral de Convolución	80
2.4.1	Propiedades de la Integral de Convolución	81
2.4.2	Evaluación de la Integral de Convolución	82
2.4.3	Respuesta al Escalón	86
2.5	Propiedades de los Sistemas LIT	87
2.5.1	Sistemas LIT Con y Sin Memoria	87
2.5.2	Causalidad	87
2.5.3	Estabilidad	90
2.5.4	Invertibilidad	91
2.6	Funciones Propias de Sistemas LIT de Tiempo Continuo	93
2.7	Funciones Propias de Sistemas LIT de Tiempo Discreto	94
2.8	Sistemas Descritos por Ecuaciones Diferenciales	94
2.8.1	Ecuaciones Diferenciales Lineales con Coeficientes Constantes	95
2.8.2	Linealidad	97
2.8.3	Causalidad	98
2.8.4	Invariabilidad en el Tiempo	98
2.8.5	Respuesta al Impulso	99
2.9	Sistemas Descritos por Ecuaciones en Diferencias	104
2.9.1	Solución Homogénea de la Ecuación en Diferencias	105
2.9.2	La Solución Particular	107
2.9.3	Determinación de la Respuesta al Impulso	110
2.10	Simulación de Sistemas	113
2.10.1	Componentes Básicas: Sistemas de Tiempo Continuo	113
2.10.2	Diagramas de Simulación: Sistemas de Tiempo Continuo	114
2.10.3	Componentes Básicas: Sistemas de Tiempo Discreto	116

2.11	Representación Mediante Variables de Estado: Tiempo Continuo	120
2.11.1	Definiciones	120
2.11.2	Solución General de la Ecuación de Estado	123
2.11.3	Solución de la Ecuación de Estado Mediante Integración	125
2.11.4	Método de los Valores y Vectores Característicos	127
2.11.5	Solución Mediante Diagonalización de Matrices	133
2.11.6	Solución por Reducción a la Forma Canónica de Jordan	136
	Problemas	144

CAPÍTULO TRES
ANÁLISIS DE FOURIER (TIEMPO CONTINUO)

	Introducción	155
3.1	Respuesta de Sistemas LIT a Exponenciales Complejas	156
3.2	Representación de Señales Usando Series de Fourier	158
3.2.1	Señales Periódicas y Combinaciones Lineales de Exponenciales Complejas	158
3.2.2	Series de Fourier	160
3.2.3.	Condiciones para la Convergencia de las Series de Fourier	169
3.3	Propiedades de las Series de Fourier	174
3.3.1	Efectos de la Simetría	174
3.3.2	Linealidad	175
3.3.3	Diferenciación	176
3.3.4	Teorema de la Potencia de Parseval	177
3.3.5	Integración en el Tiempo	178
3.3.6	Manipulación de Señales	178
3.4	Análisis de Sistemas	179
3.5	Transformadas de Fourier y Espectros Continuos	182
3.5.1	La Transformada de Fourier	182
3.5.2	Convergencia de las Transformadas de Fourier	186
3.5.3	Ejemplos de Transformadas de Fourier en Tiempo Continuo	188
3.6	La Transformada de Señales Periódicas	191
3.6.1	Los Coeficientes de la Serie de Fourier como Muestras de la Transformada	191
3.6.2	La Transformada de Fourier de Señales Periódicas	194
3.7	Propiedades Adicionales de la Transformada de Fourier	195
3.7.1	Retardo en el Tiempo y Cambio de Escala	196
3.7.2	Diferenciación en el Tiempo	199
3.7.3	Integración en el Tiempo	199
3.7.4	Dualidad	200
3.7.5	La Relación de Parseval	202
3.8	La Propiedad de Convolución	203
3.8.1	Las Funciones Escalón y Signo	206
3.9	Modulación	208
3.10	Generación de Otros Pares de Transformadas	209
3.11	Densidad Espectral de Potencia	212
	Problemas	216

CAPÍTULO CUATRO
ANÁLISIS DE FOURIER (TIEMPO DISCRETO)

4.1	Introducción	229
4.2	Señales Periódicas	229
4.3	Serie de Fourier Discreta	230
4.3.1	Secuencias Periódicas	230
4.3.2	Representación en Serie de Fourier Discreta	231
4.3.3	Convergencia de la Serie de Fourier Discreta	234
4.4	Propiedades de la Serie de Fourier Discreta	234
4.4.1	Periodicidad de los Coeficientes de Fourier	234
4.4.2	Dualidad	234
4.4.3	Otras Propiedades	235
4.4.4	Secuencias Pares e Impares	235
4.5	Teorema de Parseval	238
4.6	La Transformada de Fourier Discreta	239
4.6.1	Transformación de la Serie de Fourier Discreta en la Transformada de Fourier	239
4.6.2	Par de Transformadas de Fourier	241
4.6.3	Espectros de Fourier	242
4.6.4	Convergencia de X	243
4.7	Propiedades de la Transformada de Fourier	243

4.7.1	Periodicidad	243
4.7.2	Linealidad	244
4.7.3	Desplazamiento o Corrimiento en el Tiempo	244
4.7.4	Desplazamiento en Frecuencia	245
4.7.5	Conjugación	246
4.7.6	Inversión en el Tiempo	246
4.7.7	Escalamiento en el Tiempo	247
4.7.8	Dualidad	247
4.7.9	Diferenciación en Frecuencia	248
4.7.10	Diferencias	248
4.7.11	Acumulación	249
4.7.12	Convolución	250
4.7.13	Multiplicación o Modulación	251
4.7.14	Propiedades Adicionales	252
4.7.15	Relación de Parseval	252
4.8	La Respuesta de Frecuencia de Sistemas LIT Discretos	253
4.8.1	Sistemas LIT Caracterizados por Ecuaciones de Diferencias	254
4.8.2	Naturaleza Periódica de la Respuesta de Frecuencia	255
4.9	Respuesta del Sistema a Muestras de Sinusoides de Tiempo Continuo	255
4.9.1	Respuestas del Sistema	255
4.10	La Transformada de Fourier en Tiempo Discreto de Secuencias Periódicas	256
4.11	La Transformada de Fourier Discreta	259
4.11.1	Definición	260
4.11.2	Relación entre la TFD y la Serie de Fourier de Tiempo Discreto	262
4.11.3	Relación entre la TFD y la Transformada de Fourier	262
4.11.4	Propiedades de la TFD	262
	Problemas	267

CAPÍTULO 5
LA TRANSFORMACIÓN DE LAPLACE

5.1	Introducción	273
5.2	Definición de la Transformada de Laplace	274
5.3	Condiciones para la Existencia de la Transformada de Laplace	276
5.3.1	Funciones Seccionalmente Continuas	276
5.3.2	Región de Convergencia de la Transformada	279
5.4	Teoremas de la Derivada y de la Integral	280
5.4.1	La Transformada de Laplace Bilateral	281
5.4.2	La Función Impulso	281
5.4.3	El Teorema de la Derivada	282
5.4.4	El Teorema de la Integral	284
5.4.5	Traslación Compleja	285
5.5	El Problema de Inversión	286
5.5.1	Inversión de Transformadas Racionales (Fracciones Parciales)	287
5.5.2	Inversión de Funciones Impropias	292
5.6	Los Valores Inicial y Final de f(t) a partir de F(s)	293
5.6.1	El Teorema del Valor Inicial	293
5.6.2	El Teorema del Valor Final	294
5.7	Teoremas Adicionales	295
5.7.1	El Teorema de Traslación Real o de Desplazamiento	295
5.7.2	El Teorema de Escala	297
5.7.3	Transformación en el Tiempo	298
5.7.4	Derivadas de Transformadas	299
5.7.5	La Transformada de una Función Periódica	300
5.8	Aplicación de la Transformada de Laplace a Ecuaciones Diferenciales Ordinarias	301
5.9	La Convolución	304
5.10	Propiedades de la Integral de Convolución	307
5.11	Ecuaciones Diferenciales e Integrales	309
5.11.1	La Ecuación de Estado y la Transformada de Laplace	311
5.12	Polos y Ceros de la Transformada	314
	Tabla de Transformadas de Laplace	316
	Problemas	317

CAPÍTULO 6
LA TRANSFORMADA Z

6.1	Introducción	321
6.2	La Transformada Z	321
6.2.1.	Definición	321

6.2.2.	La Región de Convergencia de la Transformada Z		323
6.2.3.	Propiedades de la Región de Convergencia		325
6.3	Transformadas Z de Secuencias Importantes		328
6.3.1.	Secuencia Impulso unitario		328
6.3.2.	Secuencia Escalón Unitario		328
6.3.3.	Funciones Sinusoidales		328
6.3.4.	Tabla de Transformadas Z		329
6.4	Propiedades de la Transformada Z		329
6.4.1	Linealidad		329
6.4.2	Desplazamiento (Corrimiento) en el Tiempo o Traslación Real		332
6.4.3	Inversión en el Tiempo		333
6.4.4	Multiplicación por o Corrimiento en Frecuencia		333
6.4.5	Multiplicación por n (o Diferenciación en el Dominio de z)		334
6.4.6	Acumulación		335
6.4.7	Convolución		335
6.5	La Transformada Z Inversa		336
6.5.1.	Fórmula de Inversión		336
6.5.2.	Uso de Tablas de Trasformadas Z		336
6.5.3.	Expansión en Series de Potencias		337
6.5.4.	Expansión en Fracciones Parciales		339
6.6	La Función del Sistema: Sistemas LIT de Tiempo Discreto		344
6.6.1.	La Función del Sistema		344
6.6.2.	Caracterización de Sistemas LIT de Tiempo Discreto		347
	Causalidad		347
	Estabilidad		347
	Sistemas Causales y Estables		348
6.6.3.	Función del Sistema para Sistemas LIT Descritos por Ecuaciones de Diferencias Lineales con Coeficientes Constantes.		348
6.6.4.	Interconexión de Sistemas		352
6.7	La Transformada Z Unilateral		354
6.7.1.	Definición		354
6.7.2.	Propiedades Básicas		354
6.7.3.	La Función del Sistema		355
6.7.4.	Valores Inicial y Final		355
	Teorema del Valor Inicial		355
	Teorema del Valor Final		355
6.8	La Transformada de Laplace y la Transformada Z		358
	Pares Ordinarios de Transformadas Z		358
	Problemas		360

CAPÍTULO 7
MODULACIÓN DE AMPLITUD

7.1	Introducción	365
7.1.1	Necesidad de la Modulación	366
7.2	Tipos de Modulación Analógica	366
7.3	Transmisión de Señales de Banda Base Analógicas	367
7.3.1	Distorsión de la Señal en la Transmisión en la Banda Base	367
7.3.2	Distorsión Lineal	369
7.3.3	Compensación	369
7.3.4	Distorsión No Lineal y Compansión	370
7.4	Esquemas de Modulación Lineales OC	372
7.4.1	Modulación de Banda Lateral Doble (DSB)	372
7.4.2	Modulación de Amplitud Ordinaria (AM)	377
7.4.3	Índice de Modulación	378
7.4.4	Potencia y Ancho de Banda de la Señal Transmitida	379
7.4.5	Modulación de Banda Lateral Única (SSB)	381
7.4.6	Modulación de Banda Lateral Residual (VSB)	387
7.5	Conversión de Frecuencias (Mezclado)	390
7.6	Multicanalización por División de Frecuencias	390
7.7	Modulación de Amplitud de Pulsos	392
7.8	Multicanalización por División de Tiempo	394
	Problemas	396
	Referencias	424

CAPÍTULO UNO

SEÑALES Y SISTEMAS

1.1 Introducción

Los conceptos de señales y sistemas surgen en una gran variedad de campos y las ideas y técnicas asociadas con estos conceptos desempeñan un papel importante en áreas tan diversas de la ciencia y la tecnología como las comunicaciones, la aeronáutica, sistemas de generación y distribución de energía, diseño de circuitos, acústica, etc. En este capítulo se introduce la idea básica sobre la descripción y representación matemática de señales y sistemas y sus clasificaciones. También se definen varias señales básicas importantes, y especialmente sobre sistemas lineales, las cuales son esenciales para nuestros estudios posteriores.

El análisis de un sistema lineal se facilita frecuentemente utilizando un tipo específico de señales de excitación o una determinada representación de señales. Por esta razón, es conveniente incluir el análisis de señales y sus propiedades en un estudio de sistemas lineales. Además del análisis, también interesa la síntesis de sistemas. De hecho, la síntesis o diseño de sistemas constituye la parte creativa de la ingeniería. De aquí que para abordar el diseño de sistemas primero se debe aprender a analizarlos. Este texto está orientado principalmente al análisis de ciertos tipos de sistemas lineales; sin embargo, debido a que los tópicos de diseño y análisis están íntimamente relacionados, este estudio proporciona las bases para un diseño elemental.

El análisis de sistemas puede dividirse en tres aspectos:

1. El desarrollo de un modelo matemático apropiado para el problema físico bajo consideración. Esta parte del análisis se dedica a la obtención de "ecuaciones dinámicas", condiciones iniciales o de frontera, valores de parámetros, etc. En este proceso es donde el juicio, la experiencia y la experimentación se combinan para lograr el desarrollo de un modelo apropiado. En esta forma, este primer aspecto es el más difícil de desarrollar formalmente.

2. Después de obtener un modelo apropiado, se resuelven las ecuaciones resultantes para encontrar soluciones de diversas formas.

3. Luego, la solución del modelo matemático se relaciona o interpreta en función del problema físico. Es conveniente que el desarrollo del modelo sea lo más exacto posible de manera que se puedan hacer interpretaciones y predicciones significativas concernientes al sistema físico. No obstante, se debe señalar que mientras más exacto sea un modelo, mayor es la dificultad para obtener una solución matemática y una realización física.

1.2 Señales y Clasificación de Señales

Los términos señales y sistemas, en la forma en que se usan generalmente, tienen diferentes significados. En consecuencia, cualquier intento para dar una definición general precisa, o una definición en el contexto de la ingeniería no sería muy productivo. Normalmente el significado de estos términos se extrae del contenido del texto, de lo que se está tratando. Una *señal* se modela como una función de una variedad de parámetros, uno de los cuales es usualmente el tiempo, que representa una cantidad o variable física, y típicamente contiene información o datos sobre la conducta o naturaleza de un fenómeno. Las señales están en todas partes, son detectables y pueden describir una variedad muy amplia de fenómenos físicos. Aunque las señales pueden representarse en muchas formas, en todos los casos, la información en una señal está contenida en un patrón que varía en alguna manera. Por ejemplo, el mecanismo vocal humano produce sonidos creando fluctuaciones en la presión acústica. Diferentes sonidos, usando un micrófono para convertir la presión acústica en una señal eléctrica, corresponden a diferentes patrones en las variaciones de la presión acústica; el sistema vocal humano produce sonidos inteligibles, generando secuencias particulares de estos patrones. Otros ejemplos son una imagen monocromática; en este caso es importante el patrón de variaciones en el brillo y los diferentes matices existentes entre los colores blanco y negro. En este texto estaremos interesados principalmente en las propiedades *matemáticas* de las señales.

Matemáticamente, una señal se puede representar como una función de una o más variables independientes. Por ejemplo, una señal de audio puede representarse mediante la presión acústica en función del tiempo, y una imagen como una función del brillo de dos variables espaciales. En estas notas sólo se considerarán señales que involucran una sola variable independiente. Una señal se denotará por $x(t)$. Por conveniencia, generalmente nos referiremos a la variable independiente como el tiempo, aun cuando ella no represente al tiempo en operaciones específicas. Por ejemplo, las señales que representan variaciones de cantidades físicas con la profundidad, tales como la densidad, porosidad y resistividad eléctrica, se usan en geofísica para estudiar la estructura de la tierra. También, el conocimiento de las variaciones en la presión del aire, la temperatura y la velocidad del viento con la altitud son de extrema importancia en investigaciones meteorológicas. Es posible tener una señal que sea una función compleja; de manera que una señal compleja puede escribirse en la forma $x(t) = x_1(t) + jx_2(t)$, donde $x_1(t)$ y $x_2(t)$ son funciones reales.

Has dos tipos básicos de señales: *señales en tiempo continuo* (TC) o *señales analógicas* y *señales en tiempo discreto* (TD) o *digitales*. Una señal $x(t)$ es una señal en *tiempo continuo* si la variable independiente t es una *variable continua* y, por ende, estas señales están definidas para un continuo de valores de esa variable; es decir, $x(t)$ puede tomar cualquier valor en cualquier instante t de un intervalo de tiempo dado, ya sea mediante una expresión matemática o gráficamente por medio de una curva; en otras palabras, la variable independiente puede tomar cualquier valor real, está presente para todos los instantes en tiempo o espacio. Hay dos tipos básicos de señales en tiempo continuo: una *señal de amplitud continua*, para la cual la amplitud variable en el tiempo puede tomar cualquier valor y una *señal de amplitud discreta*, la cual sólo puede tomar ciertas amplitudes definidas.

Si la variable independiente t es una *variable discreta*, es decir, $x(t)$ está definida en puntos discretos del tiempo, entonces $x(t)$ es una *señal en tiempo discreto*, con frecuencia generada por un proceso de conversión denominado *muestreo* de una señal de tiempo continuo. Como una señal de tiempo discreto está definida solamente en tiempos discretos, usualmente se identifica como una *secuencia* o *sucesión* de números, denotada por $\{x_n\}$ o $x[n]$, donde, para nuestros propósitos, n es un entero. En la Fig. 1.1 se ilustran una señal de tiempo continuo y una de tiempo discreto. La música proveniente de un disco compacto es una señal analógica, pero la información almacenada en el disco compacto está en forma digital. Ésta debe procesarse y convertirse en forma analógica antes de que pueda escucharse. Igual que las señales en tiempo continuo, las señales en tiempo discreto pueden ser de amplitud continua o de amplitud discreta.

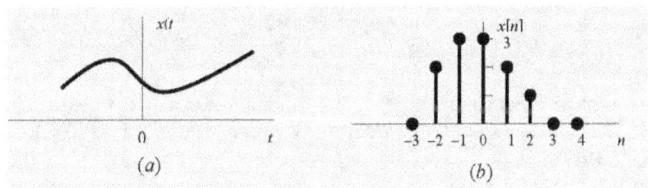

Figura 1.1. Señales de tiempo continuo y de tiempo discreto.

Una señal de tiempo discreto $x[n]$ puede representar un fenómeno para el cual la variable independiente es inherentemente discreta. Por ejemplo, el promedio diario de los valores de cierre de la bolsa de valores es, por su naturaleza, una señal que evoluciona en puntos discretos en el tiempo (es decir, el cierre del día). Una señal de tiempo discreto, $x[n]$, también puede obtenerse mediante el *muestreo* de una señal de tiempo continuo $x(t)$ en intervalos regulares para obtener los valores

$$x(t_0), x(t_1), \ldots, x(t_n), \ldots$$

o en una forma abreviada como

$$x[0], x[1], \ldots, x[n], \ldots$$

o

$$x_0, x_1, \ldots, x_n, \ldots$$

y a los valores x_n se les denomina *muestras*; el intervalo de tiempo entre muestras se llama el *intervalo* o *periodo de muestreo*. Cuando estos intervalos son iguales (muestreo uniforme), entonces

$$x_n = x[n] = x[nT_s]$$

donde la constante T_s es el *intervalo de muestreo*. Un dispositivo que convierta información analógica a forma digital mediante cuantización (redondeo) se denomina un *convertidor analógico-digital*.

Una señal de tiempo discreto $x[n]$ puede ser una *señal de amplitud continua*, para la cual la amplitud puede tomar cualquier valor en el intervalo $-\infty < x[n] < \infty$. Una segunda clase de señales de tiempo discreto es una *señal de amplitud discreta*, para la cual $x[n]$ sólo puede asumir ciertas amplitudes definidas. Una señal de tiempo discreto y amplitud discreta también se denomina una *señal digital*.

Una señal de tiempo discreto con muestreo uniforme puede ser especificada de dos maneras:

1. Se puede especificar una regla para calcular el n-ésimo valor de la secuencia. Por ejemplo,

$$x[n] = x_n = \begin{cases} \left(\frac{1}{2}\right)^n & n \geq 0 \\ 0 & n < 0 \end{cases}$$

o

$$\{x_n\} = \left\{\ldots, 0, 0, 1, \tfrac{1}{2}, \tfrac{1}{4}, \ldots, \left(\tfrac{1}{2}\right)^n, \ldots\right\}$$

2. Se puede dar una lista explícita de los valores de la secuencia. Por ejemplo, la secuencia mostrada en la Fig. 1.1b puede escribirse como

$$\{x_n\} = \{\ldots, 0, 0, 2, 3, 3, 2, 1, 0, 0, \ldots\}$$
$$\uparrow$$

o

$$\{x_n\} = \{2,3,3,2,1\}$$
$$\uparrow$$

Se usa la flecha para indicar el término correspondiente a $n = 0$. Se usará la convención de que si no aparece la flecha, entonces el primer término corresponde a $n = 0$ y todos los valores son iguales a cero para $n < 0$.

Ejemplo 1. Dada la señal en tiempo continuo especificada por

$$x(t) = \begin{cases} 1-|t| & -1 \le t \le 1 \\ 0 & |t| > 1 \end{cases}$$

Determínese la secuencia de tiempo discreto resultante obtenida mediante muestreo uniforme de $x(t)$ con un intervalo de muestreo de (a) 0.25 s; (b) 0.5 s.

Solución: Es más fácil resolver este problema gráficamente. La señal $x(t)$ se grafica en la Fig. 1.2a. Las Figs. 1.2b y c muestran gráficos de las secuencias de las muestras resultantes obtenidas para los intervalos de muestreo especificados.

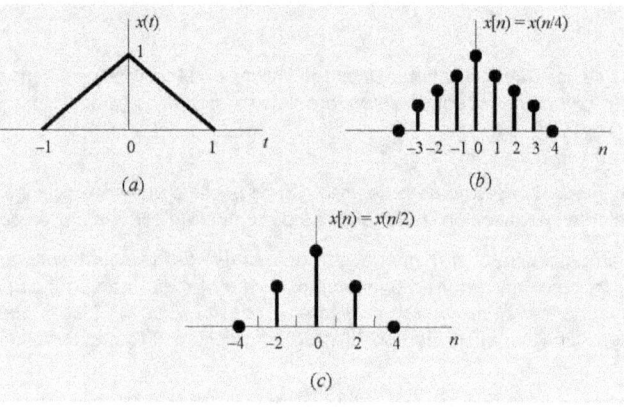

Figura 1.2. Las señales para el Ejemplo 1.

(a) $T_s = 0.25$ s. De la Fig. 1.2b se obtiene

$$x[n] = \{\ldots, 0, 0.25, 0.5, 0.75, 1, 0.75, 0.5, 0.25, 0, \ldots\}$$
$$\uparrow$$

(b) $T_s = 0.5$ s. De la Fig. 1.2c, se obtiene

$$x[n] = \{\ldots, 0, 0.5, 1, 0.5, 0, \ldots\}$$
$$\uparrow$$

Con frecuencia, se procesan señales para producir nuevas señales para diferentes propósitos. A continuación se da un ejemplo de cómo se generan nuevas señales a partir de señales conocidas.

Ejemplo 2. Usando las señales de tiempo discreto $x_1[n]$ y $x_2[n]$ mostradas en la Fig. 1.3, represente cada una de las siguientes señales mediante una gráfica y mediante una secuencia de números.

(a) $y_1[n] = x_1[n] + x_2[n]$; (b) $y_2[n] = 2x_1[n]$; (c) $y_3[n] = x_1[n]x_2[n]$.

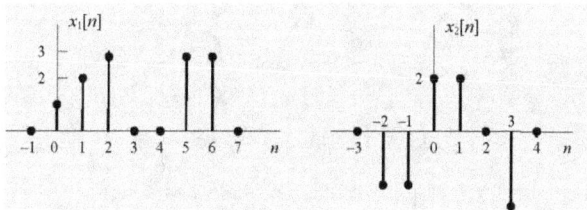

Figura 1.3. Señales para el Ejemplo 2

Solución:

(a) $y_1[n]$ se dibuja en la Fig. 1.4a. A partir ella se obtiene

$$y_1[n] = \{\ldots, 0, -2, -2, 3, 4, 3, -2, 0, 2, 2, 0, \ldots\}$$
$$\uparrow$$

(b) $y_2[n]$ se dibuja en la Fig. 1.4b. De ella se obtiene

$$y_2[n] = \{\ldots, 0, 2, 4, 6, 0, 0, 4, 4, 0, \ldots\}$$
$$\uparrow$$

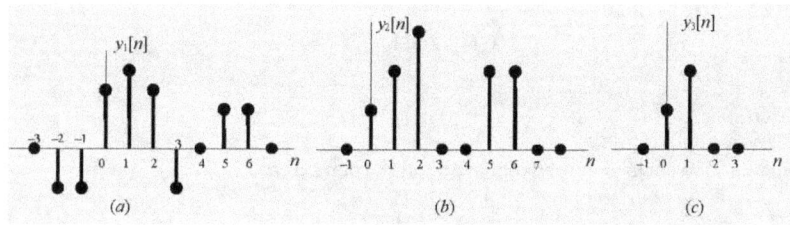

Figura 1.4

(c) $y_3[n]$ se dibuja en la Fig. 1.4c. De ella se obtiene

$$y_3[n] = \{\ldots, 0, 2, 4, 0, \ldots\}$$
$$\uparrow$$

1.3 Señales Periódicas y No-Periódicas

Una señal periódica de tiempo continuo $x(t)$ tiene la propiedad de que existe un número positivo T para el cual

$$x(t) = x(t \pm T) \quad \text{para todo } t \tag{1.1}$$

En este caso se dice que la señal $x(t)$ es *periódica con período T*. En la Fig. 1.5 se ilustra un ejemplo de esta clase de señales. Observe que una señal periódica repite un mismo patrón durante un tiempo múltiplo de T y continúa haciéndolo por tiempo infinito.

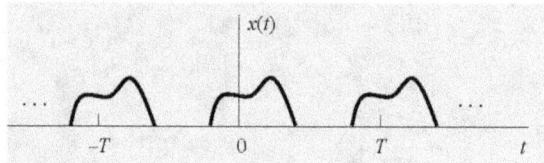

Figura 1.5 Una señal periódica.

De la figura se deduce que si $x(t)$ es periódica con período T, entonces

$$x(t) = x(t \pm mT) \tag{1.2}$$

para todo T y cualquier entero m. Por ello, $x(t)$ también es periódica con período $2T$, $3T$, ... El *período fundamental* T_0 es el mínimo valor de T para el cual se cumple la Ec. (1.1). Observe que esta definición de T_0 funciona excepto cuando $x(t)$ es una constante. En este caso, el período fundamental no está definido puesto que $x(t)$ es periódica para cualquier selección de T (es decir, no hay un valor positivo mínimo). La Ec. (1.2) dice simplemente que si la señal se desplaza un número entero de períodos hacia la derecha o hacia la izquierda no cambia la forma de la onda. La *frecuencia fundamental (cíclica)* f_0 es el recíproco del período fundamental, $f_0 = 1/T_0$, y se mide en hertz (ciclos por segundo). La frecuencia fundamental en radianes por segundo es $\omega_0 = 2\pi f_0 = 2\pi/T_0$. Finalmente, a una señal que no exhiba periodicidad se le referirá como una *señal no periódica* o *aperiódica*.

Ejemplos conocidos de señales periódicas son las señales sinusoidales; como ejemplo se tiene la señal

$$x(t) = A \operatorname{sen}(\omega_0 t + \varphi)$$

donde

A = amplitud.
ω_0 = frecuencia angular (rad/s).
φ = ángulo de fase inicial con respecto al origen del tiempo (rad).

Observe que

$$\operatorname{sen}[\omega_0(t+T) + \varphi] = \operatorname{sen}(\omega_0 t + \varphi + \omega_0 T) = \operatorname{sen}(\omega_0 t + \varphi)$$

si

$$\omega_0 T = m2\pi \quad \text{o} \quad T = m\frac{2\pi}{\omega_0}, \quad m \text{ un entero positivo}$$

Así que el período fundamental T_0 de $x(t)$ está dado por

$$T_0 = \frac{2\pi}{\omega_0}$$

Ejemplo 3. Sean $x_1(t)$ y $x_2(t)$ dos señales periódicas con períodos fundamentales T_1 y T_2, respectivamente. ¿Cuáles son las condiciones para que la suma $z(t) = x_1(t) + x_2(t)$ sea periódica y cuál es el período fundamental de $z(t)$?

Solución: Puesto que $x_1(t)$ y $x_2(t)$ son periódicas con períodos fundamentales T_1 y T_2, respectivamente, se tiene que

$$x_1(t) = x_1(t + T_1) = x_1(t + mT_1), \quad m \text{ un entero positivo}$$

$$x_2(t) = x_2(t + T_2) = x_2(t + nT_2), \quad n \text{ un entero positivo}$$

Entonces,

$$z(t) = x_1(t + mT_1) + x_2(t + nT_2)$$

Para que $z(t)$ sea periódica con período T, se necesita que

$$z(t) = z(t + T) = x_1(t + T) + x_2(t + T) = x_1(t + mT_1) + x_2(t + nT_2)$$

y entonces se debe cumplir que

$$mT_1 = nT_2 = T \qquad (1.3)$$

o

$$\frac{T_1}{T_2} = \frac{n}{m} = \text{número racional} \qquad (1.4)$$

En otras palabras, la suma de dos señales periódicas es periódica solamente si la relación entre sus periodos respectivos es un número racional. El período fundamental es entonces el mínimo común múltiplo de T_1 y T_2, y está dado por la Ec. (1.3) si los enteros m y n son primos relativos. Si la relación T_1/T_2 es un número irracional, entonces las señales $x_1(t)$ y $x_2(t)$ no tienen un período común y $z(t)$ no puede ser periódica.

Las señales periódicas de tiempo discreto se definen en forma similar. Específicamente, una señal de tiempo discreto $x[n]$ es *periódica con período N*, si existe un entero positivo N para el cual

$$x[n] = x[n \pm N] \quad \text{para toda } n \qquad (1.5)$$

En la Fig. 1.6 se ilustra un ejemplo de este tipo de señal.

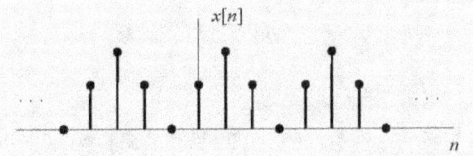

Figura 1.6. Una señal de tiempo discreto periódica.

El *período fundamental* N_0 de $x[n]$ es el menor entero positivo N para el cual se cumple la Ec. (1.5). cualquier secuencia (señal de tiempo discreto) que no sea periódica se conoce como una secuencia *no-periódica* (o *aperiódica*).

1.4 Señales de Potencia y de Energía

En muchas aplicaciones, no en todas, las señales que consideraremos están directamente relacionadas con cantidades físicas que representan potencia y energía. Por ejemplo, si $v(t)$ e $i(t)$ son, respectivamente, el voltaje y la corriente en un resistor de resistencia R, entonces la potencia instantánea $p(t)$ viene dada por

$$p(t) = v(t)i(t) = \frac{1}{R}v^2(t) = R\,i^2(t) \tag{1.6}$$

La *energía total* disipada en el intervalo de tiempo $t_1 \leq t \leq t_2$ está dada por

$$\int_{t_1}^{t_2} p(t)\,dt = \int_{t_1}^{t_2} \frac{1}{R} v^2(t)\,dt = \int_{t_1}^{t_2} R\,i^2(t)\,dt \tag{1.7}$$

y la *potencia promedio* en ese intervalo es

$$\frac{1}{t_2 - t_1}\int_{t_1}^{t_2} p(t)\,dt = \frac{1}{t_2 - t_1}\int_{t_1}^{t_2} \frac{1}{R} v^2(t)\,dt = \frac{1}{t_2 - t_1}\int_{t_1}^{t_2} R\,i^2(t)\,dt \tag{1.8}$$

En una forma similar, la potencia disipada por fricción es $p(t) = b v^2(t)$, donde $v(t)$ es la velocidad, y se puede definir la energía y la potencia promedio en un intervalo de tiempo dado en la misma forma que en las Ecs. (1.7) y (1.8).

Se acostumbra usar una terminología parecida para *cualquier* señal, ya sea de tiempo continuo $x(t)$ o de tiempo discreto $x[n]$, normalizando la energía y la potencia promedio de una señal arbitraria (en el caso de señales eléctricas, esto se hace tomando un valor de $R = 1\ \Omega$). Adicionalmente, con frecuencia será conveniente considerar señales de valores complejos. En este caso, la *energía total normalizada* en el intervalo $t_1 \leq t \leq t_2$ se define como

$$\int_{t_1}^{t_2} |x(t)|^2\,dt \tag{1.9}$$

La *potencia promedio normalizada* se obtiene dividiendo la Ec. (1.9) por la longitud o duración $t_2 - t_1$ del intervalo. En la misma forma, la *energía total normalizada* para una señal de tiempo discreto $x[n]$ en el intervalo $n_1 \leq n \leq n_2$, se define como

$$\sum_{n=n_1}^{n_2} |x[n]|^2 \tag{1.10}$$

y al dividir la Ec. (1.10) por el número de puntos en el intervalo, $(n_2 - n_1 + 1)$, se obtiene la potencia promedio en ese intervalo.

Adicionalmente, en muchos sistemas interesa examinar la potencia y la energía de señales en un intervalo de tiempo infinito. En estos casos, se define la *energía total normalizada* E_∞ como los límites de las Ecs. (1.9) y (1.10) conforme el intervalo de tiempo aumenta indefinidamente. Para tiempo continuo, se tiene que

$$E_\infty \equiv \lim_{T \to \infty} \int_{-T}^{T} |x(t)|^2\,dt = \int_{-\infty}^{\infty} |x(t)|^2\,dt \tag{1.11}$$

y en tiempo discreto,

$$E_\infty \equiv \lim_{N \to \infty} \sum_{n=-N}^{N} |x[n]|^2 = \sum_{n=-\infty}^{\infty} |x[n]|^2 \qquad (1.12)$$

De la misma forma se puede definir la *potencia promedio normalizada* en un intervalo infinito como

$$P_\infty \equiv \lim_{T \to \infty} \frac{1}{2T} \int_{-T}^{T} |x(t)|^2 \, dt \qquad (1.13)$$

para tiempo continuo y

$$P_\infty \equiv \lim_{N \to \infty} \frac{1}{2N+1} \sum_{n=-N}^{N} |x[n]|^2 \qquad (1.14)$$

para tiempo discreto.

Con base en las definiciones dadas por las Ecs. (1.11) a (1.14), se pueden definir tres clases importantes de señales:

1. Se dice que $x[t]$ o $x[n]$ es una *señal de energía* si y sólo si $0 < E_\infty < \infty$ (energía finita). Una señal de este tipo debe tener una potencia promedio igual a cero, ya que, en el caso de tiempo continuo, por ejemplo, de la Ec. (1.13) se ve que

$$P_\infty = \lim_{T \to \infty} \frac{E_\infty}{2T} = 0$$

2. Se dice que una señal $x(t)$ o $x[n]$ es una *señal de potencia* si y sólo si $0 < P < \infty$ (potencia promedio finita). Entonces, si $P_\infty > 0$, por necesidad $E_\infty \to \infty$. Esto tiene sentido, ya que si se tiene una energía promedio por unidad de tiempo diferente de cero (es decir, potencia promedio diferente de cero), entonces integrando o sumando en un intervalo de tiempo infinito produce una cantidad de energía infinita.

3. Las señales que no satisfacen ninguna de las dos propiedades anteriores se conocen, por supuesto, como señales que no son ni de energía ni de potencia.

Se deben señalar las propiedades que contemplan una energía nula. Es claro que si $x(t) = 0$, la energía E_∞ es cero, pero lo contrario no es estrictamente cierto. Sólo es posible decir que si $E_\infty = 0$, entonces $x(t)$ es igual a cero "casi en todas partes". Desde un punto de vista puramente matemático, la propiedad $E_\infty = 0$ no define una sola señal sino una clase de señales equivalentes. En este texto no se considera este punto de vista, y todos los elementos de esta clase de señales equivalentes se consideran como una sola señal. Por lo tanto, una señal de energía nula es también considerada como una señal igual a cero.

Ejemplo 4. Si $x(t)$ es una señal periódica con período fundamental T_0, entonces la integral en la Ec. (1.13) tiene el mismo valor para cualquier intervalo de longitud T_0. Tomando el límite en una forma tal que $2T$ sea un múltiplo entero del período, es decir, $2T = mT_0$, entonces la energía total en un intervalo de longitud $2T$ es m veces la energía en un período. Como consecuencia, la potencia promedio es

$$P_\infty = \lim_{m \to \infty} \left[\frac{1}{mT_0} m \int_0^{T_0} |x(t)|^2 \, dt \right] = \frac{1}{T_0} \int_0^{T_0} |x(t)|^2 \, dt$$

Observe que una señal periódica es de potencia si su contenido de energía por período es finito.

Ejemplo 5. Considere las señales en la Fig. 1.7. Se quiere clasificar cada señal calculando la energía y la potencia en cada caso.

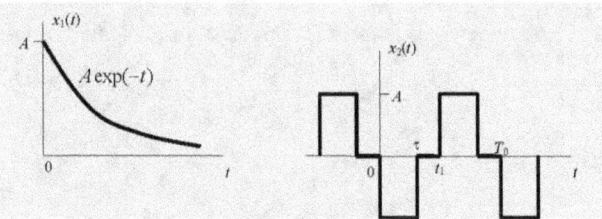

Figura 1.7. Señales de energía y de potencia.

Solución: La señal en la Fig. 1.7a es aperiódica y su energía total es

$$E_\infty = \int_0^\infty A^2 \exp(-2t)\,dt = \frac{A^2}{2}$$

la cual es finita. La potencia promedio es

$$P = \lim_{T\to\infty}\left(\frac{1}{2T}\int_0^{2T} A^2 \exp(-2t)\,dt\right) = \lim_{T\to\infty}\frac{A^2}{2T} = 0$$

En consecuencia, la señal en la Fig. 1.7a es una señal de energía con una energía igual a $A^2/2$ y potencia promedio cero.

La señal en la Fig. 1.7b es periódica con período T_0. Su potencia promedio es

$$P = \frac{1}{T_0}\int_0^{T_0} |x_2(t)|^2\,dt = \frac{1}{T_0}\left(\int_0^\tau A^2\,dt + \int_{t_1}^{t_1+\tau} A^2\,dt\right) = \frac{2A^2\tau}{T_0}$$

Así que $x_2(t)$ es una señal de potencia con energía infinita y potencia promedio igual a $2A^2\tau/T_0$.

Ejemplo 6. Considere las dos señales aperiódicas mostradas en la Fig. 1.8. Estas dos señales son ejemplos de señales de energía.

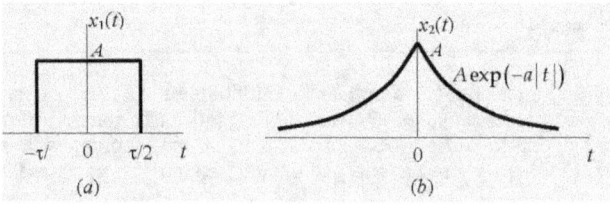

Figura 1.8. Ejemplos de señales de energía.

La función pulso rectangular rect(t/τ) mostrada en la Fig. 1.8a está estrictamente limitada en el tiempo, ya que $x_1(t)$ es igual a cero para t fuera de la duración del pulso. La otra señal está asintóticamente limitada en el sentido de que $x(t) \to 0$ conforme $t \to \infty$. En cualquiera de los casos, la potencia promedio es igual a cero. La energía para la señal $x_1(t)$ es

$$E_1 = \lim_{T\to\infty} \int_{-T}^{T} x_1^2(t)\,dt = \int_{-\tau/2}^{\tau/2} A^2\,dt = A^2\tau$$

y para $x_2(t)$ es

$$E_2 = \lim_{T\to\infty} \int_{-T}^{T} A^2 \exp(-2a|t|)\,dt = \lim_{T\to\infty} \frac{A^2}{a}[1-\exp(-2aT)] = \frac{A^2}{a}$$

Puesto que E_1 y E_2 son finitas, las señales $x_1(t)$ y $x_2(t)$ son señales de energía.

Aquí se debe señalar que la energía como la define la Ec. (1.11) o la Ec. (1.12) no indica la energía real de la señal ya que la energía de la señal depende no sólo de la señal sino también de la carga. La interpretamos como la *energía normalizada* disipada en un resistor de 1 ohmio si a éste se le aplicase un voltaje $x(t)$ o si por el pasase una corriente $x(t)$. Observaciones similares aplican a la potencia de la señal definida en la Ec. (1.13) o en la Ec. (1.14). Por lo planteado, las ecuaciones para la energía o la potencia no tienen las dimensiones correctas. Las unidades dependen de la naturaleza de la señal. Por ejemplo, si $x(t)$ es una señal de voltaje, entonces su energía E tiene unidades de $V^2 \cdot s$ (voltios al cuadrado-segundos) y su potencia P tiene unidades de V^2 (voltios al cuadrado).

1.5 Transformaciones de la Variable Independiente

En muchas ocasiones es importante considerar analítica y gráficamente señales relacionadas por una modificación o trasformación de la variable independiente, mediante operaciones tales como desplazamiento o corrimiento e inversión. Por ejemplo, como se ilustra en la Fig. 1.9, la señal $x[-n]$ se obtiene a partir de la señal $x[n]$ por una *reflexión* o *inversión* en $n = 0$ (es decir, una inversión de la señal).

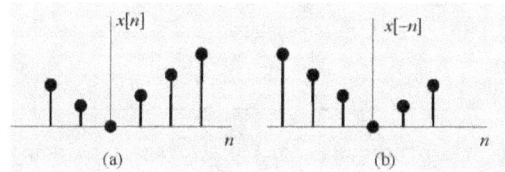

Figura 1.9. Inversión en tiempo discreto.

De igual forma, como se muestra en la Fig. 1.10, la señal $y(t) = x(-t)$ se obtiene a partir de la señal $x(t)$ por reflexión en $t = 0$. La señal $x(-t)$ es la imagen especular de la señal original $x(t)$. Entonces, si $x(t)$ representa una señal de audio en un grabador de cinta, la señal $x(-t)$ es la misma grabación reproducida en reversa. El resultado de esta operación es que para cualquier valor particular de la variable t, $t = t_0$, $y(t_0) = x(-t_0)$ y $y(-t_0) = x(t_0)$.

Esta operación se conoce como *reflexión* y es equivalente a "doblar" la señal (rotación de 180°) en torno a la línea $t = 0$ o simplemente a intercambiar el "pasado" y el "futuro" de la señal de tiempo. Observe que cualquier cosa que suceda en la Fig. 1.10(a) en el instante t también ocurre en la Fig. 1.10(b) en el instante $-t$. Como esta operación significa intercambiar el "pasado" y el "futuro", es obvio que *ningún sistema físico puede ejecutarla*.

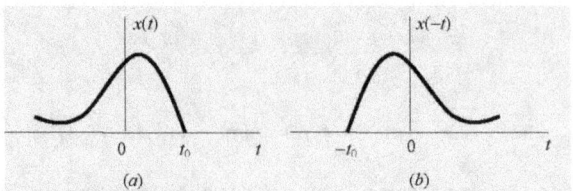

Figura 1.10. Inversión en tiempo continuo.

Otra operación es la de *desplazamiento*. La señal $x(t-t_0)$ representa una versión desplazada de $x(t)$, Fig. 1.11. El desplazamiento en el tiempo es t_0, donde t_0 es una constante real. Si $t_0 > 0$, entonces la señal es retrasada en t_0 unidades de tiempo. Físicamente, t_0 no puede tomar valores negativos, pero desde un punto de vista analítico, $x(t-t_0)$, $t_0 < 0$, representa una réplica adelantada de la señal $x(t)$ (desplazada hacia la izquierda). Las señales que están relacionadas en esta forma $t_0 > 0$ surgen en aplicaciones tales como el radar, sonar, sistemas de comunicación y procesamiento de señales sísmicas. Un sistema cuya señal de salida es idéntica a la de su entrada pero retrasada por una constante se denomina una *unidad de retardo*. Por otra parte, si la señal de salida es idéntica a la de entrada pero avanzada por una constante, el sistema se denomina un *predictor*. Sin embargo, un sistema que prediga (adivine) es físicamente imposible de construir.

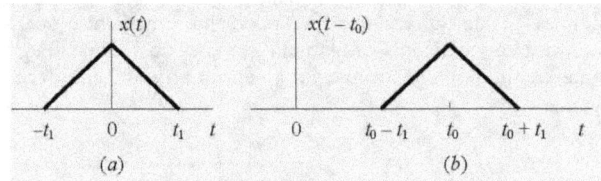

Figura 1.11. Desplazamiento de una señal de tiempo continuo.

Ejemplo 7. Considere la señal $x(t)$ mostrada en la Fig. 1.12. Se desea graficar $x(t-2)$ y $x(t+3)$.

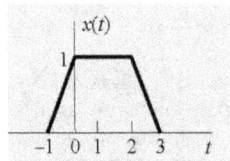

Figura 1.12

Solución: Es fácil verificar que

$$x(t) = \begin{cases} t+1 & -1 \le t \le 0 \\ 1 & 0 \le t \le 2 \\ -t+3 & 2 \le t \le 3 \\ 0 & \text{otros valores de } t \end{cases}$$

Para realizar la operación de desplazamiento, se reemplaza t por $t-2$ en la expresión para $x(t)$:

$$x(t-2) = \begin{cases} (t-2)+1 & -1 \le t-2 \le 0 \\ 1 & 0 \le t-2 \le 2 \\ -(t-2)+3 & 2 \le t-2 \le 3 \\ 0 & \text{otros valores de } t \end{cases}$$

o, en forma equivalente,

$$x(t-2) = \begin{cases} t-1 & 1 \le t \le 2 \\ 1 & 2 \le t \le 4 \\ -t+3 & 4 \le t \le 5 \\ 0 & \text{otros valores de } t \end{cases}$$

La señal $x(t)$ se grafica en la Fig. 1.13a y puede describirse como la función $x(t)$ desplazada dos unidades hacia la derecha. En la misma forma se puede demostrar que

$$x(t+3) = \begin{cases} t+4 & -4 \le t \le -3 \\ 1 & -3 \le t \le -1 \\ -t & -1 \le t \le 0 \\ 0 & \text{otros valores de } t \end{cases}$$

Esta última señal se grafica en la Fig. 1.13b y representa una versión de $x(t)$ desplazada tres unidades hacia la izquierda.

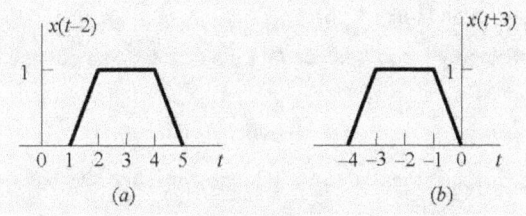

Figura 1.13

Ejemplo 8. Se desea dibujar $x(-t)$ y $x(3-t)$ si $x(t)$ es como se muestra en la Fig. 1.14.

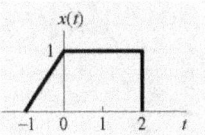

Figura 1.14

Solución: La señal $x(t)$ se puede escribir como

$$x(t) = \begin{cases} t+1 & -1 \le t \le 0 \\ 1 & 0 \le t \le 2 \\ 0 & \text{otros valores de } t \end{cases}$$

Reemplazando ahora t por $-t$, se obtiene

$$x(-t) = \begin{cases} -t+1 & -1 \leq -t \leq 0 \\ 1 & 0 \leq -t \leq 2 \\ 0 & \text{otros valores de } t \end{cases} = \begin{cases} -t+1 & 0 \leq t \leq 1 \\ 1 & -2 \leq t \leq 0 \\ 0 & \text{otros valores de } t \end{cases}$$

La señal $x(-t)$ se muestra en la Fig. 1.15a.

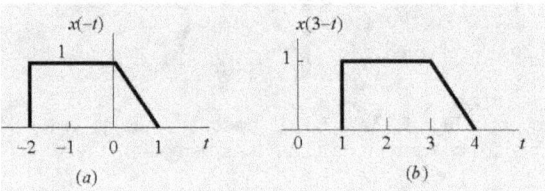

Figura 1.15

En la misma forma se es posible demostrar que

$$x(3-t) = \begin{cases} 4-t & 3 \leq t \leq 4 \\ 1 & 1 \leq t \leq 3 \\ 0 & \text{otros valores de } t \end{cases}$$

y $x(3 - t)$ es como se muestra en la Fig. 1.15b.

La figura es *primero reflejada* y *luego trasladada*. Este resultado se obtiene escribiendo la operación completa como

$$x(3-t) = x\bigl(-(t-3)\bigr)$$

Observe que si primero desplazamos la señal y luego reflejamos la señal desplazada, se obtiene como resultado la señal $x(-t-3)$ (Fig. 1.16).

De lo anterior se deduce que las operaciones de inversión y desplazamiento *no son conmutativas*. No obstante, una señal puede ser invertida y retardada simultáneamente. Las operaciones son equivalentes a reemplazar t o n por $-t + t_0$ o $-n + n_0$. Para ver esto, consideramos una señal de tiempo continuo $x(t)$ que se desea invertir y trasladar por t_0 unidades de tiempo. Para producir la señal invertida reemplazamos t por $-t$ en $x(t)$, lo que resulta en $x(-t)$. La señal invertida $x(-t)$ es entonces retrasada por t_0 unidades para obtener $x[-(t-t_0)] = x(-t+t_0)$, como se afirmó.

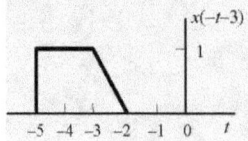

Figura 1.16

1.6 Escalamiento en el Tiempo

La operación de *compresión* o *expansión* en el tiempo se conoce como *escalamiento en el tiempo*. Considere, por ejemplo, las señales $x(t)$, $x(3t)$ y $x(t/2)$, mostradas en la Fig. 1.17. Como se puede ver, $x(3t)$ puede describirse como $x(t)$ comprimida (acelerada) por un factor de 3. En forma similar, $x(t/2)$ puede describirse como expandida (desacelerada) por un factor de 2. Se dice que ambas funciones, $x(3t)$ y $x(t/2)$, son versiones de $x(t)$ *escaladas en el tiempo*.

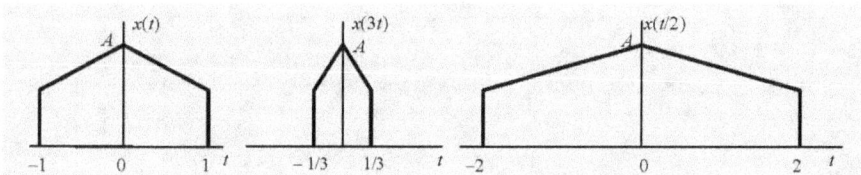

Figura 1.17. Ejemplos de escalamiento en el tiempo.

En general, si la variable independiente es escalada por un parámetro α (una constante real), entonces $x(\alpha t)$ es una versión comprimida de $x(t)$ si $|\alpha|>1$ y es una versión expandida de $x(t)$ si $|\alpha|<1$. Si consideramos a $x(t)$ como si fuese la señal de salida de un grabador de video, por ejemplo, entonces $x(3t)$ se obtiene cuando la grabación se reproduce a tres veces la velocidad con la cual fue grabada, y $x(t/2)$ se obtiene cuando la grabación se reproduce a la mitad de esa velocidad. También se puede decir, por ejemplo, que lo que le pase a $x(t)$ en el instante t, también le sucederá a $x(t/2)$ en el instante $t/2$.

Ejemplo 9. Se desea graficar la señal $x(3t - 6)$, donde $x(t)$ es la señal del Ejemplo 7. Usando la definición de $x(t)$ dada en el Ejemplo 7, obtenemos

$$x(3t-6) = \begin{cases} 3t-5 & \dfrac{5}{3} \leq t \leq 2 \\ 1 & 2 \leq t \leq 8/3 \\ -3t+9 & \dfrac{8}{3} \leq t \leq 3 \\ 0 & \text{otros valores de } t \end{cases}$$

La señal $x(3t - 6)$ se grafica en la Fig. 1.18 y puede considerarse como $x(t)$ comprimida por un factor de 3 (o escalada en el tiempo por un factor de 1/3) y luego desplazada dos unidades hacia la derecha; observe que si $x(t)$ es desplazada primero y luego escalada por una factor de 1/3, hubiésemos obtenido una señal diferente; en consecuencia, las operaciones de desplazamiento y de escalamiento en el tiempo *no son conmutativas*. El resultado obtenido se puede justificar escribiendo la operación en la forma siguiente:

$$x(3t-6) = x(3(t-2))$$

la cual indica que se ejecuta primero la operación de escalamiento y después la de desplazamiento.

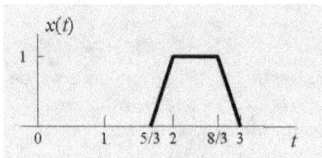

Figura 1.18

Ejemplo 10. El tiempo que le toma a una señal para alcanzar 90% de su valor final, T_{90}, es una característica muy importante. Determine T_{90} para las señales siguientes: (a) $x(t)$; (b) $x(2t)$; $x(t/2)$, donde $x(t) = 1 - e^{-t}$.

Solución

(a) El valor final de $x(t)$ es igual a 1. Para hallar el tiempo requerido por la función para alcanzar el valor de 0.90, tenemos que resolver la ecuación

$$0.90 = 1 - e^{-T_{90}}$$

la cual produce T_{90} = 2.3.

(b) Para la señal $x(2t)$ se tiene que resolver

$$0.90 = 1 - e^{-2T_{90}}$$

la cual produce T_{90} = 1.15.

(c) La señal $x(t/2)$ tiene un T_{90} dado por

$$0.90 = 1 - e^{-T_{90}/2}$$

la cual resulta en T_{90} = 4.6.

Estos resultados eran de esperarse. En la parte (b) se comprimió la señal por un factor de 2, y en la parte (c), se expandió por el mismo factor.

En conclusión, para cualquier señal general $x(t)$, la transformación (múltiple) de la variable independiente en la forma $\alpha t + \beta$ puede realizarse de la manera siguiente:

$$x(\alpha t + \beta) = x(\alpha(t + \beta/\alpha))$$

donde se supone que α y β son números reales. Las operaciones deben ejecutarse en el orden siguiente:

1. Escale por α. Si α es negativo, refleje también con respecto al eje real.

2. Desplace hacia la derecha por β/α si β y α son de signos diferentes y hacia la derecha si tienen el mismo signo.

El orden de las operaciones es importante. Observe que las operaciones de reflexión y escalamiento en el tiempo *son conmutativas*, mientras que las de desplazamiento y reflexión o las de desplazamiento y escalamiento, como ya se mencionó, *no lo son*. Observe también que no se definió la operación de escalamiento en el tiempo para una señal de tiempo discreto (¿por qué?).

1.7 Señales Pares e Impares

Adicionalmente a su uso en la representación de fenómenos físicos (como en el ejemplo del grabador), la reflexión es extremadamente útil para examinar las propiedades de simetría que pueda poseer una señal. Por definición una señal $x(t)$ o $x[n]$ es una *señal par* si es idéntica a su reflexión respecto al eje vertical, es decir, si

$$x(-t) = x(t)$$
$$x[-n] = x[n] \qquad (1.15)$$

lo que equivale a decir que una señal par, $x(t)$ o $x[n]$, es *invariante* bajo la operación de reflexión (o inversión) en el tiempo.

Una señal se denomina *impar* si

$$x(-t) = -x(t)$$
$$x[-n] = -x[n] \qquad (1.16)$$

Observe que una señal impar debe ser necesariamente igual a cero en el origen. En la Fig. 1.19 se muestran ejemplos de una señal par y una impar.

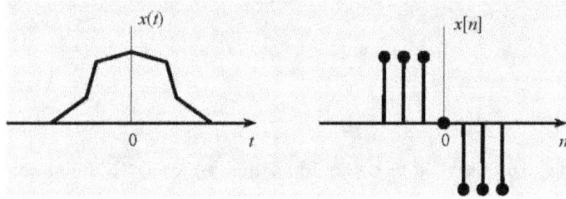

Figura 1.19. Ejemplos de una función par y una impar.

Un hecho importante es que cualquier señal puede ser expresada como la *suma* de dos señales, una de las cuales es la parte par y la otra la parte impar. Para ver esto, considere la señal

$$x_p(t) = \frac{1}{2}[x(t) + x(-t)]$$

la cual se conoce como la *parte par* de $x(t)$. En forma similar, la *parte impar* de $x(t)$ está dada por

$$x_i(t) = \frac{1}{2}[x(t) - x(-t)]$$

Es muy sencillo comprobar que, efectivamente, la parte par es par y que la parte impar es impar, y que $x(t)$ es la suma de las dos. Para el caso de tiempo discreto se cumplen definiciones completamente análogas. En resumen, tenemos las siguientes identidades:

$$x(t) = x_p(t) + x_i(t)$$
$$x[n] = x_p[n] + x_i[n] \qquad (1.17)$$

$$x_p(t) = \frac{1}{2}[x(t) + x(-t)]$$
$$x_p[n] = \frac{1}{2}[x[n] + x[-n]] \qquad (1.18)$$

$$x_i(t) = \frac{1}{2}[x(t) - x(-t)]$$
$$x_i[n] = \frac{1}{2}\{x[n] - x[-n]\}$$
(1.19)

Observe que (1) la suma de dos señales pares es par y de dos señales impares es impar, (2) el producto de dos señales pares o dos impares es una señal par y (3) el producto de una señal par y una señal impar es una señal impar; también se puede demostrar que la derivada de cualquier función par es impar, y la derivada de una función par es impar (la demostración de todo lo anterior se deja como un ejercicio).

Ejemplo 11. Considere la señal $x(t)$ definida por

$$x(t) = \begin{cases} 1, & t > 0 \\ 0, & t < 0 \end{cases}$$

Las partes par e impar de esta señal, conocida como la función escalón, están dadas por

$$x_p(t) = \frac{1}{2} \text{ para todo } t, \text{ excepto en } t = 0$$

$$x_i(t) = \begin{cases} -\dfrac{1}{2}, & t < 0 \\ \dfrac{1}{2}, & t > 0 \end{cases}$$

El único problema aquí radica en el valor de las funciones en $x = 0$. Si definimos $x(0) = 1/2$, entonces

$$x_p(0) = \frac{1}{2} \quad \text{y} \quad x_i(0) = 0$$

Las señales $x_p(t)$ y $x_i(t)$ se grafican en la Fig. 1.20.

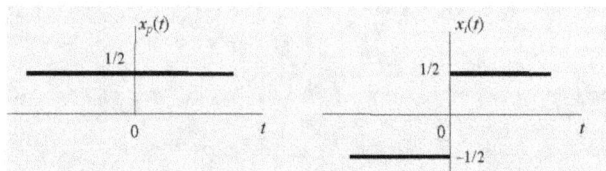

Figura 1.20. Descomposición de la función escalón en sus partes par e impar.

Ejemplo 12. Considere la señal

$$x(t) = \begin{cases} A\exp(-\alpha t), & t \geq 0 \\ 0, & t < 0 \end{cases}$$

La parte par de $x(t)$ está dada por

$$x_p(t) = \begin{cases} \tfrac{1}{2} A\exp(-\alpha t) & t > 0 \\ \tfrac{1}{2} A\exp(\alpha t) & t < 0 \end{cases} = \frac{1}{2} A\exp(-\alpha|t|)$$

y la parte impar por

$$x_i(t) = \begin{cases} \frac{1}{2}\exp(-\alpha t), & t > 0 \\ -\frac{1}{2}\exp(\alpha t), & t < 0 \end{cases}$$

Las señales $x_p(t)$ y $x_i(t)$ se muestran en la Fig. 1.21.

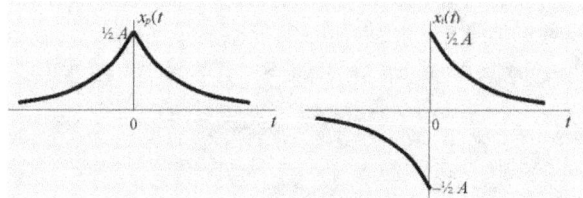

Figura 1.21

Ejemplo 13. Determine las componentes par e impar de $x(t) = e^{jt}$.

Solución: La parte par es

$$x_p(t) = \tfrac{1}{2}\left(e^{jt} + e^{-jt}\right) = \cos t$$

y la parte impar es

$$x_i(t) = \tfrac{1}{2}\left(e^{jt} - e^{-jt}\right) = j\operatorname{sen} t$$

Como se verá en capítulos posteriores, las propiedades de las funciones pares e impares ayudan a comprender y a aplicar la transformada de Fourier en el análisis de sistemas y señales. Estas propiedades son útiles tanto en la transformada de Fourier en tiempo continuo como en la transformada de Fourier en tiempo discreto. Adicionalmente, estas propiedades son útiles en el desarrollo y aplicaciones de la serie de Fourier.

1.8 Señales en Tiempo Continuo Básicas

En esta sección se introducen varias señales de tiempo continuo de particular importancia. Estas señales no sólo ocurren frecuentemente en la naturaleza, sino que ellas también sirven como bloques básicos para la construcción de otras señales. En éste y en los capítulos subsiguientes encontraremos que al construir señales de esta forma se podrán examinar y comprender más profundamente las propiedades de señales y sistemas.

1.8.1 Señales Exponenciales Complejas

La *señal exponencial compleja* de tiempo continuo es de la forma

$$x(t) = Ae^{st} \tag{1.20}$$

donde A y s son, en general, números complejos. Dependiendo del valor de estos parámetros, la exponencial compleja puede tomar varias características diferentes. En el análisis a continuación, para simplificar, se tomará $A = 1$.

Si s se restringe a ser puramente imaginaria, $s = j\omega_0$, por ejemplo, se obtiene la señal

$$x(t) = e^{j\omega_0 t} \qquad (1.21)$$

Usando ahora la identidad de Euler, esta señal puede ser definida como

$$x(t) = e^{j\omega_0 t} = \cos\omega_0 t + j\sen\omega_0 t \qquad (1.22)$$

O sea que $x(t)$ es una señal compleja cuyas partes real e imaginaria son las funciones reales $\cos\omega_0 t$ y $\sen\omega_0 t$, respectivamente. Una propiedad importante de la señal exponencial compleja es su periodicidad. Para comprobar esto, recuerde de la Sec. 1.3 que una función $x(t)$ será periódica con período T si

$$x(t) = x(t+T)$$

o, para la función exponencial

$$e^{j\omega_0 t} = e^{j\omega_0 (t+T)} \qquad (1.23)$$

Puesto que

$$e^{j\omega_0 (t+T)} = e^{j\omega_0 t} e^{j\omega_0 T}$$

se concluye que para tener periodicidad, se debe cumplir la relación

$$e^{j\omega_0 T} = 1$$

Si $\omega_0 = 0$, entonces $x(t) = 1$, la cual es periódica para cualquier valor de T. Si $\omega_0 \neq 0$, entonces el *período fundamental* T_0 de $x(t)$ es

$$T_0 = \frac{2\pi}{|\omega_0|} \qquad (1.24)$$

Así que las señales $e^{j\omega_0 t}$ y $e^{-j\omega_0 t}$ tienen el mismo período fundamental. Observe también que $x(t)$ es periódica para *cualquier* valor de ω_0.

Una señal íntimamente relacionada con la señal exponencial compleja periódica es la *sinusoidal*

$$x(t) = A\cos(\omega_0 t + \varphi) \qquad (1.25)$$

ilustrada en la Fig. 1.22 y ya estudiada en la Sección 1.3.

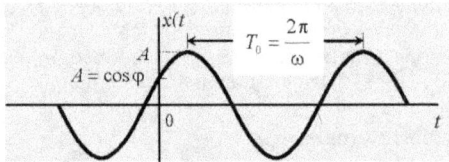

Figura 1.22

Las señales sinusoidales y las exponenciales complejas también se usan para describir las características de muchos procesos físicos – en particular, sistemas físicos en los cuales se conserva la energía. Por ejemplo, la respuesta natural de una red constituida solamente por inductores y capacitores o el movimiento armónico simple de un sistema mecánico consistente de una masa conectada por un resorte a un soporte estacionario. Las variaciones de la presión acústica correspondientes a un solo tono musical también son sinusoidales.

Como ya se vio, si se usa la relación de Euler, la exponencial compleja en la Ec. (1.21) puede escribirse en términos de señales sinusoidales con el mismo período fundamental, es decir,

$$e^{j\omega_0 t} = \cos\omega_0 t + j\,\text{sen}\,\omega_0 t \tag{1.26}$$

En forma similar, la señal sinusoidal en la Ec. (1.26) puede escribirse como una función de exponenciales complejas periódicas con el mismo período fundamental:

$$A\cos(\omega_0 t + \varphi) = \left(\frac{A}{2}e^{j\varphi}\right)e^{j\omega_0 t} + \left(\frac{A}{2}e^{-j\varphi}\right)e^{-j\omega_0 t} \tag{1.27}$$

Observe que las dos exponenciales en la Ec. (1.28) tienen amplitudes complejas. Alternativamente, una sinusoide puede expresarse en función de una señal exponencial compleja como

$$A\cos(\omega_0 t + \varphi) = A\,\text{Re}\left\{e^{j(\omega_0 t + \varphi)}\right\} \tag{1.28}$$

donde A es real y "Re" se lee "la parte real de". También se usará la notación "Im" para denotar "la parte imaginaria de". Entonces

$$A\,\text{sen}(\omega_0 t + \varphi) = A\,\text{Im}\left\{e^{j(\omega_0 t + \varphi)}\right\} \tag{1.29}$$

De la Ec. (1.25) vemos que el período fundamental T_0 de una señal sinusoidal o de una señal exponencial periódica (ambas funciones de tiempo continuo) es inversamente proporcional a $|\omega_0|$, a la cual llamaremos la *frecuencia fundamental* (rad/s). En la Fig. 1.23 se observa gráficamente lo que esto significa. Si se disminuye la magnitud de ω_0, el ritmo de oscilación se hace más lento y, por tanto, el período aumenta. Ocurren efectos exactamente opuestos si se aumenta la magnitud de ω_0. Considérese ahora el caso cuando $\omega_0 = 0$. Como ya se mencionó, aquí $x(t)$ representa una constante y, por ello, es periódica con período T para cualquier valor positivo de T, lo que significa que el período de una señal constante *no está definido*. Por otra parte, no hay ambigüedad al definir la frecuencia fundamental de una constante como igual a cero; es decir, la tasa de oscilación de una constante es igual a cero (período infinito).

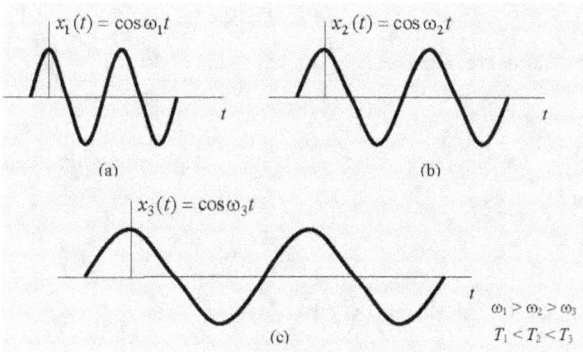

Figura 1.23

Las señales periódicas, – y en particular, la señal exponencial compleja en la Ec. (1.21) y la señal sinusoidal en la Ec. (1.26) – proporcionan ejemplos importantes de señales con energía total infinita pero potencia promedio finita. Por ejemplo, considere la exponencial periódica de la Ec. (1.21) y suponga que calculamos la energía total y la potencia promedio en un período:

$$E_{periodo} = \int_0^{T_0} \left| e^{j\omega_0 t} \right|^2 dt = \int_0^{T_0} (1)\, dt = T_0 \qquad (1.30)$$

$$P_{periodo} = \frac{1}{T_0} E_{periodo} = 1 \qquad (1.31)$$

Puesto que hay un número infinito de períodos conforme t varía de $-\infty$ a $+\infty$, la energía total integrada para todo el tiempo es infinita. Sin embargo, cada período de la señal es idéntico a los demás. Como la potencia promedio de la señal por período es igual a 1, promediando en periodos múltiples producirá un promedio igual a 1; es decir,

$$P_\infty = \lim_{T \to \infty} \frac{1}{2T} \int_{-T}^{T} \left| e^{j\omega_0 t} \right|^2 dt = 1 \qquad (1.32)$$

Ejemplo 14. Algunas veces es deseable expresar la suma de dos exponenciales complejas como el producto de una sola exponencial compleja. Por ejemplo, supóngase que se quiere graficar la magnitud de la señal

$$x(t) = e^{j2t} + e^{j3t}$$

Para hacer esto, primero extraemos un factor común del lado derecho de la ecuación, tomando como frecuencia de ese factor el promedio de las dos frecuencias de las exponenciales en la suma, y se obtiene

$$x(t) = e^{j2.5t}(e^{-j0.5t} + e^{j0.5t})$$

la cual, por la relación de Euler, se puede escribir como

$$x(t) = 2 e^{j2.5t} \cos 0.5t$$

y de aquí se obtiene directamente la expresión para la magnitud de $x(t)$:

$$|x(t)| = 2|\cos 0.5t|$$

Así que $|x(t)|$ es lo que se conoce comúnmente como una sinusoide rectificada de onda completa, como se muestra en la Fig. 1.24.

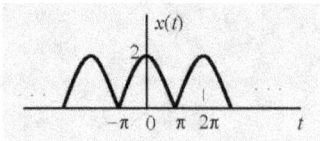

Figura 1.24

Para la señal compleja definida en la Ec. (1.20), si A es real y $s = \sigma$ (también real), entonces la expresión para la señal se reduce a

$$x(t) = Ae^{\sigma t} \qquad (1.33)$$

vale decir, $x(t)$ es una función *exponencial real*. Si $\sigma > 0$, entonces $x(t)$ es una exponencial creciente, una forma usada en la descripción de muchos procesos físicos diferentes, incluyendo las reacciones en cadena en explosiones atómicas y en reacciones químicas complejas. Si $\sigma < 0$, entonces $x(t)$ es una exponencial decreciente, la cual también se usa para describir fenómenos tales como el proceso de decaimiento radiactivo y las respuestas de redes eléctricas formadas por resistores-capacitores (*RC*) o resistores-inductores (*RL*). Observe también que para $\sigma = 0$, $x(t)$ es una constante. En la Fig. 1.25 se ilustran curvas típicas para $\sigma > 0$ y $\sigma < 0$.

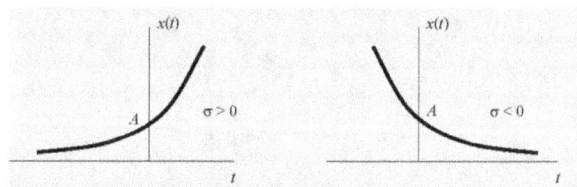

Figura 1.25

Exponenciales complejas relacionadas armónicamente. Las funciones exponenciales complejas jugarán un papel importante en mucho de nuestro tratamiento sobre señales y sistemas, principalmente porque sirven como bloques sumamente útiles en la construcción de otras señales. Con frecuencia hallaremos de utilidad el considerar conjuntos de exponenciales complejas *relacionadas armónicamente* – es decir, conjuntos de exponenciales periódicas con un período común T_0 (exponenciales con frecuencias relacionadas por enteros). Específicamente, ya se vio que una condición necesaria para que la exponencial compleja $e^{j\omega T_0}$ sea periódica con período T_0 es que

$$e^{j\omega T_0} = 1$$

lo que implica que ωT_0 debe ser un múltiplo de 2π, es decir,

$$\omega T_0 = 2\pi k, \quad k = 0, \pm 1, \pm 2, \ldots \qquad (1.34)$$

Entonces, si se define la *frecuencia fundamental*

$$\omega_0 = \frac{2\pi}{T_0} \qquad (1.35)$$

se observa que, para satisfacer la Ec. (1.34), ω debe ser un múltiplo entero de ω_0. Es decir, un conjunto de exponenciales complejas relacionadas armónicamente es un conjunto de exponenciales periódicas con frecuencias fundamentales que son múltiplos de una sola frecuencia positiva ω_0:

$$\phi_k(t) = e^{jk\omega_0 t}, \quad k = 0, \pm 1, \pm 2, \ldots \qquad (1.36)$$

Para $k = 0$, $\phi_k(t)$ es una constante, mientras que para cualquier otro valor de k, $\phi_k(t)$ es periódica con *frecuencia fundamental* $|k|\omega_0$ y *período fundamental*

$$\frac{T_0}{|k|} = \frac{2\pi}{|k|\omega_0} \qquad (1.37)$$

el k-ésimo armónico $\phi_k(t)$ todavía es periódico con período T_0, a medida que recorre $|k|$ de sus períodos fundamentales durante cualquier intervalo de duración T_0.

1.8.2 Señales Exponenciales Complejas Generales

El caso más general de una señal exponencial compleja puede expresarse e interpretarse en función de los casos examinados hasta ahora: la exponencial real y la exponencial compleja periódica. Específicamente, considere una señal exponencial compleja Ae^{st}, donde A se expresa en forma polar y s en forma rectangular; es decir,

$$A = |A|e^{j\theta}$$

y

$$s = \sigma + j\omega$$

Entonces,

$$Ae^{st} = |A|e^{j\theta}e^{(\sigma+j\omega)t} = |A|e^{\sigma t}e^{j(\omega t+\theta)} \tag{1.38}$$

Usando la identidad de Euler, se puede expandir esta relación para obtener

$$Ae^{st} = |A|e^{\sigma t}\cos(\omega t+\theta) + j|A|e^{\sigma t}\operatorname{sen}(\omega t+\theta) \tag{1.39}$$

Así que para $\sigma = 0$, las partes real e imaginaria de una exponencial compleja son señales sinusoidales. Para $\sigma > 0$, ellas corresponden a señales sinusoidales multiplicadas por una exponencial real creciente (*sinusoides no amortiguadas*) y, para $\sigma < 0$, corresponden a señales sinusoidales multiplicadas por una exponencial real decreciente (*sinusoides amortiguadas*). Ambos casos se ilustran en la Fig. 1.26. Las líneas punteadas representan las funciones $\pm|A|e^{\sigma t}$. De la Ec. (1.39) vemos que $|A|e^{\sigma t}$ es la magnitud de la exponencial compleja. Así que las líneas de puntos se comportan como una envolvente para las curvas oscilatorias en la figura, donde los picos de las oscilaciones justo tocan estas curvas y, de esta manera, la envolvente proporciona una forma conveniente de visualizar la tendencia general en la amplitud de la oscilación.

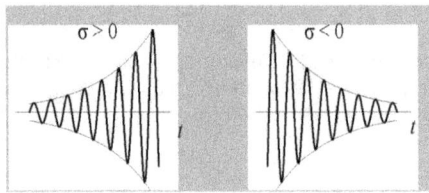

Figura 1.26. Señales sinusoidales multiplicadas por señales exponenciales.

Las señales sinusoidales multiplicadas por exponenciales decrecientes comúnmente se conocen como *sinusoides amortiguadas*. Ejemplos de ellas se encuentran en la respuesta de redes eléctricas compuestas de resistores-inductores-capacitores (*RLC*) y en sistemas mecánicos que contienen fuerzas de amortiguamiento y de restauración (el amortiguamiento de los automóviles, por ejemplo). Estos sistemas poseen mecanismos que disipan energía (resistores, fricción, etc.).

1.8.3 La Función Escalón Unitario

La función *escalón unitario* $u(t)$ pertenece a una clase de funciones denominadas *funciones singulares* y se define como

$$u(t) = \begin{cases} 1 & t > 0 \\ 0 & t < 0 \end{cases} \qquad (1.40)$$

y se muestra en la Fig. 1.27a. Observe que es discontinua en $t = 0$ y que el valor en $t = 0$ no está definido. En la misma forma se define la función escalón unitario desplazado $u(t - t_0)$:

$$u(t - t_0) = \begin{cases} 1 & t > t_0 \\ 0 & t < t_0 \end{cases} \qquad (1.41)$$

y la cual se muestra en la Fig. 1.27b.

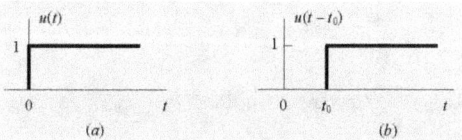

Figura 2.27. La función escalón unitario.

La función escalón unitario tiene la propiedad siguiente:

$$u(t - t_0) = \left[u(t - t_0)\right]^2 = \left[u(t - t_0)\right]^k \qquad (1.42)$$

donde k es un entero positivo. Esta propiedad se base en las relaciones $(0)^k = 0$ y $(1)^k = 1$, $k = 1, 2, \ldots$. Una segunda propiedad está relacionada con el escalamiento en el tiempo:

$$u(at - t_0) = u(t - t_0/a), \quad a \neq 0 \qquad (1.43)$$

Observe que no se definió el valor de la función escalón unitario en el punto donde ocurre el escalón. Para este valor no existe una definición estándar.

Otra función útil es el *pulso rectangular unitario*, $\text{rect}(t/\tau)$, el cual se define como

$$\text{rect}(t/\tau) = \begin{cases} 1, & -\tau/2 < t < \tau/2 \\ 0, & \text{otros valores de } t \end{cases}$$

Esta función se grafica en la Fig. 1.28(a). Se puede expresar en tres formas diferentes como una combinación de funciones escalón:

$$\text{rect}(t/\tau) = \begin{cases} u(t + \tau/2) - u(t - \tau/2) \\ u(\tau/2 - t) - u(-\tau/2 - t) \\ u(t + \tau/2)u(\tau/2 - t) \end{cases} \qquad (1.44)$$

La función pulso rectangular desplazada en el tiempo es dada por

$$\text{rect}\left[(t - t_0)/\tau\right] = \begin{cases} 1, & t_0 - \tau/2 < t < t_0 + \tau/2 \\ 0, & \text{otros valores de } t \end{cases} \qquad (1.45)$$

Esta función se grafica en la Fig. 1.28(b).

La integral de la función escalón unitario produce la función rampa unitaria:

$$\int_0^t u(\tau - t_0)d\tau = \int_{t_0}^t d\tau = \tau \Big|_{t_0}^t = (t - t_0)u(t - t_0) = r(t - t_0) \qquad (1.46)$$

Observe que el escalón unitario es la derivada de la rampa unitaria.

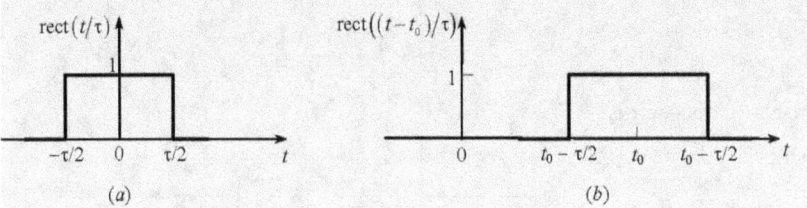

Figura 1.28. (a) Pulso rectangular unitario. (b) Función rectangular desplazada en el tiempo.

1.8.4 La Función Impulso Unitario

En aplicaciones de modelado prácticas, con frecuencia nos encontramos con discontinuidades en una señal $x(t)$ de tiempo continuo. Una señal así no posee derivadas finitas en sus discontinuidades. No obstante, por razones conceptuales y operacionales, es deseable incluir la derivada de la señal $x(t)$ en nuestras consideraciones; por tanto, ahora se introduce el concepto de la *función impulso unitario*, aunque esta función no puede aparecer en la naturaleza; de hecho, la función impulso no es una función matemática en el sentido común. Esta función, también conocida como la *función delta de Dirac*, se denota por $\delta(t)$ y se representa gráficamente mediante una flecha vertical, como en la Fig. 1.29.

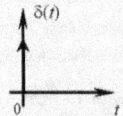

Figura 1.29

Tradicionalmente, $\delta(t)$ se define como el límite de una función convencional seleccionada adecuadamente y la cual tiene un área unitaria en un intervalo de tiempo infinitesimal, como la función ilustrada en la Fig. 1.30.

En un sentido matemático estricto, la función impulso es un concepto bastante sofisticado. Sin embargo, para las aplicaciones de interés es suficiente comprender sus propiedades formales y aplicarlas correctamente. En lo que se expone a continuación se presentan estas propiedades, recalcando no el rigor sino la facilidad operacional. En las aplicaciones prácticas de algunos modelos, con frecuencia encontramos discontinuidades abruptas en una señal $f(t)$ (como la de la Fig. 1.30). Esta señal no posee derivadas finitas en esas discontinuidades. No obstante, muchas veces es deseable incluir las derivadas de la señal en nuestras consideraciones. Es aquí donde tiene su aplicación el concepto de la función impulso unitario. Antes de enunciar algunas de las propiedades de la función impulso considere la función dada por

$$x_n(t) = \begin{cases} 0, & t < 0 \\ n, & 0 < t < \dfrac{1}{n} \\ 0, & t > \dfrac{1}{n} \end{cases}$$

Para $n = 1$, 2 y 3, los pulsos $x_1(t)$, $x_2(t)$ y $x_3(t)$ se muestran en la Fig. 1.30b. Conforme n aumenta, la anchura del pulso disminuye y la altura aumenta. Como consecuencia, el área del pulso para toda n es igual a la unidad:

$$\int_0^\varepsilon x_n(t)\,dt = 1, \qquad \varepsilon > \dfrac{1}{n}$$

En el límite, conforme $n \to \infty$, para un número ε positivo, se tiene que

$$\lim_{n \to \infty} \int_0^\varepsilon x_n(t)\,dt = 1$$

lo que da una forma de definir la *función impulso unitario* como

$$\delta(t) \equiv \lim_{n \to \infty} x_n(t)$$

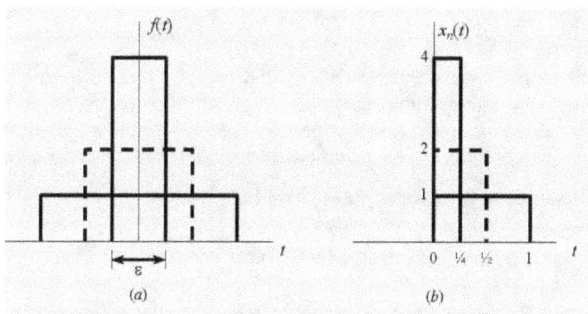

Figura 1.30. Funciones modelos para obtener una función impulso.

La función impulso $\delta(t)$ tiene las siguientes propiedades:

1. Es una señal de área unitaria con valor cero en todas partes excepto en el origen:

$$\delta(t) = \begin{cases} 0, & t \neq 0 \\ \text{no está definida en } t = 0 \end{cases} \tag{1.47}$$

$$\int_{-\infty}^{\infty} \delta(t)\,dt = 1 \tag{1.48}$$

Pero una función ordinaria que es igual a cero en todas partes excepto en el origen debe tener una integral de valor cero (en el sentido de la integral de Riemann). Así que $\delta(t)$ no puede ser una función ordinaria y matemáticamente se define por

$$\int_{-\infty}^{\infty} \varphi(t)\delta(t)\,dt = \varphi(0) \qquad (1.49)$$

donde φ(*t*) es una función continua en el origen. Esta propiedad se conoce como la *propiedad de selección* o *de filtrado* de la función impulso unitario.

Una definición alterna de δ(*t*) está dada por

$$\int_{a}^{b} \varphi(t)\delta(t)\,dt = \begin{cases} \varphi(0), & ab < 0 \\ 0, & ab > 0 \\ \text{no definida}, & a=0 \text{ o } b=0 \end{cases} \qquad (1.50)$$

Observe que la Ec. (1.45) o la Ec. (1.46) es una expresión simbólica y no debe ser considerada una integral de Riemann ordinaria. En este sentido, a δ(*t*) se le refiere con frecuencia como una *función generalizada* y a φ(*t*) como una *función de prueba*. Tome nota que la función impulso es una función ficticia con propiedades "ideales" que *ninguna función real* posee.

2. La función delta es la derivada de la función escalón unitario, es decir,

$$\delta(t) = \frac{d\,u(t)}{dt} \qquad (1.51)$$

La demostración de esta propiedad se deja como un ejercicio para el lector. Esta última ecuación también puede usarse para definir la función δ(*t*) como

$$\int_{-\infty}^{t} \delta(\tau)\,d\tau = u(t) \qquad (1.52)$$

El resultado de diferenciar la función escalón unitario *u*(*t*) no es una función en el sentido matemático usual. La derivada no está definida en el único punto *t* = 0 donde no es cero. Sin embargo, se ha demostrado que esta derivada es muy útil en el modelado y análisis de sistemas y ahora se considera a esta derivada como el límite de una derivada que sí existe.

Al igual que δ(*t*), la función delta retrasada, δ(*t* − t_0), se define por

$$\int_{-\infty}^{\infty} \varphi(t)\delta(t-t_0)\,dt = \varphi(t_0) \qquad (1.53)$$

Un uso práctico de la función impulso en la Ec. (1.53) es en el modelado de las operaciones de muestreo, ya que el resultado de tomar muestras es la selección de un valor de la función en un instante particular del tiempo. Una señal de tiempo se muestrea mediante un convertidor analógico-a-digital de forma que las muestras de la señal pueden ser procesadas por una computadora o almacenadas en la memoria de una computadora; este proceso con frecuencia se modela como en la Ec. (1.53). Si el modelo de muestreo se basa en la función impulso, se dice que el muestreo es *ideal*, ya que es imposible que una función impulso aparezca en un sistema físico. Sin embargo, el muestreo ideal puede modelar *con precisión* el muestreo físico en muchas aplicaciones.

A continuación se presentan algunas consecuencias de las propiedades anteriores:

De la propiedad de la definición en (1.44), se tiene que la función δ(*t*) es una función *par*, es decir,

$$\delta(t) = \delta(-t) \qquad (1.54)$$

También,

$$\delta(at) = \frac{1}{|a|}\delta(t) \quad (1.55)$$

La función $\delta(t - t_0)$ es la derivada de la función escalón unitario retrasado:

$$\delta(t - t_0) = \frac{du(t - t_0)}{dt} \quad (1.56)$$

Si $\varphi(t)$ es continua en $t = 0$,

$$\varphi(t)\delta(t) = \varphi(0)\delta(t) \quad (1.57)$$

y si es continua en $t = t_0$,

$$\varphi(t)\delta(t - t_0) = \varphi(t_0)\delta(t - t_0) \quad (1.58)$$

Estas dos últimas ecuaciones representan la *propiedad de muestro* de la función delta, es decir, la multiplicación de cualquier función $\varphi(t)$ por la función delta resulta en una muestra de la función en los instantes donde la función delta no es cero. El estudio de los sistemas en tiempo discreto se base en esta propiedad.

Una *función impulso de n–ésimo orden* se define como la *n*–ésima derivada de $u(t)$, es decir

$$\delta^{(n)}(t) = \frac{d^n}{dt}[u(t)] \quad (1.59)$$

La función $\delta'(t)$ se denomina *doblete*, $\delta''(t)$ *triplete*, y así sucesivamente.

Usando las Ecs. (1.47) y (1.48), se obtiene que cualquier función continua $x(t)$ puede expresarse como

$$x(t) = \int_{-\infty}^{\infty} x(\tau)\delta(t - \tau)d\tau \quad (1.60)$$

Esta identidad es básica. Diferenciándola con respecto a *t*, se obtiene

$$x'(t) = \int_{-\infty}^{\infty} x(\tau)\delta'(t - \tau)d\tau \quad (1.61)$$

y para $t = 0$,

$$x'(0) = \int_{-\infty}^{\infty} x(\tau)\delta'(-\tau)d\tau \quad (1.62)$$

Puesto que $\delta(t)$ es una función par, su derivada $\delta'(t)$, el *doblete*, es *impar*, es decir,

$$\delta'(t) = -\delta'(-t) \quad (1.63)$$

por lo que al usar esta propiedad, la Ec. (1.55) se convierte en

$$\int_{-\infty}^{\infty} x(t)\delta'(t)dt = -x'(0) \quad (1.64)$$

También se puede demostrar que (¡hágalo Ud.!)

$$\int_{-\infty}^{\infty} x(\tau)\delta'(t - \tau)d\tau = -x'(t) \quad (1.65)$$

Si $g(t)$ es una función generalizada, su n-ésima derivada generalizada $g^{(n)}(t) = d^n g(t)/dt^n$ se define mediante la siguiente relación:

$$\int_{-\infty}^{\infty} \varphi(t) g^{(n)}(t)\,dt = (-1)^n \int_{-\infty}^{\infty} \varphi^{(n)}(t) g(t)\,dt \quad (1.66)$$

donde $\varphi(t)$ es una función de prueba que puede ser diferenciada un número arbitrario de veces y se anula fuera de algún intervalo fijo. Como una aplicación de la Ec. (1.59) y la Ec. (1.58), si $g(t) = \delta(t)$, entonces

$$\int_{-\infty}^{\infty} \varphi(t) \delta^{(n)}(t-x)\,dt = (-1)^n \varphi^{(n)}(x) \quad (1.67)$$

De la Ec. (1.52) se tiene que la función escalón unitario $u(t)$ puede expresarse como

$$u(t) = \int_{-\infty}^{t} \delta(\tau)\,d\tau \quad (1.68)$$

Ejemplo 15. Halle y dibuje la primera derivada de las señales siguientes:

(a) $x(t) = u(t) - u(t-a) \quad a > 0$
(b) $x(t) = t[u(t) - u(t-a)] \quad a > 0$

Solución:

(a) Usando la Ec. (1.46), tenemos que

$$u'(t) = \delta(t) \quad \text{y} \quad u'(t-a) = \delta(t-a)$$

Entonces,

$$x'(t) = u'(t) - u'(t-a) = \delta(t) - \delta(t-a)$$

Las señales $x(t)$ y $x'(t)$ se dibujan en la Fig. 1.31.

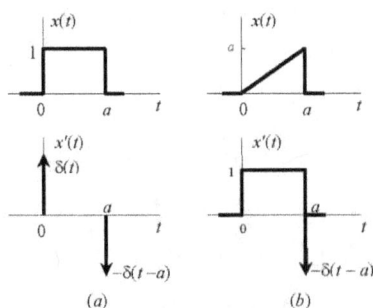

Figura 1.31

(b) Usando la regla para la derivada del producto de dos funciones y el resultado de la parte (a), se obtiene

$$x'(t) = u(t) - u(t-a) + t[\delta(t) - \delta(t-a)]$$

Pero, por las Ecs. (1.51) y (1.52),

$$t\delta(t) = (0)\delta(t) = 0 \quad \text{y} \quad t\delta(t-a) = a\delta(t-a)$$

Y, por ello,

$$x'(t) = u(t) - u(t-a) - a\delta(t-a)$$

Las señales $x(t)$ y $x'(t)$ se grafican en la Fig. 1.31b.

1.9 Señales de Tiempo Discreto Básicas

1.9.1 Secuencias Exponenciales Complejas Generales

Igual que en tiempo continuo, una señal importante en tiempo discreto es la *secuencia exponencial compleja*

$$x[n] = A\alpha^n \tag{1.69}$$

donde A y α son, en general, cantidades complejas. Esto podría expresarse alternativamente en la forma

$$x[n] = Ae^{\beta n} \tag{1.70}$$

donde $\alpha = e^{\beta}$.

Aunque la forma de la secuencia exponencial compleja dada en la Ec. (1.70) es más parecida a la forma de la función exponencial en tiempo continuo, a menudo es más conveniente expresarla en la forma de la Ec. (1.69).

1.9.2 Secuencias Exponenciales Reales

Si en la Ec. (1.69) A y α son reales, podemos tener diferentes tipos de conducta para las secuencias, como se ilustra en la Fig. 1.32. Si $|\alpha| > 1$, la magnitud de la señal crece exponencialmente con n, mientras que si $|\alpha| < 1$, tenemos una exponencial decreciente. Adicionalmente, si α es positiva, todos los valores de $A\alpha^n$ tienen el mismo signo, pero si α es negativa, entonces los signos de $x[n]$ se alternan. Observe también que si $\alpha = 1$, entonces $x[n]$ es una constante, mientras que si $\alpha = -1$, el valor de $x[n]$ se alterna entre $+A$ y $-A$. Las exponenciales en tiempo discreto de valores reales con frecuencia se usan para describir el crecimiento de una población en función de su tasa de generación, el retorno de una inversión en función del día, mes, etc.

1.9.3 Señales Sinusoidales

Otra exponencial compleja importante se obtiene usando la forma dada en la Ec. (1.70) y restringiendo β a ser puramente imaginaria (de modo que $|\alpha| = 1$). Específicamente, considere la expresión

$$x[n] = e^{j\Omega_0 n} \tag{1.71}$$

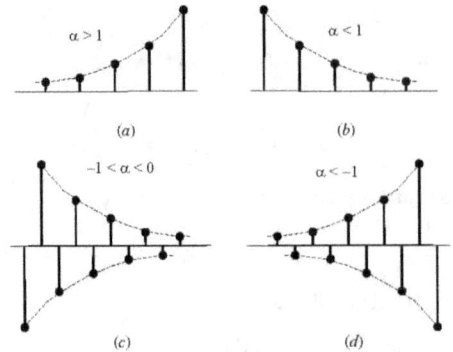

Figura 1.32

Igual que en el caso de tiempo continuo, esta señal está íntimamente relacionada con la señal sinusoidal

$$x[n] = A\cos(\Omega_0 n + \varphi) \tag{1.72}$$

Si tomamos al parámetro n como adimensional, entonces Ω_0 y φ tienen las dimensiones de radianes. En la Fig. 1.33 se ilustra un ejemplo de una secuencia sinusoidal.

La relación de Euler nos permite escribir

$$e^{j\Omega_0 n} = \cos\Omega_0 n + j\,\text{sen}\,\Omega_0 n \tag{1.73}$$

y

$$A\cos(\Omega_0 n + \varphi) = \tfrac{1}{2}e^{j\varphi}e^{j\Omega_0 n} + \tfrac{1}{2}e^{-j\varphi}e^{-j\Omega_0 n} \tag{1.74}$$

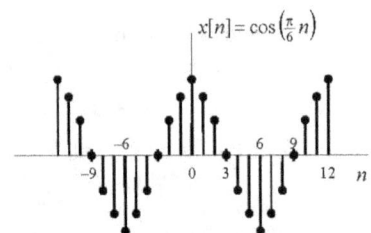

Figura 1.33

Las señales en las Ecs. (1.73) y (1.74) son ejemplos de señales de tiempo discreto con energía total infinita pero potencia promedio finita. Por ejemplo, puesto que $\left|e^{j\Omega_0 n}\right| = 1$, toda muestra de la señal en la Ec. (1.73) contribuye con 1 a la energía de la señal, por lo que la energía total para $-\infty < n < +\infty$ es infinita, mientras que la potencia promedio para algún período de tiempo es obviamente igual a 1.

1.9.4 Señales Exponenciales Complejas Generales

La exponencial compleja de tiempo discreto general puede escribirse e interpretarse en función de señales exponenciales reales y de señales sinusoidales. Específicamente, si escribimos A y α en forma polar,

$$A = |A|e^{j\theta}$$

y

$$\alpha = |\alpha|e^{j\Omega_0}$$

entonces

$$A\alpha^n = |A||\alpha|^n \cos(\Omega_0 n + \theta) + j|A||\alpha|^n \operatorname{sen}(\Omega_0 n + \theta) \qquad (1.75)$$

Así que para $|\alpha|=1$, las partes real e imaginaria de una secuencia exponencial compleja son sinusoides. Para $|\alpha|<1$, ellas corresponden a secuencias sinusoidales multiplicadas por una exponencial decreciente (Fig. 1.34a), mientras que para $|\alpha|>1$, ellas corresponden a secuencias sinusoidales multiplicadas por exponenciales crecientes (Fig. 1.34b).

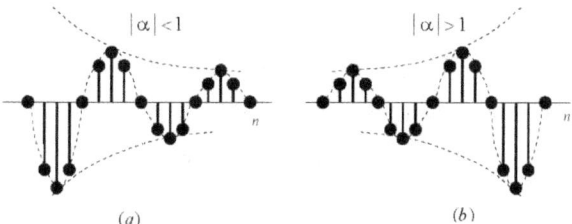

Figura 1.34

1.9.5 Periodicidad de las Exponenciales Complejas

Aunque hay muchas semejanzas entre las señales exponenciales de tiempo continuo y las de tiempo discreto, también hay diferencias importantes. Una de ellas se relaciona con la señal $e^{j\Omega_0 n}$. En la Sección 1.8.1 se señalaron las dos propiedades siguientes de su contraparte de tiempo continuo $e^{j\omega_0 t}$: (1) Mientras mayor sea la magnitud de ω_0, más grande será la tasa de oscilación de la señal; y (2) $e^{j\omega_0 t}$ es periódica para cualquier valor de ω_0. Ahora se describirán las versiones en tiempo discreto de estas propiedades y, como se verá, hay diferencias bien definidas entre ellas y sus equivalentes en tiempo continuo.

El hecho de que la primera de estas propiedades sea distinta en tiempo discreto, es una consecuencia directa de otra diferencia extremadamente importante entre las exponenciales complejas de tiempo discreto y las de tiempo continuo. Específicamente, considere la exponencial compleja con frecuencia igual a $\Omega_0 + 2k\pi$, donde k es un entero:

$$e^{j(\Omega_0 + 2k\pi)n} = e^{j\Omega_0 n}e^{j2k\pi n} = e^{j\Omega_0 n} \qquad (1.76)$$

puesto que $e^{j2k n\pi} = 1$. De la Ec. (1.76) vemos que la secuencia exponencial compleja con frecuencia Ω_0 es *la misma* que las secuencias con frecuencias iguales a $\Omega_0 \pm 2\pi$, $\Omega_0 \pm 4\pi$, etc. Así que tenemos una situación muy diferente de la del caso en tiempo continuo, donde las señales $e^{j\omega_0 t}$ son *todas distintas* para distintos valores de ω_0. En tiempo discreto, las señales $e^{j\Omega_0 n}$ *no son todas distintas*. Como lo indica la Ec. (1.69); las señales que están separadas por 2π radianes son idénticas y, por ello, al tratar con secuencias exponenciales en tiempo discreto, solamente necesitamos considerar un intervalo de longitud 2π en el cual seleccionar Ω_0. En la mayoría de los casos se usará el intervalo $0 \le \Omega_0 < 2\pi$ o el intervalo $-\pi \le \Omega_0 < \pi$.

Debido a la periodicidad implicada por la Ec. (1.76), la señal $e^{j\Omega_0 n}$ *no tiene* una tasa de oscilación que aumenta continuamente conforme Ω_0 aumenta en magnitud. Más bien, a medida que aumentamos Ω_0 desde 0, obtenemos señales con tasas de oscilación crecientes hasta alcanzar el valor $\Omega_0 = \pi$. De allí en adelante, al continuar aumentando Ω_0, *disminuye* la tasa de oscilación hasta llegar al valor $\Omega_0 = 2\pi$, que es la misma que en $\Omega_0 = 0$. ¡El proceso comienza de nuevo!

1.9.6 Periodicidad de la Exponencial Compleja

Para que la señal $e^{j\Omega_0 n}$ sea periódica con período $N > 0$, se debe cumplir que

$$e^{j\Omega_0 (n+N)} = e^{j\Omega_0 n}$$

o, equivalentemente, que

$$e^{j\Omega_0 N} = 1 \qquad (1.77)$$

Esta ecuación se satisface si $\Omega_0 N$ es un múltiplo entero de 2π, es decir,

$$\Omega_0 N = 2\pi m \quad m \text{ un entero positivo}$$

u

$$\frac{\Omega_0}{2\pi} = \frac{m}{N} \quad \text{un número racional} \qquad (1.78)$$

Por ello, la secuencia $e^{j\Omega_0 n}$ no es periódica para cualquier valor de Ω_0; es decir, si Ω_0 satisface la condición de periodicidad en la Ec. (1.78), $\Omega_0 \ne 0$ y si N y m no tienen factores en común, el período fundamental N_0 de la secuencia $e^{j\Omega_0 n}$ está dado por

$$N_0 = m\left(\frac{2\pi}{\Omega_0}\right) \qquad (1.79)$$

En esta ecuación, m es el menor entero positivo que satisface esta ecuación tal que N es un entero mayor que la unidad.

De acuerdo con la Ec. (1.78), la señal $e^{j\Omega_0 n}$ es periódica si $\Omega_0/2\pi$ es un número racional, y no lo es para cualquier otro valor (la señal $e^{j\Omega_0 n}$ *siempre* es periódica en Ω con periodo 2π). Estas mismas observaciones también son válidas para sinusoides de tiempo discreto. Por ejemplo, la secuencia en la Fig. 1.35, $x[n] = \cos\left(n\frac{\pi}{6}\right)$, es periódica con período fundamental igual a 12, pero la secuencia dada por $x[n] = \cos(n/2)$ no lo es.

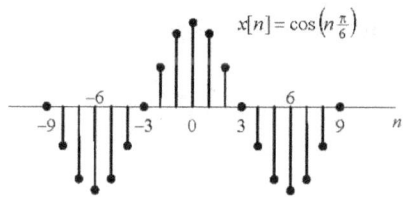

Figura 1.35

Ejemplo 16. Sea

$$x[n] = e^{j(7\pi/9)n}$$

Entonces

$$\frac{\Omega_0}{2\pi} = \frac{7\pi/9}{2\pi} = \frac{7}{18} = \frac{m}{N}$$

Así pues, $x[n]$ es periódica y su período fundamental, obtenido al hacer $m = 7$, es igual a 18.

Si $x[n]$ es la suma de dos secuencias periódicas $x_1[n]$ y $x_2[n]$, las cuales tienen periodos fundamentales N_1 y N_2, respectivamente, entonces si

$$mN_1 = kN_2 = N \qquad (1.80)$$

donde m y k son enteros, $x[n]$ es periódica con período N (¡demuéstrelo!). Puesto que siempre podemos encontrar enteros m y k que satisfagan la Ec. (1.80), se deduce que la suma de dos secuencias periódicas es también periódica y su período fundamental es el mínimo común múltiplo de N_1 y N_2.

Igual que en el caso de tiempo continuo, en el análisis de sistemas y señales en tiempo discreto también es muy importante considerar conjuntos de exponenciales relacionadas armónicamente – es decir, exponenciales periódicas con un período común N_0. De la Ec. (1.78) sabemos que éstas son precisamente las señales con frecuencias que son múltiplos de $2\pi/N_0$. Es decir,

$$\Psi_k[n] = e^{jk\Omega_0 n}, \qquad \Omega_0 = \frac{2\pi}{N_0}, \qquad k = 0, \pm 1, \pm 2, \ldots \qquad (1.81)$$

En el caso de tiempo continuo, todas las exponenciales complejas relacionadas armónicamente, $e^{jk(2\pi/T_0)}$, $k = 0, \pm 1, \pm 2, \ldots$, son distintas. Sin embargo, debido a la Ec. (1.76), éste no es el caso en tiempo discreto. Específicamente,

$$\Psi_{k+N_0}[n] = e^{j(k+N_0)(2\pi/N_0)n} = e^{jk(2\pi/N_0)n} = \Psi_k[n] \qquad (1.82)$$

la cual implica que sólo hay N_0 exponenciales periódicas distintas en el conjunto dado por la Ec. (1.78) y, por ello, se tiene que

$$\Psi_0[n] = \Psi_{N_0}[n], \quad \Psi_1[n] = \Psi_{N_0+1}[n], \ldots, \Psi_k[n] = \Psi_{N_0+k}[n], \ldots \qquad (1.83)$$

1.9.7 La Secuencia Escalón Unitario

La secuencia *escalón unitario* $u[n]$ se define como

$$u[n] = \begin{cases} 1, & n \geq 0 \\ 0, & n < 0 \end{cases} \quad (1.84)$$

la cual se muestra en la Fig. 1.36a. Observe que el valor de $u[n]$ está definido en $n = 0$ (a diferencia de la función escalón unitario de tiempo continuo, que no lo está en $t = 0$). En forma similar, la secuencia escalón unitario desplazado $u[n - k]$ se define como

$$u[n-k] = \begin{cases} 1, & n \geq k \\ 0, & n < k \end{cases} \quad (1.85)$$

y se muestra en la Fig. 1.36b.

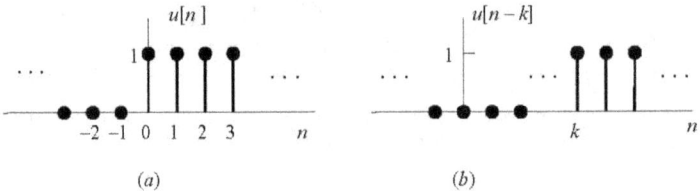

Figura 1.36

1.9.8 La Secuencia Impulso Unitario

Una de las señales más sencillas de tiempo discreto es la secuencia *impulso unitario* (o *muestra unitaria*), la cual se define como

$$\delta[n] = \begin{cases} 1 & n = 0 \\ 0 & n \neq 0 \end{cases} \quad (1.86)$$

y se ilustra en la Fig. 1.37a. En forma análoga, la secuencia impulso unitario desplazado (o muestra unitaria que ocurre en $n = k$, $\delta[n - k]$ se define como

$$\delta[n-k] = \begin{cases} 1 & n = k \\ 0 & n \neq k \end{cases} \quad (1.87)$$

la cual se muestra en la Fig. 1.37b.

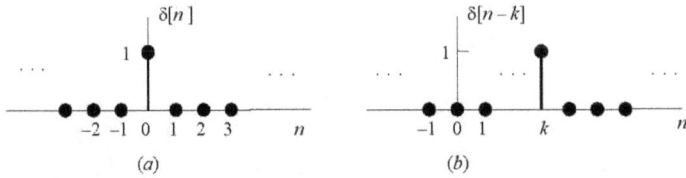

Figura 1.37

A diferencia de la función impulso unitario de tiempo continuo $\delta(t)$, $\delta[n]$ se define para todos los valores de n sin complicaciones o dificultades analíticas; observe que la magnitud del impulso discreto es siempre finita. A partir de las definiciones (1.86) y (1.87) se ve rápidamente que

$$x[n]\delta[n] = x[0]\delta[n]$$

$$x[n]\delta[n-k] = x[k]\delta[n-k]$$

las cuales representan la *propiedad de selección* de la secuencia impulso unitario, es decir, la secuencia impulso unitario puede usarse para tomar muestras de la señal $x[n]$.

La relación en tiempo discreto entre el impulso y el escalón unitarios viene dada por la llamada *primera diferencia*; ella es

$$\delta[n] = u[n] - u[n-1] \qquad (1.88)$$

Inversamente, el escalón unitario es la *suma acumulada* de la muestra unitaria; es decir,

$$u[n] = \sum_{m=-\infty}^{n} \delta[m] \qquad (1.89)$$

Observe en la Ec. (1.89) que la suma acumulada es igual a 0 para $n < 0$ y 1 para $n \geq 0$. Adicionalmente, si se cambia la variable de la sumatoria de m a $k = n - m$, la Ec. (1.89) se convierte en

$$u[n] = \sum_{k=0}^{\infty} \delta[n-k] \qquad (1.90)$$

En la Ec. (1.83) el valor diferente de cero de $\delta[n-k]$ ocurre cuando $k = n$, así que de nuevo vemos que la sumatoria es 0 para $n < 0$ y 1 para $n \geq 0$. Una interpretación de la Ec. (1.90) es verla como una superposición de impulsos retardados, es decir, podemos considerar la ecuación como la suma de un impulso unitario $\delta[n]$ en $n = 0$, un impulso unitario $\delta[n-1]$ en $n = 1$, otro, $\delta[n-2]$ en $n = 2$, etc.

1.10 Sistemas y Clasificación de Sistemas

Los *sistemas físicos* en el sentido más amplio son un conjunto de componentes o bloques funcionales interconectados para alcanzar un objetivo deseado. Para nuestros propósitos, un *sistema* es un modelo matemático que relaciona las señales de *entrada* (excitaciones) al sistema con sus señales de *salida* (respuestas), esto es, un sistema es un proceso para el cual existen relaciones de causa (excitación) y efecto (respuesta) y las relaciones se expresan como ecuaciones (el modelo del sistema).

Un ejemplo de un sistema físico es un sistema de alta fidelidad, el cual toma una señal de audio grabada y reproduce esa señal. Si el sistema tiene controles de tono, se puede cambiar la calidad tonal de la señal reproducida; en otras palabras, el sistema *procesa* la señal de entrada. De igual modo, la red sencilla de la Fig. 1.38 se puede considerar como un sistema que procesa un voltaje de entrada $v_e(t)$ y produce un voltaje de salida $v_s(t)$. Un sistema de realce de imágenes transforma una imagen de entrada en una imagen de salida con algunas propiedades deseadas como, por ejemplo, un mayor contraste entre los colores.

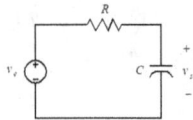

Figura 1.38

Si *x* y *y* son las señales de entrada y de salida, respectivamente, de un sistema, entonces el sistema se considera como una *transformación* de *x* en *y*. Esta representación se denota por

$$y = \mathbf{T}[x] \tag{1.91}$$

donde **T** es el *operador* que representa alguna regla bien definida mediante la cual la excitación *x* es transformada en la respuesta *y*. Esta notación no indica una función, esto es, **T**[*x*(*t*)] no es una función matemática en la cual se sustituye *x*(*t*) y se calcula *y*(*t*) directamente. El conjunto explícito de ecuaciones que relaciona la entrada *x*(*t*) con la salida *y*(*t*) se denomina el *modelo matemático* del sistema. La relación (1.91) se ilustra en la Fig. 1.39*a*, mediante un diagrama de bloques, para el caso de un sistema de una sola entrada y una sola salida. La Fig. 1.39*b* ilustra un sistema con entradas y salidas múltiples. En estas notas solamente nos ocuparemos de sistemas con una sola entrada y una sola salida.

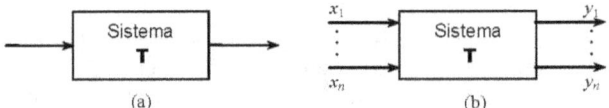

Figura 1.39

1.10.1 Sistemas en Tiempo Continuo y en Tiempo Discreto

Un *sistema en tiempo continuo* es un sistema en el cual las señales de entrada y de salida son de tiempo continuo (Fig. 1.40*a*); en el sistema no aparecen señales en tiempo discreto. Si las señales de entrada y de salida son de tiempo discreto, entonces el sistema se llama un *sistema en tiempo discreto* (Fig. 1.40*b*). Ambos sistemas también se denotarán simbólicamente por

$$\begin{array}{ll} x(t) \to y(t) & (a) \\ x[n] \to y[n] & (b) \end{array} \tag{1.92}$$

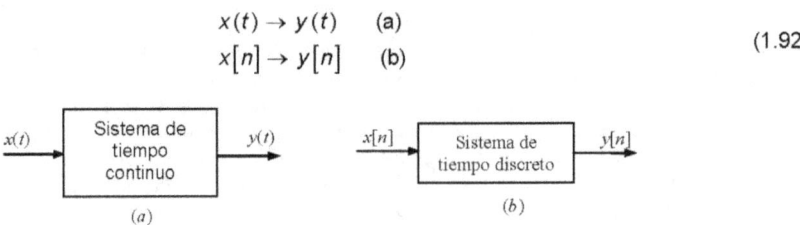

Figura 1.40

Ejemplo 17. Considere la red *RC* de la Fig. 1.38. Si tomamos al voltaje $v_e(t)$ como la señal de entrada y al voltaje $v_s(t)$ como la señal de salida, entonces, aplicando la ley de Ohm, la corriente que pasa por el resistor *R* es

$$i(t) = \frac{v_e(t) - v_s(t)}{R}$$

Esta corriente está relacionada con el voltaje en el capacitor, $v_s(t)$, por

$$i(t) = C\frac{dv_s(t)}{dt}$$

y de estas dos últimas relaciones, obtenemos la ecuación diferencial que conecta la entrada con la salida:

$$\frac{dv_s(t)}{dt} + \frac{1}{RC}v_s(t) = \frac{1}{RC}v_e(t) \qquad (1.93)$$

En general, los sistemas en tiempo continuo en una sola variable están descritos por ecuaciones diferenciales ordinarias. En el Ejemplo 17, la ecuación diferencial ordinaria es una con coeficientes constantes, lineal y de primer orden, de la forma

$$\frac{dy(t)}{dt} + ay(t) = bx(t) \qquad (1.94)$$

en la cual $x(t)$ es la entrada y $y(t)$ es la salida y *a* y *b* son constantes.

Ejemplo 18. Un ejemplo sencillo de un sistema de tiempo discreto, lo da un modelo simplificado para el balance mensual de una cuenta bancaria de ahorros. Específicamente, sea $y[n]$ el balance al final del *n*-ésimo mes y suponga que $y[n]$ evoluciona mensualmente de acuerdo con la ecuación

$$y[n] = 1.01y[n-1] + x[n]$$

o

$$y[n] - 1.01y[n-1] = x[n] \qquad (1.95)$$

donde $x[n]$ representa el depósito neto (es decir, depósitos menos retiros) durante el *n*-ésimo mes y el término $1.01y[n]$ modela el hecho del aporte del 1% de interés mensual

La Ec. (1.95) es un ejemplo de una ecuación en diferencias lineal de primer orden y de coeficientes constantes, vale decir, una ecuación en diferencias de la forma

$$y[n] + ay[n-1] = bx[n]$$

Como lo sugieren los Ejemplos 17 y 18, las descripciones matemáticas de sistemas provenientes de una gran variedad de aplicaciones, con frecuencia tienen mucho en común, y este hecho es una de las mayores motivaciones para el desarrollo de herramientas que faciliten el análisis de señales y sistemas. Aquí la clave del éxito está en identificar clases de sistemas que posean dos características importantes:

1. Los sistemas deben tener propiedades y estructuras que se puedan explotar para obtener una mejor comprensión de su comportamiento y para desarrollar herramientas efectivas para el análisis.

2. Los sistemas de importancia práctica deben poder modelarse con la mayor precisión posible usando modelos teóricos básicos.

La mayor parte de este texto está dedicada a la primera de estas características y a su aplicación a *sistemas lineales e invariantes en el tiempo* (sistemas LIT). En la próxima sección se introducirán las propiedades que caracterizan este tipo de sistemas como también otras propiedades básicas de mucha importancia.

La segunda característica mencionada es de una importancia obvia para que cualquier técnica de análisis tenga valor práctico. Los sistemas que estudiaremos pueden modelar bastante bien una gran variedad de sistemas físicos. Sin embargo, un punto crítico es que cualquiera sea el modelo utilizado para analizar un sistema físico, ese modelo es una *idealización* y, por consiguiente, cualquier análisis basado en el modelo será tan bueno como lo sea el modelo. En el caso de resistores y capacitores reales, por ejemplo, los modelos idealizados son bastante precisos para muchas aplicaciones y proporcionan resultados y conclusiones útiles, siempre y cuando las variables físicas – voltajes y corrientes – permanezcan dentro de las bandas de operación establecidas por los modelos. Por ello, es importante en la práctica de ingeniería tener siempre presente los intervalos de validez de las suposiciones hechas para elaborar el modelo y también asegurarnos que cualquier análisis o diseño no viola esas suposiciones.

1.10.2 Sistemas Con y Sin Memoria

Se dice que un sistema es *instantáneo* o *sin memoria* si su salida $y(t)$ en cualquier instante t_0 depende solamente de su excitación $x(t)$ en ese instante, no de ningún valor pasado o futuro de la excitación. Si esto no es así, se dice que el sistema *tiene memoria*. Un ejemplo de un sistema sin memoria es un resistor R; con la entrada $x(t)$ tomada como la corriente y el voltaje tomado como la salida $y(t)$, la relación de entrada-salida (ley de Ohm) para el resistor es

$$y(t) = R\,x(t) \qquad (1.96)$$

Un sistema que no es instantáneo se dice *dinámico* y que tiene *memoria*. Así pues, la respuesta de un sistema dinámico depende no sólo de la excitación presente sino también de los valores de la entrada en tiempos previos. Un ejemplo de un sistema con memoria es un capacitor C con la corriente como la entrada $x(t)$ y el voltaje como la salida $y(t)$; entonces,

$$y(t) = \frac{1}{C}\int_{-\infty}^{t} x(\tau)\,d\tau \qquad (1.97)$$

El voltaje de salida $y(t)$ depende de todos los valores pasados del voltaje de entrada $x(t)$, como se puede ver al examinar los límites de la integración. En tiempo discreto, un ejemplo de un sistema con memoria es un *acumulador*, en el cual las secuencias de entrada y salida están relacionadas por

$$y[n] = \sum_{k=-\infty}^{n} x[k] \qquad (1.98)$$

y otro ejemplo es un *retardo*

$$y[n] = x[n-1] \qquad (1.99)$$

El concepto de memoria en un sistema, expuesto someramente, corresponde a la presencia de algún mecanismo que permite el almacenamiento de información sobre los valores de la excitación en tiempos diferentes del presente. Por ejemplo, el retardo en la Ec. (1.99) retiene el valor pasado inmediato. Del mismo modo, el acumulador de la Ec. (1.98), "recuerda" la información sobre todas las excitaciones hasta el momento presente; la relación (1.98) puede escribirse en la forma equivalente

$$y[n] = \sum_{k=-\infty}^{n-1} x\{k\} + x[n]$$

o

$$y[n] = y[n-1] + x[n] \qquad (1.100)$$

En estas dos últimas ecuaciones se observa que para obtener la salida en el tiempo presente, el acumulador debe recordar la suma acumulada de los valores previos, y esa suma es exactamente el valor precedente de la salida del acumulador.

1.10.3 Invertibilidad y Sistemas Inversos

Se dice que un sistema es *invertible* si excitaciones distintas producen respuestas distintas. En un sistema invertible, la entrada al sistema puede determinarse en forma única a partir de su salida. Como se ilustra en la Fig. 1.41a, si un sistema es invertible, entonces existe un *sistema inverso*, el cual, al ser excitado con la salida del sistema invertible, reproduce la señal original; es decir, en un sistema invertible siempre es posible recuperar la entrada si se conoce la salida; si las excitaciones diferentes (únicas) producen respuestas diferentes (únicas), entonces es posible, en principio, si se da la respuesta, asociarla con la excitación que la produjo.

Un ejemplo de un sistema de tiempo continuo invertible es

$$y(t) = 2x(t) \qquad (1.101)$$

y su inverso es

$$w(t) = \frac{1}{2} y(t) \qquad (1.102)$$

Los dos sistemas se ilustran en la Fig. 1.41b.

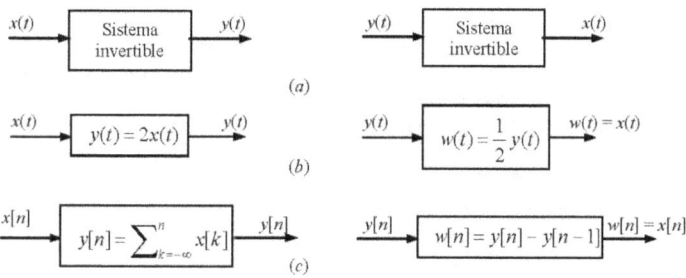

Figura 1.41

Otro ejemplo de un sistema invertible es el acumulador de la Ec. (1.98). En este sistema, la diferencia entre dos valores sucesivos es precisamente el último valor de la entrada. En consecuencia, para este caso el sistema inverso es

$$w[n] = y[n] - y[n-1] \qquad (1.103)$$

como se muestra en la Fig. 1.41c.

Ejemplos de sistemas no invertibles son

$$y[n] = 0 \qquad (1.104)$$

y
$$y(t) = x^2(t) \quad \Rightarrow \quad x(t) = \pm\sqrt{y(t)} \qquad (1.105)$$

En el primer caso, Ec. (1.104), el sistema produce la secuencia cero para cualquier entrada y, en el segundo caso, Ec. (1.105), no se puede determinar el signo de la función de entrada a partir del conocimiento de la señal de salida. Observe que en el primer caso, si $y[n] = c$, donde c es una constante, el sistema no es invertible.

El concepto de invertibilidad es muy importante. Un ejemplo bastante claro proviene de los sistemas para codificación utilizados en una gran variedad de aplicaciones en los sistemas de comunicación. En esos sistemas, se codifica primero la señal que se va a transmitir; para que el sistema no cometa errores (sistema ideal), y debe ser posible recuperar completamente la señal original a partir de la señal codificada. En otras palabras, el codificador debe ser invertible.

Una definición relacionada con la invertibilidad es la del *inverso* de un sistema. Antes de definir el inverso, se define el *sistema identidad* como el sistema para el cual la salida es igual a la entrada. Un ejemplo de un sistema identidad es un amplificador ideal con una ganancia unitaria.

El *inverso* de un sistema **T** es un segundo sistema **T**$_i$ que, al conectarse en cascada con el sistema **T**, produce el sistema identidad. La notación para una transformación inversa es entonces

$$y(t) = \mathbf{T}[x(t)] \quad \Rightarrow \quad x(t) = \mathbf{T}_i[y(t)] \qquad (1.106)$$

Si un sistema es invertible, es posible hallar la $x(t)$ única para cada $y(t)$ en la Ec. (1.106). En la Fig. 1.41 se muestran ejemplos de sistemas inversos.

1.10.4 Sistemas Causales

El término *causalidad* connota la existencia de una relación *causa-efecto*. Se dice que un sistema es *causal* si su salida $y(t)$ en cualquier instante arbitrario depende solamente de los valores de la entrada en ese instante y en el pasado. Es decir, la salida de un sistema causal en el tiempo presente depende sólo de los valores presente y pasados de la entrada. A estos sistemas también se les refiere como *no-anticipatorios*, ya que el sistema no anticipa, ni depende de valores futuros de la entrada. Como consecuencia, si dos entradas a un sistema causal son idénticas hasta algún punto en el tiempo t_0 o n_0, entonces las salidas correspondientes a esas entradas también deben ser idénticas. *Todos los sistemas físicos son causales* ya que no pueden ver el futuro y anticipar una excitación. El circuito *RC* de la Fig. 1.37 es un sistema causal puesto que, por ejemplo, el voltaje en el capacitor responde solamente a los valores presentes y pasados del voltaje de la fuente.

Un sistema se denomina *no causal*, si no es causal; este sistema anticipa los valores futuros de la señal de entrada. Ejemplos de sistemas no causales son

$$y(t) = x(t+1) \qquad (1.107)$$

ya que la salida presente es igual a la entrada es igual a la salida de 1 unidad de tiempo en el futuro y

$$y[n] = x[-n] \qquad (1.108)$$

Observe que todos los sistemas sin memoria son causales; sin embargo, lo inverso no es cierto.

Aunque los sistemas causales son de gran importancia, ellos no constituyen los únicos sistemas de significación práctica. Por ejemplo, la causalidad no es con frecuencia una restricción esencial en aplicaciones en las cuales la variable independiente no es el tiempo, como, por ejemplo, en el procesamiento de imágenes. También, en el procesamiento de datos grabados con anterioridad, como sucede a menudo con señales de voz, geofísicas o meteorológicas, para nombrar algunas, no estamos en modo alguno restringidos a un procesamiento causal. Como otro ejemplo, en muchas aplicaciones, incluyendo el análisis histórico de la bolsa de valores o de estudios demográficos, podríamos estar interesados en determinar alguna tendencia de variación lenta, la cual podría contener fluctuaciones de alta frecuencia con respecto a la tendencia. En este caso, un enfoque común es promediar los datos para suavizarlos y mantener solamente la tendencia. Un ejemplo de un sistema causal que promedia está dado por

$$y[n] = \frac{1}{2M+1} \sum_{k=-M}^{M} x[n-k] \qquad (1.109)$$

Para comprobar la causalidad de un sistema es importante observar cuidadosamente la relación de entrada-salida. Como ilustración, se comprobará la causalidad de dos sistemas específicos.

Ejemplo 19. El primer sistema lo define la Ec. (1.108), $y[n] = x[-n]$. Observe que la salida $y[n_0]$, para un tiempo positivo n_0, depende sólo del valor de la señal de entrada $x[-n_0]$ en el tiempo $(-n_0)$, el cual es negativo y, por tanto, está en el pasado de n_0. Aquí podría surgir la tentación de concluir que el sistema es causal. No obstante, debemos ser cuidadosos y proceder a comprobar la relación de entrada-salida *para todo el tiempo*. En particular, para $n_0 < 0$, vemos que $-|n_0| < 0$ y $y\left[-|n_0|\right] = x\left[|n_0|\right]$, y la salida en $n_0 < 0$ depende del valor futuro de la entrada. Por lo tanto, el sistema es no causal.

También es importante distinguir cuidadosamente los efectos sobre la entrada de cualesquiera otras funciones usadas para definir un sistema. Por ejemplo, considérese el sistema definido por la relación

$$y(t) = x(t)\cos(t+1) \qquad (1.110)$$

En este caso, la salida en cualquier instante t, $y(t)$, depende de la entrada $x(t)$ multiplicada por un número que varía con el tiempo. Es decir, solamente el valor presente de $x(t)$ influye en el valor presente de la salida $y(t)$ y concluimos entonces que este sistema es causal (y ¡sin memoria!).

1.10.5 Sistemas Estables

Básicamente, un sistema estable es aquél en el cual pequeñas excitaciones producen respuestas que no divergen (no aumentan sin límite). Considere, por ejemplo, el péndulo en la Fig. 1.42*a*, en el cual la excitación es la fuerza aplicada $x(t)$ y la respuesta es la desviación angular $y(t)$ con respecto a la normal. En este caso, la gravedad aplica una fuerza que tiende a regresar al péndulo a la posición vertical (posición de equilibrio) y las pérdidas por fricción tienden a frenar el movimiento oscilatorio. Es obvio que si la fuerza aplicada es pequeña, la desviación resultante también lo será. Además, al dejar de aplicar esa fuerza, el péndulo regresará a su posición de equilibrio. En contraste, para el péndulo invertido en la Fig. 1.42*b*, la gravedad ejerce una fuerza que *tiende a aumentar* cualquier desviación de la posición de equilibrio. Por ello, la aplicación de cualquier fuerza, por muy pequeña que sea, conduce a un aumento de la desviación y hace que el péndulo caiga y no regrese a la posición original.

El sistema de la Fig. 1.42*a* es un ejemplo de un sistema *estable*, mientras que el de la Fig. 1.42*b*, es *inestable*. La estabilidad de los sistemas físicos resulta de la presencia de mecanismos que disipan energía. El circuito *RC* de la Fig. 1.38 es un sistema estable porque el resistor disipa energía, la respuesta está acotada para un voltaje de la fuente acotado y al desaparecer la excitación proporcionada por la fuente, desaparece la respuesta.

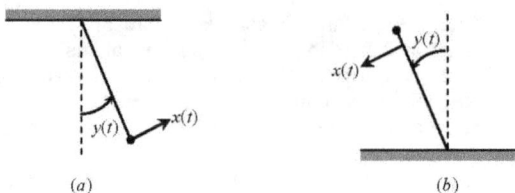

Figura 1.42

Los ejemplos mencionados dan una idea intuitiva del concepto de estabilidad. Expresado más formalmente, *un sistema es estable si para una entrada acotada, la salida correspondiente también está acotada*. Es decir, si la entrada acotada está definida por

$$|x| \leq k_1 \quad \text{todo } t \tag{1.111}$$

entonces la salida también está acotada y es definida por

$$|y| \leq k_2 \quad \text{todo } t \tag{1.112}$$

donde k_1 y k_2 son constantes reales finitas.

Para demostrar que un sistema es estable, una estrategia válida es buscar una excitación acotada *específica* y verificar si la salida resultante está acotada o no. Considere, por ejemplo, el sistema descrito por la relación

$$y[n] = n\,x[n] \tag{1.113}$$

Si se selecciona una entrada constante, $x[n] = k$, la respuesta del sistema será $y[n] = kn$, que no está acotada, puesto que sea cual sea el valor (finito) de k, $|y[n]|$ excederá ese valor para algún valor de n.

En la determinación de la estabilidad, se debe señalar que es solamente la *amplitud* de la señal de entrada y la *amplitud* de la señal de salida las que deben ser finitas. El tiempo corre desde $-\infty$ hasta $+\infty$ porque ambas señales están definidas para todo el tiempo. También es importante reconocer que si la entrada no está acotada, la salida de un sistema estable (por la definición dada aquí) puede volverse no acotada o, el caso en el cual el sistema es estable para algunas entradas e inestable para otras. Por ejemplo, para el sistema descrito por la relación de entrada-salida

$$y(t) = \int_{-\infty}^{t} x(\tau)\,d\tau \tag{1.114}$$

si la entrada es $x(t) = u(t)$, un escalón unitario, la salida es $y(t) = t u(t)$, una función no acotada. En este ejemplo, la entrada está acotada pero la salida no lo está. De manera que no se satisface la condición para estabilidad dada en la Ec. (1.112):

$$\lim_{t \to \infty} y(t) = \lim_{t \to \infty} t = \infty$$

y el sistema no es estable. Sin embargo, si la entrada es el exponencial decreciente

$$x(t) = e^{-at} u(t), \quad a > 0$$

entonces la salida es

$$y(t) = \frac{1}{a}(1 - e^{-at})u(t)$$

que sí está acotada. Por tanto, la respuesta del sistema para algunas entradas es acotada, pero es no acotada para otras. Un sistema así se conoce como *marginalmente estable*.

Esta propiedad y las anteriores, serán analizadas con mayor detalle en capítulos posteriores.

1.10.6 Invariabilidad en el Tiempo

Conceptualmente, un sistema es *invariable en el tiempo* si su conducta y sus características son fijas en el tiempo. El circuito *RC* de la Fig. 1.38 es un sistema con esta propiedad si los valores de los parámetros *R* y *C* son constantes; es de esperar que experimentos idénticos produzcan los mismos resultados sin importar el momento en que se realicen. Por supuesto, esos resultados no serían los mismos si *R* o *C* o ambos cambian con el tiempo.

Esta propiedad puede expresarse en una forma muy sencilla para las señales y sistemas que hemos estudiado hasta ahora. Específicamente, se dice que un sistema es *invariable en el tiempo si un desplazamiento en el tiempo (retraso o adelanto) en la señal de entrada resulta sólo en un desplazamiento igual en la señal de salida*. Entonces, para un sistema de tiempo continuo, el sistema no varía con el tiempo si

$$x(t - t_0) \rightarrow y(t - t_0) \qquad (1.115)$$

para cualquier valor real t_0, y, para un sistema de tiempo discreto,

$$x[n - n_0] \rightarrow y[n - n_0] \qquad (1.116)$$

para cualquier entero n_0. Un sistema que no cumpla con la Ec. (1.115) (tiempo continuo) o la Ec. (1.116) (tiempo discreto), se conoce como un *sistema variable en el tiempo*. Para comprobar si un sistema es invariable en el tiempo, sencillamente se compara la salida producida por la entrada desplazada

---

Ejemplo 20. El sistema de la Fig. 1.43 se conoce como el elemento *retardo unitario*. Determine si el sistema es invariable en el tiempo.

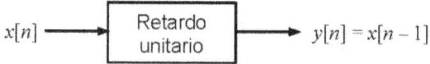

Figura 1.43

Respuesta: Sea $y_1[n]$ la respuesta a $x_1[n] = x[n - n_0]$. Entonces

$$y_1[n] = x[n - n_0 - 1]$$

y también

$$y[n - n_0] = x[n - n_0 - 1] = y_1[n]$$

Por consiguiente, el sistema es invariable en el tiempo.

Ejemplo 21. Considérese el sistema definido por

$$y(t) = e^{-t} \operatorname{sen}(x(t))$$

Sea $y_1(t)$ la respuesta a la entrada $x_1(t)$; es decir,

$$y_1(t) = e^{-t}\operatorname{sen}(x_1(t)) \qquad (1.117)$$

y sea $y_2(t)$ la respuesta a la entrada desplazada $x_1(t-t_0)$; esto es,

$$y_2(t) = e^{-t}\operatorname{sen}(x_1(t-t_0))$$

De la Ec. (1.117) se obtiene

$$y_1(t-t_0) = e^{-(t-t_0)}\operatorname{sen}(x_1(t-t_0)) \neq y_2(t)$$

y, por lo tanto, el sistema es variable en el tiempo.

Ejemplo 22. Un sistema tiene una relación de entrada-salida dada por

$$y[n] = n\,x[n]$$

Determine si el sistema es invariable en el tiempo.

Respuesta. Sea $y_1[n]$ la respuesta a $x_1[n] = x[n-n_0]$. Entonces

$$y_1[n] = n\,x[n-n_0]$$

Pero

$$y[n-n_0] = (n-n_0)x[n-n_0] \neq y_1[n]$$

y el sistema varía con el tiempo

El sistema de este ejemplo representa uno cuya ganancia varía con el tiempo. Si, digamos, el valor de la entrada es igual a 1, no se puede determinar el valor de la salida sin conocer el instante en que se aplicó la excitación. Continuando con esta idea, considere la señal de entrada $x_1[n] = \delta[n]$; ésta produce una salida igual a cero $n\delta[n] = 0$. Sin embargo, la entrada $x_2[n] = \delta[n-1]$ produce la salida $y_2[n] = n\delta[n-1] = \delta[n-1]$. Así que, en tanto que $x_2[n]$ es una versión desplazada de $x_1[n]$, la respuesta $y_2[n]$ *no es* una versión desplazada de $y_1[n]$. Lo que se quiere indicar con esto es que para demostrar si un sistema cumple con la condición (1.106) o la (1.107), sólo basta con encontrar un ejemplo, y sólo uno, que indique lo contrario

1.10.7 Sistemas Lineales

La propiedad de *linealidad* es una de las propiedades más importantes que se considerarán. Un *sistema lineal*, en tiempo continuo o discreto, es aquél que posee la importante propiedad de la *superposición*. Para esta clase de sistemas, si una entrada consiste de la suma ponderada de varias señales, entonces la salida es la superposición – es decir, la suma ponderada – de las respuestas del sistema a cada una de esas señales. En forma más precisa, en tiempo continuo, si $y_1(t)$ es la respuesta a la entrada $x_1(t)$, y $y_2(t)$ es la respuesta a $x_2(t)$, entonces el sistema es lineal si

1. La respuesta a $x_1(t) + x_2(t)$ es $y_1(t) + y_2(t)$. Propiedad de *aditividad*.
2. La respuesta a $\alpha x_1(t)$ es $\alpha y_1(t)$, donde α es una constante. Propiedad de *homogeneidad* o de *escalamiento*.

Las dos propiedades que definen un sistema lineal pueden combinarse en una sola expresión (*principio de superposición*):

$$\text{Tiempo continuo:} \quad \alpha x_1(t) + \beta x_2(t) \;\to\; \alpha y_1(t) + \beta y_2(t) \qquad (1.118)$$

$$\text{Tiempo discreto:} \quad \alpha x_1[n] + \beta x_2[n] \;\to\; \alpha y_1[n] + \beta y_2[n] \qquad (1.119)$$

donde α y β son constantes. Adicionalmente, es muy sencillo demostrar a partir de la definición de linealidad que si $x_k[n]$, $k = 1, 2, \ldots$, forman un conjunto de entradas a un sistema lineal de tiempo discreto con salidas correspondientes $y_k[n]$, $k = 1, 2, \ldots$, entonces la respuesta a una combinación lineal de estas entradas,

$$x[n] = \sum_k \alpha_k x_k[n] \qquad (1.120)$$

es

$$y[n] = \sum_k \alpha_k y_k[n] \qquad (1.121)$$

Este hecho, de mucha importancia en el análisis de sistemas lineales, se conoce como la *propiedad de superposición*, y se cumple para sistemas tanto de tiempo continuo como discreto. Ningún sistema físico es lineal bajo todas las condiciones de operación. Sin embargo, un sistema físico puede ser comprobado usando la Ec. (1.118) o la Ec. (1.119) para determinar las bandas de operación para las cuales el sistema es aproximadamente lineal.

Una consecuencia directa de la propiedad de superposición es que, para sistemas lineales, una entrada que es cero para todo el tiempo resulta en una salida que también es igual a cero para todo el tiempo (propiedad de *homogeneidad*).

Ejemplo 23. Un sistema tiene la relación de entrada-salida

$$y = x^2$$

Demuestre que el sistema es no lineal.

Solución: Se tiene que

$$x_1 \to y_1 = x_1^2$$
$$x_2 \to y_2 = x_2^2$$

y, por tanto,

$$x_1 + x_2 \to (x_1 + x_2)^2 = x_1^2 + 2x_1 x_2 + x_2^2 \neq x_1^2 + x_2^2$$

Así que el sistema es no lineal.

Ejemplo 24. Considere un sistema cuya relación de entrada-salida está dada por

$$y(t) = t x(t)$$

Entonces,

$$x_1(t) \to y_1(t) = t x_1(t)$$
$$x_2(t) \to y_2(t) = t x_2(t)$$

y si

$$x_3(t) = a x_1(t) + b x_2(t)$$

donde *a* y *b* son constantes arbitrarias, entonces, para la entrada $x_3(t)$ se obtiene

$$t x_3(t) = a t x_1(t) + b t x_2(t)$$
$$= a y_1(t) + b y_2(t)$$

y el sistema es lineal

Ejemplo 25. Considérese el sistema cuya relación de entrada-salida está dada por la ecuación lineal

$$y = ax + b$$

donde *a* y *b* son constantes. Si $b \neq 0$, el sistema es no-lineal porque $x = 0$ implica que $y = b \neq 0$ (propiedad de homogeneidad). Si $b = 0$, el sistema es lineal.

Puede parecer sorprendente que el sistema en el ejemplo anterior no sea lineal puesto que su ecuación de definición, $y = ax + b$, es una línea recta. Por otra parte, como se muestra en la Fig. 1.44, la salida de este sistema puede representarse como la suma de la salida de un sistema lineal y otra señal igual a la *respuesta de entrada cero* del sistema. Para el sistema del ejemplo, el sistema lineal es

$$y = ax$$

y la respuesta de entrada cero es

$$y_0(t) = b$$

Hay grandes clases de sistemas que pueden representarse como en la Fig. 1.44 y para los cuales la salida completa del sistema consiste de la superposición de la respuesta de un sistema lineal y una respuesta de entrada cero. Estos sistemas corresponden a la clase de *sistemas lineales incrementales*, es decir, sistemas que responden linealmente a *cambios* en la entrada. Dicho de otra forma, la *diferencia* entre las respuestas a dos entradas cualesquiera a un sistema lineal incremental es una función lineal de la *diferencia* entre las dos entradas.

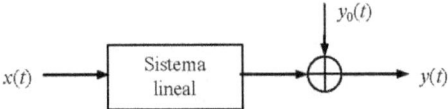

Figura 1.44. Sistema lineal incremental.

Un sistema lineal e invariable en el tiempo (sistema LIT) es un sistema lineal que también es invariable en el tiempo. Los sistemas LIT son los tipos que se estudiarán en este texto. Una clase importante de sistemas LIT en tiempo continuo consiste de aquellos que pueden modelarse por ecuaciones diferenciales lineales con coeficientes constantes.

1.11 Interconexión de Sistemas

Una idea que se usará a través del texto es el concepto de la interconexión de sistemas. Muchos sistemas reales son conformados como interconexiones de varios subsistemas; un ejemplo es un sistema de audio, el cual involucra la interconexión de un radio receptor, un reproductor de discos compactos o un grabador con un amplificador y una o más bocinas. Considerando tales sistemas como una interconexión de sus componentes, podemos usar nuestros conocimientos de los componentes y de su interconexión para analizar la operación y conducta del sistema completo.

Adicionalmente, al describir un sistema en función de una interconexión de subsistemas más sencillos, podemos de hecho definir formas útiles para sintetizar sistemas complejos a partir de bloques de construcción básicos más simples.

Un sistema se representa gráficamente mediante un bloque. Un segundo elemento en una representación gráfica es un círculo, el cual representa una unión de suma (con signo "+"). La señal de salida de esta unión se define como la suma de las señales de entrada; un tercer elemento es un círculo que representa una unión de producto (con signo "×") y cuya salida es el producto de las señales de entrada.

Aun cuando se puede construir una gran variedad de interconexiones de sistemas, hay varias formas básicas que se encuentran con mucha frecuencia. Una *interconexión en serie* o *en cascada* de dos sistemas se ilustra en la Fig. 1.45a. Esta clase de diagramas se conoce como *diagramas de bloques*. Aquí, la salida del sistema 1 es la entrada al sistema 2. Un ejemplo de una interconexión en serie es un receptor de radio conectado a un amplificador. En la misma forma se puede definir una interconexión en serie de tres o más sistemas.

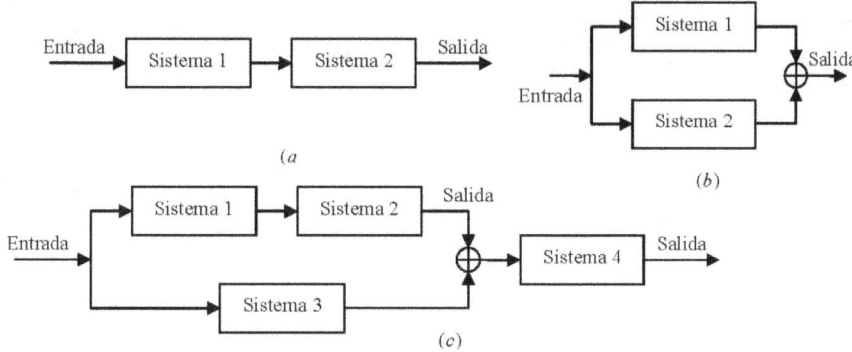

Figura 1.45. Interconexiones.

En la Fig. 1.45b se ilustra una *interconexión en paralelo* de dos sistemas. Aquí, la señal de entrada se aplica simultáneamente a los sistemas 1 y 2. El símbolo ⊕ en la figura denota la operación de adición, así que la salida de la interconexión en paralelo es la suma de la salida de los sistemas 1 y 2. Un ejemplo de esta interconexión es un sistema de audio sencillo, en el cual varios micrófonos alimentan un solo amplificador. Adicionalmente a la interconexión en paralelo sencilla de la Fig. 1.45b, podemos definir la interconexión en paralelo de más de dos sistemas y podemos combinar interconexiones en cascada y en paralelo para obtener interconexiones más complicadas. Un ejemplo es este tipo de interconexión se ilustra en la Fig. 1.45c.

El análisis anterior se basa en la suposición de que la interconexión de los sistemas no cambia las características de ninguno de los sistemas en la interconexión.

Otro tipo importante de interconexión de sistemas es la llamada *interconexión de realimentación*; un ejemplo de ella se muestra en la Fig. 1.46. Aquí, la salida del sistema 1 es la entrada al sistema 2, mientras que la salida del sistema 2 es realimentada y sumada a la entrada externa para producir la entrada efectiva al sistema 1; es decir, la salida del sistema se expresa como una función de la entrada al sistema y de la propia salida del sistema.

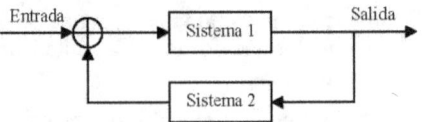

Figura 1.46. Sistema realimentado.

Los sistemas realimentados surgen en una gran variedad de aplicaciones. Por ejemplo, el sistema de control de la velocidad de crucero de un automóvil mide la velocidad del vehículo y ajusta el flujo de combustible para mantener la velocidad en el nivel deseado. También, los circuitos eléctricos a menudo son considerados como si tuviesen interconexiones realimentadas. Como un ejemplo, considere el circuito mostrado en la Fig. 1.47a. Como se indica en la Fig. 1.47b, este sistema puede analizarse considerándolo como la interconexión realimentada de los elementos del circuito.

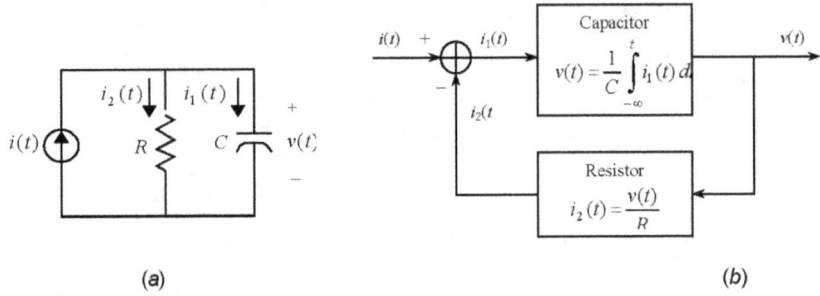

Figura 1.47

Problemas

1.1. Las siguientes igualdades se usan con frecuencia en este texto. Demuestre su validez.

(a) $\displaystyle\sum_{n=0}^{N-1} \alpha^n = \begin{cases} \dfrac{1-\alpha^N}{1-\alpha}, & \alpha \neq 1 \\ N, & \alpha = 1 \end{cases}$

(b) $\displaystyle\sum_{n=0}^{\infty} \alpha^n = \dfrac{1}{1-\alpha}, \quad |\alpha| < 1$

(c) $\displaystyle\sum_{n=n_0}^{n_1} \alpha^n = \dfrac{\alpha^{n_0} - \alpha^{n_1+1}}{1-\alpha}, \quad \alpha \neq 1$

1.2. Halle el menor período positivo T de las siguientes señales:

$$\cos nt, \quad \sen nt, \quad \cos\frac{2\pi t}{k}, \quad \sen\frac{2\pi t}{k}, \quad \cos\frac{2\pi nt}{k}, \quad \sen\frac{2\pi nt}{k}$$

1.3. Dibuje las señales siguientes:

(a) $\sen t$,

(b) $\sen 2\pi t + 2\sen 6\pi t$,

(c) $x(t) = \begin{cases} -\dfrac{\pi}{4}, & -\pi < t < 0 \\ \dfrac{\pi}{4}, & 0 < t < \pi \end{cases}$ y $x(t + 2\pi) = x(t)$

(d) $x(t) = \exp t, \quad -\pi < t < \pi$, y $x(t+2\pi) = x(t)$

1.4. Demuestre que si $x(t)$ es periódica con período T, entonces también es periódica con período nT, $n = 2, 3, \ldots$.

1.5. Si $x_1(t)$ y $x_2(t)$ tienen período T, demuestre que $x_3(t) = ax_1(t) + bx_2(t)$ (a, b constantes) tiene el mismo período T.

1.6. ¿Son periódicas las señales siguientes? Si lo son, determine sus períodos.

(a) $x(t) = \sen\frac{2\pi}{3}t + 2\sen\frac{16\pi}{3}t\,ABC$

(b) $x(t) = 4\exp\left(j\frac{2\pi}{5}t\right) + 3\exp(j3t)$

1.7. Sea $x(t)$ una señal periódica con período fundamental T. Determine cuáles de las siguientes señales son periódicas y halle sus períodos fundamentales:

(a) $y_1(t) = x(2t)$

(b) $x(t) = \cos^2 t$

(c) $y_2(t) = x(t/2)$

(d) $x[n] = e^{j[(n/4)-\pi]}$

(e) $x[n] = \cos\left(\dfrac{\pi n^2}{8}\right)$

(f) $x[n] = \cos\left(\dfrac{\pi n}{4}\right) + \sen\left(\dfrac{\pi n}{8}\right) - 2\cos\left(\dfrac{\pi n}{2}\right)$

1.8. Si $x(t)$ es una señal periódica en t con período T, demuestre que $x(at)$, $a > 0$, es una señal periódica en t con período T/a, y que $x(t/b)$, $b > 0$, es una señal periódica en t con período bT. Verifique estos resultados para $x(t) = \sen t$, $a = b = 2$.

1.9. Demuestre que si $x[n]$ es periódica con período N, entonces se cumple que

(a) $\sum_{k=n_0}^{n} x[k] = \sum_{k=n_0+N}^{n+N} x[k]$ (b) $\sum_{k=0}^{n} x[k] = \sum_{k=N}^{n+N} x[k]$

1.10. Determine si las siguientes señales son señales de potencia o de energía o de ninguno de los dos tipos. Justifique sus respuestas.

(a) $x(t) = A[u(t-a) - u(t+a)]$ (b) $r(t) - r(t-1)$
(c) $x(t) = \exp(-at)u(t), \quad a > 0$ (d) $x(t) = tu(t)$
(e) $x(t) = u(t)$ (f) $x(t) = A\exp(bt), \quad b > 0$

1.11. Para una señal de energía $x(t)$ con energía E_x, demuestre que la energía de cualquiera de las señales $-x(t)$, $x(-t)$ y $x(t-T)$ es E_x. Demuestre también que la energía de $x(at)$ y de $x(at-b)$ es E_x/a. ¿Cuál es el efecto sobre la energía de la señal si se multiplica por una constante a?

1.12. Para la señal $x(t)$ dada como

$$x(t) = \begin{cases} t, & -1 < t < 0 \\ 1, & 1 < t \le 2 \\ 0, & \text{otros valores de } t \end{cases}$$

grafique y halle expresiones analíticas para las siguientes funciones:

(a) $x(-t/4)$ (b) $x(3-t)$
(c) $x(2t-4)$ (d) $x\left(-\frac{t}{3} + \frac{1}{2}\right)$

1.13. Repita el Problema 1.12 para la señal

$$x(t) = \begin{cases} 1, & -1 < t \le 0 \\ \exp(-t) & t \ge 0 \\ 0 & \text{otros valores de } t \end{cases}$$

1.14. Para la señal de tiempo discreto mostrada en la Fig. P1.14, dibuje cada una de las señales siguientes:

(a) $x[2-n]$ (b) $x[3n-4]$
(c) $x\left[\frac{2}{3}n + 1\right]$ (d) $x\left[-\frac{n+8}{4}\right]$
(e) $x_p[n]$ (f) $x_i[n]$
(g) $x[2-n] + x[3n-4]$

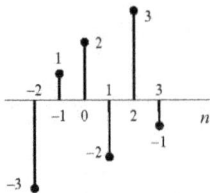

Figura P1.14

1.15. Grafique las siguientes señales:

(a) $x_1(t) = r(t) - r(t-1) - u(t-2)$

(b) $x_2(t) = \exp(-t)u(t)$

(c) $x_3(t) = 2u(t) + \delta(t-1)$

(d) $x_4(t) = u(t)u(a-t), \quad a > 0$

(e) $x_5 = \left(-\dfrac{t}{3} + \dfrac{1}{2}\right)(2-t)$

(f) $x_6 = x_1(t)x_2\left(t + \tfrac{1}{2}\right)$

(g) $x_7(t) = u(\cos t)$

1.16. (a) Demuestre que
$$x_p(t) = \dfrac{1}{2}[x(t) + x(-t)]$$
es una señal par.

(b) Demuestre que
$$x_i(t) = \dfrac{1}{2}[x(t) - x(-t)]$$
es una señal impar.

1.17. Determine las partes par e impar de las señales siguientes:

(a) $x(t) = u(t)$

(b) $x[n] = e^{j(\Omega_0 n + \pi/2)}$

(c) $x[n] = \delta[n]$

(d) $x(t) = \operatorname{sen}(3t - \pi/2)$

1.18. Determine y grafique las partes par e impar de las señales mostradas en la Fig. P1.18. Identifique sus gráficas cuidadosamente.

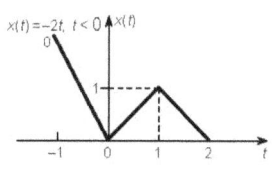
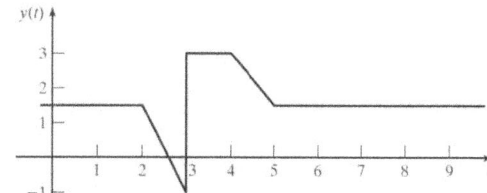

Figura P1.18

1.19. Sea $x[n]$ una secuencia arbitraria con partes par e impar denotadas por $x_p[n]$ y $x_i[n]$, respectivamente. Demuestre que

$$\sum_{n=-\infty}^{\infty} x^2[n] = \sum_{n=-\infty}^{\infty} x_p^2[n] + \sum_{n=-\infty}^{\infty} x_i^2[n]$$

1.20. Considere el transmisor FM estéreo sencillo mostrado en la Fig. P1.20.

(a) Grafique la señal $(I + D)$ e $(I - D)$.

(b) Si las salidas de los dos sumadores se añaden, dibuje la forma de onda resultante.

(c) Si la señal $I - D$ se invierte y se suma a la señal $I + D$, dibuje la forma de onda resultante.

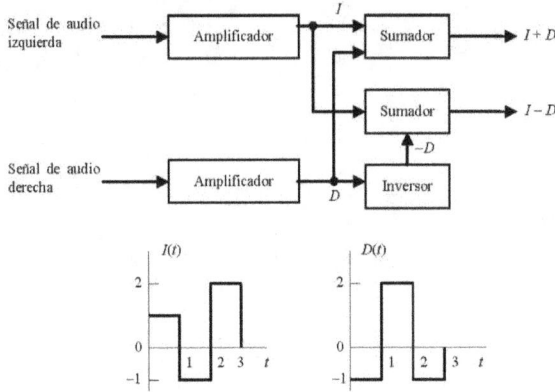

Figura P1.20

1.21. Para cada una de las señales mostradas en la Fig. P1.21, escriba una expresión en términos de funciones escalón y rampa unitarios.

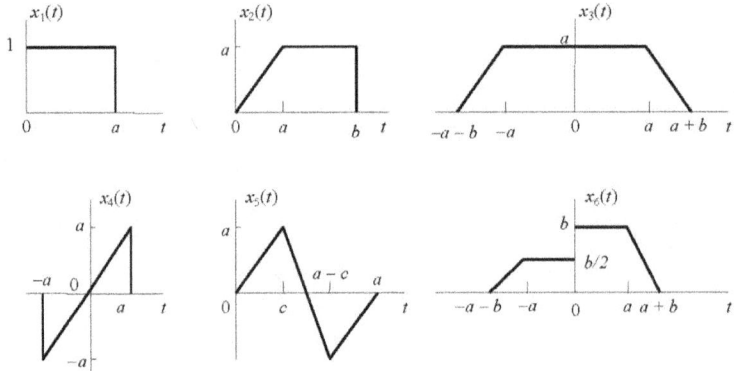

Figura P1.21

1.22. Sea $x[n]$ una secuencia arbitraria con partes par e impar denotadas por $x_p[n]$ y $x_i[n]$, respectivamente. Demuestre que

$$\sum_{n=-\infty}^{\infty} x^2[n] = \sum_{n=-\infty}^{\infty} x_p^2[n] + \sum_{n=-\infty}^{\infty} x_i^2[n]$$

1.23. Si la duración de $x(t)$ se define como el tiempo en el cual $x(t)$ cae a $1/e$ del valor en el origen, determine la duración de las siguientes señales:

(a) $x_1(t) = A\exp(-t/T)u(t)$
(b) $x_2(t) = x_1(3t)$
(c) $x_3(t) = x_1(t/2)$

1.24. Demuestre las siguientes identidades: (a) $t\delta'(t) = -\delta(t)$; (b) $\delta'(t) = -\delta'(-t)$.

1.25. Verifique si alguna de las expresiones siguientes puede usarse como un modelo matemático de una función delta.

(a) $p_1(t) = \lim_{\varepsilon \to 0} \sqrt{\dfrac{1}{2\pi\varepsilon^2}} \exp\left(-\dfrac{t^2}{2\varepsilon^2}\right)$

(b) $p_2(t) = \lim_{\varepsilon \to 0} \dfrac{2\varepsilon}{4\pi^2 t^2 + \varepsilon^2}$

(c) $p_3(t) = \lim_{\varepsilon \to 0} \dfrac{1}{\pi} \dfrac{\varepsilon}{t^2 + \varepsilon^2}$

(d) $p_4(t) = \lim_{\varepsilon \to 0} \exp(-\varepsilon |t|)$

(e) $p_5(t) = \lim_{\varepsilon \to 0} \dfrac{1}{\pi} \dfrac{\operatorname{sen}\varepsilon\, t}{t}$

1.26. Simplifique las expresiones siguiente:

(a) $\left(\dfrac{\operatorname{sen} t}{t^2 + 2}\right)\delta(t)$

(b) $\left(\dfrac{j\omega + 5}{\omega^2 + 4}\right)\delta(\omega)$

(c) $\left[e^{-t}\cos(3t - 60°)\right]\delta(t)$

(d) $\left(\dfrac{\operatorname{sen}\left[\frac{\pi}{2}(t-2)\right]}{t^2 + 4}\right)\delta(t-2)$

(e) $\left(\dfrac{4}{j\omega + 5}\right)\delta(\omega + 1)$

(f) $\left(\dfrac{\operatorname{sen} k\omega}{\omega}\right)\delta(\omega)$

1.27. Evaluar las integrales siguientes:

(a) $\displaystyle\int_{-\infty}^{\infty}(t+1)\delta(t-1)\,dt$

(b) $\displaystyle\int_{-\infty}^{0}\left(\dfrac{\pi}{2}t + \operatorname{sen} t\right)\delta\left(t - \dfrac{\pi}{4}\right)dt$

(c) $\displaystyle\int_{-\infty}^{\infty}\cos t\, u(t-1)\delta(t)\,dt$

(d) $\displaystyle\int_{-\infty}^{\infty}\exp(5t)\,\delta'(t)\,dt$

(e) $\displaystyle\int_{0}^{\pi/2} t\operatorname{sen}\left(\dfrac{t}{2}\right)\delta(\pi - t)\,dt$

(f) $\displaystyle\int_{0}^{2\pi} t\operatorname{sen}(t/2)\delta(\pi - t)\,dt$

(g) $\displaystyle\int_{-\infty}^{\infty}\delta(at - b)\operatorname{sen}^2(t-4)\,dt$, donde $a > 0$. *Sugerencia*: Use un cambio de variables.

1.28. La probabilidad de que una variable aleatoria x sea menor que α se determina integrando la función de densidad de probabilidades $f(x)$ para obtener

$$P(x \leq \alpha) = \int_{-\infty}^{\alpha^+} f(x)\,dx$$

Dado que
$$f(x) = 0.2\delta(x+2) + 0.3\delta(x) + 0.2\delta(x-1) + 0.1[u(x-3) - u(x-6)]$$
determine
(a) $P(x \leq 3)$

(b) $P(x \leq 1.5)$

(c) $P(x \leq 4)$

1.29. Grafique la primera y segunda derivadas de las señales siguientes:

(a) $x(t) = t$, $0 < t < 1$, y $x(t)$ es periódica con período 2.

(b) $x(t) = u(t) - u(t-2)$ y $x(t)$ es periódica con período 4.

(c) $x(t) = \begin{cases} t, & 0 < t \leq 1 \\ 1, & 1 < t \leq 2 \\ 0, & \text{otros valores de } t \end{cases}$

1.30. Dé un ejemplo de un sistema lineal variable en el tiempo tal que con una entrada periódica la salida correspondiente no es periódica.

1.31. Considere el sistema de tiempo continuo cuya relación de entrada-salida es

$$y(t) = \sum_{k=0}^{\infty} a^k x(t-kT) \qquad |a| < 1$$

Calcule la salida $y(t)$ correspondiente a la entrada $x(t) = \exp(j\omega t)$. ¿Es este sistema lineal?

1.32. Si $x(t)$ y $y(t)$ denotan la entrada y la salida de un sistema, respectivamente, diga si los siguientes sistemas son lineales o no, causales o no, variables en el tiempo o no, tienen memoria o no. Justifique su respuesta.

(a) $y(t) = tx(t)$

(b) $y[n] = x^2[n]$

(c) $y(t) = \dfrac{dx(t)}{dt}$

(d) $y[n] = nx[n]$

(e) $y(t) = \int_{-\infty}^{t} x(\tau) d\tau$

(f) $y(t) = x(t-a)$

(g) $y(t) = \cos x(t)$

(h) $y(t) = x(t)\cos t$

(i) $\dfrac{dy(t)}{dt} + ay(t) = bx(t)$

(j) $\dfrac{dy(t)}{dt} + ay^2(t) = bx(t)$

(k) $y(t) = \dfrac{1}{T} \int_{t-T/2}^{t+T/2} x(\tau) d\tau$

(l) $y(t) = \sum_{k=-\infty}^{\infty} x(t)\delta(t - kT_s)$

1.33. Demuestre que un sistema que tiene como respuesta la magnitud de su excitación es no lineal, estable, causal y no invertible.

1.34. Para los sistemas descritos por las ecuaciones que se dan a continuación, donde la entrada es $x(t)$ y la salida es $y(t)$, determine cuáles de ellos son invertibles y cuáles no lo son. Para los sistemas invertibles, halle la relación de entrada salida del sistema inverso.

(a) $y(t) = \int_{-\infty}^{t} x(\tau) d\tau$

(b) $y(t) = x^n(t)$, n un entero

(c) $y(t) = x(3t - 6)$

(d) $y(t) = \cos[x(t)]$

(e) $y(t) = \int_{t}^{t+1} x(\tau - \alpha) d\tau$, α constante

CAPÍTULO DOS

SISTEMAS LINEALES E INVARIANTES EN EL TIEMPO

2.1 Introducción

En este capítulo se introducen y analizan varias propiedades básicas de los sistemas. Dos de ellas, la linealidad y la invariabilidad en el tiempo, son atributos muy importantes y juegan un papel fundamental en el análisis de señales y sistemas debido a que muchos procesos físicos poseen estas propiedades y por ello pueden ser modelados como sistemas lineales e invariantes en el tiempo (sistemas LIT) y porque esos sistemas LIT pueden ser analizados con bastante detalle. Los objetivos primordiales de este texto son desarrollar la comprensión de las propiedades y herramientas para analizar señales y sistemas LIT y proporcionar una introducción a varias de las aplicaciones importantes en las que se usan estas herramientas. En este capítulo se inicia este desarrollo deduciendo y examinando una representación fundamental y extremadamente útil de los sistemas LIT e introduciendo una clase importante de tales sistemas.

Una de las principales razones para lo amigable que resulta el análisis de los sistemas LIT es el hecho de que cumplen con la propiedad de superposición. Por ello, si la entrada $x(t)$ a un sistema LIT de tiempo continuo consiste de una combinación lineal de señales,

$$x(t) = a_1 x_1(t) + a_2 x_2(t) + a_3 x_3(t) + \cdots \qquad (2.1)$$

entonces, por la propiedad de superposición, la salida está dada por

$$y(t) = a_1 y_1(t) + a_2 y_2(t) + a_3 y_3(t) + \cdots \qquad (2.2)$$

donde $y_k(t)$ es la respuesta del sistema a la excitación $x_k(t)$, $k = 1, 2, \ldots$. En consecuencia, si se puede representar la entrada a un sistema LIT en función de un conjunto de señales básicas, entonces es posible usar la superposición para calcular la salida del sistema en función de sus respuestas a estas señales básicas.

Como se estudiará en la próxima sección, una de las características importantes del impulso unitario, tanto en tiempo continuo como en discreto, es que puede usarse para representar señales muy generales. Este hecho, unido a las propiedades de superposición e invariabilidad en el tiempo, permitirá desarrollar una caracterización completa de cualquier sistema LIT en términos de su respuesta a un impulso unitario. Esta representación, a la cual se le refiere como la suma de convolución en tiempo discreto y como la integral de convolución en tiempo continuo, proporciona gran facilidad analítica al tratar sistemas LIT. Posteriormente se analizará la especificación de las relaciones de entrada-salida de sistemas LIT mediante ecuaciones diferenciales y ecuaciones de diferencias.

2.2 Sistemas LIT en Tiempo Discreto

2.2.1 La Representación de Señales en Tiempo Discreto Mediante Impulsos Unitarios

En esta sección se desarrolla una expresión que expresa una señal general $x[n]$ como una función de funciones impulso. Esta relación es de gran utilidad en la deducción de las propiedades de sitemas LIT discretos.

La idea clave para visualizar cómo se puede usar la función impulso unitario para construir cualquier señal de tiempo discreto es considerar a ésta como una sucesión de impulsos individuales. Para ver cómo esta imagen puede convertirse en una representación matemática, considere la señal en tiempo discreto $x[n]$ mostrada en la Fig. 2.1a y recuerde la propiedad de que $x[n]\delta[[n-n_0]] = x[n_0]\delta[[n-n_0]]$. En las otras partes de la figura se muestran cinco secuencias de impulsos unitarios escalados y desplazados en el tiempo, donde el escalamiento de cada impulso es igual al valor de $x[n]$ en el instante específico en que ocurre la muestra. Por ejemplo,

$$x[-1]\delta[n+1\} = \begin{cases} x[-1], & n = -1 \\ 0, & n \neq -1 \end{cases}, \quad x[0]\delta[n\} = \begin{cases} x[0], & n = 0 \\ 0, & n \neq 0 \end{cases}$$

$$x[1]\delta[n-1\} = \begin{cases} x[1], & n = 1 \\ 0, & n \neq 1 \end{cases}$$

Por tanto, la suma de las tres secuencias en la figura, es decir,

$$x[-2]\delta[n+2] + x[-1]\delta[n+1] + x[n]\delta[n] \tag{2.3}$$

es igual a $x[n]$ para $-2 \leq n \leq 0$. En forma más general, incluyendo impulsos ponderados adicionales, se puede escribir que

$$\begin{aligned} x[n] = &\cdots + x[-3]\delta[n+3] + x[-2]\delta[n+2] + x[-1]\delta[n+1] + x[0]\delta[n] \\ &+ x[1]\delta[n-1] + \cdots \end{aligned} \tag{2.4}$$

Observe que cualquier valor de $x[n]$ para cualquier instante $n = k$, se puede obtener a partir de la relación

$$x[n]\delta[n-k] = x[k]\delta[n-k]$$

Para cualquier valor de n, solamente uno de los términos en el lado derecho de la Ec. (2.4) es diferente de cero y la ponderación en ese término es precisamente $x[n]$. Escribiendo esta suma en una forma más compacta, se obtiene la fórmula general

$$x[n] = \sum_{k=-\infty}^{\infty} x[k]\delta[n-k] \tag{2.5}$$

Ésta corresponde a la representación de una secuencia arbitraria como una combinación lineal de impulsos unitarios desplazados, $\delta[n-k]$, donde los pesos en esta combinación son los valores $x[k]$. Como un ejemplo, considere la secuencia $x[n] = u[n]$, la secuencia escalón unitario. En este caso, $u[k] = 0$ para $k < 0$ y $u[k] = 1$ para $k \geq 0$ y la Ec. (2.5) se convierte en

$$u[n] = \sum_{k=0}^{\infty} \delta[n-k]\sqrt{b^2 - 4ac}$$

la cual es idéntica a la expresión derivada en la Sec. 1.9.8 [ver la Ec. (1.90)].

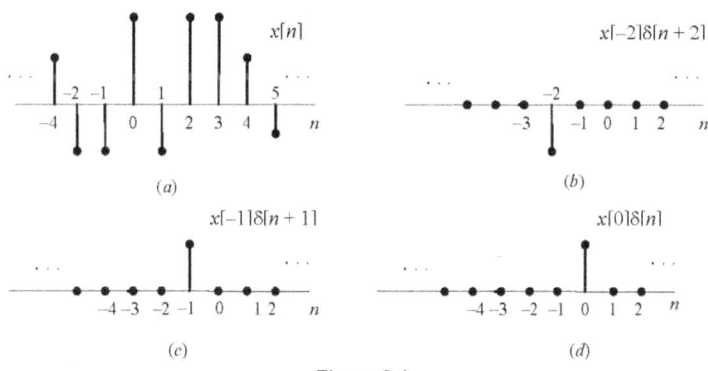

(a) (b) (c) (d)

Figura 2.1

La Ec. (2.5) se conoce como la *propiedad de selección* del impulso unitario de tiempo discreto. Como la secuencia $\delta[n - k]$ es diferente de cero solamente cuando $n = k$, la sumatoria en el lado derecho de la Ec. (2.5) "selecciona" a través de la secuencia de valores $x[n]$ y preserva sólo el valor correspondiente a $k = n$.

2.3 Sistemas LIT Discretos: La Suma de Convolución

Ahora se desarrollará una ecuación que relaciona la respuesta de un sistema LIT de tiempo discreto con su excitación. Considere un sistema lineal en tiempo discreto y una entrada arbitraria $x[n]$ a ese sistema. Como se estudió en la Sec. 2.2, cualquier señal arbitraria $x[n]$ puede expresarse como una combinación lineal de muestras desplazadas en la forma de la Ec. (2.5), la cual se repite aquí por conveniencia:

$$x[n] = \sum_{k=-\infty}^{\infty} x[k]\delta[n-k]$$

Usando la propiedad de superposición de los sistemas lineales [Ecs. (1.109) y (1.110)], se deduce que la salida $y[n]$ puede expresarse como una combinación lineal de las respuestas del sistema cuando la excitación está constituida por muestras unitarias desplazadas en el tiempo. Específicamente, si se denota por $h_k[n]$ la respuesta de un sistema lineal a la muestra unitaria desplazada $\delta[n - k]$, entonces la respuesta del sistema a una entrada arbitraria $x[n]$ puede expresarse como

$$y[n] = \sum_{k=-\infty}^{\infty} x[k] h_k[n] \qquad (2.6)$$

De acuerdo con la Ec. (2.6), si se conoce la respuesta de un sistema lineal al conjunto de muestras unitarias desplazadas, entonces es posible construir la respuesta a una entrada arbitraria. Una interpretación de la Ec. (2.6) se ilustra en la Fig. 2.2. En la Fig. 2.2a se dibuja una señal particular $x[n]$, la cual es diferente de cero solamente para $n = -1$, 0 y 1. Esta señal se aplica a la entrada de un sistema lineal cuyas respuestas a las señales $\delta[n + 1]$, $\delta[n]$ y $\delta[n - 1]$ se muestran en la Fig. 2.2b. Como $x[n]$ puede escribirse como una combinación lineal de $\delta[n + 1]$, $\delta[n]$ y $\delta[n - 1]$, el principio de superposición nos permite escribir la respuesta a $x[n]$ como una combinación lineal de las respuestas a los impulsos individuales desplazados. Los impulsos individuales desplazados y escalonados que conforman a $x[n]$ se ilustran en el lado izquierdo de la Fig. 2.2c, mientras que las respuestas a estas señales componentes se dibujan en el lado derecho.

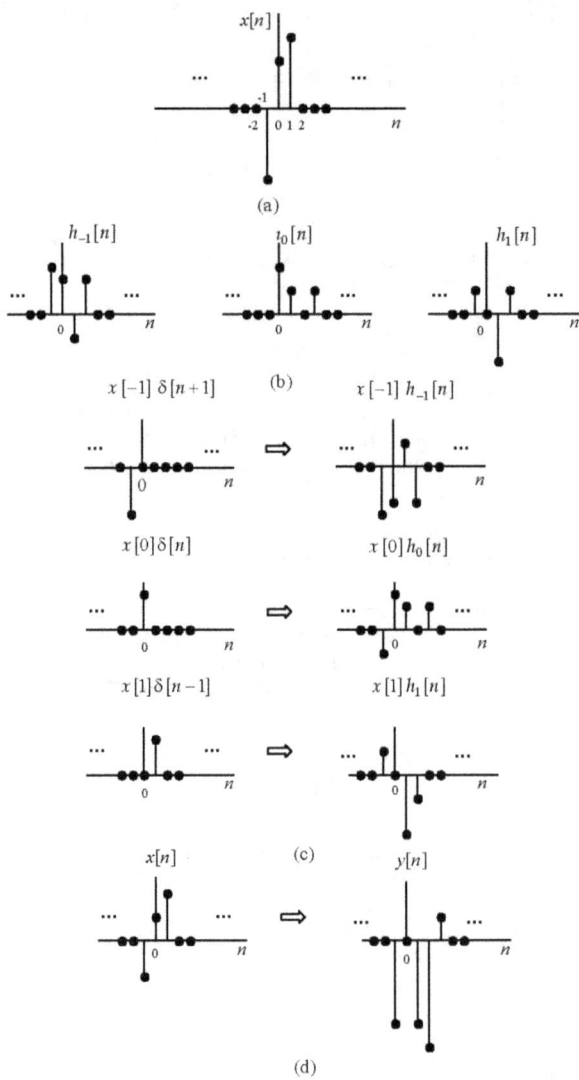

Figura 2.2

Finalmente, en la Fig. 2.2d se muestra la entrada real $x[n]$, la cual es la suma de sus componentes en la Fig. 2.2c y la salida real $y[n]$, la cual, por superposición, es la suma de sus componentes en la Fig. 2.2c. Por consiguiente, la respuesta en el tiempo de un sistema lineal es simplemente la superposición de las respuestas debidas a cada valor sucesivo de la entrada.

En general, por supuesto, las respuestas $h_k[n]$ no tienen que estar relacionadas entre ellas para diferentes valores de k. No obstante, si el sistema también es invariable en el tiempo, entonces la respuesta a $\delta[n-k]$ es

$$h_k[n] = h_0[n-k] \qquad (2.7)$$

Específicamente, como $\delta[n-k]$ es una versión desplazada de $\delta[n]$, la respuesta $h_k[n]$ es una réplica desplazada en el tiempo de $h_0[n]$. Por conveniencia en la notación, no se usará el subíndice en $h_0[n]$ y se definirá la *respuesta al impulso unitario* (*muestra unitaria*) $h[n]$ como

$$h[n] = h_0[n] \qquad (2.8)$$

(es decir, $\delta[n] \to h[n]$). Entonces, para un sistema LIT, la Ec. (2.6) se convierte en

$$y[n] = x[n] * h[n] = \sum_{k=-\infty}^{\infty} x[k]h[n-k] \qquad (2.9)$$

Este último resultado se conoce como la *suma de convolución* o *suma de superposición* y la operación en el lado derecho de la Ec. (2.9) se conoce como la *convolución* de las secuencias $x[n]$ y $h[n]$ y que se representará simbólicamente por $y[n] = x[n] * h[n]$. Observe que la Ec. (2.9) expresa la respuesta de un sistema LIT a una entrada arbitraria en función de su respuesta al impulso unitario. En éste y en los próximos capítulos se desarrollarán algunas de las implicaciones de esta observación.

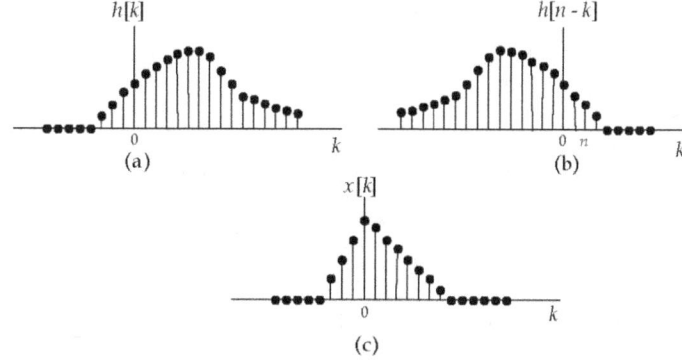

Figura 2.3

La interpretación de la Ec. (2.9) es que la respuesta debida a la entrada $x[k]$ en el instante k es $x[k]h[n-k]$, y ésta es sencillamente una versión desplazada y escalada de $h[n]$. La respuesta real es la superposición de todas estas respuestas. Para cualquier instante fijo n, la salida $y[n]$ consiste de la suma para todos los valores de k de los números $x[k]h[n-k]$. Como se ilustra en la Fig. 2.3, esta interpretación es una forna útil de visualizar el cálculo de la respuesta usando la suma de convolución. Específicamente, considere el cálculo de la respuesta para algun valor específico de n. Observe que $h[n-k]$ se obtuvo mediante una reflexión en torno al origen seguida por un desplazamiento en el tiempo. En la Fig. 2.3a se muestra $h[k]$ y en la Fig. 2.3b se muestra $h[n-k]$ como una función de k con n fija. En la Fig. 2.3c se ilustra $x[k]$. La salida para este valor específico de n se calcula entonces ponderando cada valor de $x[k]$ pora el valor correspondiente de $h[n-k]$ y luego sumando estos productos. El proceso se ilustrará mediante ejemplos.

Ejemplo 1. Considérese una entrada $x[n]$ y la respuesta al impulso unitario $h[n]$ dadas por

$$x[n] = \alpha^n u[n]$$
$$h[n] = u[n]$$

donde $0 < \alpha < 1$.

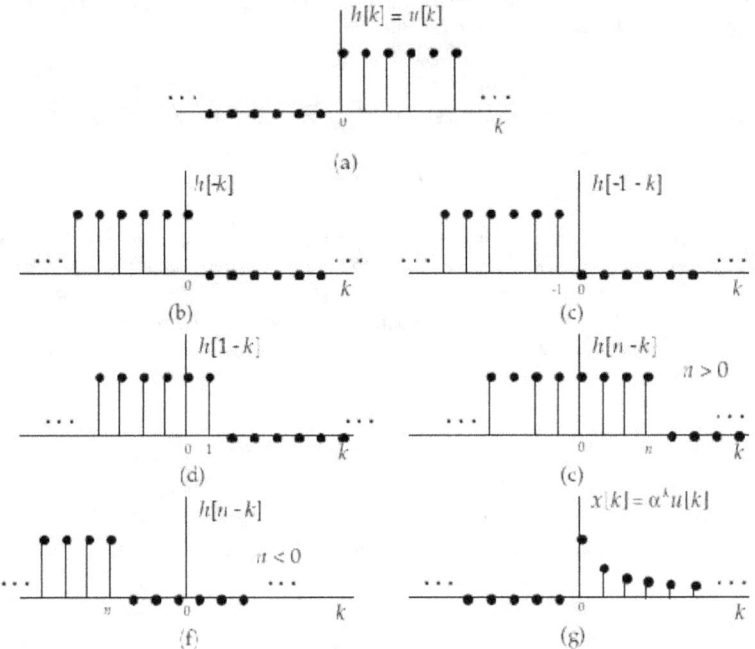

Figura 2.4

En la Fig. 2.4 se muestran $h[k]$, $h[-k]$ y $h[1-k]$, es decir, $h[n-k]$ para $n = 0, -1$ y $h[n-k]$ para cualquier valor positivo arbitrario de n. Finalmente, $x[k]$ se ilustra en la Fig. 2.4g. En la figura se observa que para $n < 0$ no hay solapamiento entre los puntos que no son iguales a cero en $x[k]$ y $h[n-k]$. Por ello, para $n < 0$, $x[k]h[n-k] = 0$ para todos los valores de k y, en consecuencia, $y[n] = 0$ para $n < 0$. Para $n \geq 0$, $x[k]h[\mathbf{n}-k]$ está dada por

$$x[k]h[n-k] = \begin{cases} \alpha^k, & 0 \leq k \leq n \\ 0, & \text{otros valores de } n \end{cases}$$

Entonces, para $n \geq 0$,

$$y[n] = \sum_{k=0}^{n} \alpha^k$$

El resultado se grafica en la Fig. 2.5.

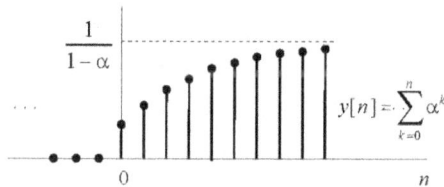

Figura 2.5

Ejemplo 2. Considérese ahora las dos secuencias $x[n]$ y $h[n]$ dadas por

$$x[n] = \begin{cases} 1, & 0 \le n \le 4 \\ 0, & \text{otros valores de } n \end{cases}$$

$$h[n] = \begin{cases} \alpha^n, & 0 \le n \le 6 \\ 0, & \text{otros valores de } n \end{cases}$$

Estas dos señales se muestran en la Fig. 2.6. Para calcular su convolución, es conveniente considerar cinco intervalos separados para n. Esto se ilustra en la Fig. 2.7.

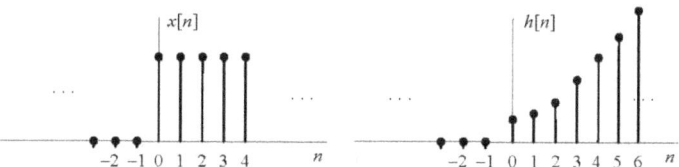

Figura 2.6

Intervalo 1. Para $n < 0$ no hay solapamiento entre las porciones diferentes de cero de $x[k]$ y $h[n-k]$ y, por lo tanto, $y[n] = 0$.

Intervalo 2. Para $0 \le n \le 4$, el producto $x[k]h[n-k]$ está dado por

$$x[k]h[n-k] = \begin{cases} \alpha^{n-k}, & 0 \le k \le n \\ 0, & \text{otros valores de } k \end{cases}$$

Por lo que en este intervalo, se tiene

$$y[n] = \sum_{k=0}^{n} \alpha^{n-k}$$

Intervalo 3. Para $n > 4$ pero $n - 6 \le 0$ (es decir, $4 < n \le 6$), $x[k]h[n-k]$ está dada por

$$x[k]h[n-k] = \begin{cases} \alpha^{n-k}, & 0 \le k \le 4 \\ 0, & \text{otros valores de } k \end{cases}$$

Así que en este intervalo,

$$y[n] = \sum_{k=0}^{4} \alpha^{n-k}$$

Intervalo 4. Para $n > 6$ pero $n - 6 \leq 4$ (es decir, para $6 < n \leq 10$),

$$x[k]h[n-k] = \begin{cases} \alpha^{n-k}, & (n-6) \leq k \leq 4 \\ 0, & \text{otros valores de } k \end{cases}$$

de modo que

$$y[n] = \sum_{k=n-6}^{4} \alpha^{n-k}$$

Intervalo 5. Para $(n - 6) < 4$ o, equivalentemente, $n > 10$, no hay solapamiento entre las porciones diferentes de cero de $x[k]$ y $h[n - k]$ y, por tanto,

$$y[n] = 0$$

El resultado gráfico de la convolución se muestra en la Fig. 2.7.

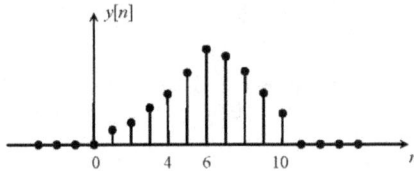

Figura 2.7

Estos dos ejemplos ilustran la utilidad de interpretar gráficamente el cálculo de la suma de convolución. En el resto de esta sección examinaremos varias propiedades importantes de la convolución que serán de mucha utilidad en diferentes ocasiones.

Ejemplo 3. Sean $x[n] = \alpha^n u[n]$ y $h[n] = \beta^n u[n]$.

Entonces

$$y[n] = \sum_{k=-\infty}^{\infty} \alpha^k u[k] \beta^{n-k} u[n-k]$$

Como $u[k] = 0$ para $k < 0$ y $u[n - k] = 0$ para $k > n$, es posible escribir la sumatoria como

$$y[n] = \sum_{k=0}^{n} \alpha^k \beta^{n-k} = \beta^n \sum_{k=0}^{n} (\alpha \beta^{-1})^k$$

Claramente, $y[n] = 0$ si $n < 0$.

Para $n \geq 0$, si $\alpha = \beta$, se tiene

$$y[n] = \beta^n \sum_{k=0}^{n} (1) = (n+1)\beta^n$$

Si $\alpha \neq \beta$, la sumatoria puede escribirse en forma compacta usando la fórmula

$$\sum_{k=n_1}^{n_2} a^k = \frac{a^{n_1} - a^{n_2+1}}{1-a}, \quad a \neq 1 \tag{2.10}$$

Suponiendo que $\alpha\beta^{-1} \neq 1$, entonces se puede escribir

$$y[n] = \beta^n \frac{1-(\alpha\beta^{-1})^{n+1}}{1-\alpha\beta^{-1}} = \frac{\alpha^{n+1}-\beta^{n+1}}{\alpha-\beta}$$

Como un caso especial de este ejemplo, sea $\alpha = 1$, de modo que $x[n]$ representa a la función escalón unitario. La respuesta al escalón para este sistema se obtiene haciendo $\alpha = 1$ en la última expresión para $y[n]$ y es

$$y[n] = \frac{1-\beta^{n+1}}{1-\beta}$$

Observe que el Ejemplo 1 es un caso especial de esta relación.

Resumiendo, se tiene entonces que la suma de convolución está compuesta de cuatro operaciones básicas:

1. Reflejar la imagen de $h[k]$ sobre el eje vertical a través del origen para obtener $h[-k]$.
2. Desplazar $h[n]$ en una cantidad igual al valor de n, en donde la secuencia de salida se evalúa para calcular $h[n-k]$.
3. Multiplicar la secuencia desplazada $h[n-k]$ por la secuencia de entrada $x[k]$.
4. Sumar la secuencia de valores resultantes para obtener el valor de la convolución en n.
5. Los pasos 1 a 4 se repiten conforme n varía de $-\infty$ a $+\infty$ para producir toda la salida $h[n]$.

Existe otro algoritmo que se puede usar para evaluar convoluciones discretas (este método es especialmente útil para secuencias finitas). Suponga que se desea determinar la convolución de $x[n]$ y $h[n]$, en donde

$$h[n] = \begin{cases} \left(\frac{1}{2}\right)^n, & n \geq 0 \\ 0, & n < 0 \end{cases}$$

y

$$x[n] = \{3, 2, 1\}$$

Se puede construir una matriz donde $h[n]$ se localice en la parte superior de la matriz y $x[n]$ ocupe la parte izquierda de la misma, como se indica en la Fig. 2.8. En este caso, la matriz es infinita porque $h[n]$ es infinita. Los valores dentro de la matriz se obtienen multiplicando los encabezados correspondientes a la fila y a la columna. Para calcular la convolución de las dos secuencias, basta con "girar y sumar" siguiendo las líneas diagonales punteadas. Así, por ejemplo, el primer término $y[0]$ es igual a 3. El segundo término, $y[1]$, es igual a $2 + 3/2 = 7/2$, que es la suma de los términos contenidos entre la primera y la segunda diagonal. Procediendo en esta forma, se obtiene la secuencia de salida

$$y[n] = \left\{ 3, \frac{7}{2}, \frac{11}{4}, \frac{11}{8}, \frac{11}{16} \ldots \frac{11}{2^x} \ldots \right\}$$

En el caso de secuencias bilaterales, el término de orden cero correspondiente a la salida se localiza entre las diagonales en las cuales se encuentra el término correspondiente a la intersección de los índices de orden cero para las secuencias de las filas y columnas.

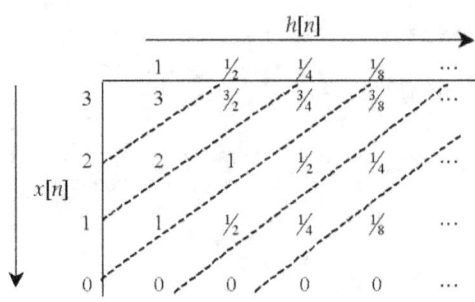

Figura 2.8

Ejemplo 4. Se desea determinar la convolución de la muestra unitaria $\delta[n]$ con una secuencia arbitraria $x[n]$. De la Ec. (2.9), el n-ésimo término de la secuencia resultante será

$$y[n] = \sum_{k=-\infty}^{\infty} x[k]\delta[n-k]$$

Sin embargo, cada término de $\delta[n-k]$ es cero excepto cuando $n = k$. En este caso se tiene que $\delta[0]=1$, por lo que el único término que es diferente de cero en la sumatoria aparece cuando $n=k$ y, en consecuencia,

$$y[n] = x[n]$$

En otras palabras, la convolución de $x[n]$ y $\delta[n]$ reproduce la secuencia $x[n]$.

Ejemplo 5. Determinar la convolución de las secuencias $x[n]$ y $h[n]$, donde

$$x[n] = \begin{cases} a^n, & n \geq 0 \\ 0, & n < 0 \end{cases} \quad y \quad h[n] = \begin{cases} b^n, & n \geq 0 \\ 0, & n < 0 \end{cases}$$

Solución: La secuencia resultante, $y[n]$, está dada por

$$y[n] = \sum_{k=-\infty}^{\infty} x[k]h[n-k] = \sum_{k=0}^{n} x[k]h[n-k]$$

Los límites en la última sumatoria se deben a que $x[n] = 0$ para $n < 0$ y $h[n] = 0$ para $k > n$. En consecuencia,

$$y[n] = \begin{cases} 0, & n < 0 \\ \sum_{k=0}^{n} a^k b^{n-k}, & n \geq 0 \end{cases}$$

Ejemplo 6. Determinar, empleando la suma de convolución, la salida del circuito digital de la Fig. 2.9, correspondiente a la secuencia de entrada $x[n] = \{3 \ -1 \ 3\}$. Suponga que la ganancia G es igual a 1/2.

Solución: La ecuación que describe al sistema se puede obtener igualando la salida del sumador $y[n]$ con las dos entradas, es decir,

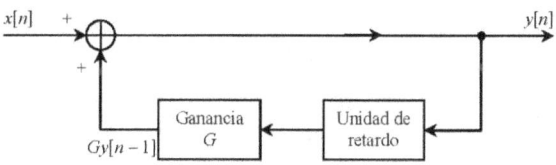

Figura 2.9

$$y[n] = \tfrac{1}{2} y[n-1] + x[n] \qquad (2.11)$$

La Ec. (2.11) es un ejemplo de una ecuación en diferencias. Se supone que el sistema está inicialmente en reposo, de modo que $y[-1] = 0$. Para emplear la suma de convolución, primero se debe calcular la función de respuesta al impulso $h[n]$. Un método para obtener dicha respuesta es emplear la ecuación en diferencias y determinar la salida en forma iterativa. De la Ec. (2.11) se tiene que

$$h\{0\} = \delta[0] + \tfrac{1}{2} h[-1] = 1 + 0 = 1$$

$$h[1] = \delta[1] + \tfrac{1}{2} h[0]] = 0 + \tfrac{1}{2} \times 1 = \tfrac{1}{2}$$

$$h[2] = \delta[2] + \tfrac{1}{2} h[1] = 0 + \tfrac{1}{2} \times \tfrac{1}{2} = \tfrac{1}{4}$$

$$\vdots$$

$$h[n] = \delta[n] + \tfrac{1}{2} h[n-1] = \left(\tfrac{1}{2}\right)^n$$

La función de respuesta al impulso es entonces

$$h[n] = \begin{cases} \left(\tfrac{1}{2}\right)^n, & n \geq 0 \\ 0, & n < 0 \end{cases}$$

y la salida estará dada por

$$y[n] = \{3 \ -1 \ 3\} \ast \left\{\left(\tfrac{1}{2}\right)^n\right\}, \quad n \geq 0$$

Una forma sencilla de calcular esta convolución es emplear la matriz con el método de "gira y suma", como se ilustra en la Fig. 2.10. De esta figura se obtiene la secuencia de salida como

$$y[n] = \left\{ 3 \ \ \tfrac{1}{2} \ \ \tfrac{13}{4} \ \ \tfrac{13}{8} \ \ \tfrac{13}{16} \ \cdots \ \tfrac{13}{2^n} \ \cdots \right\}$$

Este método iterativo tiene la desventaja de que no siempre es posible reconocer la forma del término general. En esos casos, la solución para $h[n]$ no se obtiene en una forma cerrada, como en este ejemplo, y puede no ser una solución aceptable.

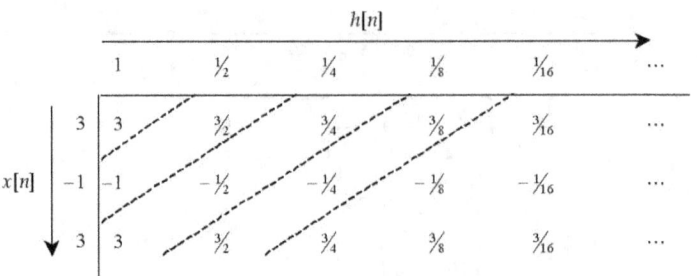

Figura 2.10

2.3.1 Propiedades de la Suma de Convolución

La Ec. (2.9) define la convolución de las dos secuencias $x[n]$ y $h[n]$:

$$y[n] = x[n] * h[n] = \sum_{k=-\infty}^{\infty} x[k]h[n-k] \qquad (2.12)$$

La primera propiedad básica de la suma de convolución es que es una operación *conmutativa* con respecto a $x[n]$ y $h[n]$, es decir,

$$x[n] * h[n] = h[n] * x[n] \qquad (2.13)$$

Esto se demuestra en una forma directa mediante una sustitución de variables en la Ec. (2.12). Haciendo $m = n - k$, la Ec. (2.12) se convierte en

$$x[n] * h[n] = \sum_{k=-\infty}^{\infty} x[k]h[n-k] = \sum_{m=-\infty}^{\infty} x[n-m]h[m] = h[n] * x[n]$$

De acuerdo con esta última ecuación, la salida de un sistema LIT con entrada $x[n]$ y respuesta al impulso $h[n]$ es idéntica a la salida de un sistema LIT con entrada $h[n]$ y respuesta al impulso $x[n]$.

Una segunda propiedad útil de la convolución es que es *asociativa*, es decir, en la convolución de tres señales, el resultado es el mismo, independientemente del orden en que se realiza la convoluión. Por ejemplo,

$$\{x[n] * h_1[n]\} * h_2[n] = x[n] * \{h_1[n] * h_2[n]\} \qquad (2.14)$$

Para demostrar esta propiedad, sean $x[n] * h_1[n] = f_1[n]$ y $h_1[n] * h_2[n] = f_2[n]$. Entonces

$$f_1[n] = \sum_{k=-\infty}^{\infty} x[k]h_1[n-k]$$

y

$$\{x[n] * h_1[n]\} * h_2[n] = \sum_{m=-\infty}^{\infty} f_1[m]h_2[n-m]$$

$$= \sum_{m=-\infty}^{\infty} \left[\sum_{k=-\infty}^{\infty} x[k]h_1[m-k] \right] h_2[n-m]$$

Sustituyendo $r = m - k$ e intercambiando el orden de las sumatorias, tenemos

$$\{x[n]*h_1[n]\}*h_2[n] = \sum_{k=-\infty}^{\infty} x[k]\left[\sum_{r=-\infty}^{\infty} h_1[r]h_2[n-k-r]\right]$$

y ahora, puesto que

$$f_2[n] = \sum_{r=-\infty}^{\infty} h_1[r]h_2[n-r]$$

tenemos

$$f_2[n-k] = \sum_{k=-\infty}^{\infty} h_1[r]h_2[n-k-r]$$

y, por tanto,

$$\{x[n]*h_1[n]\}*h_2[n] = \sum_{k=-\infty}^{\infty} x[k]f_2[n-k]$$
$$= x[n]*f_2[n] = x[n]*\{h_1[n]*h_2[n]\}$$

La interpretación de la propiedad asociativa se indica en las Figs. 2.11*a* y *b*. Los sistemas mostrados en estos diagramas de bloques son sistemas LIT cuyas respuestas al impulso son las indicadas.

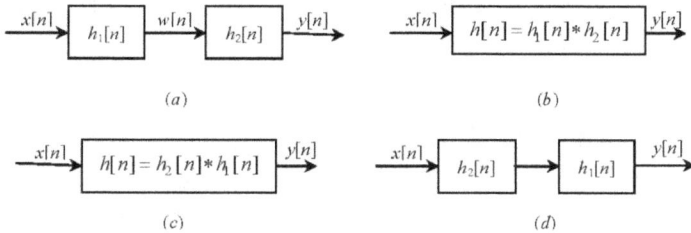

Figura 2.11

En la Fig. 2.11*a*,

$$y[n] = w[n]*h_2[n]$$
$$= \{x[n]*h_1[n]\}*h_2[n]$$

En la Fig. 2.11*b*,

$$y[n] = x[n]*h[n]$$
$$= x[n]*\{h_1[n]*h_2[n]\}$$

Según la propiedad asociativa, la interconexión en cascada de los dos sistemas en la Fig. 2.11*a* es equivalente al sistema único en la Fig. 2.11*b*. También, como una consecuencia de la propiedad asociativa en conjunto con la propiedad conmutativa, la respuesta completa al escalón de sistemas LIT en cascada es independiente del orden en el cual los sistemas están conectados (Figs. 2.11*c* y *d*).

Una tercera propiedad de la convolución es la *distributiva con respecto a la suma*, es decir, la suma de convolución satisface la relación

$$x[n]*\{h_1[n]+h_2[n]\} = x[n]*h_1[n] + x[n]*h_2[n] \qquad (2.15)$$

la cual se verifica fácilmente usando la propiedad de linealidad de la suma:

$$x[n]*h_1[n]+x[n]*h_2[n]=\sum_{k=-\infty}^{\infty}x[k]h_1[n-k]+\sum_{k=-\infty}^{\infty}x[k]h_2[n-k]$$
$$=\sum_{k=-\infty}^{\infty}x[k]\left(h_1[n-k]+h_2[n-k]\right)$$
$$=x[n]*\left(h_1[n]+h_2[n]\right)$$

De nuevo, esta propiedad tiene una interpretación útil. Considere los dos sistemas LIT en paralelo mostrados en la Fig. 2.12a. Los dos sistemas $h_1[n]$ y $h_2[n]$ tienen entradas idénticas y sus salidas se suman.

Como
$$y_1[n]=x[n]*h_1[n]$$
y
$$y_2[n]=x[n]*h_2[n]$$

la salida del sistema de la Fig. 2.12a es

$$y[n]=x[n]*h_1[n]+x[n]*h_2[n]$$

que corresponde al lado derecho de la Ec. (2.15). La salida del sistema de la Fig. 2.12b es

$$y[n]=x[n]*\{h_1[n]+h_2[n]\}$$

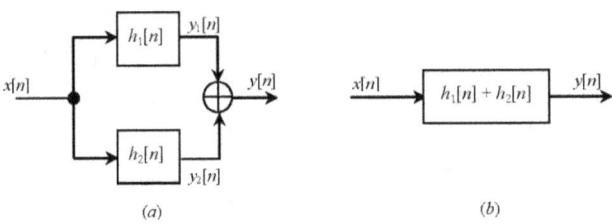

Figura 2.12

lo que corresponde al lado izquierdo de la Ec. (2.15). En consecuencia, por la propiedad distributiva de la convolución, una combinación en paralelo de sistemas LIT puede ser reemplazada por un solo sistema LIT cuya respuesta al impulso es la suma de las respuestas al impulso individuales de la combinación en paralelo.

Ejemplo 7. Se quiere determinar la respuesta al impulso del sistema de la Fig. 2.13 en términos de las respuestas al impulso de los subsistemas. Primero, la respuesta al impulso de los sistemas en cascada 1 y 2 son dadas por

$$h_a[n]=h_1[n]*h_2[n]$$

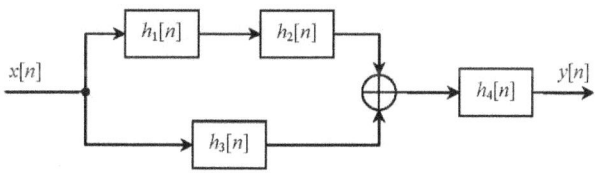

Figura 2.13

El efecto de la conexión en paralelo del sistema *a* con el sistema 3 se obtiene como

$$h_b[n] = h_a[n] + h_3[n] = h_1[n] * h_2[n] + h_3[n]$$

Ahora se añade el efecto del sistema *b* en cascada con el sistema 4 para dar la respuesta al impulso total del sistema:

$$h[n] = h_b[n] * h_4[n] = (h_1[n] * h_2[n] + h_3[n]) * h_4[n]$$

Ejemplo 8. Considere el sistema mostrado en la Fig. 2.14 con

$$h_1[n] = \delta[n] - a\delta[n-1]$$
$$h_2[n] = \left(\tfrac{1}{2}\right)^n u[n]$$
$$h_3[n] = a^n u[n]$$
$$h_4[n] = (n-1)u[n]$$
$$h_5[n] = \delta[n] + nu[n-1] + \delta[n-2]$$

Solución. De la figura está claro que

$$h[n] = h_1[n] * h_2[n] * h_3[n] * \{h_5[n] - h_4[n]\}$$

Para evaluar $h[n]$, calculamos primero la convolución $h_1[n] * h_3[n]$

$$h_1[n] * h_3[n] = \{\delta[n] - a\delta[n-1]\} * a^n u[n]$$
$$= a^n u[n] - a^n u[n-1] = \delta[n]$$

También,

$$h_5[n] - h_4[n] = \delta[n] + nu[n-1] + \delta[n-2] - (n-1)u[n]$$
$$= \delta[n] + \delta[n-2] + u[n]$$

de modo que

$$h[n] = \delta[n] * h_2[n] * \{\delta[n] + \delta[n-2] + u[n]\}$$
$$= h_2[n] + h_2[n-2] + s_2[n]$$

donde s_2 representa la respuesta al escalón correspondiente a $h_2[n]$; En consecuencia, tenemos que

$$h[n] = \left(\tfrac{1}{2}\right)^n u[n] + \left(\tfrac{1}{2}\right)^{n-2} u[n-2] + \sum_{k=0}^{n} \left(\tfrac{1}{2}\right)^k$$

Usando la Ec. (2.10), este resultado puede escribirse como

$$h[n] = \left(\tfrac{1}{2}\right)^{n-2} u[n-2] + 2u[n]$$

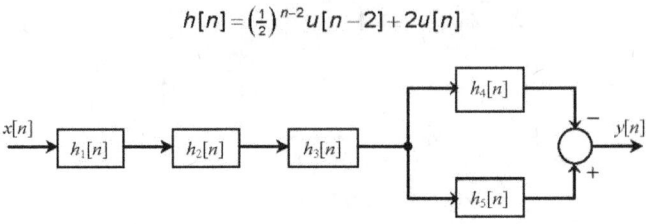

Figura 2.14

2.3.2 Respuesta al Escalón

La *respuesta al escalón* $s[n]$ de un sistema LIT de tiempo discreto cuya respuesta al impulso es $h[n]$ se obtiene rápidamente a partir de la Ec. (2.9) como

$$s[n] = h[n] * u[n] = \sum_{k=-\infty}^{\infty} h[k] u[n-k] = \sum_{k=-\infty}^{n} h[k] \quad (2.16)$$

puesto que $u[k-n] = 0$ para $k > n$. De la Ec. (2.16) tenemos que

$$h[n] = s[n] - s[n-1] \quad (2.17)$$

2.4 Sistemas de Tiempo Continuo: La Integral de Convolución

En el dominio del tiempo, un sistema lineal se describe en términos de su *respuesta al impulso*, la cual se define como *la respuesta del sistema (con cero condiciones iniciales) a una función impulso unitario o función delta* $\delta(t)$ *aplicada a la entrada del sistema.* Si el sistema es *invariable en el tiempo*, entonces la forma de la respuesta al impulso es la misma sin importar cuando se aplica el impulso unitario al sistema. Así pues, suponiendo que la función impulso unitario se aplica en el instante $t = 0$, se puede denotar la respuesta al impulso de un sistema LIT por $h(t)$. Supóngase que el sistema está sometido a una excitación arbitraria $x(t)$. Entonces, igual a como se hizo en la sección precedente, el objetivo de ésta es obtener una caracterización completa de sistemas LIT de tiempo continuo en función de la respuesta al impulso. Por la Ec. (1.51) se sabe que

$$x(t) = \int_{-\infty}^{\infty} x(\tau) \delta(t-\tau) d\tau \quad (2.18)$$

La *respuesta al impulso*[*] $h(t)$ de un sistema LIT de tiempo continuo (representado por $\mathfrak{I}$) se define como la respuesta del sistema cuando la entrada es $\delta(t)$, es decir,

$$h(t) = \mathfrak{I}\{\delta(t)\} \quad (2.19)$$

Puesto que el sistema es lineal, la respuesta $y(t)$ del sistema a una excitación arbitraria $x(t)$ puede ser expresada como

$$y(t) = \mathfrak{I}\{x(t)\} = \mathfrak{I}\left\{\int_{-\infty}^{\infty} x(\tau) \delta(t-\tau) d\tau\right\}$$

---

[*] La notación $h(\cdot)$ *siempre* denotará la *respuesta al impulso unitario*.

$$= \int_{-\infty}^{\infty} x(\tau)\Im\{\delta(t-\tau)\}d\tau \qquad (2.20)$$

Como el sistema no varía con el tiempo, entonces

$$h(t-\tau) = \Im\{\delta(t-\tau)\} \qquad (2.21)$$

y sustituyendo la Ec. (2.21) en la Ec. (2.20), se obtiene

$$y(t) = \int_{-\infty}^{\infty} x(\tau)h(t-\tau)d\tau \qquad (2.22)$$

La Ec. (2.22) indica que un sistema LIT de tiempo continuo está completamente caracterizado por su respuesta al impulso $h(t)$ y se conoce como la *integral de convolución* o la *integral de superposición* y es la contraparte de la Ec. (2.9) para la convolución en tiempo discreto. Se tiene entonces el resultado fundamental de que la *salida o respuesta de cualquier sistema LIT de tiempo continuo es la convolución de la entrada $x(t)$ con la respuesta al impulso $h(t)$ del sistema*. La respuesta a cualquier entrada $x(t)$ puede calcularse usando la integral de la Ec. (2.22). La Fig. 2.15 ilustra esta definición.

La convolución de dos señales $x(t)$ y $h(t)$ se representará simbólicamente por

$$y(t) = x(t) * h(t) \qquad (2.23)$$

Figura 2.15

El resultado en la Ec. (2.22) es fundamental en el estudio de los sistema LIT y su importancia no debe subestimarse. La respuesta del sistema a cualquier excitación $x(t)$ se expresa como una integral que involucra solamente la función excitadora y la respuesta del sistema a una función impulso $h(t)$. Por este resultado se puede ver la importancia de las funciones impulso en el análisis de sistemas LIT.

2.4.1 Propiedades de la Integral de Convolución

La convolución en tiempo continuo satisface las mismas propiedades ya discutidas para la convolución de tiempo discreto. En particular, es *conmutativa*, *asociativa* y *distributiva*:

Conmutativa: De la Ec. (2.22) se tiene que

$$y(t) = \int_{-\infty}^{\infty} x(\tau)h(t-\tau)d\tau$$

Haciendo el cambio de variables $\lambda = t - \tau$, esta ecuacion se convierte en

$$y(t) = \int_{-\infty}^{\infty} x(\tau)h(t-\tau)d\tau = \int_{-\infty}^{\infty} x(t-\lambda)h(\lambda)d\lambda$$

si se reemplaza λ por τ en la segunda integral, se obtiene

$$x(t) * h(t) = h(t) * x(t) \qquad (2.24)$$

que muestra que la integral de convolución es simétrica con respecto a la señal de entrada $x(t)$ y la respuesta al impulso $h(t)$; es decir, la convolución es conmutativa.

Asociativa:

$$\{x(t)*h_1(t)\}*h_2(t) = x(t)*\{h_1(t)*h_2(t)\} \tag{2.25}$$

Distributiva: De acuerdo con la propiedad distributiva

$$x(t)*\{h_1(t)+h_2(t)\} = x(t)*h_1(t) + x(t)*h_2(t) \tag{2.26}$$

Estas propiedades tienen las mismas implicaciones que las discutidas para la convolución en tiempo discreto. Como una consecuencia de la propiedad conmutativa, los papeles de la señal de entrada y de la respuesta al impulso son intercambiables. Por la propiedad asociativa, una combinación en cascada de sistemas LIT puede agruparse en un solo sistema cuya respuesta al impulso es la convolución de las respuestas al impulso individuales. También, la respuesta al impulso total no es afectada por el orden que tienen los sistemas en la conexión en cascada. Finalmente, como un resultado de la propiedad distributiva, una combinación en paralelo de sistemas LIT es equivalente a un solo sistema cuya respuesta al impulso es la suma de las respuestas al impulso individuales en la combinación en paralelo. Las demostraciones de las Ecs. (2.25) y (2.26) se deducen directamente de la definición de la integral de convolución y se dejan como un ejercicio para el lector.

Una propiedad adicional importante de la integral de covolución se deduce al considerar la convolución para una entrada en la forma de un impulso unitario; esto es, para $x(t) = \delta(t)$,

$$y(t) = \delta(t)*h(t) = h(t) \tag{2.27}$$

Por definición, esta salida es igual a *h(t)*, la respuesta al impulso. La propiedad establecida por la Ec. (2.27) es independiente de la forma funcional de *h(t)*. Por tanto, la convolución de cualquier función *g(t)* con el impulso unitario produce esa misma función *g(t)*. Debido a la propiedad de invariancia en el tiempo, la forma general de la Ec. (2.27) es dada por

$$y(t-t_0) = \delta(t-t_0)*h(t-t_0)$$

Esta propiedad general puede expresarse en términos de una función *g(t)* como

$$\delta(t)*g(t) = g(t)$$

y

$$\delta(t-t_0)*g(t) = g(t-t_0)*\delta(t) = g(t-t_0) \tag{2.28}$$

2.4.2 Evaluación de la Integral de Convolución

La convolución es una operación integral que puede evaluarse analítica, gráfica o numéricamente. Aplicando la propiedad de conmutatividad de la convolución, Ec. (2.24), a la Ec., se obtiene

$$y(t) = h(t)*x(t) = \int_{-\infty}^{\infty} h(\tau)x(t-\tau)d\tau \tag{2.29}$$

la cual en algunos casos puede ser más fácil de evaluar que la Ec. (2.22). De esta última ecuación observamos que el cálculo de la integral de convolución involucra los cuatro pasos siguientes:

1. La respuesta al impulso $h(\tau)$ es invertida en el tiempo (es decir, reflejada con respecto al origen) para obtener $h(-\tau)$ y luego desplazada por *t* para formar $h(t-\tau)$, la cual es una función de τ con parámetro *t*.

2. Las señal $x(\tau)$ y la respuesta al impulso $h(t-\tau)$ se multiplican para todos los valores de τ con *t* fijo en algún valor.

3. El producto $x(\tau)h(t-\tau)$ es integrado en τ para producir un solo valor de salida $y(t)$.
4. Los pasos 1 a 3 se repiten conforme t varía desde $-\infty$ hasta ∞ para producir toda la salida $y(t)$.

Tenga siempre presente que al evaluar la integral, $x(\tau)$ y $h(t-\tau)$ son funciones de τ y no de t; t es una constante con respecto a τ.

Ejemplo 9. La entrada $x(t)$ y la respuesta al impulso $h(t)$ de un sistema LIT de tiempo continuo están dadas por
$$x(t) = u(t) \quad h(t) = e^{-\alpha t}u(t), \quad \alpha > 0$$
Calcule la salida $y(t)$.

Solución: Por la Ec. (2.22)
$$y(t) = \int_{-\infty}^{\infty} x(\tau)h(t-\tau)d\tau$$

Las funciones $x(\tau)$ y $h(t-\tau)$ se muestran en la Fig. 2.16 para $t<0$ y $t>0$.

De la figura se ve que para $t<0$, $x(\tau)$ y $h(t-\tau)$ no se solapan, mientras que para $t>0$, se solapan desde $\tau=0$ hasta $\tau=t$. En consecuencia, para $t<0$, $y(t)=0$. Para $t>0$, se tiene que
$$y(t) = \int_0^t e^{-\alpha(t-\tau)}d\tau = e^{-\alpha t}\int_0^t e^{\alpha\tau}d\tau = \frac{1}{\alpha}\left(1-e^{-\alpha t}\right)$$
y se puede escribir la salida $y(t)$ como
$$y(t) = \frac{1}{\alpha}\left(1-e^{-\alpha t}\right)u(t) \tag{2.30}$$

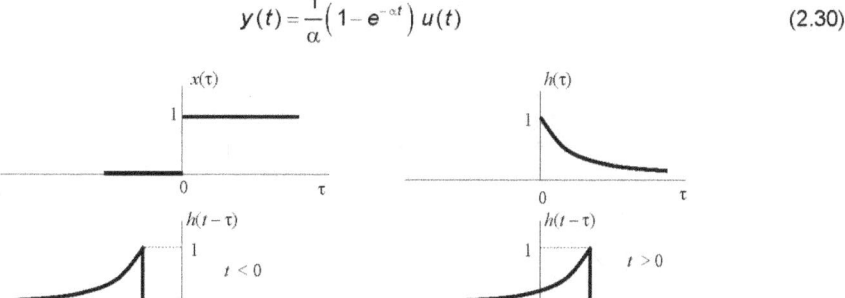

Figura 2.16

Ejemplo 10. Calcule la respuesta $y(t)$ para un sistema LIT de tiempo continuo cuya respuesta al impulso $h(t)$ y la entrada $x(t)$ están dadas por
$$h(t) = e^{-\alpha t}u(t) \quad x(t) = e^{\alpha t}u(-t), \quad \alpha > 0$$

Solución: Por la Ec. (2.22)
$$y(t) = \int_{-\infty}^{\infty} x(\tau)h(t-\tau)d\tau$$
Así que,
$$y(t) = \int_{-\infty}^{\infty} e^{\alpha\tau}u(-\tau)e^{-\alpha(t-\tau)}u(t-\tau)d\tau$$

Las funciones $x(\tau)$ y $h(t-\tau)$ se muestran en la Fig. 2.17a para $t < 0$ y $t > 0$.

De la Fig. 2.17a se ve que para $t < 0$, $x(\tau)$ y $h(t-\tau)$ se solapan desde $\tau = -\infty$ hasta $\tau = t$, mientras que para $t > 0$, se solapan desde $\tau = -\infty$ hasta $\tau = 0$. En consecuencia, para $t < 0$, se tiene que

$$y(t) = \int_{-\infty}^{t} e^{\alpha \tau} e^{-\alpha(t-\tau)} d\tau = e^{-\alpha t} \int_{-\infty}^{t} e^{2\alpha \tau} d\tau$$
$$= \frac{1}{2\alpha} e^{\alpha t}$$

y para $t > 0$,

$$y(t) = \int_{-\infty}^{0} e^{\alpha \tau} e^{-\alpha(t-\tau)} d\tau = e^{-\alpha t} \int_{-\infty}^{0} e^{2\alpha t} dt$$
$$= \frac{1}{2\alpha} e^{-\alpha t}$$

Combinando las dos últimas relaciones, $y(t)$ se puede escribir como

$$y(t) = \frac{1}{2\alpha} e^{-\alpha |t|}, \quad \alpha > 0$$

Este resultado se muestra en la Fig. 2.17b.

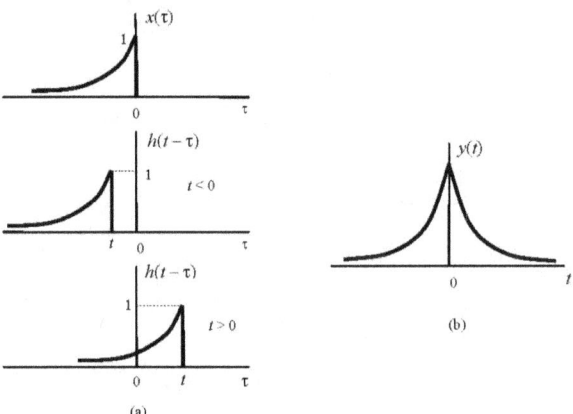

Figura 2.17

Ejemplo 11. Evalúe la convolución $y(t) = x(t) * h(t)$, donde $x(t)$ y $h(t)$ se muestran en la Fig. 2.18, mediante una técnica analítica.

Figura 2.18

Solución: Primero expresamos $x(t)$ y $h(t)$ como funciones del escalón unitario:
$$x(t) = u(t) - u(t-3) \qquad h(t) = u(t) - u(t-2)$$
Entonces, por la Ec. (2.22), se tiene que
$$\begin{aligned} y(t) &= \int_{-\infty}^{\infty} x(\tau) h(t-\tau) d\tau \\ &= \int_{-\infty}^{\infty} [u(\tau) - u(\tau-3)][u(t-\tau) - u(t-\tau-2)] d\tau \\ &= \int_{-\infty}^{\infty} u(\tau) u(t-\tau) d\tau - \int_{-\infty}^{\infty} u(\tau) u(t-2-\tau) d\tau \\ &\quad - \int_{-\infty}^{\infty} u(\tau-3) u(t-\tau) d\tau + \int_{-\infty}^{\infty} u(\tau-3) u(t-2-\tau) d\tau \end{aligned}$$

Puesto que
$$u(\tau) u(t-\tau) = \begin{cases} 1, & 0 < \tau < t,\ t > 0 \\ 0, & \text{otros valores de } t \end{cases}$$
$$u(\tau) u(t-2-\tau) = \begin{cases} 1, & 0 < \tau < t,\ t > 2 \\ 0, & \text{otros valores de } t \end{cases}$$
$$u(\tau-3) u(t-\tau) = \begin{cases} 1, & 3 < \tau < t,\ t > 3 \\ 0, & \text{otros valores de } t \end{cases}$$
$$u(\tau-3) u(t-2-\tau) = \begin{cases} 1, & 3 < \tau < t-2,\ t > 5 \\ 0, & \text{otros valores de } t \end{cases}$$

podemos expresar a $y(t)$ como
$$\begin{aligned} y(t) &= \left[\int_0^t d\tau\right] u(t) - \left[\int_0^{t-2} d\tau\right] u(t-2) - \left[\int_3^t d\tau\right] u(t-3) + \left[\int_3^{t-2} d\tau\right] u(t-5) \\ &= t u(t) - (t-2) u(t-2) - (t-3) u(t-3) + (t-5) u(t-5) \end{aligned}$$

la cual se grafica en la Fig. 2.19.

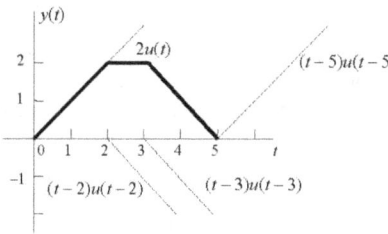

Figura 2.19

Intente resolver este ejemplo mediante la técnica gráfica usada en el Ejemplo 9.

Ejemplo 12. Si $x_1(t)$ y $x_2(t)$ son ambas señales periódicas con un período común T_0, la convolución de $x_1(t)$ y $x_2(t)$ no converge. En este caso, definimos la *convolución periódica* de $x_1(t)$ y $x_2(t)$ como

$$f(t) = x_1(t) \oplus x_2(t) = \int_0^{T_0} x_1(\tau) x_2(t-\tau) d\tau \qquad (2.31)$$

(a) Demuestre que $f(t)$ es periódica con período T_0.

(b) Demuestre que

$$f(t) = \int_a^{a+T_0} x_1(\tau) x_2(t-\tau) d\tau \qquad (2.32)$$

para cualquier a.

Solución:

(a) Como $x_2(t)$ es periódica con período T_0, se tiene que

$$x_2(t+T_0-\tau) = x_2(t-\tau)$$

Entonces, de la Ec. (2.31), se obtiene

$$f(t+T_0) = \int_0^{T_0} x_1(\tau) x_2(t+T_0-\tau) d\tau$$
$$= \int_0^{T_0} x_1(\tau) x_2(t-\tau) d\tau = f(t)$$

Así pues, $f(t)$ es periódica con período T_0.

(b) Puesto que ambas $x_1(t)$ y $x_2(t)$ son periódicas con el mismo período T_0, $x_1(\tau)x_2(t-\tau)$ es periódica con período T_0 y entonces, igual que toda función periódica $x(t)$ con período T tiene la propiedad de que

$$\int_0^{T_0} x(t) dt = \int_a^{a+T_0} x(t) dt$$

y para cualquier a real, se tiene que

$$f(t) = \int_0^{T_0} x_1(\tau) x_2(t-\tau) d\tau = \int_a^{a+T_0} x_1(\tau) x_2(\tau) d\tau$$

2.4.3 Respuesta al Escalón

Otra señal que se usa con frecuencia para describir el comportamiento de sistemas LIT de tiempo continuo es la función *escalón* unitario. La *respuesta al escalón* $s(t)$ de un sistema LIT de tiempo continuo (representado por $\Im$) se define como la respuesta del sistema cuando la entrada es $u(t)$; es decir,

$$s(t) = \Im\{u(t)\} \qquad (2.33)$$

En muchas aplicaciones, la respuesta al escalón $s(t)$ también es una caracterización útil del sistema y por ello es importante relacionarla con la respuesta al impulso. La respuesta al escalón se puede determinar fácilmente a partir de la integral de convolución, Ec. (2.22):

$$s(t) = h(t) * u(t) = \int_{-\infty}^{\infty} h(\tau) u(t-\tau) d\tau = \int_{-\infty}^{t} h(\tau) d\tau \qquad (2.34)$$

Así que la respuesta al escalón $s(t)$ puede obtenerse por integración de la respuesta al impulso $h(t)$. Diferenciando la Ec. (2.34) con respecto a t, se obtiene

$$h(t) = s'(t) = \frac{ds(t)}{dt} \tag{2.35}$$

Esta ecuación es la contraparte de la Ec. (2.17) en tiempo discreto.

2.5 Propiedades de los Sistemas LIT

En las secciones anteriores se desarrollaron representaciones muy importantes para los sistemas LIT de tiempo discreto y de tiempo continuo. Esta representación en tiempo discreto toma la forma de la suma de convolución, mientras que su contraparte en tiempo continuo es la integral de convolución. En esta sección usamos la caracterización de sistemas LIT en función de sus respuestas al impulso para examinar otras propiedades de los sistemas.

2.5.1 Sistemas LIT Con y Sin Memoria

Recuerde que la salida $y(t)$ de un sistema sin memoria en un instante dado depende solamente de la entrada $y(t)$ en ese mismo instante. Esta relación sólo puede ser de la forma

$$y(t) = K x(t) \tag{2.36}$$

donde K es una constante (ganancia del sistema). Por ello, la respuesta al impulso correspondiente $h(t)$ es simplemente

$$h(t) = K \delta(t) \tag{2.37}$$

En consecuencia, si $h(t_0) \neq 0$ para $t_0 \neq 0$, el sistema LIT de tiempo continuo tiene memoria.

Para sistemas LIT de tiempo discreto sin memoria, la relación equivalente a la Ec. (2.36) es

$$y[n] = K x[n] \tag{2.38}$$

donde K es una constante (ganancia del sistema) y la respuesta al impulso correspondiente $h[n]$ es

$$h[n] = K \delta[n] \tag{2.39}$$

Por lo tanto, si $h[n_0] \neq 0$ para $n_0 \neq 0$, el sistema LIT de tiempo discreto tiene memoria.

2.5.2 Causalidad

Como ya se estudió en el Cap. 1, un sistema causal no responde a un evento en su entrada hasta que este evento efectivamente ocurra; en otras palabras, la respuesta de un sistema causal depende solamente de los valores presente y pasados de la excitación. Usando la suma y la integral de convolución, podemos relacionar esta propiedad con la propiedad correspondiente de la respuesta al impulso de un sistema LIT de tiempo discreto o de tiempo continuo. Específicamente, para que un sistema LIT de tiempo discreto sea causal, su salida $y[n]$ no debe depender de la entrada $x[k]$ para $k > n$. De la ecuación para la suma de convolución

$$y[n] = \sum_{k=-\infty}^{\infty} x[k] h[n-k]$$

se deduce que éste será el caso si

$$h[n] = 0 \quad \text{para} \quad n < 0 \tag{2.40}$$

y, aplicando esta condición, la suma de convolución se convierte en

$$y[n] = \sum_{k=-\infty}^{n} x[k]h[n-k] = \sum_{k=0}^{\infty} h[k]x[n-k] \tag{2.41}$$

La segunda sumatoria en el lado derecho de la Ec. (2.41) muestra que los únicos valores de $x[n]$ usados para evaluar la salida $y[n]$ son aquellos para $k \leq n$.

Se dice entonces que cualquier secuencia $x[n]$ es *causal* si

$$x[n] = 0, \quad n < 0 \tag{2.42}$$

y se llama *anticausal* si

$$x[n] = 0, \quad n \geq 0 \tag{2.43}$$

Entonces, cuando la entrada $x[n]$ es causal, la salida $y[n]$ de un sistema LIT de tiempo discreto está dada por

$$y[n] = \sum_{k=0}^{n} h[k]x[n-k] = \sum_{k=0}^{n} x[k]h[n-k] \tag{2.44}$$

Para que un sistema LIT de tiempo continuo sea causal se debe cumplir que la respuesta al impulso cumpla con la condición

$$h(t) = 0, \quad t < 0 \tag{2.45}$$

esto es, la respuesta al impulso de un sistema causal es una señal causal y, en este caso, la integral de convolución se convierte en

$$y(t) = \int_{0}^{\infty} h(\tau)x(t-\tau)d\tau = \int_{-\infty}^{t} x(\tau)h(t-\tau)d\tau \tag{2.46}$$

Por la condición de causalidad, Ec. (2.45), cualquier señal $x(t)$ es *causal* si

$$x(t) = 0, \quad t < 0 \tag{2.47}$$

y se llama *anticausal* si

$$x(t) = 0, \quad t > 0 \tag{2.48}$$

Entonces, cuando la entrada $x(t)$ es causal, la salida $y(t)$ de un sistema LIT causal de tiempo continuo está dada por

$$y(t) = \int_{0}^{t} h(\tau)x(t-\tau)d\tau = \int_{0}^{t} x(\tau)h(t-\tau)d\tau \tag{2.49}$$

Ejemplo 13. Para un sistema LIT con respuesta al impulso $h(t) = e^{-2t}u(t)$, determine la respuesta $y(t)$ para la entrada

$$x(t) = e^{-t}u(t) \tag{2.50}$$

Solución: En este caso, tanto $x(t)$ como $h(t)$ son causales. Por tanto, de la Ec. (2.49), obtenemos

$$y(t) = \int_{0}^{t} x(\tau)h(t-\tau)d\tau \quad t \geq 0$$
$$= \int_{0}^{t} e^{-\tau}e^{-2(t-\tau)}d\tau = e^{-2t}\int_{0}^{t} e^{\tau}d\tau$$
$$= e^{-2t}(e^{t}-1)$$
$$= e^{-t} - e^{-2t} \quad t \geq 0$$

y $y(t) = 0$ para $t < 0$. Por tanto,

$$y(t) = (e^{-t} - e^{-2t})u(t)$$

Ejemplo 14. Considere un sistema LIT de tiempo continuo descrito por

$$y(t) = \frac{1}{T} \int_{t-T/2}^{t+T/2} x(\tau) d\tau \tag{2.51}$$

(a) Determine y dibuje la respuesta al impulso $h(t)$ del sistema.

(b) ¿Es causal este sistema?

Solución:

(a) La Ec. (2.46) puede escribirse como

$$y(t) = \frac{1}{T} \int_{-\infty}^{t+T/2} x(\tau) d\tau - \frac{1}{T} \int_{-\infty}^{t-T/2} x(\tau) d\tau 1 \tag{2.52}$$

Ahora bien,

$$x(t) * u(t - t_0) = \int_{-\infty}^{\infty} x(\tau) u(t - \tau - t_0) d\tau = \int_{-\infty}^{t-t_0} x(\tau) d\tau$$

por lo que la Ec. (2.52) puede expresarse como

$$y(t) = \frac{1}{T} x(t) * u\left(t + \frac{T}{2}\right) - \frac{1}{T} x(t) * u\left(t - \frac{T}{2}\right)$$

$$= x(t) * \frac{1}{T}\left[u\left(t + \frac{T}{2}\right) - u\left(t - \frac{T}{2}\right) \right] = x(t) * h(t)$$

y se obtiene

$$h(t) = \frac{1}{T}\left[u\left(t + \frac{T}{2}\right) - u\left(t - \frac{T}{2}\right) \right] = \begin{cases} \dfrac{1}{T}, & -\dfrac{T}{2} < t \leq \dfrac{T}{2} \\ 0, & \text{otros valores de } t \end{cases} \tag{2.53}$$

Esta función se muestra en la Fig. 2.20.

(b) De la Ec. (2.53) o de la Fig. 2.20 vemos que $h(t) \neq 0$ para $t < 0$. En consecuencia, el sistema no es causal.

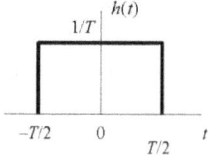

Figura 2.20

Ejemplo 15. Considere un sistema LIT de tiempo discreto cuya entrada $x[n]$ y salida $y[n]$ están relacionadas por la ecuación

$$y[n] = \sum_{k=-\infty}^{n} 2^{k-n} x[k+1]$$

Determine si el sistema es causal.

Solución: Por definición, la respuesta al impulso $h[n]$ del sistema está dada por

$$h[n] = \sum_{k=-\infty}^{n} 2^{k-n} \delta[k+1] = \sum_{k=-\infty}^{n} 2^{-(n+1)} \delta[k+1] = 2^{-(n+1)} \sum_{k=-\infty}^{n} \delta[k+1]$$

Cambiando la variable $k + 1 = m$, obtenemos

$$h[n] = 2^{-(n+1)} \sum_{k=-\infty}^{n+1} \delta[m] = 2^{-(n+1)} u[n+1]$$

En esta última ecuación tenemos que $h[-1] = u[0] = 1 \neq 0$ y, por lo tanto, el sistema no es causal.

2.5.3 Estabilidad

Recuerde de la Sección 1.10.5 que, para nuestros propósitos, un sistema es estable si pequeñas excitaciones producen respuestas que no divergen (no aumentan sin límite); o dicho de otra forma, el sistema es estable si toda entrada acotada produce una salida acotada (Sistema EASA). Aquí se supone que el sistema está en reposo (estado cero). Para determinar las condiciones bajo las cuales un sistema LIT de tiempo discreto es estable, considere una excitación $x[n]$ acotada en magnitud, es decir,

$$|x[n]| < \beta \quad \text{para toda } n$$

donde β es una constante (finita). Si aplicamos esta excitación a un sistema LIT cuya respuesta al impulso unitario es $h[n]$, la suma de convolución nos dará una réplica para la magnitud de la respuesta:

$$|y[n]| = \left| \sum_{k=-\infty}^{\infty} h[k] x[n-k] \right| \leq \sum_{k=-\infty}^{\infty} |h[k]| |x[n-k]| \tag{2.54}$$

Pero $|x[n-k]| < \beta$ para todos los valores de k y n, por lo que esta condición y la Ec. (2.54) implican que

$$|y[n]| \leq \beta \sum_{k=-\infty}^{\infty} |h[k]| \quad \text{para toda } n \tag{2.55}$$

De la relación (2.55) se puede concluir que si la respuesta al impulso es *absolutamente sumable*, es decir, si

$$\sum_{k=-\infty}^{\infty} |h[k]| < \infty \tag{2.56}$$

entonces $y[n]$ está acotada en magnitud y, en consecuencia, el sistema es estable. Por consiguiente, la Ec. (2.56) es una *condición suficiente* para garantizar la estabilidad de un sistema LIT de tiempo discreto. De hecho, esta condición también es *necesaria*, ya que si ella no se cumple, existirían entradas acotadas cuyas salidas no estarían acotadas.

Siguiendo un procedimiento similar para los sistemas LIT de tiempo continuo, se obtiene que el sistema es estable si su respuesta al impulso, $h(t)$ es *absolutamente integrable*, vale decir,

$$\int_{-\infty}^{\infty} |h(t)| dt < \infty \qquad (2.57)$$

Ejemplo 16. Considere un sistema LIT de tiempo discreto cuya respuesta al impulso $h[n]$ está dada por

$$h[n] = \alpha^n u[n]$$

Determine si el sistema es estable.

Solución: Tenemos que

$$\sum_{k=-\infty}^{\infty} |h[k]| = \sum_{k=-\infty}^{\infty} |\alpha^k u[k]| = \sum_{k=0}^{\infty} |\alpha|^k = \frac{1}{1-|\alpha|}, \quad |\alpha| < 1$$

Por lo tanto, el sistema es estable si $|\alpha| < 1$.

Ejemplo 16. Para el acumulador en tiempo discreto, su respuesta al impulso es el escalón unitario $u[n]$. Este sistema es inestable porque

$$\sum_{k=-\infty}^{\infty} |u[k]| \to \infty$$

Es decir, la respuesta al impulso del sumador no es absolutamente sumable. Para el integrador, contraparte en tiempo continuo del acumulador, se obtiene una relación similar:

$$\int_{-\infty}^{\infty} |u(\tau)| d\tau = \int_{0}^{\infty} d\tau \to \infty$$

por lo que ambos sistemas son inestables.

Ejemplo 17. Para el sistema LIT causal cuya respuesta al impulso es

$$h(t) = e^{-3t} u(t)$$

se tiene que

$$\int_{-\infty}^{\infty} |h(t)| dt = \int_{0}^{\infty} e^{-3t} dt = \left. \frac{e^{-3t}}{-3} \right|_{0}^{\infty} = \frac{1}{3} < \infty$$

y este sistema es estable.

2.5.4 Invertibilidad

Considere un sistema LIT de tiempo continuo cuya respuesta al impulso es $h(t)$. Como ya vimos, este sistema es invertible solamente si existe un sistema inverso que, al ser conectado en serie (cascada) con el sistema original, produce una respuesta igual a la entrada al primer sistema. También, si un sistema LIT es invertible, entonces tiene un inverso. Esta cualidad se ilustra en la Fig. 2.21. En la Fig.

2.21a, el sistema original tiene una respuesta al impulso $h(t)$ y su respuesta a una entrada $x(t)$ es $y(t)$. El sistema inverso, con respuesta al impulso $h_1(t)$, produce una salida que es igual a $w(t) = x(t)$, lo que indica que la interconexión en la Fig. 2.21a produce el sistema identidad de la Fig. 2.21b.

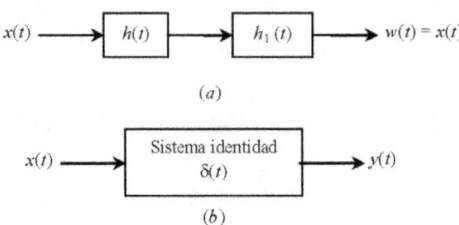

Figura 2.21

La respuesta del sistema combinado en la Fig. 2.21a es $h(t) * h_1(t)$ y, por ello, para que $h_1(t)$ sea la respuesta al impulso del sistema inverso debe satisfacer la condición

$$h(t) * h_1(t) = \delta(t) \tag{2.58}$$

De modo que un sistema LIT con respuesta al impulso $h(t)$ es invertible sólo si se puede encontrar la función $h_1(t)$ que satisfaga la Ec. (2.58).

En tiempo discreto, la respuesta al impulso $h_1[n]$ del sistema inverso de un sistema LIT cuya respuesta al impulso es $h[n]$ debe cumplir con una condición similar a la dada por la Ec. (2.58) y ella es

$$h[n] * h_1[n] = \delta[n] \tag{2.59}$$

Ejemplo 18. Considere un sistema LIT cuya respuesta al impulso es

$$h[n] = u[n] \tag{2.60}$$

La respuesta de este sistema a una entrada arbitraria $x[n]$ es

$$y[n] = \sum_{k=-\infty}^{\infty} x[k]u[n-k]$$

Puesto que $u[n-k] = 0$ para $n - k \geq 0$, esta última ecuación se puede escribir como

$$y[n] = \sum_{k=-\infty}^{n} x[k] \tag{2.61}$$

Es decir, el sistema es un sumador. Esta ecuación se puede escribir como

$$y[n] = \sum_{k=-\infty}^{n-1} x[k] + x[n] = y[n-1] + x[n]$$

o

$$x[n] = y[n] - y[n-1]$$

Este sistema es invertible y su inverso está dado por

$$y[n] = x[n] - x[n-1] \tag{2.62}$$

Tomando $x[n] = \delta[n]$, la respuesta al impulso del sistema inverso es

$$h_1[n] = \delta[n] - \delta[n-1] \qquad (2.63)$$

Mediante cálculo directo, se obtiene

$$\begin{aligned} h[n] * h_1[n] &= u[n] * \{\delta[n] - \delta[n-1]\} \\ &= u[n] * \delta[n] - u[n] * \delta[n-1] = u[n] - u[n-1] \\ &= \delta[n] \end{aligned}$$

lo que verifica que los sistemas especificados por las Ecs. (2.57) y (2.59) son inversos.

2.6 Funciones Propias de Sistemas LIT de Tiempo Continuo

Sea $y(t)$ la salida de un sistema LIT de tiempo continuo cuando la entrada es $x(t) = e^{st}$, donde s es una variable compleja. Entonces

$$\Im\{e^{st}\} = y(t) \qquad (2.64)$$

en la cual $\Im$ representa la acción del sistema. Puesto que el sistema no varía con el tiempo, tenemos que

$$\Im\{e^{s(t+t_0)}\} = y(t+t_0)$$

para cualquier t_0 real y arbitrario. Como el sistema es lineal, se tiene también que

$$\Im\{e^{s(t+t_0)}\} = \Im\{e^{st} e^{st_0}\} = e^{st_0} \Im\{e^{st}\} = e^{st_0} y(t)$$

Por lo tanto,

$$y(t+t_0) = e^{st_0} y(t)$$

Haciendo $t = 0$, obtenemos

$$y(t_0) = y(0)\, e^{st_0} \qquad (2.65)$$

Puesto que t_0 es arbitrario, cambiando t_0 a t, se puede reescribir la Ec. (2.65) como

$$y(t) = y(0)\, e^{st} = \lambda e^{st}$$

o

$$\Im\{e^{st}\} = \lambda e^{st} \qquad (2.66)$$

En lenguaje matemático, una función $x(\cdot)$ que satisface la ecuación

$$\Im\{x(\cdot)\} = \lambda x(\cdot) \qquad (2.67)$$

se denomina una *función propia* (o *función característica*) del operador $\Im$, y la constante λ se llama un *valor propio* (o *valor característico*) correspondiente a la función propia $x(\cdot)$.

Si ahora se hace $x(t) = e^{st}$ en la integral de convolución, se encuentra que

$$y(t) = \Im\{e^{st}\} = \int_{-\infty}^{\infty} h(\tau) e^{s(t-\tau)} d\tau = \left[\int_{-\infty}^{\infty} h(\tau) e^{-s\tau} d\tau\right] e^{st}$$

$$= H(s) e^{st} = \lambda e^{st} \qquad (2.68)$$

donde

$$\lambda = H(s) = \int_{-\infty}^{\infty} h(\tau) e^{-s\tau} d\tau \qquad (2.69)$$

Es decir, el valor propio de un sistema LIT de tiempo continuo asociado con la función propia e^{st} está dado por $H(s)$, la cual es una constante compleja cuyo valor es determinado por el valor de s dado por la Ec. (2.69). Observe en la Ec. (2.64) que $y(0) = H(s)$.

2.7 Funciones Propias de Sistemas LIT de Tiempo Discreto

Para sistemas LIT de tiempo discreto representados por $\mathfrak{I}$, las funciones propias son las exponenciales complejas z^n, donde z es una variable compleja. Es decir,

$$\mathfrak{I}\{z^n\} = \lambda z^n \qquad (2.70)$$

Siguiendo un procedimiento similar al de la Sección 2.6 para sistemas LIT de tiempo continuo, se determina que, para una entrada $x[n] = z^n$, la respuesta $y[n]$ está dada por

$$y[n] = H(z) z^n = \lambda z^n \qquad (2.71)$$

donde

$$\lambda = H(z) = \sum_{k=-\infty}^{\infty} h[k] z^{-k} \qquad (2.72)$$

Así que los valores propios de un sistema LIT de tiempo discreto asociados con las funciones propias z^n están dados por $H(z)$, la cual es una constante compleja cuyo valor lo determina el valor de z usando la Ec. (2.72).

Ejemplo 19. Considere el sistema LIT de tiempo continuo descrito por la relación

$$y(t) = \frac{1}{T} \int_{t-T/2}^{t+T/2} x(\tau) d\tau \qquad (2.73)$$

Se quiere determinar el valor propio del sistema correspondiente a la función propia e^{st}.

Solución: Sustituyendo el valor $x(\tau) = e^{s\tau}$ en la Ec. (2.73), se obtiene

$$y(t) = \frac{1}{T} \int_{t-T/2}^{t-T/2} e^{s\tau} d\tau = \frac{e^{st}}{sT} \left(e^{sT/2} - e^{-sT/2} \right)$$
$$= \lambda e^{st}$$

y el valor propio correspondiente a e^{st} es

$$\lambda = \frac{1}{sT} \left(e^{sT/2} - e^{-sT/2} \right)$$

2.8 Sistemas Descritos por Ecuaciones Diferenciales

Los sistemas LIT en tiempo continuo normalmente se modelan mediante *ecuaciones diferenciales lineales, ordinarias con coeficientes constantes*. Considérese el circuito RC mostrado en la Fig. 2.22. Este circuito puede considerarse como un sistema de tiempo continuo cuya entrada $x(t)$ es igual a la fuente de corriente $i(t)$ y cuya salida $y(t)$ es igual al voltaje en el capacitor.

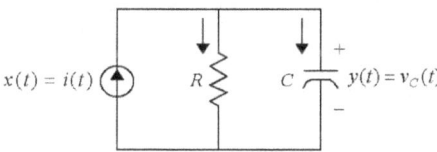

Figura 2.22

La relación entre la entrada y la salida es descrita por la *ecuación diferencial*

$$C\frac{dy(t)}{dt} + \frac{1}{R}y(t) = x(t) \qquad (2.74)$$

En general, la respuesta de muchos sistemas físicos puede describirse mediante una ecuación diferencial. En esta sección solamente se analizarán sistemas lineales descritos por ecuaciones diferenciales con coeficientes constantes, su realización o simulación usando sumadores, multiplicadores e integradores y se demostrará cómo se determina la respuesta al impulso de sistemas LIT.

2.8.1 Ecuaciones Diferenciales Lineales con Coeficientes Constantes

Considérese un sistema descrito por la ecuación diferencial

$$\frac{dy(t)}{dt} - ay(t) = bx(t) \qquad (2.75)$$

donde *a* y *b* son constantes, $x(t)$ es la entrada al sistema y $y(t)$ es la señal de salida del sistema. El *orden* del sistema es el orden de la ecuación diferencial que sirve de modelo. Por tanto, la Ec. (2.75) es un *sistema de primer orden*.

La Ec. (2.75) es una ecuación diferencial lineal, ordinaria con coeficientes constantes. La ecuación es ordinaria puesto que no incluye derivadas parciales. Es lineal porque contiene la variable dependiente y su derivada hasta el primer grado solamente. Los tres coeficientes son iguales a 1, $-a$ y *b*; por tanto, la ecuación es de coeficientes constantes.

La linealidad de la ecuación se verifica usando superposición. Denote por $y_i(t)$ la solución para una excitación $x_i(t)$, para $i = 1, 2$. Con esto se entiende que

$$\frac{dy_i(t)}{dt} - ay_i(t) = bx_i(t), \quad i = 1, 2 \qquad (2.76)$$

Usando ahora la excitación $a_1 x_1(t) + a_2 x_2(t)$ y suponiendo una respuesta de la forma $a_1 y_1(t) + a_2 y_2(t)$ en la Ec. (2.75), se encuentra que

$$\frac{d}{dt}\left[a_1 y_1(t) + a_2 y_2(t)\right] - a\left[a_1 y_1(t) + a_2 y_2(t)\right] = b\left[a_1 x_1(t) + a_2 x_2(t)\right] \qquad (2.77)$$

Reacomodando esta ecuación se determina que

$$a_1\left[\frac{dy_1(t)}{dt} - ay_1(t) - bx_1(t)\right] + a_2\left[\frac{dy_2(t)}{dt} - ay_2(t) - bx_2(t)\right] = 0$$

Por la Ec. (2.77), cada término entre corchetes es igual a cero y la ecuación diferencial satisface el principio de superposición; por consiguiente, es lineal.

El modelo representado por la Ec. (2.75) no varía en el tiempo puesto que al reemplazar t con $(t-t_0)$, se obtiene la respuesta desplazada en la misma forma; es decir, será dada por $y(t-t_0)$ para una excitación igual a $x(t-t_0)$ (Ejemplo 20).

La forma general de una ecuación diferencial lineal de coeficientes constantes de N-ésimo orden está dada por

$$\sum_{k=0}^{N} a_k \frac{d^k y(t)}{dt^k} = \sum_{k=0}^{M} b_k \frac{d^k x(t)}{dt^k} \qquad (2.78)$$

donde los coeficientes a_i, $i = 1, 2, \ldots, N$ y b_j, $j = 1, 2, \ldots, M$, son constantes reales. El orden N se refiere a la mayor derivada de $y(t)$ en la Ec. (2.78). Usando un procedimiento similar al usado para la ecuación de primer orden se demuestra fácilmene que esta ecuación es lineal e invariable en el tiempo. Este tipo de ecuaciones juega un papel primordial en la descripción de las relaciones de entrada-salida de una amplia variedad de sistemas físicos. Por ejemplo, en el circuito RC de la Fig. 2.21, la entrada y la salida están relacionadas por una ecuación diferencial de primer orden con coeficientes constantes, Ec. (2.74).

La solución general de la Ec. (2.78) para una entrada específica $x(t)$ está dada por

$$y(t) = y_p(t) + y_h(t) \qquad (2.79)$$

donde $y_p(t)$ es una *solución particular* que satisface la Ec. (2.71) y $y_h(t)$ es una *solución homogénea* (o *solución complementaria*) que satisface la ecuación diferencial homogénea

$$\sum_{k=0}^{N} a_k \frac{d^k y_h(t)}{dt^k} = 0 \qquad (2.80)$$

Para el caso en que la ecuación diferencial sirve de modelo para un sistema, la solución homogénea usualmente se denomina la *respuesta natural*, y la solución particular se conoce como la *respuesta forzada*. La forma exacta de $y(t)$ se determina mediante los valores de N condiciones auxiliares especificadas en algún punto en el tiempo, digamos, t_0:

$$y(t_0), y'(t_0), \ldots, y^{(N-1)}(t_0) \qquad (2.81)$$

Ejemplo 20. Como un primer ejemplo, considérese la ecuación diferencial de primer orden

$$\frac{dy(t)}{dt} = a y(t) + b x(t) \qquad (2.82)$$

donde a y b son constantes arbitrarias y $x(t)$ es una función continua de t. Multiplicando ambos lados de la ecuación por e^{-at}, se tiene que

$$e^{-at} \frac{dy(t)}{dt} = a e^{-at} y(t) + b e^{-at} x(t)$$

o también

$$e^{-at} \frac{dy(t)}{dt} - a e^{-at} y(t) = b e^{-at} x(t)$$

la cual puede escribirse en la forma

e integrando desde t_0 hasta t,

$$\frac{d}{dt}\left[e^{-at}y(t)\right] = be^{-at}x(t)$$

$$e^{-at}y(t)\Big|_{t_0}^{t} = \int_{t_0}^{t} be^{-a\tau}x(\tau)d\tau$$

$$e^{-at}y(t) - e^{-at_0}y(t_0) = \int_{t_0}^{t} be^{-a\tau}x(\tau)d\tau$$

Despejando a $y(t)$ en la ecuación anterior se obtiene

$$y(t) = e^{a(t-t_0)}y(t_0) + \int_{t_0}^{t} be^{a(t-\tau)}x(\tau)d\tau \tag{2.83}$$

y cuando $t_0 = 0$,

$$y(t) = e^{at}y(0) + \int_{0}^{t} be^{a(t-\tau)}x(\tau)d\tau \tag{2.84}$$

En la Ec. (2.83), la parte correspondiente a la solución homogénea [$x(t) = 0$] es

$$y_h(t) = e^{a(t-t_0)}y(t_0)$$

Utilizando valores numéricos, si se toma $a = -2$, $b = 2$, $t_0 = 0$, $x(t) = u(t)$ y $y(0) = 4$, la solución dada en la Ec. (2.83) se convierte en

$$y(t) = e^{-2t}(4) + \int_{0}^{t} 2e^{-2(t-\tau)}d\tau$$

$$= 4e^{-2t} + 2e^{-2t}\left(\frac{1}{2}e^{2\tau}\right)\Big|_{0}^{t} = 4e^{-2t} + 1 - e^{-2t}$$

$$= 1 + 3e^{-2t}$$

2.8.2 Linealidad

Se debe recalcar que el sistema especificado por la Ec. (2.78) es lineal sólo si todas las condiciones auxiliares son idénticamente iguales a cero (¿por qué?). Si no lo son, entonces la respuesta $y(t)$ de un sistema puede expresarse como

$$y(t) = y_{enc}(t) + y_{esc}(t) \tag{2.85}$$

donde $y_{enc}(t)$ se denomina la *respuesta de entrada cero* y es la respuesta a las condiciones auxiliares; $y_{esc}(t)$ se llama la *respuesta de estado cero*, y es la respuesta del sistema cuando las condiciones iniciales son iguales a cero. Esto se ilustra en la Fig. 2.23 (ver Sec. 1.10.7).

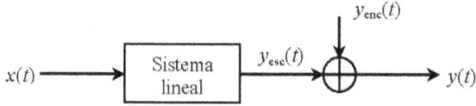

Figura 2.23

2.8.3 Causalidad

Para que el sistema lineal descrito por la Ec. (2.78) sea causal debemos suponer que el sistema está *inicialmente en reposo*. Es decir, si $x(t) = 0$ para $t \leq t_0$, entonces suponemos que $y(t) = 0$ para $t \leq t_0$. En consecuencia, la respuesta para $t > t_0$ puede determinarse a partir de la Ec. (2.78) con las condiciones iniciales

$$y(t)\big|_{t=t_0} = \frac{dy(t)}{dt}\bigg|_{t=t_0} = \cdots = \frac{d^{N-1}y(t)}{dt^{n-1}}\bigg|_{t=t_0} = 0$$

Claramente, si el sistema está en reposo inicial, $y_{enc}(t) = 0$.

2.8.4 Invariabilidad en el Tiempo

Para que un sistema lineal sea causal, el estado de reposo inicial también implica que el sistema no varía con el tiempo. Esto se ilustrará mejor mediante un ejemplo.

Ejemplo 21. Considere el sistema cuya entrada $x(t)$ y salida $y(t)$ están relacionadas por la ecuación diferencial

$$\frac{dy(t)}{dt} + a\,y(t) = x(t)$$

donde a es una constante y $y(0) = 0$. Sea $y_1(t)$ la respuesta a una entrada $x_1(t)$ y $x_1(t) = 0$ para $t \leq 0$. Entonces

$$\frac{dy_1(t)}{dt} + a\,y_1(t) = x_1(t) \tag{2.86}$$

y

$$y_1(0) = 0$$

Ahora, sea $y_2(t)$ la respuesta a la entrada desplazada $x_2(t) = x_1(t-\tau)$. Puesto que $x_1(t) = 0$ para $t \leq 0$, se tiene que

$$x_2(t) = 0, \quad t \leq \tau$$

Entonces $y_2(t)$ debe satisfacer la relación

$$\frac{dy_2(t)}{dt} + a\,y_2(t) = x_2(t) \tag{2.87}$$

y

$$y_2(0) = 0 \tag{2.88}$$

Ahora bien, de la Ec. (2.86) se tiene que

$$\frac{dy_1(t-\tau)}{dt} + a\,y_1(t-\tau) = x_1(t-\tau) = x_2(\tau)$$

Si se hace $y_2(t) = y_1(t-\tau)$, entonces, puesto que $y_1(0) = 0$, se obtiene

$$y_2(\tau) = y_1(t-\tau) = y_1(0) = 0$$

Por lo tanto, se satisfacen las Ecs. (2.87) y (2.88) y se concluye que el sistema no varía con el tiempo.

2.8.5 Respuesta al Impulso

De la discusión sobre la integral de convolución se sabe que si se conoce la respuesta de un sistema a un impulso unitario, entonces es posible determinar la respuesta del sistema a una entrada arbitraria. La respuesta al impulso de un sistema puede determinarse a partir de la ecuación diferencial que describe al sistema, Ec. (2.78). Ella, $h(t)$, se definió como la respuesta $y(t)$ cuando $x(t) = \delta(t)$ y $y(t) = 0$, $-\infty < t < 0$, es decir, la respuesta al impulso satisface la ecuación diferencial

$$\sum_{k=0}^{N} a_k \frac{d^k h(t)}{dt^k} = \sum_{k=0}^{M} b_k \frac{d^k \delta(t)}{dt^k} \qquad (2.89)$$

con el sistema inicialmente en reposo.

Ahora se analizará un método para determinar la respuesta $h(t)$ de un sistema LIT de tiempo continuo. Para ilustrar una forma de determinar la respuesta al impulso, considérese un sistema descrito por la ecuación diferencial

$$\mathcal{L}\{y(t)\} = x(t) \qquad (2.90)$$

donde $\mathcal{L}$ es el operador definido por

$$\mathcal{L} \equiv a_n \frac{d^n}{dt^n} + a_{n-1} \frac{d^{n-1}}{dt^{n-1}} + \cdots + a_1 \frac{d}{dt} + a_0 \qquad (2.91)$$

La respuesta $s(t)$ al escalón unitario de la Ec. (2.83) se puede calcular a partir de la ecuación

$$\mathcal{L}\{s(t)\} = \begin{cases} 1, & t > 0 \\ 0, & t < 0 \end{cases}$$

con las condiciones iniciales apropiadas. Entonces, la respuesta al impulso, $h(t)$, se puede obtener a partir de la relación

$$h(t) = \frac{ds(t)}{dt}$$

Un método más poderoso se basa en el conocimiento de las soluciones homogéneas de la Ec. (2.90). Para desarrollar este método, supóngase que se tiene un sistema de segundo orden de la forma

$$\mathcal{L}\{y(t)\} = (D^2 + a_1 D + a_0)\{y(t)\} = x(t), \quad D = \frac{d}{dt} \qquad (2.92)$$

Si se supone que el sistema está inicialmente en reposo, las condiciones iniciales serán

$$\begin{aligned} y(0) &= 0 \\ y'(0) &= 0 \end{aligned} \qquad (2.93)$$

Entonces, si la función de respuesta al impulso es $h(t)$, la salida $y(t)$ estará dada por la integral de convolución; es decir,

$$y(t) = \int_0^t x(\tau) h(t - \tau) d\tau \qquad (2.94)$$

Las Ecs. (2.92) y (2.94) representan dos métodos de cálculo de la respuesta de salida $y(t)$. Empleando ambas ecuaciones como punto de partida, considérense las condiciones impuestas por las Ecs. (2.92) y (2.93) a la función de respuesta al impulso. Diferenciando la Ec. (2.94) con respecto a t, se oobtiene que

$$y'(t) = h(t-\tau)x(\tau)\big|_{\tau=t} + \int_0^t h'(t-\tau)x(\tau)d\tau$$
$$= h(0)x(t) + \int_0^t h'(t-\tau)x(\tau)d\tau \qquad (2.95)$$

Las condiciones en la Ec. (2.93) requieren que $y'(0) = 0$, lo que implica que $h(0) = 0$ en la Ec. (2.95). Diferenciando una vez más, se obtiene

$$y''(t) = h'(0)x(t) + \int_0^t h''(t-\tau)x(\tau)d\tau \qquad (2.96)$$

Las Ecs. (2.94), (2.95) y (2.96) son expresiones para $y(t)$, $y'(t)$ y $y''(t)$. Considérese ahora el resultado de la suma $y''(t) + a_1 y'(t) + a_0 y(t)$. Éste es

$$h'(0)x(t) + \int_0^t \int_0^t h''(t-\tau)x(\tau)d\tau + a_1 \int_0^t h'(t-\tau)x(\tau)d\tau + a_0 \int_0^t h(t-\tau)x(\tau)d\tau$$
$$= h'(0)x(t) + \int_0^t \left[h''(t-\tau) + a_1 h'(t-\tau) + a_0 h(t-\tau) \right] x(\tau)d\tau \qquad (2.97)$$

Se observa que si

(a) $h'(0) = 1$ y $\qquad (2.98)$

(b) $\int_0^t \left[h''(t-\tau) + a_1 h'(t-\tau) + a_0 h(t-\tau) \right] x(\tau)d\tau = 0 \qquad (2.99)$

entonces la Ec. (2.94) será una solución de la Ec. (2.92). La Ec. (2.99) implica que el integrando del primer miembro en la integral del lado derecho de la Ec. (2.97) es igual a cero, puesto que si $x(t) = 0$ se obtiene la solución trivial. Si $x(t) \neq 0$, entonces el término entre corchetes es cero; es decir,

$$h''(t-\tau) + a_1 h'(t-\tau) + a_0 h(t-\tau) = 0$$

o

$$h''(t) + a_1 h'(t) + a_0 h(t) = 0 \qquad (2.100)$$

ya que el sistema es invariable en el tiempo.

La Ec. (2.100) es la ecuación diferencial homogénea original. Así que la respuesta al impulso puede obtenerse calculando las soluciones homogéneas de la ecuación diferencial original sujeta a las condiciones iniciales

$$\begin{aligned} h(0) &= 0 \\ h'(0) &= 1 \end{aligned} \qquad (2.101)$$

Ejemplo 22. Considérese el sistema representado por la ecuación diferencial

$$y''(t) + y(t) = x(t) \qquad (2.102)$$

La solución homogénea de la Ec. (2.102) es

$$h(t) = (c_1 \operatorname{sen} t + c_2 \cos t) u(t)$$

con las condiciones iniciales

$$h(0) = 0, \quad h'(0) = 1$$

Por tanto,
$$h(0) = 0 = c_2$$
$$h'(0) = 1 = c_1$$

y, en consecuencia, la respuesta al impulso del sistema modelado por la Ec. (2.102) es

$$h(t) = \operatorname{sen} t \, u(t) \qquad (2.103)$$

Para verificar este resultado se sustituye la Ec. (2.103) en la Ec. (2.102) con

$$h'(t) = \cos t \, u(t) + \operatorname{sen} t \, \delta(t) = \cos t \, u(t)$$
$$h''(t) = -\operatorname{sen} t \, u(t) + \cos t \, \delta(t) = -\operatorname{sen} t \, u(t) + \delta(t)$$

para obtener

$$h''(t) + h'(t) = -\operatorname{sen} t \, u(t) + \delta(t) + \operatorname{sen} t \, u(t) = \delta(t)$$

Ejemplo 23. Considérese un sistema modelado por la ecuación diferencial

$$y''(t) + 2y'(t) + 2y(t) = x(t)$$

La solución homogénea de esta ecuación es

$$h(t) = \left(c_1 e^{-t} \operatorname{sen} t + c_2 e^{-t} \cos t \right) u(t)$$

Las constantes c_1 y c_2 se obtienen aplicando las condiciones iniciales:

$$h(0) = 0 = c_2$$
$$h'(0) = 1 = c_1$$

y la respuesta al impulso está dada por

$$h(t) = e^{-t} \operatorname{sen} t \, u(t)$$

Este método se puede generalizar de manera directa para sistemas de orden *n*. Para el caso general, la ecuación que describe el sistema es

$$\mathcal{L}\{y(t)\} = \left(D^n + a_{n-1} D^{n-1} + \cdots + a_1 D + a_0 \right) [y(t)] = x(t) \qquad (2.104)$$

sujeta a las condiciones iniciales dadas por

$$y(0) = y'(0) = \cdots = y^{(n-1)}(0) = 0$$

La respuesta se expresa como

$$y(t) = \int_0^t h(t - \tau) x(\tau) d\tau \qquad (2.105)$$

Igualando a cero las derivadas sucesivas de $y(t)$ en la Ec. (2.105), se obtiene

$$h(0) = h'(0) = \cdots = h^{(n-2)}(0) = 0 \qquad (2.106)$$

Para la derivada *n*-ésima, se obtiene

$$y^{(n)}(t) = h^{(n-1)}(0) x(t) + \int_0^t h^{(n)}(t - \tau) x(\tau) d\tau$$

Usando el mismo argumento empleado para el caso de segundo orden ya analizado, se encuentra que la función de respuesta al impulso para el sistema de la Ec. (2.104) debe satisfacer la ecuación homogénea

$$\mathcal{L}\{h(t)\} = 0$$

sujeta a las condiciones iniciales $h(0) = h'(0) = \cdots = h^{(n-2)}(0) = 0$ y $h^{(n-1)}(0) = 1$.

Ejemplo 24. Considérese un sistema modelado por la ecuación diferencial

$$\mathcal{L}\{y(t)\} = (D^2 - 1)(D^2 - 1)[y(t)] = x(t)$$

La solución correspondiente de la ecuación homogénea es

$$h(t) = \left(c_1 e^t + c_2 e^{-t} + c_3 t e^t + c_4 t e^{-t} \right) u(t)$$

Aplicando las condiciones iniciales se obtiene

$$h(0) = 0 = c_1 + c_2$$
$$h'(0) = 0 = c_1 - c_2 + c_3 + c_4$$
$$h''(0) = 0 = c_1 + c_2 + 2c_3 - 2c_4$$
$$h'''(0) = 1 = c_1 - c_2 - 3c_3 + 3c_4$$

De estas ecuaciones se determina que $c_1 = \frac{1}{2}$, $c_2 = -\frac{1}{2}$, $c_3 = -\frac{1}{2}$, $c_4 = -\frac{1}{2}$ y la respuesta al impulso es entonces

$$h(t) = \frac{1}{2}\left(e^t - e^{-t} - t e^t - t e^{-t} \right) u(t)$$

Para completar esta sección, se extenderá el método que se acaba de analizar a sistemas excitados por una señal de la forma $\mathcal{L}_D\{x(t)\}$ en lugar de $x(t)$ y donde $\mathcal{L}_D$ es un operador diferencial de la forma dada por la Ec. (2.84) y de *menor orden* que L. Sea un sistema descrito por una ecuación de la forma

$$\mathcal{L}\{y(t)\} = \mathcal{L}_D\{x(t)\} \tag{2.107}$$

Si el sistema $\mathcal{L}\{\tilde{y}(t)\} = x(t)$ tiene una respuesta al impulso $\tilde{h}(t)$, la respuesta del sistema modelado por $\mathcal{L}\{\tilde{y}(t)\} = x(t)$ está dada por

$$\tilde{y}(t) = \int_0^t \tilde{h}(t-\tau) x(\tau) d\tau \tag{2.108}$$

La respuesta al impulso $\tilde{h}(t)$ se calcula empleando los métodos ya descritos en esta sección. Sin embargo, el sistema está siendo excitado ahora no por $x(t)$, sino por $\mathcal{L}_D\{x(t)\}$. Supóngase que se aplica el operador L_D a ambos lados de la ecuación

$$\mathcal{L}\{\tilde{y}(t)\} = x(t)$$

Se obtiene entonces que

$$\mathcal{L}_D\{\mathcal{L}\{\tilde{y}(t)\}\} = \mathcal{L}_D\{x(t)\} \tag{2.109}$$

Empleando la propiedad conmutativa de los operadores diferenciales LIT, la Ec. (2.109) se puede escribir como

$$\mathcal{L}\{\mathcal{L}_D\{\tilde{y}(t)\}\} = \mathcal{L}_D\{x(t)\} \qquad (2.110)$$

Comparando las Ecs. (2.107) y (2.109) se observa que $\mathcal{L}_D\{\tilde{y}(t)\} = y(t)$. Se tiene entonces que la salida del sistema original es simplemente el operador L_D operando sobre $\tilde{y}(t)$ Así que la respuesta al impulso $h(t)$ para el sistema descrito por la Ec. (2.107) debe ser

$$h(t) = \mathcal{L}_D\{\tilde{h}(t)\} \qquad (2.111)$$

Ejemplo 25. Considere el circuito de la Fig. 2.24 en el que se utiliza una función $x(t)$ cualquiera como excitación.

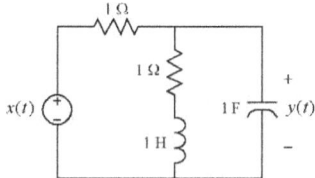

Figura 2.24

La ecuación diferencial que relaciona la salida con la entrada es

$$\left(D^2 + 2D + 2\right)\{y(t)\} = (D+1)\{x(t)\} \qquad (2.112)$$

El primer paso es determinar la respuesta al impulso $\tilde{h}(t)$ del sistema

$$\left(D^2 + 2D + 2\right)\{\tilde{h}(t)\} = x(t)$$

Este problema ya se resolvió en el Ejemplo 20 y su respuesta al impulso es

$$\tilde{h}(t) = e^{-t}\,\text{sen}\,t\,u(t)$$

Entonces, la respuesta al impulso de la Ec. (2.112) está dada por

$$h(t) = (D+1)\{\tilde{h}(t)\} = (D+1)\{e^{-t}\,\text{sen}\,t\,u(t)\}$$
$$= -e^{-t}\,\text{sen}\,t\,u(t) + e^{-t}\cos t\,u(t) + e^{-t}\,\text{sen}\,t\,\delta(t) + e^{-t}\,\text{sen}\,t\,u(t)$$
$$= e^{-t}\cos t\,u(t)$$

y la salida $y(t)$ será

$$y(t) = \int_0^t e^{-(t-\tau)} \cos(t-\tau) x(\tau) d\tau, \quad t \geq 0$$

Si, por ejemplo, $x(t) = u(t)$, la salida se obtiene como

$$y(t) = \int_0^t e^{-(t-\tau)} \cos(t-\tau) d\tau = \begin{cases} \tfrac{1}{2}(1 + e^{-t}\,\text{sen}\,t - e^{-t}\cos t), & t \geq 0 \\ 0, & t \leq 0 \end{cases}$$

2.9 Sistemas Descritos por Ecuaciones en Diferencias

Anteriormente se vio que un sistema de tiempo continuo puede caracterizarse en función de una ecuación diferencial que relaciona la salida y sus derivadas con la entrada y sus derivadas. La contraparte en tiempo discreto de esta caracterización es la ecuación en diferencias, la cual, para sistemas lineales e invariables en el tiempo, toma la forma

$$\sum_{k=0}^{N} a_k y[n-k] = \sum_{k=0}^{M} b_k x[n-k], \quad n \geq 0 \qquad (2.113)$$

donde a_k y b_k son constantes conocidas. El orden N se refiere al mayor retardo de $y[n]$ en la Ec. (2.113). En una forma análoga al caso en tiempo continuo, la solución de la Ec. (2.113) y todas las propiedades de los sistemas, tales como linealidad, causalidad e invariabilidad en el tiempo, pueden desarrollarse siguiendo un método de análisis similar al usado para las ecuaciones diferenciales.

Definiendo el operador

$$D^k y[n] = y[n-k] \qquad (2.114)$$

se puede escribir la Ec. (2.113) en notación operacional como

$$\sum_{k=0}^{N} a_k D^k y[n] = \sum_{k=0}^{M} b_k D^k x[n] \qquad (2.115)$$

Una forma alterna de la ecuación en diferencias, Ec. (2.113), se presenta algunas veces como

$$\sum_{k=0}^{N} a_k y[n+k] = \sum_{k=0}^{M} b_k x[n+k], \quad n \geq 0 \qquad (2.116)$$

En esta forma, si el sistema es causal, se debe cumplir que $M \leq N$.

La solución a cualquiera de las Ecs. (2.111) o (2.116) puede determinarse, en analogía con una ecuación diferencial, como la suma de dos componentes: (a) la solución homogénea, que depende de las condiciones iniciales que se suponen conocidas, y (b) la solución particular, la cual depende de la entrada.

Antes de explorar este enfoque para determinar la solución a la Ec. (2.113), considérese un método alterno escribiendo de nuevo la Ec. (2.113) como

$$y[n] = \frac{1}{a_0} \left\{ \sum_{k=0}^{M} b_k x[n-k] - \sum_{k=1}^{N} a_k y[n-k] \right\} \qquad (2.117)$$

En esta ecuación, los valores $x[n-k]$ son conocidos. Si también se conocen los valores $y[n-k]$, entonces es posible determinar $y[n]$. Haciendo $n = 0$ en la Ec. (2.117) da

$$y(0) = \frac{1}{a_0} \left\{ \sum_{k=0}^{M} b_k x[-k] - \sum_{k=1}^{N} a_k y[-k] \right\} \qquad (2.118)$$

Las cantidades $y[-k]$, para $k = 1, 2, \ldots, N$, representan las condiciones iniciales para la ecuación en diferencias y que se suponen conocidas. Entonces, puesto que todos los términos en el lado derecho son conocidos, es posible determinar y[0].

Ahora se hace $n = 1$ en la Ec. (2.117) para obtener

$$y(1) = \frac{1}{a_0} \left\{ \sum_{k=0}^{M} b_k x[1-k] - \sum_{k=1}^{N} a_k y[1-k] \right\}$$

y se usa el valor de $y[0]$ determinado anteriormente para resolver por valores sucesivos de n y obtener $y[n]$ por iteración.

Usando un argumento similar al anterior, se puede ver que las condiciones necesarias para resolver la Ec. (2.117) son las condiciones iniciales $y[0]$, $y[1]$, ... , $y[N-1]$. Comenzando con estas condiciones iniciales, la Ec. (2.117) puede resolverse iterativamente en igual forma. Ésta es la formulación recursiva y la Ec. (2.117) se conoce como una *ecuación recursiva* ya que ella especifica un procedimiento recursivo para determinar la salida en función de la entrada y salidas previas.

Ejemplo 26. Considérese la ecuación en diferencias

$$y[n] - \tfrac{3}{4}y[n-1] + \tfrac{1}{8}y[n-2] = \left(\tfrac{1}{2}\right)^n$$

con condiciones iniciales $y[-1] = 1$ y $y[-2] = 0$.

Entonces

$$y[n] = \tfrac{3}{4}y[n-1] - \tfrac{1}{8}y[n-2] + \left(\tfrac{1}{2}\right)^n$$

de modo que

$$y[0] = \tfrac{3}{4}y[-1] - \tfrac{1}{8}y[-2] + 1 = \frac{7}{4}$$

$$y[1] = \tfrac{3}{4}y[0] - \tfrac{1}{8}y[-1] + \frac{1}{2} = \frac{27}{16}$$

$$y[2] = \tfrac{3}{4}y[1] - \tfrac{1}{8}y[0] + \frac{1}{4} = \frac{83}{64}$$

. . . .

En el caso especial cuando $N = 0$, de la Ec. (2.117) se obtiene

$$y[n] = \frac{1}{a_0}\left\{\sum_{k=0}^{M} b_k x[n-k]\right\}$$

la cual es una *ecuación no-recursiva* ya que no se requieren los valores previos de la salida para calcular la salida presente. Por ello, en este caso, no se necesitan condiciones auxiliares para determinar $y[n]$.

Aun cuando el procedimiento iterativo descrito anteriormente puede usarse para obtener $y[n]$ para varios valores de n, él, en general, el método no produce una expresión analítica para evaluar $y[n]$ para cualquier n arbitraria. Ahora consideraremos la solución analítica de la ecuación en diferencias determinando las soluciones homogénea y particular de la Ec. (2.113)

2.9.1 Solución Homogénea de la Ecuación en Diferencias

La ecuación homogénea correspondiente a la Ec. (2.113) está dada por

$$\sum_{k=0}^{N} a_k y[n-k] = 0 \qquad (2.119)$$

En analogía con nuestra discusión del caso en tiempo continuo, se supone que la solución a esta ecuación viene dada por una función exponencial de la forma

$$y_h[n] = A\alpha^n$$

Sustituyendo esta relación en la ecuación en diferencias, se obtiene

$$\sum_{k=0}^{N} a_k A \alpha^{n-k} = 0$$

Entonces, cualquier solución homogénea debe satisfacer la ecuación algebraica

$$\sum_{k=0}^{N} a_k \alpha^{-k} = 0 \qquad (2.120)$$

La Ec. (2.120) es la *ecuación característica* para la ecuación en diferencias y los valores de α que satisfacen esta ecuación son los *valores característicos*. Es evidente que hay N raíces características $\alpha_1, \alpha_2, \ldots, \alpha_N$, y que estas raíces pueden ser distintas o no. Si las raíces son distintas, las soluciones características correspondientes son independientes y la solución homogénea $y_h[n]$ se puede obtener como una combinación lineal de términos del tipo α_i^n, es decir,

$$y_h[n] = A_1 \alpha_1^n + A_2 \alpha_2^n + \cdots + A_N \alpha_N^n \qquad (2.121)$$

Si cualesquiera raíces son repetidas, entonces se generan N soluciones independientes multiplicando la solución característica correspondiente por la potencia apropiada de n. Por ejemplo, si α_1 tiene una multiplicidad de P_1, mientras que las otras $N - P_1$ raíces son distintas, se supone una solución homogénea de la forma

$$y_h[n] = A_1 \alpha_1^n + A_2 n \alpha_1^n + \cdots + A_{P_1} n^{P_1-1} \alpha_1^n + A_{P_1+1} \alpha_{P_1+1}^n + \cdots + A_N \alpha_N^n \qquad (2.122)$$

Ejemplo 27. Considérese la ecuación

$$y[n] + \tfrac{5}{6} y[n-1] + \tfrac{1}{6} y[n-2] = 0$$

con las condiciones iniciales

$$y[-1] = 2, \quad y[-2] = 0$$

La ecuación característica es

$$1 + \tfrac{5}{6}\alpha^{-1} + \tfrac{1}{6}\alpha^{-2} = 0$$

o

$$\alpha^2 + \tfrac{5}{6}\alpha + \tfrac{1}{6} = 0$$

la cual puede factorizarse como

$$\left(\alpha + \tfrac{1}{2}\right)\left(\alpha + \tfrac{1}{3}\right) = 0$$

y las raíces características son

$$\alpha = -\frac{1}{2}, \quad \alpha = -\frac{1}{3}$$

Puesto que estas raíces son distintas, la solución homogénea es de la forma

$$y_h[n] = A_1 \left(-\frac{1}{2}\right)^n + A_2 \left(-\frac{1}{3}\right)^n$$

La sustitución de las condiciones iniciales da entonces las siguientes ecuaciones para las constantes incógnitas A_1, y A_2:

$$-2A_1 - 3A_2 = 2$$
$$4A_1 + 9A_2 = 0$$

cuya solución es

$$A_1 = -3, \quad A_2 = \frac{4}{3}$$

y la solución homogénea de la ecuación es igual a

$$y_h[n] = -3\left(-\frac{1}{2}\right)^n + \frac{4}{3}\left(-\frac{1}{3}\right)^n$$

Ejemplo 28. Considérese la ecuación

$$y[n] - \tfrac{5}{4}y[n-1] + \tfrac{1}{2}y[n-2] - \tfrac{1}{16}y[n-3] = 0$$

con las condiciones iniciales

$$y[-1] = 6, \quad y[-2] = 6, \quad y[-3] = 2$$

La ecuación característica es

$$1 - \tfrac{5}{4}\alpha^{-1} + \tfrac{1}{2}\alpha^{-2} - \tfrac{1}{16}\alpha^{-3} = 0$$

y sus raíces son

$$\alpha_1 = \frac{1}{2}, \quad \alpha_2 = \frac{1}{2}, \quad \alpha_3 = \frac{1}{4}$$

Aquí se tiene una raíz repetida. Por consiguiente, la solución homogénea se escribe como

$$y_h[n] = A_1\left(\frac{1}{2}\right)^n + A_2\, n\left(\frac{1}{2}\right)^n + A_3\left(\frac{1}{4}\right)^n$$

Sustituyendo ahora las condiciones iniciales y resolviendo las ecuaciones resultantes, se obtiene

$$A_1 = \frac{9}{2}, \quad A_2 = \frac{5}{4}, \quad A_3 = -\frac{1}{8}$$

y la solución a la ecuación homogénea es

$$y_h[n] = \frac{9}{2}\left(\frac{1}{2}\right)^n + \frac{5}{4}n\left(\frac{1}{2}\right)^n - \frac{1}{8}\left(\frac{1}{4}\right)^n$$

2.9.2 La Solución Particular

Ahora se considerará la determinación de la solución particular o respuesta forzada para la ecuación de diferencias

$$\sum_{k=0}^{N} a_k y[n-k] = \sum_{k=0}^{M} b_k x[n-k] \qquad (2.123)$$

Obsérvese que el lado derecho de esta ecuación es la suma ponderada de la entrada $x[n]$ y sus versiones retardadas. Por tanto, es posible obtener $y_p[n]$, la solución particular de la Ec. (2.123), si se determina primero la solución particular de la ecuación

$$\sum_{k=0}^{N} a_k \tilde{y}[n-k] = x[n] \qquad (2.124)$$

El uso del principio de superposición permite entonces escribir

$$y_p[n] = \sum_{k=0}^{N} b_k \tilde{y}[n-k] \qquad (2.125)$$

Un procedimiento para evaluar $\tilde{y}[n]$, es suponer que ella es una combinación lineal de la excitación $x[n]$ y sus versiones retardadas $x[n-1]$, $x[n-2]$, etc. Por ejemplo, si $x[n]$ es una constante, también lo es $x[n-k]$ para cualquier k. Por consiguiente, $\tilde{y}[n]$ también es una constante. En forma similar, si $x[n]$ es una función exponencial de la forma β^n, $\tilde{y}[n]$ es también una exponencial de la misma forma. Este procedimiento, denominado el *método de coeficientes indeterminados*, aplica si la respuesta forzada tiene un número finito de términos. Por ejemplo, sii

$$x[n] = \operatorname{sen}\Omega_0 n$$

entonces

$$x[n-k] = \operatorname{sen}\Omega_0(n-k) = \cos\Omega_0 k \operatorname{sen}\Omega_0 n - \operatorname{sen}\Omega_0 k \cos\Omega_0 n$$

y, como corresponde, se supone la solución particular

$$\tilde{y}[n] = A\operatorname{sen}\Omega_0 n + B\cos\Omega_0 n$$

Se obtiene la misma forma para $\tilde{y}[n]$ cuando

$$x[n] = \cos\Omega_0 n$$

Las constantes incógnitas en la solución supuesta se pueden determinar sustituyendo en la ecuación en diferencias e igualando los términos semejantes.

Ejemplo 29. Considérese la ecuación en diferencias

$$y[n] - \tfrac{3}{4} y[n-1] + \frac{1}{8} y[n-2] = 2\operatorname{sen}\frac{n\pi}{2}$$

con condiciones iniciales

$$y[-1] = 2 \quad y \quad y[-2] = 4$$

De acuerdo con el procedimiento indicado, se supone que la solución particular es de la forma

$$y_p[n] = A\operatorname{sen}\frac{n\pi}{2} + B\cos\frac{n\pi}{2}$$

Entonces

$$y_p[n-1] = A\operatorname{sen}\frac{(n-1)\pi}{2} + B\cos\frac{(n-1)\pi}{2}$$

Usando identidades trigonométricas se puede verificar fácilmente que

$$\operatorname{sen}\frac{(n-1)\pi}{2} = -\cos\frac{n\pi}{2} \quad y \quad \cos\frac{(n-1)\pi}{2} = \operatorname{sen}\frac{n\pi}{2}$$

de modo que

$$y_p[n-1] = -A\cos\frac{n\pi}{2} + B\operatorname{sen}\frac{n\pi}{2}$$

En forma similar se puede demostrar que $y_p[n-2]$ es

$$y_p[n-2] = -A\operatorname{sen}\frac{n\pi}{2} - B\cos\frac{n\pi}{2}$$

Sustituyendo ahora en la ecuación en diferencias da

$$\left(A - \tfrac{3}{4}B - \tfrac{1}{8}A\right)\operatorname{sen}\frac{n\pi}{2} + \left(B + \tfrac{3}{4}A - \tfrac{1}{8}B\right)\cos\frac{n\pi}{2} = 2\operatorname{sen}\frac{n\pi}{2}$$

Igualando los coeficientes de los términos semejantes, se obtienen los valores de las constantes A y B:

$$A = \frac{112}{85}, \qquad B = -\frac{96}{85}$$

y la solución particular es entonces

$$y_p[n] = \frac{112}{85}\operatorname{sen}\frac{n\pi}{2} - \frac{96}{85}\cos\frac{n\pi}{2}$$

Para determinar la solución homogénea, se escribe la ecuación característica para la ecuación en diferencias como

cuyas raíces características son

$$\alpha_1 = \frac{1}{4}, \qquad \alpha_2 = \frac{1}{2}$$

y la solución homogénea está dada por

$$y_h[n] = A_1\left(\tfrac{1}{4}\right)^n + A_2\left(\tfrac{1}{2}\right)^n$$

de manera que la solución completa es entonces

$$y[n] = A_1\left(\frac{1}{4}\right)^n + A_2\left(\frac{1}{2}\right)^n + \frac{112}{85}\operatorname{sen}\frac{n\pi}{2} - \frac{96}{85}\cos\frac{n\pi}{2}$$

Ahora se pueden sustituir las condiciones iniciales dadas para determinar las constantes A_1 y A_2 y se obtiene

$$A_1 = -\frac{8}{17}, \qquad A_2 = \frac{13}{5}$$

de modo que

$$y[n] = -\frac{8}{17}\left(\frac{1}{4}\right)^n + \frac{13}{5}\left(\frac{1}{2}\right)^n + \frac{112}{85}\operatorname{sen}\frac{n\pi}{2} - \frac{96}{85}\cos\frac{n\pi}{2}$$

Ejemplo 30. Considérese el sistema descrito por la ecuación en diferencias

$$y[n] - a\,y[n-1] = K b^n u[n]$$

donde a, b y K son constantes y $y[-1] = y_{-1}$.

La solución que satisface la ecuación homogénea

$$y_h[n] - a\,y_h[n-1] = 0$$

es dada por

$$y_h[n] = A a^n$$

Para determinar la solución particular, se supone que

$$y_p[n] = B b^n, \qquad n \geq 0$$

y sustituyendo ésta en la ecuación original, se obtiene

$$Bb^n - aBb^{n-1} = Kb^n$$

a partir de la cual se determina que

$$B = \frac{Kb}{b-a}$$

y

$$y_p[n] = \frac{K}{b-a} b^{n+1}$$

Combinando ahora $y_h[n]$ y $y_p[n]$, da

$$y[n] = Aa^n + \frac{K}{b-a} b^{n+1}, \quad n \geq 0$$

Para determinar A, se aplica la condición dada:

$$y[-1] = y_{-1} = Aa^{-1} + \frac{K}{b-a}$$

de donde

$$A = ay_{-1} - K\frac{a}{b-a}$$

y la solución buscada es

$$y[n] = y_{-1}a^{n+1} + K\frac{b^{n+1} - a^{n+1}}{b-a} \quad n \geq 0$$

Para $n < 0$, se tiene que $x[n] = 0$ y, en este caso,

$$y[n] = Aa^n$$

Aplicando la condición $y[-1] = y_{-1}$, se obtiene que $A = y_{-1}a$ y

$$y[n] = y_{-1}a^{n+1} \quad n < 0$$

y la solución completa para toda n es

$$y[n] = y_{-1}a^{n+1} + K\frac{b^{n+1} - a^{n+1}}{b-a} u[n]$$

2.9.3 Determinación de la Respuesta al Impulso

Concluimos esta sección considerando la determinación de la respuesta al impulso de sistemas descritos por la ecuación en diferencias de la Ec. (2.113). Recuerde que la respuesta al impulso es la respuesta del sistema a una entrada de muestra unitaria con cero condiciones iniciales; es decir, la respuesta al impulso no es sino la solución particular de la ecuación en diferencias cuando la entrada $x[n]$ es una función impulso unitario $\delta[n]$. A diferencia del caso continuo, la respuesta al impulso $h[n]$ de un sistema de tiempo discreto descrito por la Ec. (2.113) puede determinarse a partir de la relación

$$h[n] = \frac{1}{a_0}\left\{\sum_{k=0}^{M} b_k \delta[n-k] - \sum_{k=1}^{N} a_k h[n-k]\right\} \quad (2.126)$$

Para el caso especial cuando $N = 0$, la respuesta al impulso $h[n]$ está dada por

$$h[n] = \frac{1}{a_0}\sum_{k=0}^{M} b_k \delta[n-k] = \begin{cases} \dfrac{b_n}{a_0}, & 0 \le n \le M \\ 0 & \text{otros valores de } n \end{cases} \qquad (2.127)$$

Observe que la respuesta al impulso para este sistema tiene términos finitos; es decir, es diferente de cero solamente para una duración finita.

Ejemplo 31. Determine la respuesta al impulso para cada uno de los sistemas causales descritos por las ecuaciones en diferencias siguientes:

(a) $y[n] = x[n] - 2x[n-1] + 3x[n-3]$

(b) $y[n] - \frac{1}{2}y[n-2] = 2x[n] - x[n-2]$

Solución:

(a) Por la definición (2.126)

$$h[n] = \delta[n] - 2\delta[n-1] + 3\delta[n-3]$$

(b) $h[n] = \frac{1}{2}h[n-2] + 2\delta[n] - \delta[n-2]$

Puesto que el sistema es causal, $h[-2] = h[-1] = 0$. Entonces,

$$h[0] = \tfrac{1}{2}h[-2] + 2\delta[0] - \delta[-2] = 2\delta[0] = 2$$
$$h[1] = \tfrac{1}{2}h[-1] + 2\delta[1] - \delta[-1] = 0$$
$$h[2] = \tfrac{1}{2}h[0] + 2\delta[2] - \delta[0] = \tfrac{1}{2}(2) - 1 = 0$$
$$h[3] = \tfrac{1}{2}h[1] + 2\delta[3] - \delta[1] = 0$$
$$\vdots$$

y, por tanto,

$$h[n] = 2\delta[n]$$

Considérese ahora de nuevo la Ec. (2.113), con $x[n] = \delta[n]$ y $y[n] = h[n]$:

$$\sum_{k=0}^{N} a_k h[n-k] = \sum_{k=0}^{M} b_k \delta[n-k], \quad n \ge 0 \qquad (2.128)$$

con $h[-1]$, $h[-2]$, etc. iguales a cero.

Claramente, para $n > M$, el lado derecho de la Ec. (2.128) es cero, de modo que tenemos una ecuación homogénea. Las N condiciones iniciales requeridas para resolver esta ecuación son $h[M]$, $h[M-1], \ldots, h[M-N+1]$. Puesto que $N \ge M$ para un sistema causal, sólo tenemos que determinar $y[0], y[1], \ldots, y[M]$. Haciendo que n tome sucesivamente los valores 0, 1, 2, ..., M en la Ec. (2.128) y usando el hecho de que $y[k]$ es cero para $k < 0$, obtenemos el siguiente conjunto de $M+1$ ecuaciones:

$$\sum_{k=0}^{j} a_k y[n-k] = b_j, \quad j = 0,1,2,\ldots M \qquad (2.129)$$

o, equivalentemente, en forma matricial

$$\begin{bmatrix} a_0 & 0 & \cdots & \cdots & 0 \\ a_1 & a_0 & \cdots & \cdots & 0 \\ a_2 & a_1 & a_0 & \cdots & 0 \\ \vdots & \vdots & \vdots & \vdots & \vdots \\ a_M & a_{M-1} & \cdots & \cdots & a_0 \end{bmatrix} \begin{bmatrix} y[0] \\ y[1] \\ y[2] \\ \vdots \\ y[M] \end{bmatrix} = \begin{bmatrix} b_0 \\ b_1 \\ b_2 \\ \vdots \\ b_M \end{bmatrix} \quad (2.130)$$

Las condiciones iniciales obtenidas al resolver estas ecuaciones se usan ahora para determinar la respuesta al impulso como la solución de la ecuación homogénea:

$$\sum_{k=0}^{N} a_k h[n-k] = 0, \quad n > M \quad (2.131)$$

Ejemplo 32. Considérese la ecuación en diferencias del Ejemplo 29, pero con una excitación diferente, es decir,

$$y[n] - \tfrac{3}{4} y[n-1] + \frac{1}{8} y[n-2] = x[n] + \tfrac{1}{2} x[n-1]$$

tal que $N = 2$ y $M = 1$. Se deduce que la respuesta al impulso se determina como la solución de la ecuación

$$y[n] - \tfrac{3}{4} y[n-1] + \frac{1}{8} y[n-2] = 0, \quad n \geq 2$$

De la Ec. (2.129), encontramos la ecuación para determinar las condiciones iniciales como

$$\begin{bmatrix} 1 & 0 \\ -\tfrac{3}{4} & 1 \end{bmatrix} \begin{bmatrix} y[0] \\ y[1] \end{bmatrix} = \begin{bmatrix} 1 \\ \tfrac{1}{2} \end{bmatrix}$$

y

$$y[0] = 1, \quad y[1] = \frac{5}{4}$$

Utilizando estas condiciones iniciales produce la respuesta al impulso:

$$h[n] = 4\left(\frac{1}{2}\right)^n - 3\left(\frac{1}{4}\right)^n$$

2.10 Simulación de Sistemas

2.10.1 Componentes Básicas: Sistemas en Tiempo Continuo

Cualquier sistema descrito por la ecuación diferencial

$$\sum_{k=0}^{N} a_k \frac{d^k y(t)}{dt^k} = \sum_{k=0}^{M} b_k \frac{d^k x(t)}{dt^k} \quad (2.132)$$

o, tomando $a_N = 1$, por la ecuación

$$\frac{d^N y(t)}{dt^N} + \sum_{k=0}^{N-1} a_k \frac{d^k y(t)}{dt^k} = \sum_{k=0}^{M} b_k \frac{d^k x(t)}{dt^k}$$

con $M \leq N$ puede simularse usando sumadores, multiplicadores por escalares e integradores.

El Integrador. Un elemento básico en la teoría y práctica de la ingeniería de sistemas es el integrador. Matemáticamente, la relación de entrada-salida que describe el integrador, cuyo símbolo se muestra en la Fig. 2.25, es

$$y(t) = y(t_0) + \int_{t_0}^{t} x(\tau)d\tau, \quad t \geq t_0$$

y la ecuación diferencial de entrada-salida es

$$\frac{dy(t)}{dt} = x(t)$$

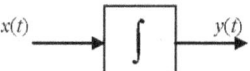

Figura 2.25

Sumadores y Multiplicadores por Escalares. En la Fig. 2.26 se ilustran las operaciones de suma y multiplicación por un escalar y los símbolos que las identifican.

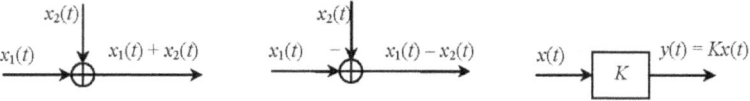

Figura 2.26

Ejemplo 33. Considere el sistema mostrado en la Fig. 2.27.

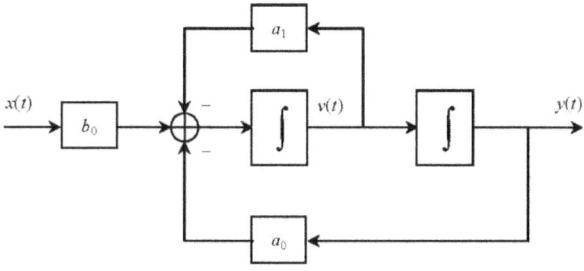

Figura 2.27

Solución. Denote la salida del primer integrador en la figura por $v(t)$; entonces, la entrada a este integrador es

$$\frac{dv(t)}{dt} = -a_1 v(t) - a_0 y(t) + b_0 x(t) \tag{2.133}$$

La entrada al segundo integrador es $dy(t)/dt$, por lo que se puede escribir

$$\frac{dy(t)}{dt} = v(t)$$

Diferenciando ambos lados de esta última ecuación y usando la Ec. (2.133), se obtiene

$$\frac{d^2 y(t)}{dt^2} = \frac{dv(t)}{dt} = -a_1 \frac{dy(t)}{dt} - a_0 y(t) + b_0 x(t)$$

o

$$\frac{d^2 y(t)}{dt^2} + a_1 \frac{dy(t)}{dt} + a_0 y(t) = b_0 x(t)$$

que es la ecuación diferencial que relaciona la entrada y la salida en la Fig. 2.26.

2.10.2 Diagramas de Simulación: Sistemas de Tiempo Continuo

Utilizando notación de operadores ($D = (d/dt)$, la ecuación diferencial para un sistema LIT puede escribirse en la forma

$$\left(D^N + \sum_{i=0}^{N-1} a_i D^i \right) y(t) = \left(\sum_{i=0}^{M} b_i D^i \right) x(t), \quad a_N = 1 \quad (2.134)$$

En esta sección se derivarán dos simulaciones canónicas diferentes para la Ec. (2.134). Para obtener la primera forma, se supone $N = M$ y escribimos de nuevo la ecuación como

$$D^N (y - b_N x) + D^{N-1}(a_{n-1} y - b_{N-1} x) + \cdots + D(a_1 y - b_1 x) + a_0 y - b_0 x = 0$$

Multiplicando la ecuación por D^{-N} y reacomodando los términos, se obtiene la relación

$$y = b_N x + D^{-1}(b_{N-1} x - a_{N-1} y) + \cdots + D^{-(N-1)}(b_1 x - a_1 y) + D^{-N}(b_0 x - a_0 y) \quad (2.135)$$

a partir de la cual se puede dibujar el diagrama de la Fig. 2.28, comenzando por la salida $y(t)$ en la derecha y trabajando hacia la izquierda. El operador D^{-k} representa k integraciones y el diagrama de la Fig. 2.28 es la *primera forma canónica*.

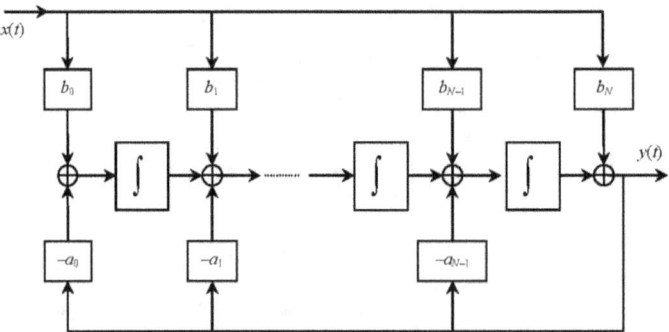

Figura 2.28 Primera forma canónica.

Es posible obtener otro diagrama útil convirtiendo la ecuación diferencial de orden N en dos ecuaciones de orden menor. Para obtener esas ecuaciones, sea

$$\left(D^N + \sum_{j=0}^{N-1} a_j D^j \right) v(t) = x(t) \tag{2.136}$$

Entonces,

$$y(t) = \left(\sum_{i=0}^{N} b_i D^i \right) v(t) \tag{2.137}$$

Para verificar que estas dos últimas ecuaciones son equivalentes a la ecuación diferencial original, se sustituye la Ec. (2.130) en la Ec. (2.129) para obtener

$$\left(D^N + \sum_{j=0}^{N-1} a_j D^j \right) y(t) = \left(\sum_{i=0}^{N} b_i D^i \right) \left(D^N + \sum_{j=0}^{N-1} a_j D^j \right) v(t)$$

$$= \left(\sum_{i=0}^{N} b_i D^{(i+N)} + \sum_{j=0}^{N-1} a_j \sum_{i=0}^{N} b_i D^{(i+j)} \right) v(t)$$

$$= \left[\sum_{i=0}^{N} b_i \left(D^{i+N} + \sum_{j=0}^{N-1} a_j D^{i+j} \right) \right] v(t) = \left(\sum_{i=0}^{N} b_i D^i \right) x(t)$$

y así queda demostrada la equivalencia. La segunda forma canónica se muestra en la Fig. 2.29. Las variables $v^{(N-1)}(t), \ldots, v(t)$ que se usan en la construcción de $y(t)$ y $x(t)$ en las Ecs. (2.136) y (2.137), respectivamente, se obtienen integrando sucesivamente a $v^{(N)}(t)$. Observe que en esta representación, la entrada a cualquier integrador es exactamente la misma que la salida del integrador precedente.

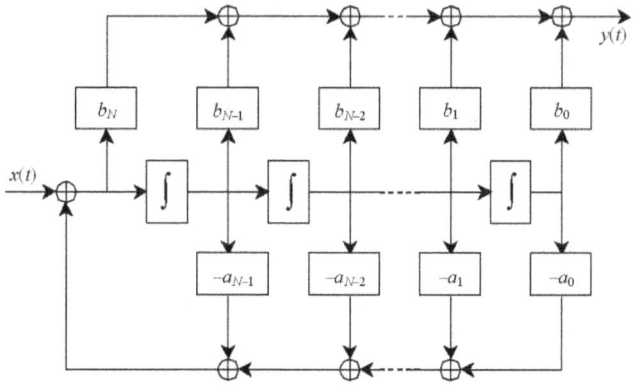

Figura 2.29 Segunda forma canónica.

Ejemplo 34. Obtenga un diagrama de simulación para el sistema LIT descrito por la siguiente ecuación diferencial:

$$y''(t) + 5y'(t) + 4y(t) = 2x'(t) + x(t)$$

Primero se escribe de nuevo la ecuación como

$$D^2 y(t) = D[2x(t) - 5y(t)] + [x(t) - 4y(t)]$$

y ahora se integra dos veces para obtener

$$y(t) = D^{-1}[2x(t) - 5y(t)] + D^{-2}[x(t) - 4y(t)]$$

Los diagramas de simulación correspondientes se muestran en la Fig. 2.30a y b para la primera y segunda forma, respectivamente.

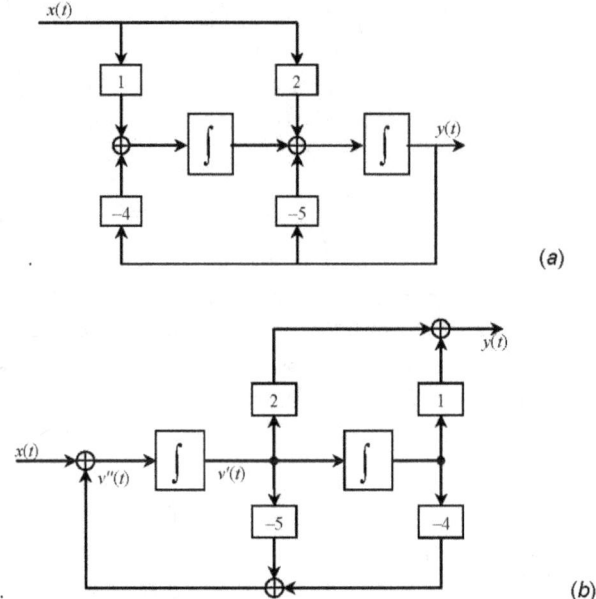

Figura 2.30 Diagramas para el Ejemplo 31.

2.10.3 Componentes Básicas: Sistemas de Tiempo Discreto

Para simular mediante diagramas a los sistemas LIT de tiempo discreto descritos por ecuaciones en diferencias, se definirán tres elementos básicos: El sumador, el multiplicador por una constante y el elemento de retardo (ideal). Los diagramas de bloques para estos tres elementos se muestran en la Fig. 2.31. Estos elementos se pueden utilizar para obtener diagramas de simulación usando un desarrollo similar al del caso de sistemas en tiempo continuo. Igual que en este caso, podemos obtener varios diagramas de simulación diferentes para el mismo sistema. Esto se ilustra considerando dos enfoques para obtener los diagramas.

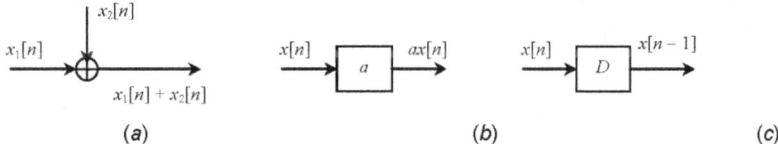

(a)　　　　　　　　　(b)　　　　　　　　　(c)

Figura 2.31

Ejemplo 35. Ahora se obtendrá un diagrama de simulación para el sistema descrito por la ecuación de diferencias

$$y[n] - y[n-1] - y[n-2] + 0.25y[n-3] = x[n] + 2x[n-1] + x[n-2] \qquad (2.138)$$

usando un método similar al usado para sistemas en tiempo continuo.

Primero se despeja $y[n]$ y luego, agrupando términos semejantes, se puede escribir

$$y[n] = x[n] + D[2x[n] + y[n]] + D^2[x[n] + y[n]] + D^3[-0.25y[n]]$$

donde D representa el operador de retardo unitario. Para obtener el diagrama de simulación para este sistema, se supone que $y[n]$ está disponible y primero se forma la señal

$$v_4[n] = -0.25y[n]$$

Esta señal se pasa por un retardo unitario y se le añade $x[n] + y[n]$ para formar

$$v_3[n] = D\{-0.25y[n]\} + \{x[n] + y[n]\}$$

Ahora se retrasa esta señal y se le añade $2x[n] + y[n]$ para obtener

$$v_2[n] = D^2\{-0.25y[n]\} + D\{x[n] + y[n]\} + \{2x[n] + y[n]\}$$

Si ahora se pasa $v_2[n]$ a través de un retardo unitario y se le añade $x[n]$, se obtiene

$$v_1[n] = D^3\{-0.25y[n]\} + D^2\{x[n] + y[n]\} + D\{2x[n] + y[n]\} + x[n]$$

Claramente, $v_1[n]$ es igual a $y[n]$, de modo que se puede completar el diagrama de simulación igualando $v_1[n]$ con $y[n]$. El diagrama de simulación se muestra en la Fig. 2.32.

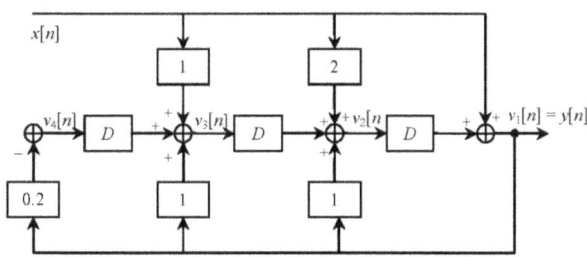

Figura 2.32

Considérese la ecuación de diferencias de orden N-ésimo

$$y[n] + a_1 y[n-1] + \cdots + a_N y[n-N] = b_0 x[n] + b_1 x[n-1] + \cdots + b_N x[n-N] \qquad (2.139)$$

Siguiendo el enfoque dado en el último ejemplo, similar el método usado para sistemas de tiempo continuo, se puede construir el diagrama de simulación mostrado en la Fig. 2.33.

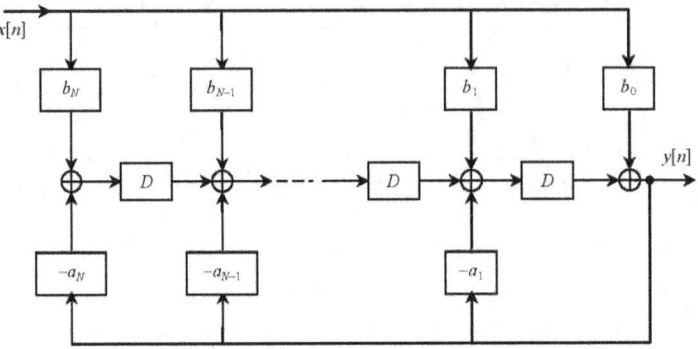

Figura 2.33

Para deducir un diagrama de simulación alterno para el sistema en la Ec. (2.132), se escribe la ecuación en función de una nueva variable $v[n]$ como

$$v[n] + \sum_{j=1}^{N} a_j v[n-j] = x[n] \qquad (2.140)$$

$$y[n] = \sum_{m=0}^{N} b_m v[n-m] \qquad (2.141)$$

Obsérvese que el lado izquierdo de la Ec. (2.140) es de la misma forma que el lado izquierdo de la Ec. (2.132) y el lado derecho de la Ec. (2.141) es de la forma del lado derecho de la Ec. (2.132).

Para verificar que estas dos ecuaciones son equivalentes a la Ec. (2.138), se sustituye la Ec. (2.141) en el lado izquierdo de la Ec. (2.123) para obtener

$$y[n] + \sum_{j=1}^{N} a_j y[n-j] = \sum_{m=0}^{N} b_m v[n-m] + \sum_{j=1}^{N} a_j \left[\sum_{m=0}^{N} b_m v[n-m-j] \right]$$

$$= \sum_{m=0}^{N} b_m \left[v[n-m] + \sum_{j=1}^{N} a_j v[n-m-j] \right]$$

$$= \sum_{m=0}^{M} b_m x[n-m]$$

donde el último paso se obtiene a partir de la Ec. (2.140).

Para generar el diagrama de simulación, primero se determina el diagrama para la Ec. (2.140). Si se tiene disponible a $v[n]$, podemos generar $v[n-1]$, $v[n-2]$, etc., pasando sucesivamente a $v[n]$ a través de unidades de retardo. Para generar a $v[n]$, de la Ec. (2.141) se observa que

$$v[n] = x[n] - \sum_{j=1}^{N} a_j v[n-j] \qquad (2.142)$$

Para completar el diagrama de simulación, se genera $y[n]$ como en la Ec. (2.141) mediante una combinación adecuada de $v[n]$, $v[n-1]$, etc. El diagrama completo se muestra en la Fig. 2.34.

Observe que ambos diagramas de simulación pueden obtenerse en una forma directa a partir de la ecuación de diferencias correspondiente.

Ejemplo 36. El diagrama de simulación alterno para el sistema del Ejemplo 34, Ec. (2.138), se obtiene a partir de la ecuación

$$v[n] - v[n-1] - v[n-2] + 0.25v[n-3] = x[n]$$

y

$$y[n] = v[n] + 2v[n-1] + v[n-2]$$

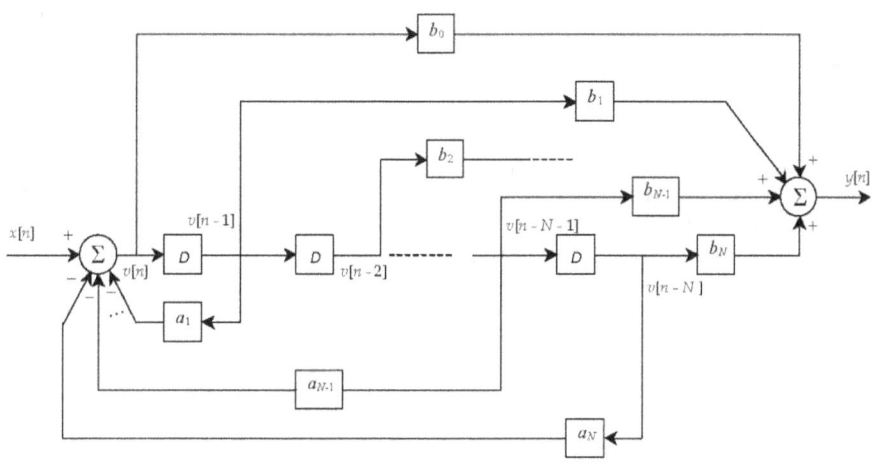

Figura 2.34

El diagrama se muestra en la Fig. 2.35 usando estas dos ecuaciones.

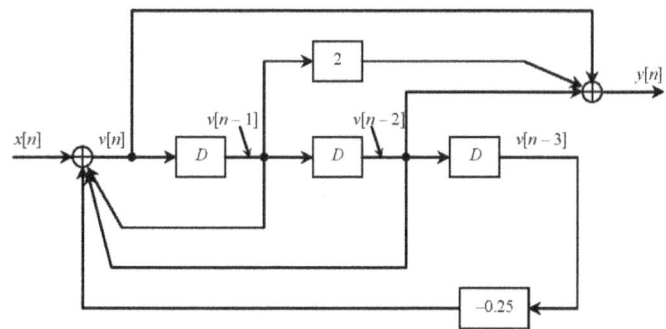

Figura 2.35

2.11 Representación Mediante Variables de Estado: Tiempo Continuo

En esta sección se analizará la caracterización de sistemas en el dominio del tiempo (continuo) usando el modelo de la *ecuación de estado* y las *variables de estado*. El modelo, conocido como *modelo de variables de estado*, permite estudiar el sistema como un todo, tomando en cuenta tanto sus variables internas como las variables de entrada y salida (excitación–respuesta). El método ha sido utilizado durante muchos años en la descripción y estudio de sistemas dinámicos y también es de mucha utilidad en la resolución de redes eléctricas.

La descripción mediante variables de estado utiliza un sistema de ecuaciones diferenciales (en forma matricial) de primer orden y es aplicable a sistemas lineales o no, variables o invariables en el tiempo. Esta descripción con matrices que se emplea en la representación mediante variables de estado es independiente de la complejidad del sistema y, en consecuencia, puede facilitar grandemente el estudio de sistemas complejos. Además, la formulación con variables de estado proporciona un método apropiado para el proceso de solución de las ecuaciones por computadora.

2.11.1 Definiciones

El modelado con variables de estado se introduce con un ejemplo. Considere el circuito *RLC* de la Fig. 2.36. El voltaje de la fuente $v_i(t)$ se considera como la entrada al circuito y el voltaje en el capacitor $v_c(t)$ como la salida del circuito.

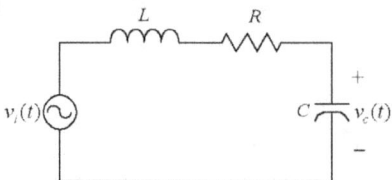

Figura 2.36

El circuito se describe mediante las dos ecuaciones

$$L\frac{di(t)}{dt} + Ri(t) + v_c(t) = v_i(t) \tag{2.143}$$

y

$$v_c(t) = \frac{1}{C}\int_{-\infty}^{t} i(\tau)d\tau \tag{2.144}$$

Las dos variables desconocidas son $i(t)$ y $v_c(t)$. Primero se convierte la Ec. (2.144) en una ecuación diferencial:

$$\frac{dv_c(t)}{dt} = \frac{1}{C}i(t) \tag{2.145}$$

Ahora se definen dos *variables de estado*,

$$\begin{aligned}x_1(t) &= i(t) \\ x_2(t) &= v_c(t)\end{aligned} \tag{2.146}$$

Para este sistema se escogen como variables de estados las variables físicas que representan el almacenamiento de energía en el circuito $\left[\frac{1}{2}i^2(t) \text{ y } \frac{1}{2}Cv_c^2(t)\right]$. Éste es un procedimiento para escoger las variables de estado para un sistema.

Ahora se sustituyen las variables de estado de la Ec. (2.146) en el sistema de ecuaciones dado por (2.143) y (2.144), y se obtiene

$$L\frac{dx_1(t)}{dt} + Rx_1(t) + x_2(t) = v_i(t)$$

$$\frac{dx_2(t)}{dt} = \frac{1}{C}x_1(t)$$

Estas ecuaciones se resuelven para obtener los términos con la primera derivada:

$$\frac{dx_1(t)}{dt} = -\frac{R}{L}x_1(t) - \frac{1}{L}x_2(t) + \frac{1}{L}v_i(t)$$
$$\frac{dx_2(t)}{dt} = \frac{1}{C}x_1(t) \tag{2.147}$$

Además de estas ecuaciones diferenciales de primer orden acopladas, se necesita una ecuación que relacione la salida del sistema con las variables de estado. Puesto que la señal de salida es el voltaje en el capacitor, $v_c(t)$, la ecuación para ña salida $y(t)$ es dada por

$$y(t) = v_c(t) = x_2(t) \tag{2.148}$$

En forma matricial, la Ec. (2.147) se puede escribir como

$$\begin{bmatrix} \dot{x}_1(t) \\ \dot{x}(t) \end{bmatrix} = \begin{bmatrix} -\frac{R}{L} & -\frac{1}{L} \\ \frac{1}{C} & 0 \end{bmatrix} \begin{bmatrix} x_1(t) \\ x(t) \end{bmatrix} + \begin{bmatrix} \frac{1}{L} \\ 0 \end{bmatrix} v_i(t) \tag{2.149}$$

$$y(t) = \begin{bmatrix} 0 & 1 \end{bmatrix} \begin{bmatrix} x_1(t) \\ x(t) \end{bmatrix}$$

Éstas son entonces las ecuaciones de estado para el circuito de la Fig. 2.36 (el punto sobre la variable indica la primera derivada).

Desde el punto de vista del análisis y síntesis de sistemas, es conveniente clasificar las variables que caracterizan o están asociadas con el sistema en la forma siguiente: (1) *variables de entrada* o *de excitación*, u_i, las cuales representan los estímulos generados por sistemas diferentes del sistema bajo estudio y que influyen en su conducta; (2) *variables de salida* o *de respuesta*, y_j, las cuales describen aquellos aspectos de la conducta del sistema que son de interés; y (3) *variables de estado* o *intermedias*, x_k, las cuales caracterizan la conducta dinámica del sistema bajo investigación.

El *estado* de un sistema es un resumen completo de cómo se encuentra el sistema en un punto particular en el tiempo, es decir, el *estado* de un sistema se refiere a sus condiciones *pasadas*, *presentes* y *futuras*. El conocimiento del estado en algún punto inicial, t_0, más el conocimiento de las entradas al sistema después de t_0, permiten la determinación del estado en un tiempo posterior t_1. Así que el estado en t_0 constituye una historia completa del sistema antes de t_0, en la medida que esa historia afecta la conducta futura. El conocimiento del estado presente permite una separación bien definida entre el pasado y el futuro.

En cualquier instante fijo, el estado del sistema puede describirse mediante los valores de un conjunto de variables x_i, denominadas *variables de estado*. Las variables de estado pueden tomar cualquier valor escalar, real o complejo y se definen como un *conjunto mínimo* de variables $x_1, x_2, \ldots, x_n$ cuyo conocimiento en cualquier tiempo t_0 y el conocimiento de la excitación que se aplique posteriormente, son suficientes para determinar el estado del sistema en cualquier tiempo $t > t_0$.

Cuando un grupo de ecuaciones diferenciales ordinarias que representan un sistema físico dinámico está expresado en la forma

$$\dot{x}_i = f_i(x_1, x_2, \ldots, x_n; u_1, u_2, \ldots, u_m), \quad i = 1, 2, \ldots, n,$$

se dice que el grupo de ecuaciones está en la *forma normal*. Las variables x_i ($i = 1, 2, \ldots, n$) son las *variables de estado* y las variables u_j ($i = 1, 2, \ldots, m$) son las *funciones de entrada* o *de excitación*. Si el sistema es *lineal*, las ecuaciones pueden escribirse en la forma

$$\dot{x}_i = \sum_{j=1}^{n} a_{ij} x_j + \sum_{k=1}^{m} b_{ik} u_k \quad i = 1, 2, \ldots, n$$

o en forma matricial estándar

$$\dot{\mathbf{x}}(t) = \mathbf{A}\mathbf{x}(t) + \mathbf{B}\mathbf{u}(t) \tag{2.150}$$

en donde el conjunto de variables de estado se describe mediante un *vector de estado*

$$\mathbf{x}(t) = \begin{bmatrix} x_1(t) \\ x_2(t) \\ \vdots \\ x_n(t) \end{bmatrix} \tag{2.151}$$

Este vector pertenece a un espacio *n*-dimensional, el *espacio de estados*, y el conjunto de variables de entrada o de excitación se describe mediante un *vector de excitación o de entrada*

$$\mathbf{u}(t) = \begin{bmatrix} u_1(t) \\ u_2(t) \\ \vdots \\ u_m(t) \end{bmatrix} \tag{2.152}$$

A es una matriz de dimensión $n \times n$ y se denomina la *matriz de los coeficientes*, **B** es una matriz de dimensión $n \times m$ y se conoce como la *matriz de distribución*, $\dot{\mathbf{x}}$ es simplemente la derivada de **x** con respecto al tiempo t, es decir, $\dot{\mathbf{x}} = d\mathbf{x}/dt$. Todos los vectores y matrices que aparecen en la Ec. (2.150) pueden depender del tiempo (sistemas variables en el tiempo). En este libro sólo se tratarán sistemas que no varían con el tiempo y, por tanto, las matrices **A** y **B** se tomarán siempre constantes y de la forma

$$\mathbf{A} = \begin{bmatrix} a_{11} & a_{12} & \cdots & a_{1n} \\ a_{21} & a_{22} & \cdots & a_{2n} \\ & & \cdots & \\ a_{n1} & a_{n2} & \cdots & a_{nn} \end{bmatrix}, \quad \mathbf{B} = \begin{bmatrix} b_{11} & b_{12} & \cdots & b_{1n} \\ b_{21} & b_{22} & \cdots & b_{2n} \\ & & \cdots & \\ b_{n1} & b_{n2} & \cdots & b_{nn} \end{bmatrix} \tag{2.153}$$

En la ecuación de estado, Ec. (2.150), sólo pueden aparecer las primeras derivadas de las variables de estado en el lado izquierdo de la ecuación y ninguna derivada de cualquiera de los estados o de las entradas puede aparecer en el lado derecho.

2.11.2 Solución General de la Ecuación de Estado

Considérese ahora la ecuación diferencial escalar de primer orden en la forma

$$\frac{dx(t)}{dt} = ax(t) + bu(t) \tag{2.154}$$

donde a y b son constantes arbitrarias y $u(t)$ es una función continua de t (no confundir con la función escalón definida en el capítulo anterior). La solución de esta ecuación se obtuvo anteriormente (Ejemplo 19) como

$$x(t) = e^{a(t-t_0)} x(t_0) + \int_{t_0}^{t} b e^{a(t-\tau)} u(\tau) d\tau \tag{2.155}$$

y cuando $t_0 = 0$,

$$x(t) = e^{at} x(0) + \int_{t_0}^{t} b e^{a(t-\tau)} d\tau \tag{2.156}$$

Ejemplo 37. Resolver la ecuación diferencial

$$\frac{dx}{dt} + 2x = 5$$

sujeta a la condición inicial $x(0) = 3$.

Solución. Esta ecuación puede escribirse en la forma

$$\frac{dx}{dt} = -2x + 5$$

de donde $a = -2$ y $u(t) = 1$. Aplicando la Ec. (2.141) se obtiene

$$x(t) = e^{-2t} \times 3 + \int_0^t 5 e^{-2(t-\tau)} d\tau = 3e^{-2t} + 5e^{-2t} \int_0^t e^{2\tau} d\tau$$

$$= 3e^{-2t} + 2.5 e^{-2t} \left. e^{2\tau} \right|_0^t = 2.5 + 0.5 e^{-2t}$$

Obsérvese en (2.154) que $u(t) = 0$ corresponde a la ecuación diferencial homogénea

$$\frac{dx(t)}{dt} = ax(t) \tag{2.157}$$

cuya solución es

$$x(t) = e^{a(t-t_0)} x(t_0) \tag{2.158}$$

Considérese ahora el conjunto homogéneo de n ecuaciones de estado

$$\dot{\mathbf{x}} = \mathbf{A}\mathbf{x}, \quad \mathbf{x}(t_0) \text{ dado}, \quad \mathbf{A} \text{ constante} \tag{2.159}$$

La *matriz de transición de estados* se define como una matriz que satisface la ecuación de estado lineal homogénea

$$\frac{d\mathbf{x}(t)}{dt} = \mathbf{A}\,\mathbf{x}(t) \tag{2.160}$$

Sea $\Phi(t)$ una matriz de $n \times n$ que representa la matriz de transición de estados; entonces, por definición, ella debe satisfacer la ecuación

$$\frac{d\Phi(t)}{dt} = \mathbf{A}\,\Phi(t) \qquad (2.161)$$

Aún más, sea $\mathbf{x}(0)$ el estado inicial en $t = 0$; entonces $\Xi(t)$ también se define mediante la ecuación matricial

$$\mathbf{x}(t) = \Phi(t)\mathbf{x}(0) \qquad (2.162)$$

la cual es la solución de la ecuación de estado homogénea para $t \geq 0$.

Una forma alterna de resolver la ecuación de estado homogénea es suponer una solución, igual que en el método clásico de solución de las ecuaciones diferenciales lineales. Comparando las ecuaciones de estado y la ecuación escalar correspondiente muestra que la solución de la Ec. (2.160) es análoga a la de la Ec.(2.156); ella es

$$\mathbf{x}(t) = e^{\mathbf{A}t}\mathbf{x}(0) \qquad (2.163)$$

para $t \geq 0$, donde la función exponencial $e^{\mathbf{A}t}$ representa la siguiente serie de potencias para la matriz $\mathbf{A}t$:

$$e^{\mathbf{A}t} = \mathbf{I} + \mathbf{A}t + \frac{1}{2!}\mathbf{A}^2 t^2 + \frac{1}{3!}\mathbf{A}^3 t^3 + \cdots \qquad (2.164)$$

Aquí $\mathbf{I}$ es la matriz identidad de $n \times n$. Es fácil demostrar que la Ec. (2.163) es una solución de la ecuación de estado homogénea ya que, de la Ec. (2.164), se tiene que

$$\frac{de^{\mathbf{A}t}}{dt} = \mathbf{A}\,e^{\mathbf{A}t} \qquad (2.165)$$

Por tanto, además de la Ec. (3.17), se obtuvo otra expresión para la matriz de transición de estados:

$$\Phi(t) = e^{\mathbf{A}t} = \mathbf{I} + \mathbf{A}t + \frac{1}{2!}\mathbf{A}^2 t^2 + \frac{1}{3!}\mathbf{A}^3 t^3 + \cdots \qquad (2.166)$$

La Ec. (2.166) también se puede obtener directamente a partir de la Ec. (3.17). Esto se deja como un ejercicio para el lector.

Ahora se considerará el conjunto no homogéneo de las ecuaciones de estado. La matriz $\mathbf{A}$ todavía se considera una constante, pero $\mathbf{B}$ puede ser una función del tiempo, es decir, $\mathbf{B} = \mathbf{B}(t)$. Se supone que las componentes de $\mathbf{B}\mathbf{u}(t)$ son seccionalmente continuas para garantizar una solución única de la ecuación

$$\dot{\mathbf{x}} = \mathbf{A}\mathbf{x} + \mathbf{B}(t)\mathbf{u}(t), \qquad \mathbf{x}(t_0) \text{ dado} \qquad (2.167)$$

Observe que aquí el tiempo inicial es t_0 y no $t = 0$. Se repite la técnica usada para resolver la ecuación escalar con algunas modificaciones menores. Sea $\mathbf{K}(t)$ una matriz de $n \times n$. Premultiplicando la Ec. (2.167) por $\mathbf{K}(t)$ y reagrupando, se obtiene

$$\mathbf{K}(t)\dot{\mathbf{x}}(t) - \mathbf{K}(t)\mathbf{A}\mathbf{x}(t) = \mathbf{K}(t)\mathbf{B}(t)\mathbf{u}(t)$$

Puesto que $d[\mathbf{K}(t)\mathbf{x}(t)]dt = \mathbf{K}\dot{\mathbf{x}} + \dot{\mathbf{K}}\mathbf{x}$, el lado izquierdo puede escribirse como una diferencial total (en forma vectorial) con tal que $\dot{\mathbf{K}} = -\mathbf{K}(t)\mathbf{A}$. Una matriz así es $\mathbf{K} = e^{-\mathbf{A}(t-t_0)}$. Aceptando que ésta es la matriz que debe usarse, la ecuación diferencial puede escribirse en la forma

$$d[\mathbf{K}(t)\mathbf{x}(t)] = \mathbf{K}(t)\mathbf{B}(t)\mathbf{u}(t)dt$$

e integrando da

$$\mathbf{K}(t)\mathbf{x}(t) - \mathbf{K}(t_0)\mathbf{x}(t_0) = \int_{t_0}^{t} \mathbf{K}(\tau)\mathbf{B}(\tau)\mathbf{u}(\tau)\,d\tau$$

La forma de **K** seleccionada siempre tiene una inversa, de modo que

$$\mathbf{x}(t) = \mathbf{K}^{-1}(t)\mathbf{K}(t_0)\mathbf{x}(t_0) + \int_{t_0}^{t} \mathbf{K}^{-1}(t)\mathbf{K}(\tau)\mathbf{B}(\tau)\mathbf{u}(\tau)\,d\tau$$

o

$$\mathbf{x}(t) = e^{\mathbf{A}(t-t_0)}\mathbf{x}(t_0) + \int_{t_0}^{t} e^{\mathbf{A}(t-\tau)}\mathbf{B}(\tau)\mathbf{u}(\tau)\,d\tau \qquad (2.168)$$

Ésta representa la solución para cualquiera ecuación del sistema en la forma de la Ec. (2.167). Obsérvese que está compuesta de un término que depende solamente del estado inicial y una integral de convolución que incluye la entrada pero no el estado inicial. Estos dos términos se conocen por diferentes nombres, tales como la *solución homogénea* y la *integral particular*, la *respuesta libre de excitación* y la *respuesta forzada*, la *respuesta de entrada cero* y la *respuesta de estado cero*, etc.

A continuación se estudiarán varios métodos para determinar la solución de la ecuación de estado (2.146) cuando la matriz **A** es constante (sistemas invariables en el tiempo).

2.11.3 Solución de la Ecuación de Estado Mediante Integración

Si la matriz **A** en la Ec. (2.146) es diagonal (valores diferentes de cero solamente en la diagonal principal), la solución para **x** se obtiene fácilmente por integración separada de cada una de las variables.

Ejemplo 38. Resolver el siguiente sistema de ecuaciones:

$$\begin{bmatrix} \dot{x}_1 \\ \dot{x}_2 \end{bmatrix} = \begin{bmatrix} -1 & 0 \\ 0 & -2 \end{bmatrix} \begin{bmatrix} x_1 \\ x_2 \end{bmatrix} + \begin{bmatrix} 2 \\ 3 \end{bmatrix}, \quad \mathbf{x}(0) = \begin{bmatrix} 5 \\ 1 \end{bmatrix}$$

A partir del sistema se obtiene el par de ecuaciones escalares desacopladas (en este caso)

$$\dot{x}_1 = -x_1 + 2, \quad x_1(0) = 5$$
$$\dot{x}_2 = -2x_2 + 3, \quad x_2(0) = 1$$

Usando ahora la Ec. (2.141) se obtienen las soluciones

$$x_1(t) = 5e^{-t} + \int_0^t 2e^{-(t-\tau)}\,d\tau = 5e^{-t} + 2e^{-t}\int_0^t e^{\tau}\,d\tau$$
$$= 5e^{-t} + 2e^{-t}e^{\tau}\Big|_0^t = 2 + 3e^{-t}$$

$$x_2(t) = e^{-2t} + \int_0^t 3e^{-2(t-\tau)}\,d\tau = e^{-2t} + 15e^{-2t}e^{2\tau}\Big|_0^t$$
$$= 1.5 - 0.5e^{-2t}$$

Ahora se estudiarán algunas propiedades de la matriz de transición de estados. Puesto que la matriz de transición de estados satisface la ecuación de estado homogénea, ella representa la *respuesta libre* o *natural* de la red. En otras palabras, ella rige la respuesta producida por las condiciones iniciales solamente. De las Ecs. (3.17) y (2.166), se observa que la matriz de transición de estados depende solamente de la matriz **A**, por lo que en ocasiones también se conoce como la *matriz de transición de estados* **A**. Como el nombre lo indica, la matriz de transición de estados $\Phi(t)$ define por completo la transición de estados desde el tiempo inicial $t = 0$ hasta cualquier tiempo t cuando las entradas son iguales a cero.

La matriz de transición de estados $\Phi(t)$ posee las siguientes propiedades:

1. $\Phi(0) = \mathbf{I}$ (matriz identidad) $\hspace{6cm}$ (2.169)

    Demostración La Ec. (2.167) se deduce directamente de la Ec. (2.166) al hacer $t = 0$.

2. $\Phi^{-1}(t) = \Phi(-t)$ $\hspace{8cm}$ (2.170)

    Demostración Posmultiplicando ambos lados de la Ec. (2.166) por $e^{-\mathbf{A}t}$, se obtiene

    $$\Phi(t)e^{-\mathbf{A}t} = e^{\mathbf{A}t}e^{-\mathbf{A}t} = \mathbf{I} \hspace{4cm} (2.171)$$

    Premultiplicando ahora ambos miembros de la Ec. (2.166) por $\Phi^{-1}(t)$, se obtiene

    $$e^{-\mathbf{A}t} = \Phi^{-1}(t) \hspace{4cm} (2.172)$$

    Por lo que

    $$\Phi(-t) = \Phi^{-1}(t) = e^{-\mathbf{A}t} \hspace{4cm} (2.173)$$

    Un resultado interesante de esta propiedad de $\Phi(t)$ es que la Ec. (2.163) se puede escribir como

    $$\mathbf{x}(0) = \Phi(-t)\mathbf{x}(t) \hspace{4cm} (2.174)$$

    lo que significa que el proceso de transición entre estados se puede considerar como bilateral en el tiempo. Es decir, la transición en el tiempo se puede dar en cualquier dirección.

3. $\Phi(t_2 - t_1)\Phi(t_1 - t_0) = \Phi(t_2 - t_0)$ para cualquier t_0, t_1 y t_2.

    Demostración:

    $$\begin{aligned}\Phi(t_2 - t_1)\Phi(t_1 - t_0) &= e^{\mathbf{A}(t_2-t_1)}e^{\mathbf{A}(t_1-t_0)} \\ &= e^{\mathbf{A}(t_2-t_0)} = \Phi(t_2 - t_0)\end{aligned} \hspace{2cm} (2.175)$$

    Esta propiedad de la matriz de transición de estados es muy importante, ya que ella implica que un proceso de transición de estados se puede dividir en un número de transiciones esenciales. La Fig. 2.37 ilustra que la transición de $t = t_0$ a $t = t_2$ es igual a la transición de t_0 a t_1 y luego de t_1 a t_2. En general, por supuesto, el proceso de transición de estados se puede dividir en cualquier número de etapas.

4. $[\Phi(t)]^k = \Phi(kt)$ para k entero y positivo.

    Demostración:

    $$\begin{aligned}[\Phi(t)]^k &= e^{\mathbf{A}t}e^{\mathbf{A}t}\cdots e^{\mathbf{A}t} \quad (k \text{ términos}) \\ &= e^{k\mathbf{A}t} = \Phi(kt)\end{aligned} \hspace{2cm} (2.176)$$

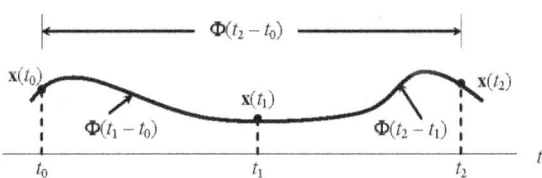

Figura 2.37

2.11.4 Método de los Valores y Vectores Característicos

Ahora se estudiará un método muy poderoso para determinar la solución de un sistema de ecuaciones diferenciales *lineales de primer orden, homogéneo y con coeficientes constantes*. El sistema a resolver es

$$\begin{aligned}
\dot{x}_1 &= a_{11}x_1 + a_{12}x_2 + \cdots + a_{1n}x_n \\
\dot{x}_2 &= a_{21}x_1 + a_{22}x_2 + \cdots + a_{2n}x_n \\
&\vdots \\
\dot{x}_n &= a_{n1}x_1 + a_{n2}x_2 + \cdots + a_{nn}x_n
\end{aligned} \qquad (2.177)$$

o, en forma vectorial,

$$\dot{\mathbf{x}}(t) = \mathbf{A}\mathbf{x}(t) \qquad (2.178)$$

De la teoría de ecuaciones diferenciales se sabe que si $\mathbf{x}_1$, $\mathbf{x}_2$, ... , $\mathbf{x}_n$ son n soluciones independientes de la ecuación lineal homogénea $\dot{\mathbf{x}} = \mathbf{A}\mathbf{x}$ en algún intervalo abierto I donde los elementos a_{ij} de $\mathbf{A}$ son continuos, entonces una solución cualquiera de la ecuación en I puede escribirse en la forma

$$\mathbf{x}(t) = c_1\mathbf{x}_1(t) + c_2\mathbf{x}_2(t) + \cdots + c_n\mathbf{x}_n(t) \qquad (2.179)$$

para toda t en I; las c_i, $i = 1, 2, \ldots, n$, son constantes. Esto quiere decir que basta obtener n vectores solución linealmente independientes $\mathbf{x}_1$, $\mathbf{x}_2$, ... , $\mathbf{x}_n$ y entonces la Ec. (2.179) será una solución general del sistema dado por la Ec. (2.177).

El procedimiento para obtener las n soluciones vectoriales linealmente independientes es semejante al método de las raíces características usado para resolver una ecuación lineal homogénea con coeficientes constantes. Es decir, se anticipan vectores solución de la forma

$$\mathbf{x}(t) = \begin{bmatrix} x_1 \\ x_2 \\ \vdots \\ x_n \end{bmatrix} = \begin{bmatrix} v_1 e^{\lambda t} \\ v_2 e^{\lambda t} \\ \vdots \\ v_n e^{\lambda t} \end{bmatrix} = \begin{bmatrix} v_1 \\ v_2 \\ \vdots \\ v_n \end{bmatrix} e^{\lambda t} = \mathbf{v}\, e^{\lambda t} \qquad (2.180)$$

donde λ, v_1, v_2, ... , v_n son constantes. Al sustituir

$$x_i = v_i e^{\lambda t}, \qquad \dot{x}_i = \lambda v_i e^{\lambda t}, \qquad i = 1, 2, \ldots, n$$

en la Ec. (2.177), el factor $e^{\lambda t}$ se cancelará y quedarán n ecuaciones lineales en las que (para valores apropiados de λ) se espera obtener los coeficientes v_1, v_2, ... , v_n en (2.180), de modo que $\mathbf{x}(t) = \mathbf{v}e^{\lambda t}$ sea una solución del sistema (2.162).

Para explorar esta posibilidad más eficazmente, se usa la forma vectorial compacta

$$\dot{\mathbf{x}} = \mathbf{A}\mathbf{x} \qquad (2.181)$$

donde $\mathbf{A} = [a_{ij}]$ y se sustituye la solución tentativa $\mathbf{x} = \mathbf{v}e^{\lambda t}$ con su derivada $\dot{\mathbf{x}} = \lambda \mathbf{v} e^{\lambda t}$. El resultado es

$$\lambda \mathbf{v} e^{\lambda t} = \mathbf{A}\mathbf{v}e^{\lambda t}$$

El factor no nulo $e^{\lambda t}$ se cancela y se obtiene

$$\mathbf{A}\mathbf{v} = \lambda \mathbf{v} \qquad (2.182)$$

Esto significa que $\mathbf{x} = \mathbf{v}e^{-t}$ será una solución no trivial de la Ec. (2.181) siempre que $\mathbf{v}$ sea un valor no nulo y λ una constante para que la Ec. (2.182) se cumpla; es decir, que el producto matricial $\mathbf{A}\mathbf{v}$ sea un múltiplo escalar del vector $\mathbf{v}$.

Ahora se procederá a determinar λ y $\mathbf{v}$. Primero se escribe la Ec. (2.182) en la forma

$$(\lambda \mathbf{I} - \mathbf{A})\mathbf{v} = 0 \qquad (2.183)$$

donde $\mathbf{I}$ es la matriz identidad. Dado λ, éste es un sistema de n ecuaciones lineales homogéneas en las incógnitas $v_1, v_2, \ldots, v_n$. Del álgebra lineal se sabe que la condición necesaria y suficiente para que el sistema tenga una solución no trivial es que el determinante de los coeficientes de la matriz se haga cero; es decir, que

$$\det(\lambda \mathbf{I} - \mathbf{A}) = |\lambda \mathbf{I} - \mathbf{A}| = 0 \qquad (2.184)$$

Los números λ (sean iguales a cero o no) obtenidos como soluciones de (2.184) se denominan *valores característicos* o *propios* de la matriz $\mathbf{A}$. y los vectores asociados con los valores característicos ⊔ tales que $\mathbf{A}\mathbf{v} = \lambda \mathbf{v}$, $\mathbf{v}$ diferente de cero, se conocen como *vectores característicos* o *propios*. La ecuación

$$|\lambda \mathbf{I} - \mathbf{A}| = \begin{vmatrix} \lambda - a_{11} & -a_{12} & \cdots & -a_{1n} \\ -a_{21} & \lambda - a_{22} & \cdots & -a_{2n} \\ \vdots & \vdots & & \vdots \\ -a_{n1} & -a_{n2} & \cdots & \lambda = a_{nn} \end{vmatrix} \qquad (2.185)$$

se conoce como la *ecuación característica* de la matriz $\mathbf{A}$.

La Ec. (2.185) tiene n raíces (es un polinomio en λ de grado n) por lo que una matriz de $n \times n$ posee n valores característicos (contando la multiplicidad), los cuales pueden ser distintos o repetidos, reales o complejos. Los casos se estudiarán por separado.

Valores Característicos Reales y Distintos

Si los valores característicos son reales y distintos, se sustituye cada uno de ellos sucesivamente en la Ec. (2.184) y se determinan los vectores característicos asociados $v_1, v_2, \ldots, v_n$, los cuales darán las soluciones

$$\mathbf{x}_1(t) = \mathbf{v}_1 e^{\lambda_1 t}, \quad \mathbf{x}_2(t) = \mathbf{v}_2 e^{\lambda_2 t}, \quad \ldots, \quad \mathbf{x}_n(t) = \mathbf{v}_n e^{\lambda_n t} \qquad (2.186)$$

Se puede demostrar que estos vectores solución siempre son linealmente independientes. El procedimiento para otenerlos se ilustrará mediante ejemplos.

Ejemplo 39. Encuéntrese una solución general del sistema

$$\dot{x}_1 = 4x_1 + 2x_2$$
$$\dot{x}_2 = 3x_1 - x_2$$

Solución. La forma matricial del sistema es

$$\dot{\mathbf{x}} = \begin{bmatrix} 4 & 2 \\ 3 & -1 \end{bmatrix} \mathbf{x}$$

La ecuación característica de la matriz de los coeficientes es

$$|\lambda \mathbf{I} - \mathbf{A}| = \begin{vmatrix} \lambda - 4 & -2 \\ -3 & \lambda + 1 \end{vmatrix} = (\lambda - 4)(\lambda + 1) - 6 = \lambda^2 - 3\lambda - 10$$
$$= (\lambda + 2)(\lambda - 5) = 0$$

y así se obtienen los valores característicos reales y distintos $\lambda_1 = -2$ y $\lambda_2 = 5$.

Para la matriz de los coeficientes **A** del sistema, la ecuación para los vectores característicos toma la forma

$$\begin{bmatrix} \lambda - 4 & -2 \\ -3 & \lambda + 1 \end{bmatrix} \begin{bmatrix} a \\ b \end{bmatrix} = \begin{bmatrix} 0 \\ 0 \end{bmatrix} \qquad (2.187)$$

donde el vector característico asociado es $\mathbf{v} = [a\ b]^T$ (la T indica la matriz transpuesta).

(a) $\lambda_1 = 2$:

La sustitución $\lambda = 2$ en (2.172) produce el sistema

$$\begin{bmatrix} -6 & -2 \\ -3 & -1 \end{bmatrix} \begin{bmatrix} a \\ b \end{bmatrix} = \begin{bmatrix} 0 \\ 0 \end{bmatrix}$$

o las dos ecuaciones escalares

$$6a + 2b = 0$$
$$3a + b = 0$$

Obviamente, estas dos ecuaciones escalares son equivalentes y, por lo tanto, tienen una infinidad de soluciones no nulas; por ejemplo a se puede escoger arbitrariamente (diferente de cero) y entonces despejar b. Normalmente buscamos una solución "sencilla" con valores enteros pequeños (si ello es posible). En este caso tomaremos $a = 1$, lo cual produce $b = -3$, y entonces

$$\mathbf{v}_1 = \begin{bmatrix} 1 \\ -3 \end{bmatrix}$$

Observación: Si en lugar de $a = 1$ se hubiese tomado $a = c$, por ejemplo, se obtendría el vector característico

$$\mathbf{v}_1 = \begin{bmatrix} c \\ -3c \end{bmatrix} = c \begin{bmatrix} 1 \\ -3 \end{bmatrix}$$

Puesto que éste es un múltiplo constante del resultado previo, cualquier selección que se haga será un múltiplo constante de la misma solución.

(b) $\lambda = 2$:

La sustitución de este valor en (2.187) produce el par de ecuaciones

$$-a + 2b = 0$$
$$3a - 6b = 0$$

Las cuales son equivalentes. Se selecciona $b = 1$ y en consecuencia $a = 2$, de modo que

$$\mathbf{v}_2 = \begin{bmatrix} 2 \\ 1 \end{bmatrix}$$

Estos dos valores característicos con sus vectores característicos asociados producen las dos soluciones

$$\mathbf{x}_1(t) = \begin{bmatrix} 1 \\ -3 \end{bmatrix} e^{-2t} \quad y \quad \mathbf{x}_2(t) = \begin{bmatrix} 2 \\ 1 \end{bmatrix} e^{5t}$$

Es fácil demostrar que estas soluciones son linealmente independientes. En consecuencia, la solución general del sistema dado es

$$\mathbf{x}(t) = c_1 \mathbf{x}_1(t) + c_2 \mathbf{x}_2(t) = c_1 \begin{bmatrix} 1 \\ -3 \end{bmatrix} e^{-2t} + c_2 \begin{bmatrix} 2 \\ 1 \end{bmatrix} e^{5t}$$

Ejemplo 40. Determínese una solución general del sistema representado por

$$\dot{\mathbf{x}} = \begin{bmatrix} 0 & 6 \\ -1 & -5 \end{bmatrix} \mathbf{x}$$

El polinomio característico es

$$|\lambda \mathbf{I} - \mathbf{A}| = \begin{bmatrix} \lambda & -6 \\ 1 & \lambda + 5 \end{bmatrix} = \lambda^2 + 5\lambda + 6$$
$$= (\lambda + 2)(\lambda + 3) = 0$$

y así se obtienen los valores característicos $\lambda_1 = -2$ y $\lambda_2 = -3$, y la ecuación para los vectores característicos toma la forma

$$\begin{bmatrix} \lambda & -6 \\ 1 & \lambda + 5 \end{bmatrix} \begin{bmatrix} a \\ b \end{bmatrix} = \begin{bmatrix} 0 \\ 0 \end{bmatrix} \tag{2.188}$$

siendo $\mathbf{v} = [a \; b]^T$ el vector característico asociado.

(a) $\lambda_1 = -2$:

La sustitución de $\lambda = -2$ en (2.173) produce el sistema

$$\begin{bmatrix} -2 & -6 \\ 1 & 3 \end{bmatrix} \begin{bmatrix} a \\ b \end{bmatrix} = \begin{bmatrix} 0 \\ 0 \end{bmatrix}$$

o las dos ecuaciones escalares

$$-2a - 6b = 0$$
$$a + 3b = 0$$

Igual que en el Ejemplo 36, este sistema tiene infinidad de soluciones. Se escoge $b = 1$, lo cual produce $a = -3$ y entonces

$$\mathbf{v}_1 = \begin{bmatrix} -3 \\ 1 \end{bmatrix}$$

(b) $\lambda = -3$:

La sustitución de este valor en la Ec. (2.173) produce el par de ecuaciones

$$-3a - 6b = 0$$
$$a + 2b = 0$$

las cuales son equivalentes. Se escoge $b = 1$ y entonces $a = -2$, de manera que

$$\mathbf{v}_2 = \begin{bmatrix} -2 \\ 1 \end{bmatrix}$$

y los dos vectores solución asociados son

$$\mathbf{x}_1(t) = \begin{bmatrix} -3 \\ 1 \end{bmatrix} e^{-2t} \quad \text{y} \quad \mathbf{x}_2(t) = \begin{bmatrix} -2 \\ 1 \end{bmatrix} e^{-3t}$$

En consecuencia, la solución general del sistema es

$$\mathbf{x}(t) = c_1 \begin{bmatrix} -3 \\ 1 \end{bmatrix} e^{-2t} + c_2 \begin{bmatrix} -2 \\ 1 \end{bmatrix} e^{-3t}$$

Valores Propios Complejos y Distintos

Si los valores propios son complejos pero distintos, el método ya descrito producirá las n soluciones independientes. La única complicación consiste en que los vectores propios asociados con valores propios complejos en general tomarán también valores complejos.

Puesto que se está suponiendo que los elementos de la matriz $\mathbf{A}$ son reales, los coeficientes de la ecuación característica (2.186) serán reales. Por tanto, los valores propios complejos deberán aparecer en pares de complejos conjugados. Supóngase que $\lambda = p + jq$ y $\lambda^* = p - jq$ constituyen un par de esos valores propios. Si $\mathbf{v}$ es un vector propio asociado con λ, es decir,

$$(\lambda \mathbf{I} - \mathbf{A})\mathbf{v} = 0$$

entonces, al tomar el conjugado de esta ecuación se obtiene

$$(\lambda^* \mathbf{I} - \mathbf{A})\mathbf{v}^* = 0$$

lo que significa que $\mathbf{v}^*$, el conjugado de $\mathbf{v}$, es un vector propio asociado con λ^*. La solución compleja asociada con λ y $\mathbf{v}$ es entonces $\mathbf{v} = \mathbf{a} + j\mathbf{b}$ y, por tanto,

$$\mathbf{x}(t) = \mathbf{v} e^{\lambda t} = (\mathbf{a} + j\mathbf{b}) e^{(p+jq)t}$$
$$= (\mathbf{a} + j\mathbf{b}) e^{pt} (\cos qt + j \operatorname{sen} qt)$$

es decir,

$$\mathbf{x}(t) = e^{pt}(\mathbf{a}\cos qt - \mathbf{b}\operatorname{sen} qt) + je^{pt}(\mathbf{b}\cos qt + \mathbf{a}\operatorname{sen} qt)$$

Puesto que las partes real e imaginaria de una solución con valores complejos son, a su vez, soluciones del sistema, entonces se obtienen dos soluciones con *valores reales*

$$\mathbf{x}_1(t) = \operatorname{Re}\{\mathbf{x}(t)\} = e^{pt}(\mathbf{a}\cos qt - \mathbf{b}\operatorname{sen} qt)$$
$$\mathbf{x}_2(t) = \operatorname{Im}\{\mathbf{x}(t)\} = e^{pt}(\mathbf{b}\cos qt + \mathbf{a}\operatorname{sen} qt)$$

(2.189)

asociadas con los valores propios complejos $p \pm jq$.

No hay necesidad de memorizar las fórmulas (2.189) y esto se verá fácilmente en los ejemplos,

Ejemplo 41. Encuéntrese una solución general del sistema

$$\dot{x}_1 = 4x_1 - 3x_2$$
$$\dot{x}_2 = 3x_1 + 4x_2$$
(2.190)

La matriz de los coeficientes

$$\mathbf{A} = \begin{bmatrix} 4 & -3 \\ 3 & 4 \end{bmatrix}$$

tiene la ecuación característica

$$|\lambda \mathbf{I} - \mathbf{A}| = \begin{vmatrix} \lambda - 4 & 3 \\ -3 & \lambda - 4 \end{vmatrix} = \lambda^2 - 8\lambda + 25 = 0$$

y por consiguiente los valores propios conjugados son $\lambda = 4 - j3$ y $\lambda^* = 4 + j3$. Sustituyendo $\lambda = 4 - j3$ en la ecuación para el vector propio $(\lambda \mathbf{I} - \mathbf{A})\mathbf{v} = 0$, se obtiene

$$[(4 - j3)\mathbf{I} - \mathbf{A}]\mathbf{v} = \begin{bmatrix} -j3 & 3 \\ -3 & -j3 \end{bmatrix} \begin{bmatrix} a \\ b \end{bmatrix} = \begin{bmatrix} 0 \\ 0 \end{bmatrix}$$

para un vector propio asociado $\mathbf{v} = [a \quad b]^T$. La división de cada fila entre -3 produce las dos ecuaciones escalares

$$ja - b = 0$$
$$a + jb = 0$$

cada una de las cuales se satisface con $a = 1$ y $b = j$. Así $\mathbf{v} = [1 \quad j]^T$ es un vector complejo asociado con el valor propio complejo $\lambda = 4 - j3$.

La solución correspondiente para los valores complejos $\mathbf{x}(t) = \mathbf{v} e^{\lambda t}$ de $\dot{\mathbf{x}} = \mathbf{A}\mathbf{x}$ es entonces

$$\mathbf{x}(t) = \begin{bmatrix} 1 \\ j \end{bmatrix} e^{(4-3j)t} = \begin{bmatrix} 1 \\ j \end{bmatrix} e^{4t} (\cos 3t - j \operatorname{sen} 3t)$$

$$= e^{4t} \begin{bmatrix} \cos 3t - j \operatorname{sen} 3t \\ j \cos 3t + \operatorname{sen} 3t \end{bmatrix}$$

Las partes real e imaginaria de $\mathbf{x}(t)$ son las soluciones con valores reales:

$$\mathbf{x}_1(t) = e^{4t} \begin{bmatrix} \cos 3t \\ \operatorname{sen} 3t \end{bmatrix} \quad \text{y} \quad \mathbf{x}_2(t) = e^{4t} \begin{bmatrix} -\operatorname{sen} 3t \\ \cos 3t \end{bmatrix}$$

y entonces una solución general con valores reales viene dada por

$$\mathbf{x}(t) = c_1 \mathbf{x}_1(t) + c_2 \mathbf{x}_2(t) = e^{4t} \begin{bmatrix} c_1 \cos 3t - c_2 \operatorname{sen} 3t \\ c_1 \operatorname{sen} 3t + c_2 \cos 3t \end{bmatrix}$$

o, en forma escalar,

$$x_1(t) = e^{4t} (c_1 \cos 3t - c_2 \operatorname{sen} 3t)$$
$$x_2(t) = e^{4t} (c_1 \operatorname{sen} 3t + c_2 \cos 3t)$$

Si se hubiese utilizado el otro valor característico $\lambda = 4 + j3$, el vector propio asociado obtenido sería

$$\mathbf{v}^* = [1 \quad -j]^T$$

Ejemplo 42. Determine la solución general del sistema

$$\dot{\mathbf{x}} = \begin{bmatrix} -4 & 2 \\ -1 & -2 \end{bmatrix} \mathbf{x}$$

La ecuación característica es

$$|\lambda \mathbf{I} - \mathbf{A}| = \begin{vmatrix} \lambda + 4 & -2 \\ 1 & \lambda + 2 \end{vmatrix} = \lambda^2 + 6\lambda + 10$$
$$= (\lambda + 3 - j)(\lambda + 3 + j) = 0$$

Por lo que los valores característicos son $\lambda = -3 + j$ y $\lambda^* = -3 - j$. Para $\lambda = -3 + j$ se tiene que

$$\begin{bmatrix} 1+j & -2 \\ 1 & -1+j \end{bmatrix} \begin{bmatrix} a \\ b \end{bmatrix} = \begin{bmatrix} 0 \\ 0 \end{bmatrix}$$

lo cual produce las ecuaciones escalares

$$(1+j)a - 2b = 0$$
$$a + (-1+j)b = 0$$

Las cuales se satisfacen con $b = 1$ y $a = 1-j$. Así que $\mathbf{v} = [1-j \quad 1]^T$ es un vector característico complejo asociado con $\lambda = -3+j$. El vector característico asociado con $\lambda = -3 - j$ es $\mathbf{v}^* = [1+j1 \quad 1]^T$.

La solución correspondiente de vectores complejos $\mathbf{x}(t)$ es entonces

$$\mathbf{x}(t) = \begin{bmatrix} 1-j \\ 1 \end{bmatrix} e^{(-3+j)t} = \begin{bmatrix} 1-j \\ 1 \end{bmatrix} e^{-3t}(\cos t + \operatorname{sen} t)$$
$$= e^{-3t} \begin{bmatrix} (1-j)(\cos t + \operatorname{sen} t) \\ \cos t + j \operatorname{sen} t \end{bmatrix} = e^{-3t} \begin{bmatrix} \cos t + \operatorname{sen} t + j(\operatorname{sen} t - \cos t) \\ \cos t + j \operatorname{sen} t \end{bmatrix}$$

Las partes real e imaginaria de $\mathbf{x}(t)$ son las soluciones con valores reales:

$$\mathbf{x}_1(t) = e^{-3t} \begin{bmatrix} \cos t + \operatorname{sen} t \\ \cos t \end{bmatrix} \quad \text{y} \quad \mathbf{x}_2(t) = e^{-3t} \begin{bmatrix} \operatorname{sen} t - \cos t \\ \operatorname{sen} t \end{bmatrix}$$

y la solución general con valores reales está dada por

$$\mathbf{x}(t) = c_1 \mathbf{x}_1(t) + c_2 \mathbf{x}_2(t) = e^{-3t} \begin{bmatrix} c_1(\cos t + \operatorname{sen} t) + c_2(\operatorname{sen} t - \cos t) \\ c_1 \cos t + c_2 \operatorname{sen} t \end{bmatrix}$$

2.11.5 Solución Mediante Diagonalización de Matrices

Se dice que una matriz $\mathbf{A} = [a_{ij}]$ de $n \times n$ es una *matriz diagonal* si $a_{ij} = 0$ para $i \neq j$. Por lo tanto, en una matriz diagonal, todos los elementos *fuera de la diagonal principal* son iguales a cero.

Si $\mathbf{A}$ y $\mathbf{B}$ son matrices de $n \times n$, decimos que $\mathbf{B}$ es *semejante* a $\mathbf{A}$ si existe una matriz $\mathbf{S}$ no singular tal que $\mathbf{B} = \mathbf{S}^{-1}\mathbf{A}\mathbf{S}$. Del Álgebra Lineal se sabe que si $\mathbf{A}$ es una matriz de $n \times n$ que es semejante a una matriz diagonal $\Lambda = \mathbf{S}^{-1}\mathbf{A}\mathbf{S}$ y si las columnas de $\mathbf{S}$ son los vectores característicos de $\mathbf{A}$, entonces los elementos de la diagonal principal de Λ son los valores característicos de $\mathbf{A}$ ($\mathbf{A}$ *no tiene valores característicos repetidos*), es decir,

$$\Lambda = \text{diagonal}(\lambda_1, \ldots, \lambda_n) = \mathbf{S}^{-1}\mathbf{A}\mathbf{S} = \begin{bmatrix} \lambda_1 & 0 & \cdots & 0 \\ 0 & \lambda_2 & \cdots & 0 \\ \vdots & \vdots & & \vdots \\ 0 & 0 & \cdots & \lambda_n \end{bmatrix} \quad (2.191)$$

Ejemplo 43. Diagonalizar la matriz

$$\mathbf{A} = \begin{bmatrix} 0 & 6 \\ -1 & -5 \end{bmatrix}$$

Del Ejemplo 37 se tiene

$$\mathbf{S} = [\mathbf{v}_1 \ \mathbf{v}_2] = \begin{bmatrix} -3 & -2 \\ 1 & 1 \end{bmatrix}, \quad \mathbf{S}^{-1} = \begin{bmatrix} -1 & -2 \\ 1 & 3 \end{bmatrix}$$

por lo que

$$\Lambda = \mathbf{S}^{-1}\mathbf{A}\mathbf{S} = \begin{bmatrix} -1 & -2 \\ 1 & 3 \end{bmatrix}\begin{bmatrix} 0 & 6 \\ -1 & -5 \end{bmatrix}\begin{bmatrix} -3 & -2 \\ 1 & 1 \end{bmatrix} = \begin{bmatrix} -2 & 0 \\ 0 & -3 \end{bmatrix}$$

Considérese ahora la ecuación de estado

$$\dot{\mathbf{x}} = \mathbf{A}\mathbf{x} + \mathbf{B}\mathbf{u} \quad (2.192)$$

y defínase la transformación $\mathbf{x} = \mathbf{S}\mathbf{z}$; entonces, sustituyendo en la Ec. (2.192), se obtiene

$$\dot{\mathbf{x}} = \mathbf{S}\dot{\mathbf{z}} = \mathbf{A}\mathbf{S}\mathbf{z} + \mathbf{B}\mathbf{u}$$

y despejando a $\dot{\mathbf{z}}$,

$$\dot{\mathbf{z}} = \mathbf{S}^{-1}\mathbf{A}\mathbf{S}\mathbf{z} + \mathbf{S}^{-1}\mathbf{B}\mathbf{u} \quad (2.193)$$

Si $\mathbf{S}$ es la matriz cuyas columnas son los vectores característicos de $\mathbf{A}$, entonces el producto $\mathbf{S}^{-1}\mathbf{A}\mathbf{S} = \Lambda$ es una matriz diagonal y (2.193) se puede escribir como

$$\dot{\mathbf{z}} = \Lambda\mathbf{z} + \mathbf{S}^{-1}\mathbf{B}\mathbf{u} \quad (2.194)$$

Es evidente que la transformación lineal aplicada a $\mathbf{x}$ convierte al sistema original (2.192) con variables de estado $x_1, x_2, \ldots, x_n$ en un nuevo sistema en el cual las nuevas variables de estado $z_1, z_2, \ldots, z_n$ están completamente desacopladas. Estas nuevas variables de estado se consiguen fácilmente mediante el método aplicado en el Ejemplo 35 y luego, a estas variables, se les aplica la transformación $\mathbf{x} = \mathbf{S}\mathbf{z}$ para obtener las variables originales.

Ejemplo 44. Resolver el sistema

$$\dot{\mathbf{x}} = \begin{bmatrix} 0 & 6 \\ -1 & -5 \end{bmatrix}\mathbf{x} + \begin{bmatrix} 0 \\ 1 \end{bmatrix}, \quad \mathbf{x}(0) = \begin{bmatrix} 1 \\ 2 \end{bmatrix}$$

Usando el resultado obtenido en el Ejemplo 40,

$$\dot{z} = \Lambda z + S^{-1}Bu$$
$$= \begin{bmatrix} -2 & 0 \\ 0 & -3 \end{bmatrix} z + \begin{bmatrix} -1 & -2 \\ 1 & 3 \end{bmatrix} \begin{bmatrix} 0 \\ 1 \end{bmatrix}$$
$$= \begin{bmatrix} -2 & 0 \\ 0 & -3 \end{bmatrix} z + \begin{bmatrix} -2 \\ 3 \end{bmatrix}$$
$$z(0) = S^{-1}x = \begin{bmatrix} -1 & -2 \\ 1 & 3 \end{bmatrix} \begin{bmatrix} 1 \\ 2 \end{bmatrix} = \begin{bmatrix} -5 \\ 7 \end{bmatrix}$$

Por lo que
$$\dot{z}_1 = -2z_1 - 2, \quad z_1(0) = -5$$
$$\dot{z}_2 = -3z_2 + 7, \quad z_2(0) = 7$$

y usando la Ec. (2.155),
$$z_1(t) = e^{-2t}(-5) + \int_0^t (-2)e^{-2(t-\tau)}d\tau = -5e^{-2t} - 2e^{-2t}\int_0^t e^{2\tau}d\tau$$
$$= -4e^{-2t} - 1$$
$$z_2(t) = e^{-3t}(7) + \int_0^t 3e^{-3(t-\tau)}d\tau = 7e^{-3t} + 3e^{-3t}\int_0^t e^{3\tau}d\tau$$
$$= 6e^{3t} + 1$$

de donde
$$x(t) = Sz = \begin{bmatrix} -3 & -2 \\ 1 & 1 \end{bmatrix} \begin{bmatrix} -4e^{-2t} - 1 \\ 6e^{-3t} + 1 \end{bmatrix}$$
$$= \begin{bmatrix} 1 + 12e^{-2t} - 12e^{-3t} \\ -4e^{-2t} + 6e^{-3t} \end{bmatrix}$$

Ejemplo 45. Resolver el sistema
$$\dot{x} = \begin{bmatrix} -4 & 2 \\ -1 & -2 \end{bmatrix} x + \begin{bmatrix} 0 \\ 2 \end{bmatrix}, \quad x(0) = \begin{bmatrix} 3 \\ 1 \end{bmatrix}$$

Usando los resultados del Ejemplo 39, se tiene que
$$\dot{z} = \begin{bmatrix} -3+j & 0 \\ 0 & -3-j \end{bmatrix} z + \frac{1}{-2j} \begin{bmatrix} 1 & -1-j \\ -1 & 1-j \end{bmatrix} \begin{bmatrix} 0 \\ 2 \end{bmatrix}$$
$$= \begin{bmatrix} -3+j & 0 \\ 0 & -3-j \end{bmatrix} z + \begin{bmatrix} 1-j \\ 1+j \end{bmatrix}$$

$$z(0) = S^{-1}x(0) = \frac{1}{-2j} \begin{bmatrix} 1 & -1-j \\ -1 & 1-j \end{bmatrix} \begin{bmatrix} 3 \\ 1 \end{bmatrix} = \begin{bmatrix} \frac{1}{2} + j \\ \frac{1}{2} - j \end{bmatrix}$$

por lo que

$$\dot{z}_1 = (-3+j)z_1 + (1-j), \qquad z_1(0) = \frac{1}{2} + j$$

$$\dot{z}_2 = (-3-j)z_2 + (1+j), \qquad z_2(0) = \frac{1}{2} - j$$

Entonces

$$\begin{aligned}
z_1 &= \left(\frac{1}{2}+j\right)e^{(-3+j)t} + (1-j)e^{(-3+j)t}\int_0^t e^{-(-3+j)\tau}d\tau \\
&= \left(\frac{1}{2}+j\right)e^{(-3+j)t} + \frac{1-j}{3-j} - \frac{1-j}{3-j}e^{(-3+j)t} \\
&= \frac{4-2j}{10} + \frac{1+12j}{10}e^{(-3+j)t}
\end{aligned}$$

$$\begin{aligned}
z_2 &= \left(\frac{1}{2}-j\right)e^{-(3+j)t} + \frac{1+j}{3+j} - \frac{1+j}{3+j}e^{-(3+j)t} \\
&= \frac{4+2j}{10} + \frac{1-12j}{10}e^{-(3+j)t}
\end{aligned}$$

y por último,

$$\begin{aligned}
\mathbf{x} &= \begin{bmatrix} 1-j & 1+j \\ 1 & 1 \end{bmatrix} \begin{bmatrix} \dfrac{4-2j}{10} + \dfrac{1+12j}{10}e^{(-3+j)t} \\ \dfrac{4+2j}{10} + \dfrac{1-12j}{10}e^{-(3+j)t} \end{bmatrix} \\
&= \begin{bmatrix} 0.4 + e^{-3t}(2.6\cos t - 2.2\,\text{sen}\,t) \\ 0.8 + e^{-3t}(0.2\cos t - 2.4\,\text{sen}\,t) \end{bmatrix} = \begin{bmatrix} 0.4 + 3.406 e^{-3t}\,\text{sen}(t+130.24°) \\ 0.8 + 2.408 e^{-3t}\,\text{sen}(t+175.24°) \end{bmatrix}
\end{aligned}$$

2.11.6 Solución por Reducción a la Forma Canónica de Jordan

En la Sección 2.7 se ilustró que una matriz cuadrada **A** con valores característicos distintos puede ser siempre reducida a una matriz diagonal mediante una transformación lineal. En el caso en que la ecuación característica de la matriz **A** ($n \times n$) no posea n raíces distintas, entonces no siempre se puede obtener una matriz diagonal, pero se puede reducir a la *forma canónica de Jordan* (ésta se define más adelante).

Un valor propio es de *multiplicidad* k si es una raíz de multiplicidad k de la ecuación $|\lambda \mathbf{I} - \mathbf{A}| = 0$. Para cada valor característico λ, la ecuación para el vector característico asociado

$$(\mathbf{A} - \lambda \mathbf{I})\mathbf{v} = 0 \qquad (2.195)$$

posee al menos una solución no nula, de modo que hay por lo menos un vector característico asociado con λ. Pero un valor característico de multiplicidad $k > 1$ puede tener *menos* de k vectores característicos asociados linealmente independientes. En este caso no se puede determinar un "conjunto completo" de los n vectores característicos linealmente independientes de **A** que se necesitan para formar la solución de la ecuación $\dot{\mathbf{x}} = \mathbf{A}\mathbf{x}$. Considérese el ejemplo siguiente

Ejemplo 46. La matriz

$$A = \begin{bmatrix} 0 & 1 \\ -4 & -4 \end{bmatrix}$$

tiene la ecuación característica

$$g(\lambda) = |\lambda I - A| = \begin{vmatrix} \lambda & -1 \\ 4 & \lambda+4 \end{vmatrix} = (\lambda+2)^2 = 0$$

De aquí resulta que **A** tiene el valor propio $\lambda_1 = -2$ con multiplicidad 2. La ecuación para el vector característico es

$$(\lambda I - A)v = \begin{bmatrix} -2 & -1 \\ 4 & 2 \end{bmatrix} \begin{bmatrix} a \\ b \end{bmatrix} = \begin{bmatrix} 0 \\ 0 \end{bmatrix}$$

o en forma escalar,

$$-2a - b = 0$$
$$4a + 2b = 0$$

Por tanto, $b = -2a$ si $v = [a \; b]^T$ es un vector característico de **A** y cualquier vector característico asociado con $\lambda_1 = -2$ de multiplicidad 2 tiene solamente un vector característico independiente y es, por consiguiente, incompleto.

Si un valor característico λ de multiplicidad $k > 1$ no es completo se denomina *defectuoso*. Cuando λ tiene solamente $p < k$ vectores característicos linealmente independientes, entonces el número

$$d = k - p$$

de los vectores característicos faltantes se llama el *defecto* del valor característico defectuoso. En el Ejemplo 44, el valor característico defectuoso $\lambda = -2$ tiene una multiplicidad $k = 2$ y un defecto $d = 1$ porque solamente tiene un vector característico asociado ($p = 1$).

Para este caso de valores característicos defectuosos, el método descrito en la Sección 2.7 producirá *menos* de las n soluciones linealmente independientes necesarias del sistema $\dot{x} = Ax$ y por ello se necesita un método para encontrar las soluciones faltantes correspondientes a un valor propio defectuoso λ de multiplicidad $k > 1$. Considérese el caso $k = 2$ y supóngase que hay solamente un vector v_1 asociado con λ y la solución

$$x_1(t) = v_1 e^{\lambda t} \qquad (2.196)$$

Por analogía con el caso de una raíz característica repetida para una sola ecuación diferencial, se debería esperar una segunda solución de la forma

$$x_2(t) = w t e^{\lambda t} \qquad (2.197)$$

Al sustituir (2.197) en la ecuación $\dot{x} = Ax$, se obtiene la relación

$$we^{\lambda t} + \lambda w t e^{\lambda t} = A w t e^{\lambda t}$$

de la cual se deduce que $w = 0$ y entonces *no existe* una solución no trivial de la forma (2.196).

Ahora se intentará una solución de la forma

$$x_2(t) = v t e^{\lambda t} + w e^{\lambda t} \qquad (2.198)$$

Cuando se sustituye la Ec. (2.198) en la relación $\dot{x} = Ax$, se obtiene la ecuación

$$v e^{\lambda t} + \lambda v t e^{\lambda t} + \lambda w e^{\lambda t} = A v t e^{\lambda t} + A w e^{\lambda t}$$

e igualando los coeficientes de las potencias de t iguales, se obtienen las dos ecuaciones

$$[\lambda I - A]v = 0 \tag{2.199}$$

$$[\lambda I - A]w = -v \tag{2.200}$$

Los vectores **v** y **w** deben satisfacer las Ecs. (2.199) y (2.200) para que la Ec. (2.198) sea una solución de $\dot{x} = Ax$. Obsérvese que la Ec. (2.198) significa solamente que $v_1 = v$ es un vector característico asociado con λ, y entonces la Ec. (2.199) implica que

$$[\lambda I - A]^2 w = -[\lambda I - A]v = 0$$

En consecuencia, para el caso de un valor característico defectuoso de multiplicidad 2, el método consiste en lo siguiente:

1. Encontrar una solución no nula de la ecuación

$$[\lambda I - A]^2 v = 0 \tag{2.201}$$

   tal que

$$[\lambda I - A]v_2 = -v_1 \tag{2.202}$$

   no se anule y

2. Formar las dos soluciones independientes

$$x_1(t) = v_1 e^{\lambda t} \tag{2.203}$$

$$x_2(t) = (v_1 t + v_2) e^{\lambda t} \tag{2.204}$$

Ejemplo 47. Encuéntrese una solución general para el sistema

$$\dot{x} = \begin{bmatrix} 0 & 1 \\ -4 & -4 \end{bmatrix} x \tag{2.205}$$

En el Ejemplo 44 se encontró que la matriz de los coeficientes **A** en la Ec. (2.205) tiene el valor propio defectuoso $\lambda = -2$ de multiplicidad 2. Entonces se calcula la matriz

$$[\lambda I - A]^2 = \begin{bmatrix} -2 & -1 \\ 4 & 2 \end{bmatrix} \begin{bmatrix} -2 & -1 \\ 4 & 2 \end{bmatrix} = \begin{bmatrix} 0 & 0 \\ 0 & 0 \end{bmatrix}$$

y la Ec. (2.201) en este caso se convierte en

$$\begin{bmatrix} 0 & 0 \\ 0 & 0 \end{bmatrix} v_2 = 0$$

y en consecuencia es satisfecha por *cualquier* selección de v_2. Usando ahora la Ec. (2.202), se obtiene

$$[\lambda I - A]v_2 = \begin{bmatrix} -2 & -1 \\ 4 & 2 \end{bmatrix} \begin{bmatrix} a \\ b \end{bmatrix} = -v_1 = -\begin{bmatrix} 1 \\ -2 \end{bmatrix}$$

de donde se obtienen las ecuaciones escalares

$$-2a - b = -1$$
$$4a + 2b = 2$$

y tomando $b = 1$ da $a = 0$; en consecuencia, $v_2 = [0\ \ 1]^T$. Las dos soluciones de (2.205) son

$$x_1(t) = v_1 e^{-2t} = \begin{bmatrix} 1 \\ -2 \end{bmatrix} e^{-2t}$$

$$x_2(t) = (v_1 t + v_2) e^{-2t} = \begin{bmatrix} t \\ 1-2t \end{bmatrix} e^{-2t}$$

y la solución general resultante es

$$x(t) = c_1 x_1(t) + c_2 x_2(t)$$

$$= c_1 \begin{bmatrix} 1 \\ -2 \end{bmatrix} e^{-2t} + c_2 \begin{bmatrix} t \\ 1-2t \end{bmatrix} e^{-2t}$$

$$= \begin{bmatrix} c_1 + c_2 t \\ -2c_1 + c_2 - 2c_2 t \end{bmatrix} e^{-2t}$$

El vector v_2 en la Ec. (2.202) es un ejemplo de un vector propio generalizado. Si λ es un valor característico de la matriz **A**, entonces un *vector característico generalizado de rango r asociado con* λ es un vector **v** tal que

$$[\lambda I - A]^r v = 0 \quad \text{pero} \quad [\lambda I - A]^{r-1} v \neq 0 \qquad (2.206)$$

Si $r = 1$, entonces la Ec. (2.206) significa sencillamente que **v** es un vector característico asociado con Γ. Así, un vector característico generalizado de rango 1 es un vector característico *ordinario*. El vector v_2 en la Ec. (2.202) es un vector característico generalizado de rango 2.

El método para multiplicidad 2 descrito anteriormente consistió en determinar un par de vectores característicos generalizados $\{v_1, v_2\}$ tales que $[\lambda I - A]v_2 = -v_1$. Cuando la multiplicidad es superior, se obtienen "cadenas" más largas de vectores característicos generalizados. Una *cadena de longitud k de vectores característicos generalizados basados en el vector característico* v_1 es un conjunto $\{v_1, v_2, \ldots, v_k\}$ de k vectores característicos generalizados tales que

$$\begin{aligned} [\lambda I - A]v_k &= -v_{k-1} \\ [\lambda I - A]v_{k-1} &= -v_{k-2} \\ &\vdots \\ [\lambda I - A]v_2 &= -v_1 \end{aligned} \qquad (2.207)$$

ya que v_1 es un vector característico ordinario, $[\lambda I - A]v_1 = 0$. Por consiguiente, de la Ec. (2.206) se deduce que

$$[\lambda I - A]^k v_k = 0 \qquad (2.208)$$

Las Ecs. (2.207) se pueden escribir en forma compacta como

$$\begin{aligned} [\lambda I - A]v_1 &= 0 \\ [\lambda I - A]v_{i+1} &= -v_1, \quad i = 1, 2, \ldots, k-1 \end{aligned} \qquad (2.209)$$

donde k es la multiplicidad (rango) del valor característico $\sqsupset$.

Al comienzo de esta sección se dijo que cuando la matriz cuadrada **A** ($n \times n$) poseía valores característicos repetidos, entonces no podía ser diagonalizada. En los cursos de Álgebra Lineal se demuestra que bajo la transformación $S^{-1}AS$ siempre hay una selección de la matriz **S** tal que *la matriz* $S^{-1}AS$ *tenga la forma canónica de Jordan*, en la cual aparecen *bloques de Jordan* $J_1, J_2, \ldots, J_k$ ($1 \leq k \leq n$) en la diagonal principal y todos los otros elementos son iguales a cero:

$$J = S^{-1}AS = \begin{bmatrix} J_1 & 0 & 0 & \cdots & 0 \\ 0 & J_2 & 0 & \cdots & 0 \\ \cdots & \cdots & \cdots & \cdots & \cdots \\ 0 & 0 & 0 & \cdots & J_n \end{bmatrix} \qquad (2.210)$$

Cada bloque J_j es una matriz de orden n_j ($1 \leq n_j \leq n$) de la forma

$$J_j = \begin{bmatrix} \lambda_j & 1 & 0 & \cdots & 0 \\ 0 & \lambda_j & 1 & \cdots & 0 \\ \cdots & \cdots & \cdots & \cdots & \cdots \\ 0 & 0 & \cdots & \lambda_j & 1 \\ 0 & 0 & \cdots & 0 & \lambda_j \end{bmatrix} \qquad (2.211)$$

donde una de las raíces λ_j de la ecuación característica $|\lambda I - A| = 0$ aparece en la diagonal principal, el número 1 aparece en la diagonal justo encima de la diagonal principal y todos los otros elementos de la matriz son iguales a cero.

Las columnas de la matriz **S** en la Ec. (2.210) se forman con los vectores característicos dados por las Ecs. (2.209).

Ejemplo 48. Resolver el sistema

$$\dot{x} = \begin{bmatrix} 0 & 1 \\ -4 & -4 \end{bmatrix} x + \begin{bmatrix} 0 \\ 3 \end{bmatrix}, \quad x(0) = \begin{bmatrix} 1 \\ 2 \end{bmatrix}$$

En este caso, la matriz **A** de los coeficientes es la misma de los Ejemplos 46 y 47. Allí se determinó que la ecuación característica $|\lambda I - A| = 0$ produce el valor propio $\lambda = -2$ de multiplicidad 2 y que los vectores característicos asociados son $v_1 = [1 \ -2]^T$ y $v_2 = [0 \ 1]^T$. Por lo tanto,

$$S = [v_1 \ v_2] = \begin{bmatrix} 1 & 0 \\ -2 & 1 \end{bmatrix}, \quad S^{-1} = \begin{bmatrix} 1 & 0 \\ 2 & 1 \end{bmatrix}$$

Bajo la transformación $x = Sz$, la ecuación original se convierte en

$$\dot{z} = \begin{bmatrix} 1 & 0 \\ 2 & 1 \end{bmatrix}\begin{bmatrix} 0 & 1 \\ -4 & -4 \end{bmatrix}\begin{bmatrix} 1 & 0 \\ -2 & 1 \end{bmatrix} z + \begin{bmatrix} 1 & 0 \\ 2 & 1 \end{bmatrix}\begin{bmatrix} 0 \\ 3 \end{bmatrix} = \begin{bmatrix} -2 & 1 \\ 0 & -2 \end{bmatrix} z + \begin{bmatrix} 0 \\ 3 \end{bmatrix}$$

$$z(0) = S^{-1}x(0) = \begin{bmatrix} 1 & 0 \\ 2 & 1 \end{bmatrix}\begin{bmatrix} 1 \\ 2 \end{bmatrix} = \begin{bmatrix} 1 \\ 4 \end{bmatrix}$$

o, en forma escalar,

$$\dot{z}_1 = -2z_1 + z_2, \quad z_1(0) = 1$$
$$\dot{z}_2 = -2z_2 + 3, \quad z_2(0) = 4$$

Resolviendo primero por z_2:

$$z_2 = 4e^{-2t} + 3e^{-2t}\int_0^t e^{2\tau}d\tau = 4e^{-2t} + \frac{3}{2}e^{-2t}\left(e^{-2\tau}\right)\Big|_0^t$$

$$= \frac{3}{2} + \frac{5}{2}e^{-2t}$$

Sustituyendo ahora a z_2 en la ecuación para z_1, se obtiene

$$\dot{z}_1 = -2z_1 + \frac{3}{2} + \frac{5}{2}e^{-2t}, \quad z_1(0) = 1$$

y resolviendo,

$$z_1 = e^{-2t} + e^{-2t}\int_0^t e^{2\tau}\left(\frac{3}{2} + \frac{5}{2}e^{-2\tau}\right)d\tau$$

$$= \frac{3}{4} + \frac{1}{4}e^{-2t} + \frac{5}{2}te^{-2t}$$

Por lo tanto,

$$\mathbf{x} = \begin{bmatrix} x_1 \\ x_2 \end{bmatrix} = \mathbf{S}\mathbf{z} = \begin{bmatrix} 1 & 0 \\ -2 & 1 \end{bmatrix}\begin{bmatrix} \frac{3}{4} + \frac{1}{4}e^{-2t} + \frac{5}{2}te^{-2t} \\ \frac{3}{2} + \frac{5}{2}e^{-2t} \end{bmatrix} = \begin{bmatrix} \frac{3}{4} + \frac{1}{4}e^{-2t} + \frac{5}{2}te^{-2t} \\ 2e^{-2t} - 5te^{-2t} \end{bmatrix}$$

Ejemplo 49. Resolver el sistema

$$\dot{\mathbf{x}} = \begin{bmatrix} -2 & 0 & -1 \\ 0 & 0 & 1 \\ 1 & 0 & 0 \end{bmatrix}\mathbf{x} + \begin{bmatrix} 1 \\ 0 \\ 0 \end{bmatrix}, \quad \mathbf{x}(0) = \begin{bmatrix} 1 \\ 1 \\ 2 \end{bmatrix}$$

La ecuación característica es

$$g(\lambda) = |\lambda\mathbf{I} - \mathbf{A}| = \begin{bmatrix} \lambda+2 & 0 & 1 \\ 0 & \lambda & -1 \\ -1 & 0 & \lambda \end{bmatrix} = \lambda^3 + 2\lambda^2 + \lambda = \lambda(\lambda+1)^2$$

De aquí resulta $\lambda_1 = 0$ (multiplicidad 1) y $\lambda_2 = -1$ (multiplicidad 2).

Para $\lambda_1 = 0$:

$$[\lambda\mathbf{I} - \mathbf{A}]\mathbf{v}_1 = \begin{bmatrix} 2 & 0 & 1 \\ 0 & 0 & -1 \\ -1 & 0 & -1 \end{bmatrix}\begin{bmatrix} a \\ b \\ c \end{bmatrix} = \begin{bmatrix} 0 \\ 0 \\ 0 \end{bmatrix}$$

y se obtienen las tres ecuaciones escalares

$$2a + c = 0$$
$$-c = 0$$
$$-a = 0$$

Así que $a = c = 0$ y b puede tener cualquier valor. Tomando $b = 1$ se tiene que $\mathbf{v}_1 = [0 \ 1 \ 0]^T$.

Para $\lambda_1 = -1$:

$$[\lambda\mathbf{I} - \mathbf{A}]\mathbf{v}_2 = \begin{bmatrix} 1 & 0 & 1 \\ 0 & -1 & -1 \\ -1 & 0 & -1 \end{bmatrix}\begin{bmatrix} a \\ b \\ c \end{bmatrix} = \begin{bmatrix} 0 \\ 0 \\ 0 \end{bmatrix}$$

lo que produce las tres ecuaciones escalares

$$a + c = 0$$
$$-b - c = 0$$
$$-a - c = 0$$

Si tomamos $c = 1$, entonces $a = 1$, $b = -1$ y $v_2 = [-1 \ -1 \ 1]^T$:

Para determinar el otro vector característico asociado con λ_2, se usa la Ec. (2.209):

$$[\lambda I - A]v_3 = -v_2$$

es decir,

$$\begin{bmatrix} 1 & 0 & 1 \\ 0 & -1 & -1 \\ -1 & 0 & -1 \end{bmatrix} \begin{bmatrix} a \\ b \\ c \end{bmatrix} = -\begin{bmatrix} -1 \\ -1 \\ 0 \end{bmatrix}$$

o en forma escalar,

$$a + c = 1$$
$$-b - c = 1$$
$$-a - c = -1$$

Tomando $c = 1$, se obtiene $a = 0$, $b = -2$ y entonces $v_3 = [0 \ -2 \ 1]^T$.

Ahora se forma la matriz $S = [v_1 \ v_2 \ v_3]$:

$$S = \begin{bmatrix} 0 & -1 & 0 \\ 1 & -1 & -2 \\ 0 & 1 & 1 \end{bmatrix}$$

de donde

$$S^{-1} = \begin{bmatrix} 1 & 1 & 2 \\ -1 & 0 & 0 \\ 1 & 0 & 1 \end{bmatrix}$$

Bajo la transformación $x = Sz$, el sistema original se transforma en

$$\dot{z} = \begin{bmatrix} 0 & 0 & 0 \\ 0 & -1 & 1 \\ 0 & 0 & -1 \end{bmatrix} z + \begin{bmatrix} 1 \\ -1 \\ 1 \end{bmatrix}$$

con

$$z(0) = \begin{bmatrix} 1 & 1 & 2 \\ -1 & 0 & 0 \\ 1 & 0 & 1 \end{bmatrix} \begin{bmatrix} 1 \\ 1 \\ 2 \end{bmatrix} = \begin{bmatrix} 6 \\ -1 \\ 3 \end{bmatrix}$$

o en forma escalar,

$$\dot{z}_1 = 1, \qquad z_1(0) = 6$$
$$\dot{z}_2 = -z_2 + z_3 - 1, \qquad z_2(0) = -1$$
$$\dot{z}_3 = -z_3 + 1, \qquad z_3(0) = 3$$

Resolviendo,

$$z_1 = 6 + \int_0^t d\tau = 6 + t$$

$$z_3 = 3e^{-t} + e^{-t}\int_0^t e^\tau d\tau = 1 + 2e^{-t}$$

Entonces,

$$\dot{z}_2 = -z_2 + 1 + 2e^{-t} - 1, \qquad z_2(0) = -1$$

o

$$z_2 = -e^{-t} + e^{-t}\int_0^t e^\tau\left(2e^{-\tau}\right)d\tau = -e^{-t} + 2te^{-t}$$

y, por consiguiente,

$$\mathbf{x} = \begin{bmatrix} x_1 \\ x_2 \\ x_3 \end{bmatrix} = \mathbf{Sz} = \begin{bmatrix} 0 & -1 & 0 \\ 1 & -1 & -1 \\ 0 & 1 & 1 \end{bmatrix}\begin{bmatrix} 6+t \\ -e^{-t}+2te^{-t} \\ 1+2e^{-t} \end{bmatrix}$$

$$= \begin{bmatrix} e^{-t} - 2te^{-t} \\ 4 + t - 3e^{-t} - 2te^{-t} \\ 1 + e^{-t} + 2te^{-t} \end{bmatrix}$$

Problemas

2.1 Los conceptos como memoria, invariabilidad en el tiempo, linealidad y causalidad también son válidos para sistemas de tiempo discreto. En lo que sigue, $x[n]$ se refiere a la entrada a un sistema y $y[n]$ a la salida. Determine si los sistemas son (i) lineales, (ii) sin memoria, (iii) invariables en el tiempo y (iv) causales. Justifique su respuesta en cada caso

(a) $y[n] = \log\{[n]\}$
(b) $y[n] = x[n]x[n-2]$
(c) $y[n] = nx[n] + 3$
(d) $y[n] = x[n] + 2x[n-1]$
(e) $y[n] = \sum_{k=0}^{\infty} x[k]$
(f) $y[n] = \frac{1}{N}\sum_{k=0}^{N-1} x[n-k]$
(g) $y[n] = $ mediana de $\{x[n-1], x[n], x[n+1]\}$
(h) $y[n] = \begin{cases} x[n], & n \geq 0 \\ -x[n], & n < 0 \end{cases}$

2.2 Evaluar las siguientes convoluciones:

(a) $\text{rect}(t/a) * \delta(t-a)$
(b) $\text{rect}(t/a) * \text{rect}(t/a)$
(c) $\text{rect}(t/a) * \text{rect}(t/2a)$
(d) $\text{rect}(t/a) * u(t) * \frac{d}{dt}\delta(t)$
(e) $\text{rect}(t/a) * [\delta(t) + \delta(t+a)]$
(f) $\{\text{rect}(t/a) - 2\text{rect}[(t-3a/a]\} * \delta(t+a)$
(g) $\text{sgn}(t) * \text{rect}(t/a)$

2.3 Para las señales $x[n]$ y $h[n]$ dadas, determine la convolución $y[n] = h[n]*x[n]$:

(a) $x[n] = 1$, $-5 \leq n \leq 5$, $h[n] = \left(\frac{1}{2}\right)^n u[n]$

(b) $x[n] = 3^n$, $n < 0$, $h[n] = 1$, $0 \leq n \leq 9$

(c) $x[n] = u[n]$
$\text{rect}(t/a) * \text{rect}(t/a)$

(d) $x[n] = \delta[n] + 2\delta[n-1] + \left(\frac{1}{2}\right)^n u[n]$
$h[n] = \left(\frac{1}{2}\right)^n u[n]$

(e) $x[n] = \begin{cases} 1 & 0 \leq n \leq 5 \\ -1 & 6 \leq n \leq 10 \end{cases}$
$h[n] = \left(\frac{1}{2}\right)^n u[n] + \left(\frac{1}{3}\right)^n u[n]$

(f) $x[n] = nu[n]$
$h[n] = u[n] - u[n-N]$

2.4 Halle la convolución $y[n] = h[n]*x[n]$ para cada uno de los dos pares de secuencias finitas dadas:

(a) $x[n] = \left\{ 1, -\frac{1}{2}, \frac{1}{4}, -\frac{1}{8}, \frac{1}{16} \right\}$, $\quad h[n] = \{1, -1, 1, -1\}$
$\quad\quad\uparrow$

(b) $x[n] = \{1, 2, 3, 0, -1\}$, $\quad h[n] = \{2, -1, 3, 1, -2\}$

(c) $x[n] = \left\{ -1, \frac{1}{2}, \frac{3}{4}, -\frac{1}{5}, 1 \right\}$, $\quad h[n] = \{1, 1, 1, 1, 1\}$

2.5 Determine gráficamente la convolución de los pares de señales mostrados en la Fig. P2.5.

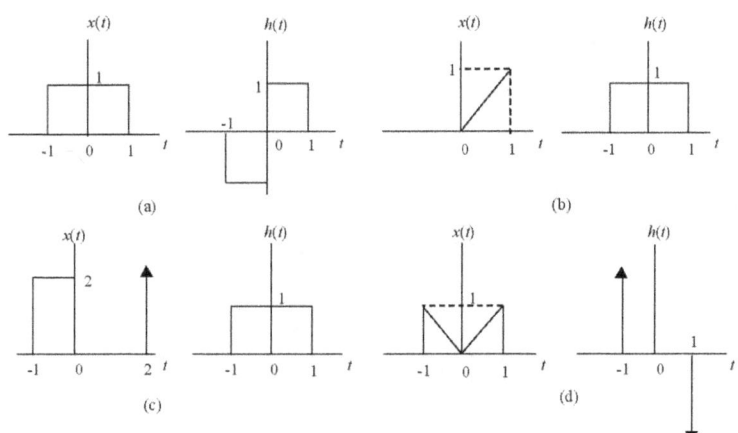

Figura P.2.5

2.6 Use la integral de convolución para hallar la respuesta $y(t)$ del sistema LIT con respuesta al impulso $h(t)$ a la entrada $x(t)$.

(a) $x(t) = 2\exp(-2t)u(t)$, $\quad h(t) = \exp(-t)u(t)$

(b) $x(t) = t\exp(-2t)u(t)$, $\quad h(t) = \exp(-t)u(t)$

(c) $x(t) = t\exp(-t)u(t)$, $\quad h(t) = \exp(t)u(t)$

(d) $x(t) = \exp(-3t)u(t)$, $\quad h(t) = \text{rect}(t/2)$

(e) $x(t) = (2+t)\exp(-2t)u(t)$, $\quad h(t) = \exp(-t)u(t)$

2.7 La correlación cruzada de dos señales diferentes se define como

$$R_{xy}(t) = \int_{-\infty}^{\infty} x(\tau)y(\tau - t)d\tau = \int_{-\infty}^{\infty} x(\tau + t)y(\tau)d\tau$$

(a) Demuestre que

$$R_{xy}(t) = x(t) * y(-t)$$

(b) Demuestre que la correlación cruzada no obedece la ley conmutativa.

(c) Demuestre que $R_{xy}(t)$ es simétrica $[R_{xy}(t) = R_{yx}(-t)]$.

2.8 Determine la correlación cruzada entre una señal $x(t)$ y la señal $y(t) = x(t-1) + n(t)$ para $B/A = 0.01$, y 1, donde $x(t)$ y $n(t)$ son como se muestra en la Fig. P2.8.

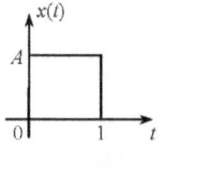
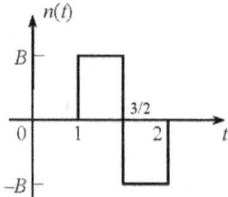

Figura P2.8

2.9 La autocorrelación es un caso especial de la correlación cruzada con $y(t) = x(t)$. En este caso,
$$R_x(t) = R_{xx}(t) = \int_{-\infty}^{\infty} x(\tau)x(\tau+t)d\tau$$

(a) Demuestre que
$$R_x(0) = E, \quad \text{la energía de } x(t)$$

(b) Demuestre que
$$R_x(t) \leq R_x(0) \quad \text{(use la desigualdad de Schwarz)}$$

(c) Demuestre que la autocorrelación de $z(t) = x(t) + y(t)$ es
$$R_z(t) = R_x(t) + R_y(t) + R_{yx}(t)$$

2.10 Considere un sistema LIT cuya respuesta al impulso es $h(t)$. Sean $x(t)$ y $y(t)$ la entrada y salida del sistema, respectivamente. Demuestre que
$$R_y(t) = R_x(t) * h(t) * h(-t)$$

2.11 La entrada a un sistema LIT con respuesta al impulso $h(t)$ es la exponencial compleja $\exp(j\omega t)$. Demuestre que la salida correspondiente es
$$y(t) = \exp(j\omega t)H(\omega)$$
donde
$$H(\omega) = \int_{-\infty}^{\infty} h(t)\exp(-j\omega t)dt$$

2.12 Determine si los siguientes sistemas LIT de tiempo continuo son causales o no causales, estables o inestables. Justifique sus respuestas.

(a) $h(t) = \exp(-2t)\operatorname{sen}3t\, u(t)$ (b) $h(t) = \exp(2t)u(-t)$

(c) $h(t) = t\exp(-3t)u(t)$ (d) $h(t) = t\exp(3t)u(t)$

(e) $h(t) = \exp(-|t|)$ (f) $h(t) = \operatorname{rect}(t/2)$

(g) $h(t) = \delta(t)$ (h) $h(t) = u(t)$

(i) $h(t) = (1-|t|)\operatorname{rect}(t/2)$

2.13 Determine si cada una de los siguientes sistemas es invertible. Para aquellos que lo son, halle el sistema inverso.

(a) $h(t) = \delta(t+2)$ (b) $h(t) = u(t)$

(c) $h(t) = \delta(t-3)$ (d) $h(t) = \text{rect}(t/4)$

(e) $h(t) = \exp(-t)u(t)$

2.14 Considere los dos sistemas mostrados en las Figs. P2.14(a) y P2.14(b). El sistema 1 opera sobre $x(t)$ para producir una salida $y_1(t)$ que es óptima acorde con algún criterio especificado. El sistema II primero opera sobre $x(t)$ con una operación invertible (subsistema I) para obtener $z(t)$ y entonces opera sobre $z(t)$ para producir una salida $y_2(t)$ mediante una operación que es óptima de acuerdo al mismo criterio que en el sistema I.

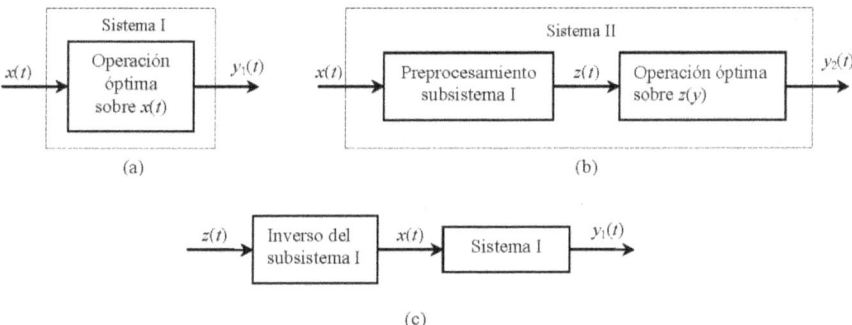

Figura P2.14

(a) ¿Puede el sistema II comportarse mejor que el sistema I? (Recuerde la suposición de que el sistema I es la operación óptima sobre $x(t)$).

(b) Reemplace la operación óptima sobre $z(t)$ por dos subsistemas, como lo muestra la Fig. P2.14(c). Ahora el sistema completo trabaja tan bien como el sistema I. ¿Puede el nuevo sistema ser mejor que el sistema II? (Recuerde que el sistema II ejecuta la operación óptima sobre $z(t)$).

(c) ¿Qué concluye de las partes (a) y (b)?

(d) ¿Tiene el sistema que ser lineal para que la parte (c) sea verdad?

2.15 Determine si el sistema en la Fig. P2.15 es estable (entrada acotada – salida acotada)

$$h_1(t) = \exp(-2t)u(t) \qquad h_2(t) = 2\exp(-t)u(t)$$
$$h_3(t) = 3\exp(-t)u(t) \qquad h_4(t) = 4\delta(t)$$

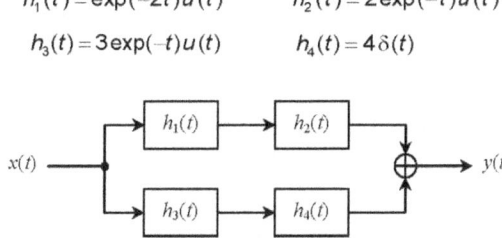

Figura P2.15

2.16 Las señales en la Fig. P2.16 son la entrada y la salida de un cierto sistema LIT. Grafique las respuestas a las entradas siguientes:

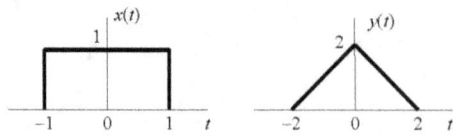

Figura P2.16

(a) $x(t-3)$ (b) $2x(t)$

(c) $-x(t)$ (d) $x(t-2) + 3x(t)$

(e) $\dfrac{dx(t)}{dt}$

2.17 Determine la respuesta al impulso del sistema inicialmente en reposo mostrado en la Fig. P2.17.

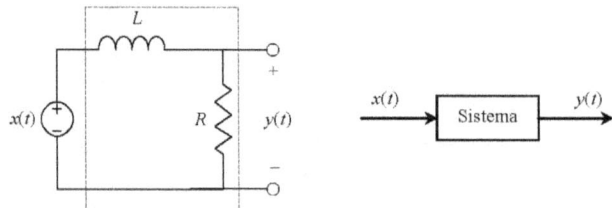

Figura P2.17

2.18 Determine la respuesta al impulso del sistema inicialmente en reposo mostrado en la Fig. P2.18. Use este resultado para hallar la salida del sistema cuando la entrada es

(a) $u\left(t - \frac{\theta}{2}\right)$

(b) $u\left(t + \frac{\theta}{2}\right)$

(c) $\operatorname{rect}(t/\theta)$, donde $\theta = 1/RC$

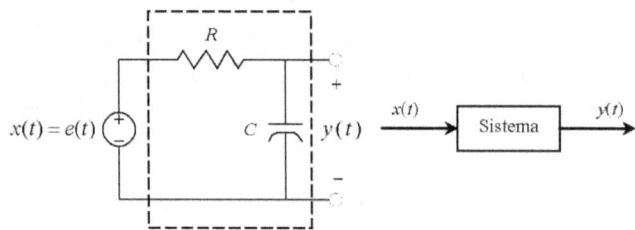

Figura P2.18

2.19 Repita el Problema 2.18 para el circuito mostrado en la Figura P2.19.

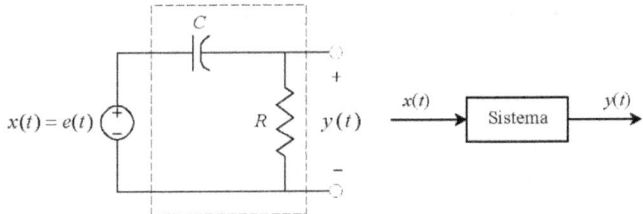

Figura P2.19

2.20 Resuelva las siguientes ecuaciones en diferencias por iteración:

(a) $y[n]+y[n-1]+y[n-2]=x[n], \quad n \geq 0$

$y[-1]=0, y[-2]=-1, \quad x[n]=\left(\frac{1}{2}\right)^n$

(b) $y[n]-\frac{1}{4}y[n-1]-\frac{1}{8}y[n-2]=x[n]-\frac{1}{2}x[n-1], \quad n \geq 0$

$y[-1]=1, y[-2]=0, \quad x[n]=\left(\frac{1}{2}\right)^n$

(c) $y[n]-y[n-1]+\frac{15}{64}y[n-2]=x[n], \quad n \geq 0$

$y[-1]=1, y[-2]=1, \quad x[n]=2^n$

(d) $y[n+2]+\frac{2}{3}y[n+1]+\frac{1}{9}y[n]=x[n], \quad n \geq 0$

$y[1]=0, y[0]=1, \quad x[n]=\left(\frac{1}{2}\right)^n$

(e) $y[n]=x[n]-3x[n-1]+2x[n-2]-x[n-3]$

$x[n]=u[n]$

2.21 (a) Determine la respuesta al impulso del sistema mostrado en la Fig. P2.21. Suponga que

$h_1[n]=\left(\frac{1}{2}\right)^n u[n], \quad h_2[n]=\delta[n]-\frac{1}{2}\delta[n-1], \quad h_3[n]=u[n]-u[n-5]$ y $h_4[n]=\left(\frac{1}{3}\right)^n u[n]$.

(b) Determine la respuesta del sistema a una entrada igual a un escalón unitario.

2.22 (a) Repita el Problema 2.21 si

$h_1[n]=\left(\frac{1}{2}\right)^n u[n] \quad h_2[n]=\delta[n] \quad h_3[n]=h_4[n]=\left(\frac{1}{3}\right)^n u[n]$

(b) Determine la respuesta del sistema a un escalón unitario.

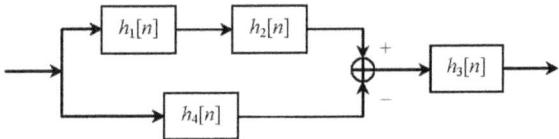

Figura P2.21

2.23 Determine las raíces características y las soluciones homogéneas de las siguientes ecuaciones en diferencias:

(a) $y[n] + \frac{5}{8}y[n-1] + \frac{3}{32}y[n-2] = x[n] - x[n-1]$, $n \geq 0$

$y[-1] = 1$, $y[-2] = 0$

(b) $y[n] + y[n-1] + \frac{1}{4}y[n-2] = x[n]$, $n \geq 0$

$y[-1] = -y[-2] = 1$

(c) $y[n] + y[n-1] + \frac{1}{8}y[n-2] = x[n]$, $n \geq 0$

$y[-1] = 1$, $y[-2] = 0$

(d) $y[n] - 3y[n-1] + 2y[n-2] = x[n]$, $n \geq 0$

$y[-1] = 1$, $y[-2] = 1$

(e) $y[n+2] - \frac{1}{12}y[n+1] - \frac{1}{12}y[n] = x[n] + \frac{1}{2}x[n+1]$, $n \geq 0$

$y[1] = 0$, $y[0] = 1$

2.24 Halle las respuestas al impulso de los sistemas en el Problema 2.23.

2.25 Demuestre que cualquier sistema que pueda describirse por una ecuación diferencial de la forma

$$\frac{d^N y(t)}{dt^N} + \sum_{k=0}^{N-1} a_k(t)\frac{d^k y(t)}{dt^k} = \sum_{k=0}^{M} b_k(t)\frac{d^k x(t)}{dt^k}$$

es lineal (suponga que el sistema está inicialmente en reposo).

2.26 Demuestre que cualquier sistema que pueda describirse mediane la ecuación diferencial en el Problema 2.25 es invariable en el tiempo. Suponga que todos los coeficientes son constantes.

2.27 Considere un péndulo de longitud ℓ y masa M como se muestra en la Fig. P2.27. El desplazamiento desde la posición de equilibrio es $\ell\theta$, por lo tanto la aceleración es $\ell\theta''$. La entrada $x(t)$ es la fuerza aplicada a la masa M tangencial a la dirección de movimiento de la masa. La fuerza restauradora es la componente tangencial $Mg\,\text{sen}\,\theta$. Desprecie la masa de la barra y la resistencia del aire. Use la segunda ley del movimiento de Newton para escribir la ecuación diferencial que describe al sistema. ¿Es este sistema lineal? Como una aproximación, suponga que θ es lo suficientemente pequeña para la aproximación $\text{sen}\,\theta \approx \theta$. ¿Es lineal este último sistema?

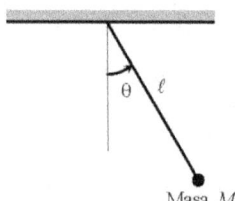

Figura P2.27

2.28 (a) Al resolver ecuaciones diferenciales en una computadora, podemos aproximar las derivadas de orden sucesivo con las diferencias correspondientes en incrementos del tiempo discretos, T. Es decir, reemplazamos

$$y(t) = \frac{dx(t)}{dt}$$

por

$$y(nT) = \frac{x(nT) - x((n-1)T)}{T}$$

y

$$z(t) = \frac{dy(t)}{dt} = \frac{d^2 y(t)}{dt^2}$$

por

$$z(nT) = \frac{y(nT) - y((n-1)T)}{T} = \frac{x(nT) - 2x((n-1)T) + x((n-2)T)}{T^2}, \text{ etc.}$$

Use esta aproximación para deducir la ecuación que se usaría para resolver la ecuación diferencial

$$2\frac{dy(t)}{dt} + y(t) = x(t)$$

(b) Repita la parte (a) usando la aproximación de las diferencias directas

$$\frac{dx(t)}{dt} = \frac{x((n+1)T) - x(nT)}{T}$$

2.29 Verifique que el sistema descrito por la ecuación diferencial

$$\frac{d^2 y(t)}{dt^2} + a\frac{dy(t)}{dt} + by(t) = c x(t)$$

es realizado por la interconexión mostrada en la Fig. P2.29.

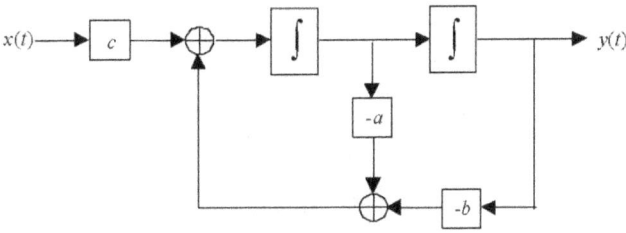

Figura P2.29

2.30 Para el sistema simulado por el diagrama mostrado en la Fig. P2.30, determine las ecuaciones diferenciales que describen el sistema.

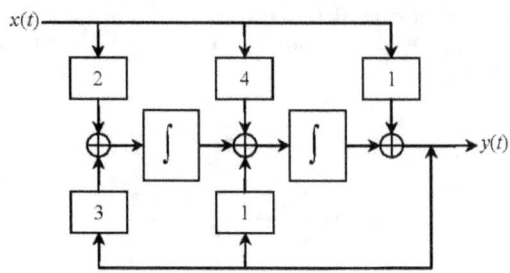

Figura P2.30

2.31 Considere el circuito *RLC* en serie mostrado en la Fig. P2.31.

(a) Derive la ecuación diferencial de segundo orden que describe el sistema.

(b) Determine los diagramas de simulación de la primera y segunda forma.

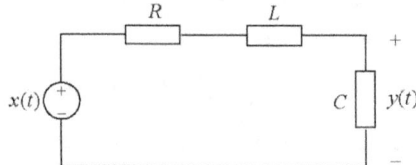

Figura P.2.31

2.32 Dado un sistema LIT descrito por

$$y'''(t)+3y''(t)-y'(t)-2y(t)=3x''(t)-x(t)$$

Halle los diagramas de simulación de la primera y segunda formas canónicas.

2.33 Determine la respuesta al impulso del sistema inicialmente en reposo mostrado en la Fig. P2.33.

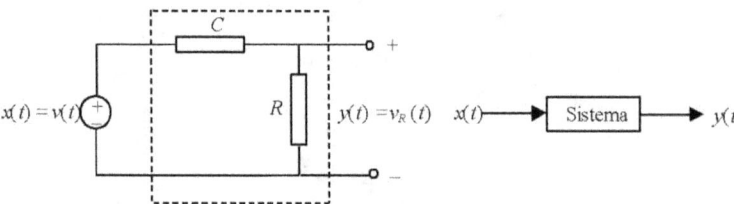

Figura P2.33

2.34 Resuelva las ecuaciones de estado siguientes por cualquiera de los métodos estudiados en este capítulo.

1.
$$\dot{\mathbf{x}} = \begin{bmatrix} 0 & 1 & 0 \\ 0 & 0 & 1 \\ -2 & -1 & -2 \end{bmatrix} \mathbf{x} + \begin{bmatrix} 0 \\ 0 \\ 1 \end{bmatrix}, \quad \mathbf{x}(0) = \begin{bmatrix} 1 \\ 2 \\ 3 \end{bmatrix}$$

2.
$$\dot{\mathbf{x}} = \begin{bmatrix} 0 & 6 & -5 \\ 1 & 0 & 2 \\ 3 & 2 & 4 \end{bmatrix} \mathbf{x} + \begin{bmatrix} 1 \\ 1 \\ 2 \end{bmatrix}, \quad \mathbf{x}(0) = \begin{bmatrix} 1 \\ 3 \\ 1 \end{bmatrix}$$

3.
$$\dot{\mathbf{x}} = \begin{bmatrix} 0 & 1 & -1 \\ -6 & -11 & 6 \\ -6 & -11 & 5 \end{bmatrix} \mathbf{x} + \begin{bmatrix} 2 \\ 1 \\ 0 \end{bmatrix}, \quad \mathbf{x}(0) = \begin{bmatrix} 3 \\ 2 \\ 0 \end{bmatrix}$$

4.
$$\dot{\mathbf{x}} = \begin{bmatrix} 0 & 1 & 0 \\ 0 & 0 & 1 \\ -25 & -35 & -11 \end{bmatrix} \mathbf{x} + \begin{bmatrix} 0 \\ 0 \\ 1 \end{bmatrix}, \quad \mathbf{x}(0) = \begin{bmatrix} 0 \\ 1 \\ 3 \end{bmatrix}$$

5.
$$\dot{\mathbf{x}} = \begin{bmatrix} -3 & 2 & 0 \\ -1 & -1 & 1 \\ -5 & -2 & -1 \end{bmatrix} \mathbf{x} + \begin{bmatrix} 1 \\ 1 \\ 2 \end{bmatrix}, \quad \mathbf{x}(0) = \begin{bmatrix} 3 \\ 2 \\ 0 \end{bmatrix}$$

6.
$$\dot{\mathbf{x}} = \begin{bmatrix} -9 & 1 & 0 \\ -26 & 0 & 1 \\ -24 & 0 & 0 \end{bmatrix} \mathbf{x} + \begin{bmatrix} 2 \\ 5 \\ 0 \end{bmatrix}, \quad \mathbf{x}(0) = \begin{bmatrix} 3 \\ 4 \\ 0 \end{bmatrix}$$

7.
$$\dot{\mathbf{x}} = \begin{bmatrix} 0 & 1 & 0 \\ 2 & 0 & 1 \\ 0 & 2 & 3 \end{bmatrix} \mathbf{x} + \begin{bmatrix} 0 \\ 0 \\ 1 \end{bmatrix}, \quad \mathbf{x}(0) = \begin{bmatrix} 3 \\ 2 \\ 0 \end{bmatrix}$$

8.
$$\dot{\mathbf{x}} = \begin{bmatrix} -1 & 10 & 0 \\ 0 & 0 & 1 \\ 0 & -20 & -10 \end{bmatrix} \mathbf{x} + \begin{bmatrix} 0 \\ 0 \\ 5 \end{bmatrix}, \quad \mathbf{x}(0) = \begin{bmatrix} 3 \\ 4 \\ 0 \end{bmatrix}$$

9.
$$\dot{\mathbf{x}} = \begin{bmatrix} 0 & 1 & 0 \\ 2 & 0 & 1 \\ 0 & 2 & 3 \end{bmatrix} \mathbf{x} + \begin{bmatrix} 0 \\ 1 \\ 1 \end{bmatrix}, \quad \mathbf{x}(0) = \begin{bmatrix} 0 \\ 5 \\ 1 \end{bmatrix}$$

10.
$$\dot{\mathbf{x}} = \begin{bmatrix} -1 & 2 & -1 \\ 0 & -2 & 0 \\ 1 & 0 & -1 \end{bmatrix} \mathbf{x} + \begin{bmatrix} 0 \\ 0 \\ 1 \end{bmatrix}, \quad \mathbf{x}(0) = \begin{bmatrix} 1 \\ 1 \\ 1 \end{bmatrix}$$

2.35 Resuelva las ecuaciones diferenciales siguientes reduciéndolas primero a una ecuación de estado.

1. $\dfrac{d^2 x}{dt^2} + 3\dfrac{dx}{dt} + 2x = 4, \quad \left.\dfrac{dx}{dt}\right|_{t=0} = 2, \quad x(0) = 1.$

2. $\dfrac{d^3 x}{dt^3} - 2\dfrac{d^2 x}{dt^2} - 4\dfrac{dx}{dt} + 4x = 4, \quad \left.\dfrac{d^2 x}{dt^2}\right|_{t=0} = 5, \quad \left.\dfrac{dx}{dt}\right|_{t=0} = 3, \quad x(0) = 1_1$

3. $\dfrac{d^2 x}{dt^2} + 4\dfrac{dx}{dt} + 4x = 5t, \quad \left.\dfrac{dx}{dt}\right|_{t=0} = -1, \quad x(0) = 1$

4. $\dfrac{d^4 x}{dt^4} + 3\dfrac{d^3 x}{dt^3} + 2\dfrac{d^2 x}{dt^2} = 20, \quad \left.\dfrac{d^3 x}{dt^3}\right|_{t=0} = 6, \quad \left.\dfrac{d^2 x}{dt^2}\right|_{t=0} = -2, \quad \left.\dfrac{dx}{dt}\right|_{t=0} = 1, \quad x(0) = 1$

5. $\dfrac{d^3 x}{dt^3} + 7\dfrac{d^2 x}{dt^2} + 19\dfrac{dx}{dt} 13x = 5, \quad \left.\dfrac{d^2 x}{dt^2}\right|_{t=0} = -12, \quad \left.\dfrac{dx}{dt}\right|_{t=0} = 2, \quad x(0) = 0$

6. $\dfrac{d^2 x}{dt^2} + 4\dfrac{dx}{dt} + 5x = 8\,\text{sen}\,t, \quad \left.\dfrac{dx}{dt}\right|_{t=0} = 2, \quad x(0) = 1$

7. $\dfrac{d^3 x}{dt^3} + 2\dfrac{d^2 x}{dt^2} + 4\dfrac{dx}{dt} = t, \quad \left.\dfrac{d^2 x}{dt^2}\right|_{t=0} = 5, \quad \left.\dfrac{dx}{dt}\right|_{t=0} = -1, \quad x(0) = 2$

8. $\dfrac{d^2 x}{dt^2} + x = 10 e^{-2t}, \quad \left.\dfrac{dx}{dt}\right|_{t=0} = 3, \quad x(0) = 2$

9. $\dfrac{d^2 x}{dt^2} + 2\dfrac{dx}{dt} x = t + 2, \quad \left.\dfrac{dx}{dt}\right|_{t=0} = 1, \quad x(0) = 0$

10. $\dfrac{d^2 x}{dt^2} + \dfrac{dx}{dt} + 4.25 x = t^2 + 1, \quad \left.\dfrac{dx}{dt}\right|_{t=0} = 1, \quad x(0) = 0$

11. $\dfrac{d^3 x}{dt^3} + 3\dfrac{d^2 x}{dt^3} + 5x = t^3, \quad \left.\dfrac{d^2 x}{dt^2}\right|_{t=0} = 2, \quad \left.\dfrac{dx}{dt}\right|_{t=0} = -5, \quad x(0) = 3$

12. $\dfrac{d^3 x}{dt^3} + \dfrac{dx}{dt} + x = e^{-3t}, \quad \left.\dfrac{d^2 x}{dt^2}\right|_{t=0} = 2, \quad \left.\dfrac{dx}{dt}\right|_{t=0} = 6, \quad x(0) = 5$

CAPÍTULO TRES

ANÁLISIS DE FOURIER

TIEMPO CONTINUO

Introducción

La representación de la señal de entrada a un sistema (entendiendo como sistema *un conjunto de elementos o bloques funcionales conectados para alcanzar un objetivo deseado*) de tiempo continuo lineal e invariable en el tiempo (LIT), como una integral ponderada de impulsos desplazados conduce a la integral de convolución. Esta representación de sistemas LIT de tiempo continuo indica cómo la respuesta de tales sistemas, para una entrada arbitraria se construye a partir de las respuestas a los impulsos unitarios desplazados. Entonces, la integral de convolución no sólo proporciona una manera conveniente de calcular la respuesta de un sistema LIT, suponiendo conocida su respuesta al impulso unitario, sino que también indica que las características de un sistema LIT son especificadas completamente por su respuesta al impulso unitario. A partir de este hecho se pueden analizar en detalle muchas de las propiedades de los sistemas LIT y relacionar estas propiedades con las características equivalentes de las respuestas al impulso de tales sistemas.

En este capítulo y el siguiente se desarrollará una representación alterna para las señales y los sistemas LIT. El punto de partida de esta discusión es el desarrollo de una representación de señales como sumas ponderadas de un conjunto de señales básicas, las señales exponenciales complejas. Las representaciones resultantes son conocidas como la serie y la transformada de Fourier y, como se verá, estas representaciones se pueden emplear para construir diferentes clases de señales. La idea central de la representación, además de convertir un problema complejo en uno más sencillo, es la siguiente: Dada una secuencia de funciones $u_1(t)$, $u_2(t)$, $u_3(t)$, ... que tienen, en un intervalo (a, b), la *propiedad de ortogonalidad*:

$$\int_a^b u_m(t) u_n^*(t) dt = 0$$

siempre que $n \neq m$ (el asterisco indica el conjugado complejo), se desea expandir una función "arbitraria" $f(t)$ en una serie infinita de la forma

$$f(t) = C_1 u_1(t) + C_2(t) u_2(t) + C_3(t) u_3(t) + \cdots$$

A primera vista, esto parece bastante sencillo. Para determinar C_n para cualquier valor fijo de n, se multiplica ambos lados de esta ecuación por $u_n^*(t)$ y se integra en el intervalo (a, b):

$$\int_a^b f(t) u_n^*(t) dt = C_1 \int_a^b u_1(t) u_n^*(t) dt + C_2 \int_a^b u_2(t) u_n^*(t) dt + \cdots$$

Debido a la propiedad de ortogonalidad, todos los términos en el lado derecho se anulan excepto el *n*-ésimo y se obtiene

$$\int_a^b f(t) u_n^*(t) dx = C_n \int_a^b |u_n(t)|^2 dt \frac{1}{2}$$

y esta relación se puede resolver para obtener C_n.

Las señales con las cuales se trabaja normalmente son magnitudes variables en el tiempo; por ejemplo, en las comunicaciones eléctricas, ellas son el voltaje y la corriente. La descripción de una señal $x(t)$ usualmente existe en el *dominio del tiempo*, donde la variable independiente es el tiempo t. Para muchas aplicaciones, con frecuencia es más conveniente describir las señales en el *dominio de la frecuencia f*, donde la variable independiente es la frecuencia f. Así, si la señal existe físicamente en el dominio del tiempo, entonces se puede decir que ella consiste de diferentes componentes en el dominio de la frecuencia y esas componentes en conjunto se denominan el *espectro*.

El análisis espectral basado en la serie y la transformada de Fourier es una herramienta poderosa en muchas ramas de la ingeniería. Como consecuencia, la atención en este trabajo se centrará en la teoría de Fourier antes que en otras técnicas como, por ejemplo, la transformación de Laplace y el análisis en el dominio del tiempo. Primero, el dominio de la frecuencia es esencialmente un punto de vista de régimen permanente y, para muchos propósitos, es razonable restringir nuestra atención al comportamiento en régimen permanente de los sistemas bajo estudio. En realidad, teniendo en cuenta la multitud de señales posibles que un sistema puede manejar, sería imposible encontrar soluciones detalladas de las respuestas transitorias para cada una de ellas. Segundo, el análisis espectral permite considerar clases completas de señales que poseen propiedades similares en el dominio de la frecuencia. Esto no sólo conduce a un conocimiento más profundo en el análisis, sino que es de gran valor para el diseño. Tercero, muchas de las componentes de un sistema se pueden clasificar como dispositivos lineales e invariables en el tiempo; siendo así, se pueden describir por sus *características de respuesta en frecuencia*, las cuales, a su vez, facilitan aún más el análisis y el trabajo de diseño.

Por todo lo anterior, este capítulo está dedicado al análisis de señales y sus respectivos espectros, prestando atención especial a la interpretación de las propiedades de esas señales en el dominio de las frecuencias. Se examinarán los espectros de líneas basados en la expansión en serie de Fourier para señales periódicas y en los espectros continuos basados en la transformada de Fourier de señales aperiódicas. Finalmente, estos dos espectros se conjugarán con la ayuda del concepto de la respuesta al impulso.

Como primer paso, se deben escribir las ecuaciones que representan las señales en función del tiempo, pero sin olvidar que esas ecuaciones son sólo *modelos matemáticos* del mundo real y, por lo general, son modelos imperfectos. En efecto, una descripción completamente fiel de la señal física más sencilla sería demasiado complicada e impráctica para los propósitos de la ingeniería. Por lo tanto, se tratará de idear modelos que representen con una complejidad mínima las propiedades significativas de las señales físicas. El estudio de muchos modelos diferentes para las señales proporciona la información necesaria para seleccionar modelos apropiados para aplicaciones específicas.

3.1 Respuesta de Sistemas LIT a Exponenciales Complejas

En el estudio de sistemas LIT es ventajoso representar las señales como combinaciones lineales de señales básicas que posean las propiedades siguientes:

1. El conjunto de señales básicas se puede usar como base para construir una clase de señales amplia y de mucha utilidad.

2. La estructura de la respuesta de un sistema LIT a cada señal básica debe ser lo suficientemente sencilla como para proporcionar una representación conveniente de la respuesta del sistema a cualquier señal construida como una combinación lineal de señales básicas.

En sistemas LIT de tiempo continuo, estas dos ventajas son proporcionadas por el conjunto de exponenciales complejas de la forma e^{st}, en donde s es una variable compleja. Considérese, por ejemplo, un sistema LIT con entrada $x(t)$ y cuya *función de transferencia* $H(j\omega)$, $s = j\omega$ en este caso, se define de tal forma que cuando $x(t) = e^{j\omega t}$, la salida es igual a $H(j\omega)e^{j\omega t}$; es decir,

$$H(j\omega) = \frac{y(t)}{x(t)}\Big|_{x(t)=e^{j\omega t}} \quad (3.1)$$

Combinando la Ec. (3.1) con el principio de superposición, se deduce que si $x(t)$ es una combinación lineal de señales exponenciales, digamos

$$x(t) = a_1 e^{j\omega_1 t} + a_2 e^{j\omega_2 t} + \cdots \quad (3.2)$$

donde $a_1, a_2, \ldots$ *son constantes*, entonces

$$y(t) = a_1 H(j\omega_1) e^{j\omega_1 t} + a_2 H(j\omega_2) e^{j\omega_2 t} + \cdots \quad (3.3)$$

y $H(j\omega_1)$ representa la función $H(j\omega)$ evaluada en ω_1, etc.

Generalizando a la señal compleja e^{st}, la respuesta de un sistema LIT a este tipo de señal, como se verá más adelante, es la misma exponencial compleja modificada por un factor de multiplicación, es decir,

$$e^{st} \rightarrow H(s)e^{st} \quad (3.4)$$

donde el factor complejo $H(s)$, llamado la *función de transferencia*, será en general una función de la variable compleja s. Una señal para la cual la respuesta del sistema es igual a la entrada multiplicada por una constante (posiblemente compleja) se conoce como una *función característica* del sistema, y el factor de amplitud se conoce como un *valor característico*. O sea que el valor característico de un sistema LIT de tiempo continuo asociado con la función característica e^{st} está dado por $H(s)$ cuyo valor lo determina el valor de s a través de la Ec. (3.7) (más adelante).

Para mostrar que las exponenciales complejas son en efecto funciones características de los sistemas LIT, considérese uno cuya respuesta al impulso es $h(t)$. Para una entrada $x(t)$, se puede determinar la salida empleando la integral de convolución, de manera que si $x(t) = e^{st}$, se tiene que

$$\begin{aligned} y(t) &= \int_{-\infty}^{\infty} h(\tau) x(t-\tau) d\tau \\ &= \int_{-\infty}^{\infty} h(\tau) e^{s(t-\tau)} d\tau \\ &= e^{st} \int_{-\infty}^{\infty} h(\tau) e^{-s\tau} d\tau \end{aligned} \quad (3.5)$$

Entonces la respuesta a la excitación exponencial e^{st} es de la forma

$$y(t) = H(s)e^{st} \quad (3.6)$$

donde $H(s)$ es una respuesta compleja cuyo valor depende de s y que está relacionada con la respuesta al impulso del sistema por

$$H(s) = \int_{-\infty}^{\infty} h(\tau)e^{-s\tau}d\tau \qquad (3.7)$$

Como ya se vio, si $x(t)$ es una combinación lineal de exponenciales complejas aplicada a un sistema LIT, la respuesta es la suma de las respuestas a cada una de las exponenciales por separado. En forma general,

$$\sum_k a_k e^{s_k t} \rightarrow \sum_k a_k H(s_k) e^{s_k t} \qquad (3.8)$$

Entonces, para un sistema LIT, si se conocen los valores característicos $H(s_k)$, la respuesta a una combinación lineal de exponenciales complejas se puede obtener de manera directa.

3.2 Representación de Señales Usando Series de Fourier

3.2.1 Señales Periódicas y Combinaciones Lineales de Exponenciales Complejas

Una señal es *periódica* si para algún valor de T diferente de cero la señal obedece la relación

$$x(t) = x(t+T), \qquad -\infty < t < \infty \qquad (3.9)$$

para todo t. Se supone que las funciones periódicas existen para todo el tiempo, son eternas.

El menor valor de $T > 0$ que satisface la Ec. (3.9) se denomina el *período fundamental* de $x(t)$, T_0, o simplemente el *período* de $x(t)$. Observe que la definición dada en (3.9) también puede escribirse en la forma

$$x(t) = x(t \pm mT_0), \qquad -\infty < t < \infty \qquad (3.10)$$

donde m es cualquier entero. Esta última ecuación simplemente dice que si se desplaza la señal un número entero de períodos hacia la izquierda o hacia la derecha en el eje del tiempo, no se producen cambios en la onda; es decir, la nueva función también es periódica con período mT_0. Como consecuencia, una señal periódica se describe completamente especificando su conducta en *cualquier período*. Una señal para la cual no existe ningún valor de T que satisfaga la Ec. (3.9) se denomina *no-periódica* o *aperiódica*.

El valor

$$\omega_0 = \frac{2\pi}{T_0} \qquad (3.11)$$

se conoce como la *frecuencia angular fundamental* o *frecuencia radián* (en rad/s).

Dos señales básicas conocidas son la sinusoide

$$x(t) = \cos \omega_0 t \qquad (3.12)$$

y la exponencial compleja periódica

$$x(t) = e^{j\omega_0 t} \qquad (3.13)$$

Estas dos señales son periódicas con frecuencia fundamental ω_0 y período fundamental $T_0 = 2\pi/\omega_0 = 1/f_0$, donde f_0 es la *frecuencia fundamental* (en Hz). Para la función $x(t) = \cos \omega_0 t$ y cualquier valor de t, se tiene que

$$\cos\left[\omega_0(t+T_0)\right] = \cos\omega_0\left(t + \frac{2\pi}{\omega_0}\right) = \cos\omega_0 t$$

lo que muestra que su período fundamental es $T_0 = 2\pi/\omega_0$.

Con la señal de la Ec. (3.13) se encuentra asociado el conjunto de funciones exponenciales complejas *relacionadas armónicamente*,

$$\phi_k = e^{jk\omega_0 t} = e^{j2\pi k f_0 t}, \quad k = 0, \pm 1, \pm 2, \cdots \quad (3.14)$$

Cada una de estas señales tiene una frecuencia fundamental que es un múltiplo de ω_0 y, por tanto, cada una de ellas es periódica con período fundamental T_0 [aunque para $|k| \geq 2$ el período fundamental de $\phi_k(t)$ es una fracción de T_0]. Así que una combinación lineal (*serie armónica*) de exponenciales complejas relacionadas armónicamente de la forma

$$x(t) = \sum_{k=-\infty}^{\infty} c_k e^{jk\omega_0 t} = \sum_{k=-\infty}^{\infty} c_k e^{j2\pi k f_0 t} \quad (3.15)$$

es también periódica con período T_0. En la Ec. (3.15), el término para $k = 0$ es un término constante o CD. Los dos términos $k = +1$ y $k = -1$ tienen ambos un período fundamental igual a T_0 y se conocen como las *componentes fundamentales* o como las *primeras componentes armónicas*. Los dos términos para $k = +2$ y $k = -2$ son periódicos con la mitad del período (o, equivalentemente, el doble de la frecuencia) de las componentes fundamentales y se les conoce como las *componentes de la segunda armónica*. Más generalmente, las componentes para $k = +N$ y $k = -N$ se conocen como las componentes de la *N-ésima armónica*.

La representación de una señal periódica es un espectro de líneas obtenido mediante una expansión en *serie de Fourier* como la de la Ec. (3.15). La expansión requiere que la señal tenga potencia promedio *finita*. Como la potencia promedio y otros promedios temporales son propiedades importantes de las señales, ahora se procederá a formalizar estos conceptos.

Dada cualquier función $x(t)$, su *valor promedio* para todo el tiempo se define como

$$\langle x(t) \rangle = \lim_{T \to \infty} \frac{1}{T} \int_{-T/2}^{T/2} x(t) dt \quad (3.16)$$

La notación $\langle x(t) \rangle$ representa la operación de promediar, la cual comprende tres pasos: (i) integrar $x(t)$ para obtener el área bajo la curva en el intervalo $-T/2 \leq t \leq T/2$; (ii) dividir esa área por la duración T del intervalo de tiempo, y (iii) hacer que $T \to \infty$ para cubrir todo el tiempo. En el caso de una señal periódica, la Ec. (3.16) se reduce al promedio durante cualquier intervalo de duración T_0, vale decir,

$$\langle x(t) \rangle = \frac{1}{T_0} \int_{t_1}^{t_1+T_0} x(t) dt = \frac{1}{T_0} \int_{T_0} x(t) dt \quad (3.17)$$

donde t_1 es un tiempo arbitrario y la notación $\int_{T_0}$ representa una integración desde cualquier valor arbitrario t_1 hasta t_1+T_0, es decir, una integración por un período completo.

Si $x(t)$ es el voltaje entre las terminales de una resistencia R, se produce la corriente $i(t) = x(t)/R$ y se puede calcular la potencia promedio resultante, promediando la potencia instantánea $x(t) \times i(t) = x^2(t)/R = R i^2(t)$. Pero no necesariamente se sabe si una señal dada es un voltaje o una corriente, así que se *normalizará* la potencia suponiendo de aquí en adelante que $R = 1 \, \Omega$. La definición de la *potencia promedio* asociada con una señal periódica arbitraria se convierte entonces en

$$P \equiv \langle |x(t)|^2 \rangle = \frac{1}{T_0} \int_{T_0} |x(t)|^2 dt \quad (3.18)$$

donde se ha escrito $|x(t)|^2$ en lugar de $x^2(t)$ para permitir la posibilidad de modelos de señales *complejas*. *En cualquier caso, el valor de P será real y no negativo.*

Cuando la señal en la Ec. (3.18) existe y da como resultado que $0 < P < \infty$, se dice que la señal $x(t)$ tiene una potencia promedio bien definida y se denominará una *señal de potencia periódica*. Casi todas las señales periódicas de interés práctico caen en esta categoría. El valor promedio de una señal de potencia puede ser positivo, negativo o cero, pero está acotado por

$$|x(t)| \leq \sqrt{PT_0}$$

valor que proviene de la relación integral

$$\left|\int x(t)\,dt\right|^2 \leq \int |x(t)|^2\,dt$$

Algunos promedios de señales pueden determinarse por inspección, usando la interpretación física del promedio. Como un ejemplo específico, considérese la sinusoide

$$x(t) = A\cos(\omega_0 t + \phi)$$

para la cual

$$\langle x(t) \rangle = 0, \qquad P = \frac{A^2}{2}$$

La energía disipada por la señal $x(t)$ en el intervalo de tiempo $(-T/2, T/2)$ está dada por

$$E = \int_{-T/2}^{T/2} |x(t)|^2\,dt \qquad (3.19)$$

Se dice que una señal $x(t)$ cualquiera es una *señal de energía* si y sólo si $0 < E < \infty$, donde

$$E = \lim_{T \to \infty} \int_{-T/2}^{T/2} |x(t)|^2\,dt \qquad (3.20)$$

3.2.2 Series de Fourier

La representación de una señal periódica en la forma de la Ec. (3.15) se conoce como la representación en *serie de Fourier*. Específicamente, sea $x(t)$ una señal de potencia con *período fundamental* $T_0 = 2\pi/\omega_0 = 1/f_0$. Su expansión en una *serie de Fourier exponencial* es

$$x(t) = \sum_{k=-\infty}^{\infty} c_k e^{jk\omega_0 t} = \sum_{k=-\infty}^{\infty} c_k e^{j2\pi k f_0 t} \qquad (3.21)$$

Los coeficientes c_k se denominan los *coeficientes de Fourier*. Si $x(t)$ es una función real, entonces $x^*(t) = x(t)$ y, por tanto,

$$x^*(t) = x(t) = \sum_{k=-\infty}^{\infty} c_k^* e^{-jk\omega_0 t}$$

Reemplazando k por $-k$ en la sumatoria, se tiene que

$$x(t) = \sum_{k=-\infty}^{\infty} c_{-k}^* e^{jk\omega_0 t}$$

la cual, al compararla con la Ec. (3.21), requiere que $c_k = c_{-k}^*$, o, en forma equivalente, que

$$c_k^* = c_{-k} \qquad (3.22)$$

Una propiedad muy importante.

Ahora se determinarán los coeficientes c_k. Multiplicando ambos lados de (3.21) por $e^{-jn\omega_0 t}$, se obtiene

$$x(t)e^{-jn\omega_0 t} = \sum_{k=-\infty}^{\infty} c_k e^{jk\omega_0 t} e^{-jn\omega_0 t} \qquad (3.23)$$

Ahora se integran ambos lados de esta relación desde 0 hasta $T_0 = 2\pi/\omega_0$ y se obtiene

$$\int_0^{T_0} x(t)e^{-jn\omega_0 t} dt = \int_0^{T_0} \sum_{k=-\infty}^{\infty} c_k e^{jk\omega_0 t} e^{-jn\omega_0 t} dt$$

donde T_0 es el período fundamental de $x(t)$. Intercambiando el orden de la integración y la sumatoria, da

$$\int_0^{T_0} x(t)e^{-jn\omega_0 t} dt = \sum_{k=-\infty}^{\infty} c_k \left[\int_0^{T_0} e^{j(k-n)\omega_0 t} dt\right] \qquad (3.24)$$

Aquí se está suponiendo que las condiciones sobre la integración y la serie son tales que permiten el intercambio. Para $k \neq n$,

$$\int_0^{T_0} e^{j(k-n)\omega_0 t} dt = \frac{1}{j(k-n)\omega_0} e^{j(k-n)\omega_0 t}\bigg|_0^{T_0} = \frac{1}{j(k-n)\omega_0}\left[e^{j(k-n)2\pi} - 1\right] = 0$$

puesto que $e^{j(k-n)2\pi} = 1$ (k y n son enteros). Si $k = n$, entonces

$$\int_0^{T_0} dt = T_0$$

y, por tanto, el lado derecho de la Ec. (3.24) se reduce a $T_0 c_n$. Por consiguiente,

$$c_n = \frac{1}{T_0}\int_0^{T_0} x(t)e^{-jn\omega_0 t} dt = \frac{1}{T_0}\int_0^{T_0} x(t)e^{-j2\pi n f_0 t} dt, \qquad k = n \qquad (3.25)$$

la cual es la relación buscada para determinar los coeficientes. La integración en (3.25) es para cualquier intervalo de longitud T_0.

A la Ec. (3.21) con frecuencia se le refiere como la *ecuación de síntesis* y a la Ec. (3.25) como la *ecuación de análisis*. Los coeficientes $\{c_k\}$ se conocen como los *coeficientes de la serie de Fourier* de $x(t)$ o los *coeficientes espectrales* de $x(t)$. Puesto que, en general, los coeficientes son cantidades complejas, se pueden expresar en forma polar como

$$c_k = |c_k| e^{j\arg c_k}$$

Así que la Ec. (3.21) expande una señal periódica como una suma infinita de fasores, siendo

$$c_k e^{jk\omega_0 t} = |c_k| e^{j\arg c_k} e^{jk\omega_0 t}$$

el término k-ésimo.

Obsérvese que $x(t)$ en la Ec. (3.21) consiste de fasores con amplitud $|c_k|$ y ángulo $\arg(c_k)$ en las frecuencias $k\omega_0 = 0, \pm\omega_0, \pm 2\omega_0, \ldots$. De aquí que la gráfica correspondiente en el dominio de la frecuencia sea un espectro de líneas bilateral definido por los coeficientes de la serie. Se pone un mayor énfasis en la interpretación espectral al escribir

$$c(k\omega_0) = c_k$$

de modo que $|a(k\omega_0)|$ representa el *espectro de amplitud* en función de f_0 u ω_0 y $\arg[c(k\omega_0)]$ representa el *espectro de fase*. La Ec. (3.22) da una propiedad espectral importante para señales de potencia periódicas reales. Otras dos propiedades importantes para señales de potencia periódica son:

1. Todas las frecuencias son números enteros múltiplos o *armónicos* de la *frecuencia fundamental* o *primer armónico* $\omega_0 = 2\pi/T_0 = 2\pi f_0$. Así que las líneas espectrales tienen una separación uniforme ω_0 (o f_0).

2. La componente de CD es igual al *valor promedio de la señal* (término que proviene del análisis de circuitos), ya que al hacer $k = 0$ en la Ec. (3.25) da

$$c_0 = \frac{1}{T_0}\int_{T_0} x(t)\,dt = \langle x(t)\rangle \tag{3.26}$$

También, de la Ec. (3.22) se deduce que para $x(t)$ real, entonces

$$c_{-k} = c_k^* = |c_k|\,e^{-j\arg c_k}$$

y así se obtiene una tercera propiedad:

3. $\quad |c(-k\omega_0)| = |c(k\omega_0)|, \qquad \arg\{c(-k\omega_0)\} = -\arg\{c(k\omega_0)\} \tag{3.27}$

lo cual significa que el espectro de amplitud tiene simetría par y el de fase simetría impar.

La propiedad dada por la Ec. (3.22) para señales de valores reales permite reagrupar la serie exponencial en pares de conjugados complejos, excepto por a_0, en la forma siguiente:

$$x(t) = c_0 + \sum_{m=-\infty}^{m=-1} c_m e^{jm\omega_0 t} + \sum_{m=1}^{\infty} c_m e^{jm\omega_0 t} = c_0 + \sum_{n=1}^{\infty} c_{-n} e^{-jn\omega_0 t} + \sum_{n=1}^{\infty} c_n e^{jn\omega_0 t}$$

$$= c_0 + \sum_{n=1}^{\infty}\left(c_{-n}e^{-jn\omega_0 t} + c_n e^{jn\omega_0 t}\right) = c_0 + \sum_{n=1}^{\infty} 2\operatorname{Re}\left\{c_n e^{jn\omega_0 t}\right\}$$

$$= c_0 + \sum_{n=1}^{\infty}\left[2\operatorname{Re}\{c_n\}\cos n\omega_0 t - 2\operatorname{Im}\{c_n\}\operatorname{sen}\omega_0 t\right]$$

Esta última ecuación puede escribirse en la forma

$$x(t) = a_0 + \sum_{n=1}^{\infty} a_n \cos n\omega_0 t + b_n \operatorname{sen} n\omega_0 t \tag{3.28}$$

La expresión para $x(t)$ en la Ec. (3.28) se conoce como la *serie trigonométrica de Fourier* para la señal periódica $x(t)$. Los coeficientes a_n y b_n están dados por

$$a_0 = c_0 = \frac{1}{T_0}\int_{T_0} x(t)\,dt$$

$$a_n = 2\operatorname{Re}\{c_n\} = \frac{2}{T_0}\int_{T_0} x(t)\cos n\omega_0 t\,dt \qquad (3.29)$$

$$b_n = -2\operatorname{Im}\{c_n\} = \frac{2}{T_0}\int_{T_0} x(t)\operatorname{sen} n\omega_0 t\,dt$$

El trabajo original de Fourier involucraba la serie en la forma dada por la Ec. (3.28).

En función de la magnitud y la fase de c_n, la señal de valores reales $x(t)$ puede expresarse como

$$\begin{aligned} x(t) &= c_0 + \sum_{n=1}^{\infty} 2|c_n|\cos(n\omega_0 t + \arg a_n) \\ &= c_0 + \sum_{n=1}^{\infty} A_n \cos(n\omega_0 t + \phi_n) \end{aligned} \qquad (3.30)$$

donde

$$A_n = 2|c_n| \qquad (3.31)$$

y

$$\phi_n = \arg c_n \qquad (3.32)$$

La Ec. (3.30) representa una forma alterna de la serie de Fourier que es más compacta y más clara que la Ec. (3.28); la primera forma en la Ec. (3.30) se conoce como la *forma trigonométrica combinada* de la serie y la segunda como la *forma armónica* de la serie de Fourier de $x(t)$. Cada término en la serie representa un oscilador necesario para generar la señal periódica $x(t)$.

La forma exponencial y la trigonométrica de la serie de Fourier son probablemente las más útiles. Los coeficientes de la forma exponencial resultan ser los más convenientes para su cálculo, en tanto que las amplitudes de los armónicos es obtienen directamente de la forma trigonométrica combinada.

Los coeficientes de la serie de Fourier de una señal se muestran en un conjunto de dos gráficas en el dominio de la frecuencia, los *espectros de líneas*. Una gráfica de $|c_n|$ y $\arg(c_n)$, líneas, versus n o $n\omega_0$ (nf_0) para valores positivos y negativos de n o $n\omega_0$ (nf_0) se denomina un *espectro bilateral* de amplitud o de fase. La gráfica de A_n y ϕ_n versus n o $n\omega_0$ (nf_0) para n positiva se denomina un *espectro unilateral*. Se debe señalar que la existencia de una línea en una frecuencia negativa no implica que la señal esté formada por componentes de frecuencias negativas, ya que con cada componente $c_n \exp(jn\omega_0 t)$ está asociada una correspondiente de la forma $c_{-n}\exp(-jn\omega_0 t)$. Estas señales complejas se combinan para crear la componente real $a_n \cos n\omega_0 t + b_n \operatorname{sen} n\omega_0 t$.

Ejemplo 1. Considérese la señal

$$x(t) = 1 + \operatorname{sen}\omega_0 t + 2\cos\omega_0 t + \cos(2\omega_0 t + \pi/4)$$

la cual se quiere expresar en la forma de una serie de Fourier. Aquí se podría aplicar la Ec. (3.28) para obtener los coeficientes de la serie. Sin embargo, para este caso es más sencillo expandir las funciones sinusoidales como una combinación lineal de exponenciales complejas e identificar por inspección los coeficientes de la serie; así se obtiene entonces que

$$x(t) = 1 + \frac{1}{2j}\left[e^{j\omega_0 t} - e^{-j\omega_0 t}\right] + \left[e^{j\omega_0 t} + e^{-j\omega_0 t}\right] + \frac{1}{2}\left[e^{j(2\omega_0 t + \pi/4)} + e^{-j(\omega_0 t + \pi/4)}\right]$$

Agrupando términos se obtiene

$$x(t) = 1 + \left(1 + \frac{1}{2j}\right) e^{j\omega_0 t} + \left(1 - \frac{1}{2j}\right) e^{-j\omega_0 t} + \left(\frac{1}{2} e^{j\pi/4}\right) e^{j2\omega_0 t} + \left(\frac{1}{2} e^{-j\pi/4}\right) e^{-j2\omega_0 t}$$

y los coeficientes de Fourier para este ejemplo son dados entonces por

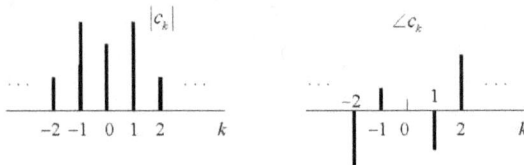

$$c_k = 0, \quad |k| > 2$$

En la Fig. 3.1 se grafican la magnitud y la fase de c_k.

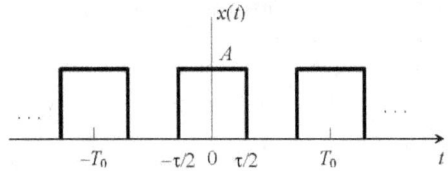

Figura 3.1

Ejemplo 2. Tren de Pulsos Rectangulares

Considérese el tren periódico de pulsos rectangulares en la Fig. 3.2. Cada pulso tiene una altura o amplitud A y una anchura o duración τ. Hay *discontinuidades* escalonadas al comienzo y al final de cada pulso en $t = \pm \tau/2$, etc., de manera que los valores de $x(t)$ *no están definidos* en estos puntos de discontinuidad. Esto pone de manifiesto otra posible diferencia entre una señal física y su modelo matemático, ya que una señal física nunca hace una transición escalonada perfecta. Sin embargo, el modelo todavía puede ser razonable si los tiempos de transición efectivos son pequeños en comparación con la duración del pulso.

Figura 3.2

Para calcular los coeficientes de Fourier, se toma como intervalo de integración en la Ec. (3.25) el período central $-T_0/2 \le t \le T_0/2$, donde

$$x(t) = \begin{cases} A, & |t| \le \tau/2 \\ 0, & |t| > \tau/2 \end{cases}$$

Entonces,

$$c_k = \frac{1}{T_0} \int_{-T_0/2}^{T_0/2} x(t) e^{-jk\omega_0 t} dt = \frac{1}{T_0} \int_{-\tau/2}^{\tau/2} A e^{-jk\omega_0 t} dt$$

$$= \frac{A}{-jk\omega_0 T_0} \left(e^{-jk\omega_0 \tau/2} - e^{jk\omega_0 \tau/2} \right) \quad (3.33)$$

$$= \frac{A}{T_0} \frac{\operatorname{sen}(k\omega_0 \tau/2)}{k\omega_0/2}$$

Antes de continuar con este ejemplo, se deducirá una expresión que aparece repetidamente en el análisis espectral. Esta expresión es la *función sinc* definida por

$$\operatorname{sinc} \lambda \triangleq \frac{\operatorname{sen} \pi\lambda}{\pi\lambda} \quad (3.34)$$

La Fig. 3.3 muestra que la función $\operatorname{sinc}\lambda$ es una función de λ que tiene su valor pico en $\lambda = 0$ y sus cruces con cero están en todos los otros valores enteros de λ, así que

$$\operatorname{sinc} \lambda = \begin{cases} 1 & \lambda = 0 \\ 0 & \lambda = \pm 1, \pm 2, \cdots \end{cases}$$

En términos de la función definida por la Ec. (3.34), la última igualdad en la Ec. (3.33) se convierte en

$$c_k = \frac{A\tau}{T_0} \operatorname{sinc}(k\omega_0 \tau/2\pi) = \frac{A\tau}{T_0} \operatorname{sinc}(kf_0 \tau)$$

donde $\omega_0 = 2\pi f_0$.

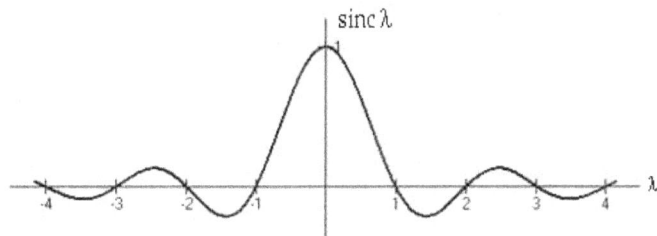

Figura 3.3

El espectro de amplitudes para $|c(kf_0)| = |c_k| = Af_0\tau |\operatorname{sinc}(f\tau)|$ se muestra en la Fig. 3.4a para el caso $\tau/T_0 = f_0\tau = 1/4$.

Esta gráfica se construye dibujando la función continua $Af_0\tau |\operatorname{sinc}(f\tau)|$ como una curva punteada, la cual se convierte en la *envolvente* de las líneas. Las líneas espectrales en $\pm 4f_0$, $\pm 8f_0$, etc., no aparecen, ya que ellas caen a cero precisamente en múltiplos de $1/\tau$ donde la envolvente es igual a cero. La componente de CD tiene amplitud $c(0) = A\tau/T_0$, lo que debe reconocerse como el valor promedio de $x(t)$ a partir una inspección de la Fig. 3.2. Incidentalmente, τ/T_0 es la relación entre el tiempo cuando la onda es diferente de cero y su período, y frecuentemente se designa como el *ciclo de trabajo* en la electrónica de pulsos.

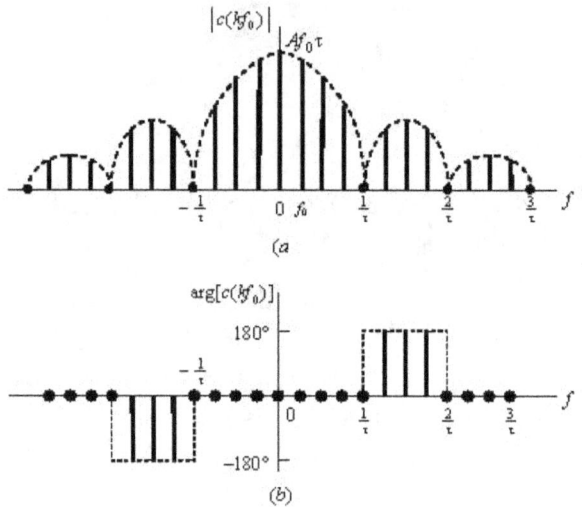

Figura 3.4. Espectro del tren de pulsos rectangulares con $f_c\tau = 1/4$.
(a) Amplitud; (b) Fase.

El espectro de fase en la Fig. 3.4b se obtiene observando que a_k es siempre real pero algunas veces negativa. Por lo tanto, $\arg[c(kf_0)]$ toma los valores 0° y ±180°, dependiendo del signo de $\mathrm{sinc}(kf_0\tau)$. Se usó +180° y −180° para resaltar la simetría impar de la fase.

Ejemplo 3. Onda Cuadrada

Una señal común en los sistemas físicos es la onda cuadrada de la Fig. 3.5.

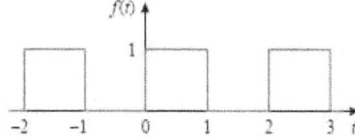

Figura 3.5

Ahora se calcularán los coeficientes de Fourier a_0, a_n y b_n de esta señal. Puesto que

$$f(t) = \begin{cases} 1, & 0 < t < 1 \\ 0, & 1 < t < 2 \end{cases}$$

y $f(t) = f(t+T)$, entonces $T = 2$ y $\omega_0 = 2\pi/T = \pi$. Por tanto, de la Ec. (3.29)(3.25) se deduce que

$$a_0 = \frac{1}{T}\int_T^T f(t)\,dt = \frac{1}{2}\left[\int_0^1 1\,dt + \int_1^2 0\,dt\right] = \frac{1}{2}t\Big|_0^1 = \frac{1}{2}$$

$$a_0 = \frac{1}{T}\int_T f(t)\,dt = \frac{1}{2}\left[\int_0^1 1\,dt + \int_1^2 0\,dt\right] = \frac{1}{2}t\bigg|_0^1 = \frac{1}{2}$$

$$a_n = \frac{2}{T}\int_0^T f(t)\cos n\omega_0 t\,dt$$

$$= \frac{2}{2}\left[\int_0^1 1\cos n\pi t\,dt + \int_1^2 0\cos n\pi t\,dt\right]$$

$$= \frac{1}{n\pi}\operatorname{sen} n\pi t\bigg|_0^1 = \frac{1}{n\pi}\operatorname{sen} n\pi = 0$$

(3.35)

$$b_n = \frac{2}{T}\int_0^T f(t)\operatorname{sen} n\omega_0 t\,dt$$

$$= \frac{2}{2}\left[\int_0^1 1\operatorname{sen} n\pi t\,dt + \int_1^2 0\operatorname{sen} n\pi t\,dt\right]$$

$$= -\frac{1}{n\pi}\cos n\pi t\bigg|_0^1 = \frac{1}{n\pi}(\cos n\pi - 1)$$

$$= \frac{1}{n\pi}\left[1 - (-1)^n\right] = \begin{cases} \dfrac{2}{n\pi}, & n\text{ impar} \\ 0, & n\text{ par} \end{cases}$$

(3.36)

y se obtiene la serie de Fourier trigonométrica

$$f(t) = \frac{1}{2} + \frac{2}{\pi}\sum_{k=1}^{\infty}\frac{1}{n}\operatorname{sen} n\pi t, \qquad n = 2k-1 \tag{3.37}$$

Para la onda cuadrada, las amplitudes de los armónicos disminuyen por el factor $1/n$, donde n es el número del armónico. Los espectros de amplitud y fase para frecuencias positivas se muestran en la Fig. 3.6, donde

$$A_n = \sqrt{a_n^2 + b_n^2} = |b_n| = \begin{cases} \dfrac{2}{n\pi}, & n\text{ impar} \\ 0, & n\text{ par} \end{cases} \tag{3.38}$$

y

$$B_n = -\tan^{-1}\frac{b_n}{a_n} = \begin{cases} -90°, & n\text{ impar} \\ 0, & n\text{ par} \end{cases} \tag{3.39}$$

Ejemplo 4. El Rectificador de Media Onda

Un voltaje sinusoidal $E\operatorname{sen}\omega_0 t$ se pasa por un rectificador de media onda; éste es un dispositivo electrónico que elimina la porción negativa de la onda, como se muestra en la Fig. 3.7. Este tipo de señales puede encontrarse en problemas de diseño de rectificadores.

La representación analítica de $x(t)$ es

$$x(t) = \begin{cases} 0, & \text{cuando } -\pi/\omega_0 < t < 0 \\ E\operatorname{sen}\omega_0 t, & \text{cuando } 0 < t < \pi/\omega_0 \end{cases}$$

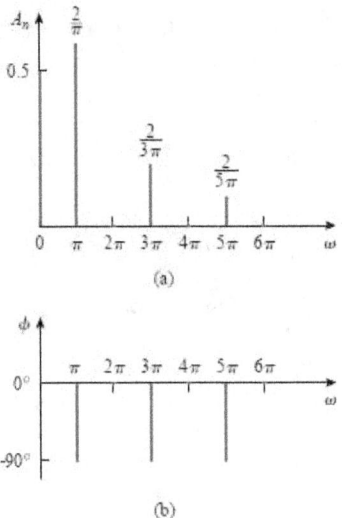

Figura 3.6. Espectros para una onda cuadrada

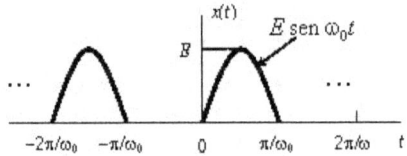

Figura 3.7

y $x(t + 2\pi/\omega_0) = x(t)$. Como $x(t) = 0$ cuando $-\pi/\omega_0 < t < 0$, de la Ec. (3.25) se obtiene

$$c_n = \frac{1}{T_0}\int_0^{T_0} E\operatorname{sen}\omega_0 t \exp\left[-j\frac{2n\pi t}{T_0}\right]dt$$

$$= \frac{E\omega_0}{2\pi}\int_0^{\pi/\omega_0}\frac{1}{2j}\left[\exp(j\omega_0 t) - \exp(j\omega_0 t)\right]\exp(-jn\omega_0 t)dt$$

$$= \frac{E\omega_0}{2\pi}\int_0^{\pi/\omega_0}\left\{\exp\left[-j\omega_0(n-1)t\right] - \exp\left[-j\omega_0(n+1)t\right]\right\}dt$$

$$= \frac{E\exp(-jn\pi/2)}{2\pi(1-n^2)}\left[\exp\left(-\frac{jn\pi}{2}\right) + \exp\left(\frac{jn\pi}{2}\right)\right]$$

$$= \frac{E}{\pi(1-n^2)}\cos(n\pi/2)\exp(-jn\pi/2), \qquad n \neq \pm 1 \qquad (3.40)$$

$$= \begin{cases} \dfrac{E}{\pi(1-n^2)}, & n \text{ par} \\ 0, & n \text{ impar}, n \neq \pm 1 \end{cases} \quad (3.41)$$

Haciendo $n = 0$, se obtiene la componente de CD o el valor promedio de la señal periódica como $c_0 = E/\pi$. El resultado puede verificarse calculando el área bajo medio ciclo de una onda seno y dividiendo por T_0. Para determinar los coeficientes a_1 y a_{-1} que corresponden a la primera armónica, observe que no se puede sustituir $n = \pm 1$ en la Ec. (3.41), puesto que ello produce una cantidad indeterminada. En su lugar se usa la Ec. (3.40) con $n = \pm 1$ lo cual resulta en

$$c_1 = \frac{E}{4j} \quad y \quad c_{-1} = -\frac{E}{4j}$$

Los espectros de líneas de $x(t)$ se muestran en la Fig. 3.8.

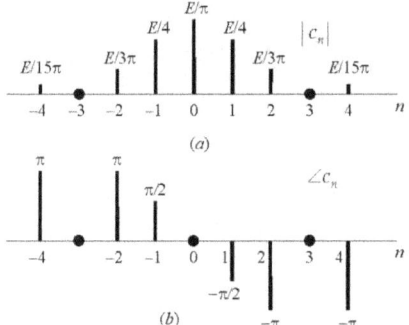

Figura 3.8

3.2.3 Condiciones para la Convergencia de las Series de Fourier

Ya se vio que una señal periódica puede ser aproximada por un número finito de términos de su serie de Fourier. Pero ¿converge la serie infinita a $x(t)$? Para entender mejor la cuestión de la validez de las representaciones mediante series de Fourier, considérese primero el problema de aproximar una señal periódica $x(t)$ dada, por una combinación lineal de un número finito de exponenciales complejas relacionadas armónicamente, es decir, por una serie finita de la forma

$$x_N(t) = \sum_{k=-N}^{N} c_k e^{jk\omega_0 t} \quad (3.42)$$

Denote por $e_N(t)$ el error de la aproximación, el cual está dado por

$$e_N(t) = x(t) - x_N(t) = x(t) - \sum_{k=-N}^{N} c_k e^{jk\omega_0 t} \quad (3.43)$$

Para determinar la bondad de cualquier aproximación en particular, es necesario especificar una medida cuantitativa del tamaño del error de la aproximación. El criterio que se usará es el de la magnitud total del error al cuadrado en un período:

$$E_N = \int_{T_0} |e_N(t)|^2 dt = \int_{T_0} e_N(t) e_N^*(t) dt \qquad (3.44)$$

En general, para cualquier señal $z(t)$, la cantidad, definida anteriormente,

$$E = \int_a^b |z(t)|^2 dt$$

es la *energía* en $z(t)$ en el intervalo de tiempo $a \leq t \leq b$. Esta terminología es motivada por el hecho de que si $z(t)$ corresponde, por ejemplo, a la corriente que fluye en un resistor de 1 Ω, entonces E es la energía total disipada en el resistor durante el intervalo de tiempo $a \leq t \leq b$. Con respecto a la Ec. (3.44), E_N representa entonces la energía en el error de aproximación durante un período.

Ahora se procederá a demostrar que la escogencia particular para los coeficientes c_k en la Ec. (3.42) minimiza la energía en el error (error cuadrático) y da para los coeficientes:

$$c_k = \frac{1}{T_0} \int_{T_0} x(t) e^{-jk\omega_0 t} dt \qquad (3.45)$$

Suponga que se tiene la función $f(t)$ y que se desea representarla mediante un conjunto de funciones en el intervalo finito $[t_1, t_2]$. Suponga también que estas funciones $\phi_1(t)$, $\phi_2(t)$, ... , $\phi_n(t)$ son ortogonales en el intervalo $[t_1, t_2]$, es decir,

$$\int_{t_1}^{t_2} \phi_i(t) \phi_j^*(t) dt = \begin{cases} 0, & i \neq j \\ k_i, & i = j \end{cases} \qquad (3.46)$$

La representación de $f(t)$ en $[t_1, t_2]$ es una combinación lineal de las funciones $\phi_i(t)$, $i = 1, 2, \ldots, n$, es decir,

$$f(t) \approx c_1 \phi_1(t) + c_2 \phi_2(t) + \cdots + c_n \phi_n(t) \qquad (3.47)$$

En la Ec. (3.47) no aparece el signo de igualdad debido a que, en general, la representación

$$\sum_{i=1}^n c_i \phi_i(t) \qquad (3.48)$$

contiene algún error. Se desea que la representación o aproximación esté "cerca" de $f(t)$. Uno de los criterios más utilizados para elegir una aproximación es el de minimizar el error cuadrático entre el valor real de $f(t)$ y la aproximación (3.48). Es decir, las c_i, $i = 1, 2, \ldots, n$, se eligen para minimizar la cantidad

$$EC = \int_{t_1}^{t_2} \left[f(t) - \sum_{i=1}^n c_i \phi_i(t) \right]^2 dt \qquad (3.49)$$

Evidentemente, el integrando de (3.49) es el error cuadrático. La integral da el error cuadrático en el intervalo $[t_1, t_2]$. La Ec. (3.49) se puede escribir como

$$\begin{aligned} EC &= \int_{t_1}^{t_2} \left[f(t) - c_1 \phi_1(t) - c_2 \phi_2(t) - \cdots - c_n \phi_n(t) \right]^2 dt \\ &= \int_{t_1}^{t_2} \left[f^2(t) + c_1^2 \phi_1^2(t) + c_2^2 \phi_2^2(t) + \cdots + c_n^2 \phi_n^2(t) - 2 c_1 \phi_1(t) f(t) \right. \\ &\qquad \left. - 2 c_2 \phi_2(t) f(t) - \cdots - 2 c_n \phi_n(t) \right] dt \end{aligned} \qquad (3.50)$$

$$= \int_{t_1}^{t_2} f^2(t)\,dt + c_1^2 k_1 + c_2^2 k_2 + \cdots + c_n^2 k_n - 2c_1\gamma_1 - 2c_2\gamma_2 - \cdots - 2c_n\gamma_n$$

donde γ_i, $i = 1, 2, \ldots, n$, se define como

$$\gamma_i = \int_{t_1}^{t_2} f(t)\phi_i(t)\,dt \qquad (3.51)$$

Ahora se completa el cuadrado de cada uno de los términos $\left(c_i^2 k_i - 2c_i\gamma_i\right)$, sumando y restando γ_i^2/k_i, es decir,

$$c_i^2 k_i - 2c_i\gamma_i = \left(c_i\sqrt{k_i} - \gamma_i/\sqrt{k_i}\right)^2 - \frac{\gamma_i^2}{k_i} \qquad (3.52)$$

y la expresión dada por (3.49) se puede escribir entonces como

$$EC = \int_{t_1}^{t_2} f^2(t)\,dt + \sum_{i=1}^{n}\left(c_i\sqrt{k_i} - \gamma_i/\sqrt{k_i}\right)^2 - \sum_{i=1}^{n}\frac{\gamma_i^2}{k_i} \qquad (3.53)$$

Según la Ec. (3.49), es evidente que el EC es siempre mayor o igual a cero; es decir, $EC \geq 0$. En la Ec. (3.53), se observa que la relación para el EC toma su menor valor cuando

$$c_i\sqrt{k_i} = \frac{\gamma_i}{\sqrt{k_i}}, \quad i = 1, 2, \ldots, n$$

Es decir, los coeficientes c_i se deben elegir como

$$c_i = \frac{\gamma_i}{k_i} = \frac{\int_{t_1}^{t_2} f(t)\phi_i(t)\,dt}{\int_{t_1}^{t_2} \phi_i(t)\phi_i^*(t)\,dt} \qquad (3.54)$$

Para el caso de la expansión de Fourier, las funciones $\phi_i(t)$ corresponderían a las exponenciales $e^{jk\omega_0 t}$ (cambiando i por k), el intervalo $[t_1, t_2]$ correspondería al período T_0 y c_i correspondería a c_k.

Al comparar la Ec. (3.45) con la Ec. (3.25), se observa que la primera es idéntica a la expresión usada para determinar los coeficientes de la serie de Fourier. Entonces, si $x(t)$ tiene una representación en serie de Fourier, la mejor aproximación usando sólo un número finito de exponenciales complejas relacionadas armónicamente se obtiene truncando la serie de Fourier en el número deseado de términos. Conforme N aumenta, se añaden nuevos términos pero los anteriores permanecen inalterados y E_N disminuye. Si, efectivamente, $x(t)$ tiene una representación en serie de Fourier, entonces el límite de E_N conforme $N \to \infty$ es cero.

Póngase atención ahora al problema de la validez de la representación mediante series de Fourier de señales periódicas. Para cualquiera de estas señales se puede intentar obtener un conjunto de coeficientes de Fourier mediante el uso de la Ec. (3.25). Sin embargo, en algunos casos la integral en la Ec. (3.25) puede divergir; es decir, el valor de las c_k puede ser infinito. Aún más, si todos los coeficientes de la Ec. (3.25) son finitos, cuando estos coeficientes se sustituyen en la ecuación de síntesis (3.21), la serie infinita resultante puede no converger hacia la señal original $x(t)$. Sin embargo, sucede que no hay dificultades de convergencia si $x(t)$ es continua. Es decir, toda señal periódica continua tiene una representación en serie de Fourier tal que la energía E_N en el error de aproximación tiende a cero conforme $N \to \infty$. Esto también es válido para muchas señales discontinuas. Puesto que será de mucha utilidad usar señales discontinuas, tales como la onda cuadrada del Ejemplo 2, es importante considerar con más detalle el problema de la convergencia. Se discutirán dos condiciones algo diferentes que debe cumplir una señal periódica para garantizar que pueda ser representada por una serie de Fourier.

En muchos problemas prácticos se da la función $x(t)$ y ella se usa para construir una serie de Fourier. Por consiguiente, se está interesado en teoremas que digan algo "bueno" sobre la expansión en serie de x, con tal que x a su vez sea "buena" en algún sentido. Un teorema típico de esta clase es el siguiente: *Si $x(t)$ integrable en el intervalo $(0, T_0)$, su serie de Fourier convergerá a $x(t)$ en cualquier punto t $(0 < t < T_0)$ donde $x(t)$ sea diferenciable*. Observe que el teorema no dice nada sobre qué sucede en los puntos extremos. Todo lo que dice es que si $0 < t < T_0$ y si $x'(t_0)$ existe cuando $t = t_0$, entonces la serie converge cuando $t = t_0$ y su suma es $x(t_0)$.

Una clase de funciones periódicas representable mediante series de Fourier es aquella que incluye señales cuyo cuadrado es integrable sobre un período. Es decir, cualquier señal $x(t)$ en esta clase tiene energía finita en un solo período:

$$\int_{T_0} |x(t)|^2 dt < \infty \tag{3.55}$$

Cuando se cumple esta condición, se garantiza que los coeficientes a_k obtenidos a partir de la Ec. (3.45) son finitos. Adicionalmente, sea $x_N(t)$ la aproximación a $x(t)$ usando estos coeficientes para $|k| \leq N$, es decir,

$$x_N(t) = \sum_{k=-N}^{+N} c_k e^{jk\omega_0 t} \tag{3.56}$$

Entonces, se cumple que $\lim_{N \to \infty} E_N = 0$, donde E_N se define en la Ec. (3.44). Es decir, si se define

$$e(t) = x(t) - \sum_{k=-\infty}^{\infty} c_k e^{jk\omega_0 t} \tag{3.57}$$

se obtiene que

$$\int_{T_0} |e(t)|^2 dt = 0 \tag{3.58}$$

Como se verá en un ejemplo más adelante, la Ec. (3.58) no implica que la señal $x(t)$ y su representación en serie de Fourier

$$\sum_{k=-\infty}^{\infty} c_k e^{jk\omega_0 t} \tag{3.59}$$

sean iguales para todo valor de t. Lo que ella dice es que *su diferencia no contiene energía*.

Un conjunto alterno de condiciones, desarrolladas por Dirichlet, y también cumplidas por esencialmente todas las señales que de interés, garantiza que $x(t)$ será efectivamente *igual a su expansión*, excepto en valores aislados para los cuales $x(t)$ es discontinua. En estos valores de t, la serie infinita de (3.59) converge al "valor promedio" de la discontinuidad; es decir, si $x(t)$ tiene una discontinuidad en t_0, la serie converge al valor dado por

$$\lim_{\varepsilon \to 0} \frac{x(t_0 - \varepsilon) + x(t_0 + \varepsilon)}{2}$$

Las *condiciones de Dirichlet* para la expansión en serie de Fourier son: Si una función periódica $x(t)$ es acotada, tiene un número finito de máximos, mínimos y discontinuidades por período, y si $x(t)$ es *absolutamente integrable* en cualquier período, es decir,

$$\int_{T_0} |x(t)|\, dt < \infty \qquad (3.60)$$

entonces la serie de Fourier existe y converge uniformemente dondequiera que $x(t)$ sea continua. Dicho de otra forma, si una función periódica $x(t)$ es continua por tramos, entonces es integrable en el sentido dado por la Ec. (3.60) en cualquier intervalo de longitud finita y, en especial, en uno de longitud T_0, y converge a $x(t)$ dondequiera que la función sea continua y a $\left[x(t^+) + x(t^-) \right]/2$ en todo punto t donde posea ambas derivadas por la derecha y por la izquierda. Véase teorema más adelante. Cualquier función del tiempo que aparezca en sistemas físicos satisface las condiciones de Dirichlet.

La serie de Fourier converge uniformemente para señales que no tienen discontinuidades. En cualquier discontinuidad, la serie converge al promedio de los límites por la izquierda y por la derecha. Ahora bien, si la señal $x(t)$ es absolutamente integrable o cuadrado integrable y como las señales base de la serie de Fourier son sinusoides continuas, ellas nunca pueden sumarse en forma exacta en una discontinuidad y la serie exhibe una conducta conocida como el *fenómeno de Gibbs* en esos puntos de discontinuidad. La Fig. 3.9 ilustra esta conducta para una discontinuidad de tipo escalón en $t = t_0$. La suma parcial $x_N(t)$ converge al *punto medio* de la discontinuidad, lo cual parece muy razonable. Sin embargo, a cada lado de la discontinuidad, $x_N(t)$ tiene sobrepasos oscilatorios con período $T_0/2N$ y un valor pico de aproximadamente 18% de la altura del escalón e independiente de N. Así que, conforme $N \to \infty$, las oscilaciones colapsan formando picos denominados "lóbulos de Gibbs" por encima y por debajo de la discontinuidad.

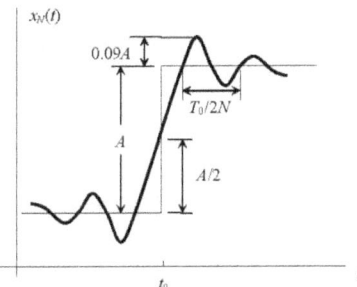

Figura 3.9 Fenómeno de Gibbs en una discontinuidad de tipo escalón.

Puesto que una señal real debe ser continua, el fenómeno de Gibbs no ocurre y tenemos justificación para tratar a $x(t)$ y su representación en serie de Fourier como *idénticas*; pero modelos de señales idealizadas como, por ejemplo, el tren de pulsos rectangulares, sí tienen discontinuidades. Por tanto, se debe tener cuidado con la convergencia cuando se trabaja con esos modelos.

Las condiciones para la convergencia de una serie de Fourier se resumen en el teorema que se dará a continuación, sin demostración, pero antes se definirán algunos términos que se necesitan para su exposición.

Se dice que la función $x(t)$ es *suave* en el intervalo $[a, b]$ si posee una derivada *continua* en $[a, b]$.

En lenguaje geométrico, esto significa que la dirección de la tangente cambia *continuamente*, sin saltos, conforme nos movemos a lo largo de la curva $y = x(t)$.

La función $x(t)$ es *suave por tramos* en el intervalo $[a, b]$ si $x(t)$ y su derivada son ambas continuas en $[a, b]$, o ellas tienen un número finito de discontinuidades de saltos en $[a, b]$. Se dice que una función $x(t)$ continua o discontinua definida en todo el eje t es suave por tramos si es suave por tramos en todo intervalo de longitud finita. En particular, este concepto es aplicable a funciones periódicas. Toda función $x(t)$ suave por tramos (bien sea continua o discontinua) está acotada y tiene una derivada acotada en todas partes, excepto en sus saltos y puntos de discontinuidad [en todos estos puntos, $x'(t)$ no existe].

TEOREMA *Si $x(t)$ es una función absolutamente integrable de período T_0 y es suave (posee derivada continua por tramos) por tramos en el intervalo [a, b], entonces para todo t en a < t < b, la serie de Fourier de $x(t)$ converge a $x(t)$ en los puntos de continuidad y al valor*

$$\frac{x(t+0) + x(t-0)}{2}$$

en los puntos de discontinuidades (la convergencia puede fallar en t = a y t = b).

3.3 Propiedades de las Series de Fourier

A continuación se considerarán varias propiedades de las series de Fourier. Estas propiedades proporcionan una mejor comprensión del concepto de espectro de frecuencias de una señal de tiempo continuo y, adicionalmente, muchas de esas propiedades ayudan en la reducción de la complejidad del cálculo de los coeficientes de las series. Para cada operación en un dominio, las propiedades establecen una operación correspondiente en el otro dominio y ponen en evidencia la relación más sencilla entre las variables en operaciones específicas.

3.3.1 Efectos de la Simetría

Las propiedades de simetría simplifican la evaluación de los coeficientes de Fourier. Los tipos más importantes de simetría son:

1. Simetría par, $x(t) = x(-t)$,
2. Simetría impar, $x(t) = -x(-t)$,
3. Simetría de media onda, $x(t) = x\left(t + \frac{T_0}{2}\right)$.

Cuando existe uno o más de estos tipos de simetría, se simplifica bastante el cálculo de los coeficientes de Fourier. Por ejemplo, la serie de Fourier de una señal par $x(t)$ con período T_0 es una *serie de Fourier en cosenos*:

$$x(t) = a_0 + \sum_{n=1}^{\infty} a_n \cos \frac{2n\pi t}{T_0}$$

con coeficientes

$$a_0 = \frac{2}{T_0} \int_0^{T_0/2} x(t)\, dt \quad \text{y} \quad a_n = \frac{4}{T_0} \int_0^{T_0/2} x(t) \cos \frac{2n\pi t}{T_0}\, dt$$

en tanto que la serie de Fourier de una señal impar $x(t)$ con período T_0 es una *serie de Fourier en senos*:

$$x(t) = \sum_{n=1}^{\infty} b_n \operatorname{sen} \frac{2n\pi t}{T_0}$$

con coeficientes dados por

$$b_n = \frac{4}{T_0} \int_0^{T_0/2} x(t) \operatorname{sen} \frac{2n\pi t}{T_0} dt$$

Si la función $x(t)$ posee *simetría de media onda*, entonces

$$a_0 = 0 \quad a_{2n} = 0 \quad b_{2n} = 0$$
$$c_{2n+1} \neq 0 \quad b_{2n+1} \neq 0$$

La integración es sobre medio período y los coeficientes se multiplican por 2.

Ejemplo 5. Considérese la señal mostrada en la Fig. 3.10.

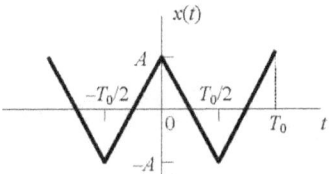

Figura 3.10

La señal está definida por

$$x(t) = \begin{cases} A - \dfrac{4A}{T_0} t, & 0 < t < T_0/2 \\ \dfrac{4A}{T_0} t - 3A, & T_0/2 < t < T_0 \end{cases}$$

Observe que $x(t)$ tiene simetría par y también de media onda. Por tanto, $b_n = 0$ y no hay armónicos pares. También

$$a_n = \frac{4}{T_0} \int_0^{T_0/2} \left(A - \frac{4At}{T_0} \right) \cos \frac{2n\pi t}{T_0} dt$$

$$= \frac{4A}{(n\pi)^2}(1 - \cos n\pi)$$

$$= \begin{cases} 0, & n \text{ par} \\ \dfrac{8A}{(n\pi)^2}, & n \text{ impar} \end{cases}$$

Observe que a_0, el cual corresponde al término CD, es cero porque el área bajo un período de $x(t)$ es cero.

3.3.2 Linealidad

Suponga que $x(t)$ y $y(t)$ son periódicas y con el mismo período y sean

$$x(t) = \sum_{n=-\infty}^{\infty} \beta_n e^{jn\omega_0 t} \quad \text{y} \quad y(t) = \sum_{n=-\infty}^{\infty} \gamma_n e^{jn\omega_0 t}$$

sus expansiones en series de Fourier y también sea

$$z(t) = k_1 x(t) + k_2 y(t)$$

donde k_1 y k_2 son constantes arbitrarias. Entonces se puede escribir

$$z(t) = \sum_{n=-\infty}^{\infty} (k_1\beta_n + k_2\gamma_n) e^{jn\omega_0 t} = \sum_{n=-\infty}^{\infty} \alpha_n e^{jn\omega_0 t}$$

La última relación en la derecha implica que los coeficientes de Fourier de $z(t)$ están dados por

$$\alpha_n = k_1\beta_n + k_2\gamma_n$$

La linealidad implica que los coeficientes de Fourier para una combinación lineal de un conjunto de señales periódicas con el mismo periodo son dados por la misma combinación lineal de los coeficientes individuales de las series.

3.3.3 Diferenciación

Puesto que la señal periódica $x(t)$ se descompone en términos de exponenciales de la forma $e^{jk\omega_0 t}$, esta propiedad consiste básicamente en hallar la derivada de todas las exponenciales que constituyen la señal. La derivada de $x(t)$ se obtiene derivando cada término de su serie:

$$\frac{dx(t)}{dt} = \sum_{k=-\infty}^{\infty} \frac{d}{dt}\left(c_k e^{jk\omega_0 t}\right) = \sum_{k=-\infty}^{\infty} jk\omega_0 c_k e^{jk\omega_0 t} \tag{3.61}$$

y se observa que los coeficientes de Fourier para la función $dx(t)/dt$ son iguales a los coeficientes de $x(t)$ multiplicados por el factor $jk\omega_0$. La magnitud de cada armónico es ampliada por el factor $k\omega_0$, y el espectro tiene un contenido de frecuencias mucho mayor. Esto es, si el espectro de Fourier de $x(t)$ es c_k, entonces el espectro de su derivada es $jk\omega_0 c_k$. En general,

$$\frac{d^n x(t)}{dt^n} \leftrightarrow (jk\omega_0)^n c_k \tag{3.62}$$

Esta propiedad puede expresarse como la invariabilidad de las exponenciales con respecto a la operación de diferenciación. Es decir, la derivada de una exponencial es la misma exponencial multiplicada por un factor de escala complejo. Las exponenciales también son invariables con respecto a las operaciones de integración y suma. Estas propiedades cambian una ecuación integrodiferencial en el dominio del tiempo a una ecuación algebraica en el dominio de la frecuencia, lo que hace más el análisis de sistemas en el dominio de la frecuencia.

Como una aplicación de esta propiedad, considérese el tren de pulsos de la Fig. 3.11a, cuya serie de Fourier se obtuvo en el Ejemplo 2. Su derivada se muestra en la Fig. 3.11b y contiene sólo impulsos. Los coeficientes de Fourier c_k para $x'(t)$ están dados por

$$c_k = \frac{1}{T_0} \int_{-T_0/2}^{T_0/2} \left[A\delta\left(t + \frac{T_0}{2}\right) - A\delta\left(t - \frac{T_0}{2}\right) \right] e^{jk\omega_0 t} dt$$

$$= \frac{A}{T_0}\left(e^{jk\omega_0 \tau/2} - e^{-jk\omega_0 \tau/2}\right) = \frac{2jA}{T_0} \operatorname{sen}(k\omega_0 \tau/2)$$

y los coeficientes de Fourier correspondientes para la serie de pulsos en la Fig. 3.11a, de acuerdo con la Ec. (3.61), son

$$c'_k = \frac{c_k}{jk\omega_0} = \frac{A}{T_0}\frac{\operatorname{sen}(k\omega_0\tau/2)}{k\omega_0/2}$$

que es el mismo resultado obtenido en el Ejemplo 2, pero con un menor esfuerzo.

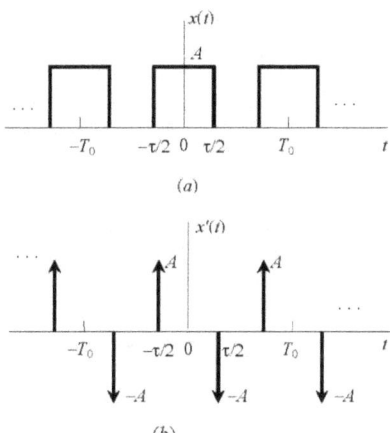

Figura 3.11

3.3.4 Teorema de la Potencia de Parseval

Puesto que la representación en el dominio de la frecuencia de una señal es una representación equivalente, entonces la potencia de una señal también puede expresarse en términos de su espectro. El teorema de Parseval relaciona la potencia promedio P de una señal periódica con los coeficientes de su serie de Fourier. Para derivar el teorema, se comienza con la relación

$$P = \frac{1}{T_0}\int_{T_0}|x(t)|^2\,dt = \frac{1}{T_0}\int_{T_0}x(t)x^*(t)\,dt$$

Ahora se reemplaza $x^*(t)$ por su serie exponencial

$$x^*(t) = \left[\sum_{n=-\infty}^{\infty}c_n e^{jn\omega_0 t}\right]^* = \sum_{n=-\infty}^{\infty}c_n^* e^{-jn\omega_0 t}$$

tal que

$$P = \frac{1}{T_0}\int_{T_0}x(t)\left[\sum_{n=-\infty}^{\infty}c_n^* e^{-jn\omega_0 t}\right]dt$$

$$= \sum_{n=-\infty}^{\infty}\left[\frac{1}{T_0}\int_{T_0}x(t)e^{-jn\omega_0 t}\,dt\right]c_n^*$$

y la expresión entre corchetes es igual a c_n. Entonces

$$P = \sum_{n=-\infty}^{\infty} c_n c_n^* = \sum_{n=-\infty}^{\infty} |c_n|^2 \qquad (3.63)$$

que es el *teorema de Parseval*.

La interpretación de este resultado es extraordinariamente sencilla: la potencia promedio se puede determinar elevando al cuadrado y sumando las magnitudes $|c_n| = |c(n\omega_0)|$ de las líneas de amplitud. Observe que la Ec. (3.63) no involucra el espectro de fase. Para una interpretación adicional de la Ec. (3.63), recuerde que la serie exponencial de Fourier expande a $x(t)$ como una suma de fasores de la forma $c_n e^{jn\omega_0 t}$. Es posible demostrar fácilmente que la potencia promedio de cada fasor es

$$\langle |c_n e^{jn\omega_0 t}|^2 \rangle = |c_n|^2 \qquad (3.64)$$

Por tanto, el teorema de Parseval implica la *superposición de la potencia promedio*, puesto que la potencia promedio total de $x(t)$ es la suma de las potencias promedio de sus componentes fasoriales.

3.3.5 Integración en el Tiempo

Suponga que $y(t) = \int_{-\infty}^{t} x(\lambda) d\lambda$. Se deben considerar dos casos por separado; $c_0 = 0$ y $c_0 \neq 0$. Si $c_0 = 0$, entonces

$$y(t) = \int_{-\infty}^{t} x(\lambda) d\lambda = \int_{-\infty}^{t} \left(\sum_{n=-\infty}^{\infty} c_n e^{j2\pi n f_0 \lambda} \right) d\lambda$$

$$= \sum_{n=-\infty}^{\infty} c_n \int_{-\infty}^{t} e^{j2\pi n f_0 \lambda} d\lambda = \sum_{n=-\infty}^{\infty} \frac{c_n}{j2\pi n f_0} e^{j2\pi n f_0 t}$$

En consecuencia, si

$$y(t) = \sum_{n=-\infty}^{\infty} \gamma_n e^{j2\pi n f_0 t}$$

se concluye que

$$\gamma_n = \frac{c_n}{j2\pi n f_0} = \frac{c_n}{jn\omega_0}$$

y, por tanto,

$$\int_{-\infty}^{t} x(\lambda) d\lambda = \sum_{n=-\infty}^{\infty} \frac{c_n}{j2\pi n f_0} e^{j2\pi n f_0 t} = \sum_{n=-\infty}^{\infty} \frac{c_n}{jn\omega_0} e^{jn\omega_0 t}, \quad c_0 = 0 \qquad (3.65)$$

Si $c_0 \neq 0$, la señal contiene un valor promedio diferente de cero. La integración de esta señal produce una componente que crece linealmente con el tiempo, y en este caso la señal resultante no es periódica y la serie obtenida por integración no converge.

3.3.6 Manipulación de Señales

Cuando una señal periódica $x(t)$ es trasladada, transpuesta (reflejada), diferenciada o integrada, los coeficientes de Fourier de la señal resultante pueden obtenerse a partir de los de la señal original $x(t)$.

En esta sección se deducirán algunas de esas relaciones en función de los coeficientes de la serie de Fourier exponencial.

Considérese el efecto sobre el espectro de frecuencias de una señal periódica producido por un desplazamiento en el tiempo de la señal. Sea $x(t)$ una señal periódica de período T_0, la cual tiene una serie de Fourier dada por

$$x(t) = \sum_{n=-\infty}^{\infty} c_n e^{jn\omega_0 t} \qquad (3.66)$$

Considere ahora la serie de Fourier de la señal periódica retardada $x(t - t_d)$ obtenida a partir de $x(t)$ por un desplazamiento en el tiempo igual a t_d. De la Ec- (3.66) se tiene que

$$x(t - t_d) = \sum_{n=-\infty}^{\infty} c_n e^{jn\omega_0 (t-t_d)} = \sum_{n=-\infty}^{\infty} \left(c_n e^{-jn\omega_0 t_d} \right) e^{jn\omega_0 t}$$

$$= \sum_{n=-\infty}^{\infty} c_n' e^{jn\omega_0 t} \qquad (3.67)$$

donde $c_n' = c_n e^{-jn\omega_0 t_d}$. Es decir, el n-ésimo coeficiente de Fourier de $x(t - t_d)$ es igual al n-ésimo coeficiente de Fourier de $x(t)$ multiplicado por $\exp(-jn\omega_0 t_d)$. El resultado muestra que *el espectro de amplitud no cambia pero el de fase es diferente*. El n-ésimo armónico de la señal desplazada se retrasa por una cantidad igual a $n\omega_0 t_d$ radianes.

Supóngase ahora que una señal periódica $x(t)$ de período T_0 es contraída en el tiempo por un factor α; la señal resultante, $x(\alpha t)$, también es periódica pero tiene un período contraído T/α. La frecuencia fundamental de $x(\alpha t)$ es por tanto $\alpha\omega_0$, donde ω_0 es la frecuencia fundamental de $x(t)$. Para valores del factor de escalamiento α menores que la unidad, la señal es expandida en el tiempo y los armónicos son escalados hacia abajo. Los coeficientes de Fourier a_n'' de $x(\alpha t)$ pueden ser calculados por

$$c_n'' = \frac{\alpha}{T_0} \int_0^{T_0/\alpha} x(\alpha t) e^{-jn\alpha\omega_0 t} dt = \frac{1}{T} \int_0^{T_0} x(\lambda) e^{-jn\omega_0 \lambda} d\lambda.$$

donde $\lambda = \alpha t$. Esta última relación dice que *los coeficientes de Fourier de una señal periódica no cambian cuando se cambia la escala del tiempo*. No obstante, las frecuencias de los armónicos cambian por un factor igual al factor de escalamiento.

Otras propiedades producidas por manipulación de la señal se dejan como ejercicios.

3.4 Análisis de Sistemas

Ahora se considerará el análisis de sistemas LIT estables con excitaciones periódicas. En la representación mediante series de Fourier de la señal de entrada, las componentes senoidales son periódicas para todo el tiempo y se supone que la entrada inicial se aplicó en $t \to -\infty$. Por tanto, se supone que la respuesta transitoria ha alcanzado ya su estado estacionario y, puesto que el sistema es estable, se puede ignorar la respuesta natural; sólo se determinará la *respuesta de estado estacionario*.

La linealidad del sistema permite el uso de superposición. Entonces, como una señal de entrada periódica puede representarse como una suma de funciones exponenciales complejas o una suma de funciones sinusoidales, la respuesta del sistema también puede representarse como la suma de respuestas a estas funciones exponenciales complejas o funciones sinusoidales. En cualquier caso, se debe considerar la variación de la respuesta sinusoidal del sistema con la frecuencia. Esta variación se denomina la *respuesta de frecuencia del sistema*.

Del análisis previo en la Sección 3.1, se sabe que la respuesta de un sistema LIT a una exponencial compleja de la forma e^{st}, es de la forma $H(s)e^{st}$, donde $H(s)$ se definió como la función de transferencia del sistema. Si la entrada es una combinación lineal de la forma

$$\sum_k a_k e^{s_k t}$$

entonces la respuesta también es una combinación lineal de la forma

$$\sum_k a_k H(s_k) e^{s_k t}$$

Para una entrada periódica $x(t)$ de periodo T_0, ésta se puede representar por su serie de Fourier en forma exponencial con $s_k = jk\omega_0$ y la entrada y la salida del sistema se pueden representar como

$$x(t) = \sum_{k=-\infty}^{\infty} c_{kx} e^{jk\omega_0 t} \quad \rightarrow \quad y(t) = \sum_{k=-\infty}^{\infty} H(jk\omega_0) c_{kx} e^{jk\omega_0 t} \quad (3.68)$$

donde $y(t)$ es la señal de salida en estado estacionario. En general, tanto c_{kx} como $H(jk\omega_0)$ son cantidades complejas. Puesto que la salida es periódica, también se puede representar mediante una serie de Fourier; es decir,

$$y(t) = \sum_{k=-\infty}^{\infty} c_{ky} e^{jk\omega_0 t}, \quad c_{ky} = H(jk\omega_0) c_{kx} \quad (3.69)$$

Esta ecuación da los coeficientes de Fourier de la señal de salida $y(t)$ en función de los coeficientes de Fourier de la señal de entrada $x(t)$ y de la función de transferencia $H(j\omega)$; esta última función también se conoce como la *respuesta de frecuencia del sistema*.

La forma combinada de la serie de Fourier para la señal de entrada es

$$x(t) = c_{0x} + \sum_{k=1}^{\infty} 2|c_{kx}|\cos(k\omega_0 t + \theta_{kx}) \quad (3.70)$$

y la respuesta de estado estacionario para el sistema LIT se expresa como

$$y(t) = c_{0y} + \sum_{k=1}^{\infty} 2|c_{ky}|\cos(k\omega_0 t + \theta_{ky}) \quad (3.71)$$

donde

$$c_{ky} = |c_{ky}|\angle\theta_{ky} = H(jk\omega_0) c_{kx} \quad (3.72)$$

Ejemplo 6. Para el circuito de la Fig. 3.12, la respuesta a una entrada exponencial de la forma $e^{-st}u(t)$ es dada por

$$H(s) = \frac{2s}{2s+5}$$

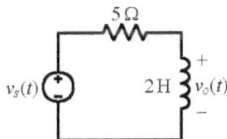

Figura 3.12

Supóngase que la señal de entrada $x(t)$ es la onda cuadrada del Ejemplo 3:

$$v_s(t) = \frac{1}{2} + \frac{2}{\pi}\sum_{k=1}^{\infty}\frac{1}{n}\operatorname{sen} n\pi t, \quad n = 2k - 1$$

Entonces $\omega_n = n\omega_0 = n\pi$ rad/s y

$$H(s)\big|_{s=j\omega_n} = \frac{1}{1+j\omega_n}$$

De la Ec. (3.69), para k impar

$$c_{0y} = H(j0)c_{0x} = (1)(2) = 2$$

y, utilizando notación fasorial, se obtiene

$$V_o = \frac{j\omega_n 2}{5 + j\omega_n 2}V_s = \frac{j2n\pi}{5 + j2n\pi}$$

Para la componente de cd ($n = 0$)

$$V_s = \frac{1}{2} \quad \Rightarrow \quad V_o = 0$$

Para el n-ésimo armónico,

$$V_s = \frac{2}{n\pi}\angle -90°$$

y la respuesta correspondiente es

$$V_o = \frac{2n\pi\angle 90°}{\sqrt{25 + 4n^2\pi^2}\angle \tan^{-1} 2n\pi/5} \frac{2}{n\pi}\angle -90°$$

$$= \frac{4\angle -\tan^{-1} 2n\pi/5}{\sqrt{25 + 4n^2\pi^2}}$$

En el dominio del tiempo,

$$v_o(t) = \sum_{k=1}^{\infty}\frac{4}{\sqrt{25 + 4n^2\pi^2}}\cos\left(n\pi t - \tan^{-1}\frac{2n\pi}{5}\right)$$

Observe que el circuito de la Fig. 3.12 es un filtro de pasa altas. La componente de cd no pasa y el primer armónico es atenuado ligeramente, pero sí pasan las frecuencias superiores.

En el régimen estacionario, la salida de un sistema LIT debida a una entrada $e^{jk_0\omega_0 t}$ es la misma función multiplicada por el factor de escala complejo $H(jk_0\omega_0)$, la respuesta de frecuencia del sistema. Por tanto, la salida del sistema es $H(jk_0\omega_0)e^{jk_0\omega_0 t}$ (véase la Ec. (3.69)).

Ejemplo 7. Considérese el sistema descrito por la ecuación diferencial

$$\frac{dy(t)}{dt} + y(t) = x(t)$$

Para la entrada $x(t) = e^{jk_0\omega_0 t}$, la ecuación diferencial se puede escribir como

$$\frac{d\left(H(jk_0\omega_0 t)e^{jk_0\omega_0 t}\right)}{dt} + H(jk_0\omega_0 t)e^{jk_0\omega_0 t} = e^{jk_0\omega_0 t}$$

Despejando $H(jk_0\omega_0)$, se obtiene

$$H(jk_0\omega_0) = \frac{1}{1+jk_0\omega_0}$$

Entonces, para una entrada periódica $x(t) = \sum_{k=-\infty}^{\infty} c_k e^{jk\omega_0 t}$, se obtiene

$$y(t) = \sum_{k=-\infty}^{\infty} H(jk\omega_0) c_k e^{jk\omega_0 t} = \sum_{k=-\infty}^{\infty} \frac{c_k}{1+jk\omega_0} e^{jk\omega_0 t}$$

La operación más compleja de resolver una ecuación diferencial se ha reducido a la evaluación de una operación algebraica.

3.5 Transformadas de Fourier y Espectros Continuos

Ahora se pasará de señales periódicas a señales no periódicas concentradas en intervalos de tiempo muy cortos. Si una señal no periódica tiene energía total finita, su representación en el dominio de la frecuencia será un espectro continuo obtenido a partir de la *transformada de Fourier*. La transformada de Fourier se considera como un límite de la serie de Fourier cuando el período de la función periódica se torna muy largo. De esta manera el espectro de líneas tiende a convertirse en un espectro continuo.

La transformada de Fourier es un método de representar modelos matemáticos de señales y sistemas en el dominio de la frecuencia y simplificar su análisis matemático. Se utiliza ampliamente en la ingeniería eléctrica, especialmente en el estudio de señales y sistemas de comunicación.

3.5.1 La Transformada de Fourier

Las series de Fourier por su propia naturaleza, están limitadas a la representación de funciones periódicas que satisfacen las condiciones de Dirichlet. Por otra parte, muchas funciones importantes son no periódicas y con frecuencia se necesita una representación efectiva para esas señales. La Fig. 3.13 muestra dos señales no periódicas típicas. El pulso rectangular (Fig. 3.13a) está *estrictamente limitado* en tiempo ya que $x(t)$ es idénticamente igual a cero fuera de la duración del pulso. La otra (Fig. 3.13b) está *asintóticamente limitada* en el tiempo en el sentido que $x(t) \to 0$ conforme $t \to \pm\infty$. Tales señales también se pueden describir como "pulsos". En cualquier caso, si se intenta promediar $x(t)$ o $|x(t)|^2$ para todo el tiempo, se encontrará que estos promedios son iguales a cero. Por consiguiente, en lugar de hablar sobre potencia promedio, una propiedad más significativa de una señal no-periódica es su energía.

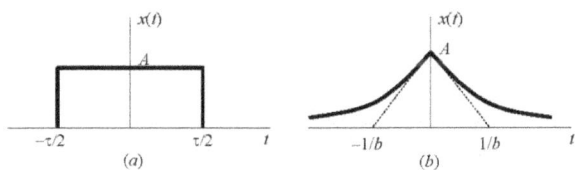

Figura 3.13

Como ya se dijo anteriormente, si $x(t)$ es el voltaje en una resistencia, la energía total suministrada se encontraría integrando la potencia instantánea $x^2(t)/R$. Por consiguiente, aquí se repite la fórmula para la *energía normalizada de la señal*

$$E = \int_{-\infty}^{\infty} |x(t)|^2 \, dt \qquad (3.73)$$

Algunos cálculos de la energía pueden hacerse por inspección ya que E es sencillamente el área bajo la curva de $|x(t)|^2$. Por ejemplo, la energía de un pulso rectangular de duración τ y amplitud A es $E = A^2\tau$.

Cuando la integral en la Ec. (3.73) existe y da como resultado $0 < E < \infty$, se dice que la señal $x(t)$ tiene energía bien definida y se denominará una *señal de energía no periódica*. Casi todas las señales limitadas en tiempo de interés práctico caen en esta categoría, la cual es la condición esencial para el análisis de Fourier usando la transformada de Fourier.

Considérese la señal periódica definida por

$$x(t) = \begin{cases} 1, & |t| < T_1 \\ 0, & T_1 < |t| < \dfrac{T_0}{2} \end{cases}$$

donde T_0 es el período. Los coeficientes de la serie de Fourier para esta función son

$$c_k = \frac{2 \operatorname{sen} k\omega_0 T_1}{k\omega_0 T_0}, \qquad \omega_0 = \frac{2\pi}{T_0} \qquad (3.74)$$

En la Fig. 3.14 se grafica $T_0 c_k$ en lugar de c_k y también se modifica la separación horizontal en cada gráfica. El significado de estos cambios se puede ver examinando la Ec. (3.74). Multiplicando c_k por T_0 se obtiene

$$T_0 c_k = \frac{2 \operatorname{sen} k\omega_0 T_1}{k\omega_0} = \left. \frac{2 \operatorname{sen} \omega T_1}{\omega} \right|_{\omega = k\omega_0} \qquad (3.75)$$

Entonces, con ω considerada como una variable continua, la función $(2\operatorname{sen}\omega T_1)/\omega$ representa la envolvente de $T_0 c_k$ y estos coeficientes son muestras igualmente espaciadas de esta envolvente. También, para T_1 fijo, la envolvente de $T_0 a_k$ es *independiente de* T_0. Sin embargo, de la Fig. 3.14 vemos que conforme T_0 aumenta (o, equivalentemente, ω_0 disminuye), la envolvente es muestreada con un espaciamiento más y más corto. Conforme T_0 se hace arbitrariamente grande, la onda cuadrada periódica original se aproxima a un pulso rectangular, es decir, todo lo que queda en el dominio del tiempo es una señal aperiódica correspondiente a un período de la onda cuadrada. También, los coeficientes de la serie de Fourier, multiplicados por T_0 se convierten en muestras de la envolvente menos separadas, así que de alguna forma el conjunto de los coeficientes de la serie de Fourier tiende a la función envolvente conforme $T_0 \to \infty$.

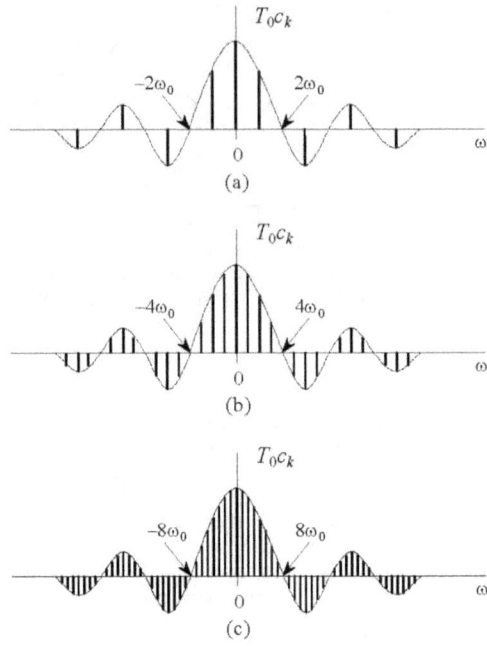

Figura 3.14. Coeficientes de Fourier y sus envolventes para la onda periódica cuadrada:
(a). $T_0 = 4T_1$; (b) $T_0 = 8T_1$; (c) $T_0 = 16T_1$.

Este ejemplo ilustra la idea básica que soporta el desarrollo de Fourier de una representación para señales aperiódicas. Específicamente, consideramos una señal aperiódica como el límite de una señal periódica conforme el período se hace arbitrariamente grande y examinamos la conducta en el límite de la representación en serie de Fourier de esta señal. Considere una señal aperiódica general $x(t)$ de duración finita. Es decir, para algún valor T_1, $x(t) = 0$ si $|t| > T_1$. En la Fig. 3.15a se muestra una señal de este tipo. Partiendo de esta señal aperiódica, es posible construir una señal periódica $\tilde{x}(t)$ para la cual $x(t)$ es un período, como se indica en la Fig. 3.15b. Conforme se incrementa el período T_0, $\tilde{x}(t)$ se hace más semejante a $x(t)$ durante intervalos más largos, y conforme $T_0 \to \infty$, $\tilde{x}(t)$ es igual $x(t)$ para cualquier valor finito de $x(t)$.

Ahora se examinará qué efecto tiene esto sobre la representación en serie de Fourier de la señal $\tilde{x}(t)$:

$$\tilde{x}(t) = \sum_{k=-\infty}^{\infty} c_k e^{jk\omega_0 t} \tag{3.76}$$

$$c_k = \frac{1}{T_0} \int_{-T_0/2}^{T_0/2} \tilde{x}(t) e^{-jk\omega_0 t} dt \tag{3.77}$$

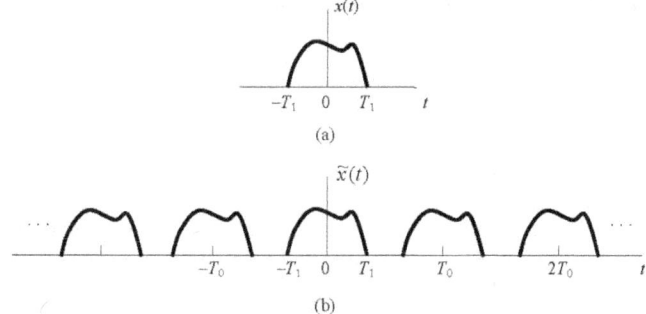

Figura 3.15. (a) Señal aperiódica $x(t)$; (b) señal periódica $\tilde{x}(t)$, construida para que sea igual a $x(t)$ por un período.

La separación entre los coeficientes c_k es $\Delta\omega = (k+1)\omega_0 - k\omega_0 = \omega_0$. Como $\omega_0 = 2\pi/T_0$, el cambio incremental se hace más pequeño conforme T_0 se hace mayor y, en el límite, $\Delta\omega \to d\omega$ y también la cantidad $k\omega_0 = 2\pi k/T_0$ tiende a $kd\omega$ conforme T_0 tiende a infinito.

Puesto que $\tilde{x}(t) = x(t)$ para $|t| < T_0/2$ y también como $x(t) = 0$ fuera de este intervalo, la Ec. (3.77) puede escribirse de nuevo como

$$c_k = \frac{1}{T_0}\int_{-T_0/2}^{T_0/2} x(t) e^{-jk\omega_0 t} dt = \frac{1}{T_0}\int_{-\infty}^{\infty} x(t) e^{-jk\omega_0 t} dt$$

Por tanto, definiendo la envolvente $X(\omega)$ de $T_0 a_k$ como

$$X(\omega) = \int_{-\infty}^{\infty} x(t) e^{-j\omega t} dt \qquad (3.78)$$

se tiene que los coeficientes c_k pueden expresarse como

$$c_k = \frac{1}{T_0} X(k\omega_0) \qquad (3.79)$$

Combinando las Ecs. (3.79) y (3.76), $\tilde{x}(t)$ se puede escribir en función de $X(k\omega_0)$ como

$$\tilde{x}(t) = \sum_{k=-\infty}^{\infty} \frac{1}{T_0} X(k\omega_0) e^{jk\omega_0 t}$$

o equivalentemente, como $2\pi/T_0 = \omega_0$, por

$$\begin{aligned}\tilde{x}(t) &= \frac{1}{2\pi}\sum_{k=-\infty}^{\infty} X(k\omega_0) e^{jk\omega_0 t} \omega_0 \\ &= \frac{1}{2\pi}\sum_{k=-\infty}^{\infty} X(k\omega_0) e^{jk\omega_0 t} \Delta\omega\end{aligned} \qquad (3.80)$$

Conforme $T_0 \to \infty$, $\tilde{x}(t)$ tiende a $x(t)$ y por consiguiente, la Ec. (3.78) se convierte en una representación de $x(t)$. Adicionalmente, $\Delta\omega = \omega_0 \to 0$ conforme $T_0 \to \infty$, y el lado derecho de la Ec.

(3.80) pasa a ser una integral. Por tanto, usando el hecho de que $\tilde{x}(t) \to x(t)$ conforme $T_0 \to \infty$, las Ecs. (3.80) y (3.78) se convierten en

$$x(t) = \frac{1}{2\pi} \int_{-\infty}^{\infty} X(\omega) e^{j\omega t} d\omega = \int_{-\infty}^{\infty} X(f) e^{j2\pi f t} df \qquad (3.81)$$

$$X(\omega) = \int_{-\infty}^{\infty} x(t) e^{-j\omega t} dt = \int_{-\infty}^{\infty} x(t) e^{-j2\pi f t} dt = X(f) \qquad (3.82)$$

Las Ecs. (3.81) y (3.82) se conocen como el *par de transformadas de Fourier*, la función $X(\Box)$ [o $X(f)$] dada por la Ec. (3.82) se conoce como la *transformada de Fourier* o *integral de Fourier* de $x(t)$ y la Ec. (3.81) como la ecuación de la *transformada de Fourier inversa*. La ecuación de *síntesis* (3.81) juega un papel para las señales aperiódicas semejante al de la Ec. (3.21) para señales periódicas, ya que ambas corresponden a una descomposición de una señal en una combinación lineal de exponenciales complejas. Para señales periódicas, estas exponenciales complejas tienen amplitudes $\{a_k\}$ dadas por la Ec. (3.25) y ocurren en un conjunto discreto de frecuencias relacionadas armónicamente $k\omega_0$, $k = 0, \pm 1, \pm 2, \ldots$. Para señales aperiódicas, estas exponenciales complejas equivalen a especificar $x(t)$, ocurren en un continuo de frecuencias y, de acuerdo con la ecuación de síntesis (3.81), tienen "amplitud" $X(\omega)(d\omega/\pi)$. En analogía con la terminología usada para los coeficientes de la serie de Fourier para una señal periódica, la transformada $X(\omega)$ [o $X(f)$] de una señal aperiódica $x(t)$ se conoce comúnmente como el *espectro* de $X(\omega)$ [o de $X(f)$], ya que nos da la información concerniente de cómo $x(t)$ está compuesta de señales sinusoidales de diferentes frecuencias y proporciona una medida de la *intensidad* de $x(t)$ en el intervalo de frecuencias entre ω_0 y $\omega_0 + \Delta\omega$ ($d\omega$ en el límite); es decir, en el dominio de la frecuencia, $X(\omega)$ determina cuánto del valor de $x(t)$ en t es atribuible a los valores de ω entre ω_0 y $\omega_0 + \Delta\omega$.

3.5.2 Convergencia de las Transformadas de Fourier

Aunque el argumento usado para deducir el par de transformadas de Fourier supuso que $x(t)$ era de duración arbitraria pero finita, las Ecs. (3.81) y (3.82) se mantienen válidas para una clase extremadamente amplia de señales de duración infinita. De hecho, nuestra derivación de la transformada de Fourier sugiere que aquí también debe ser aplicable un conjunto de condiciones como las requeridas para la convergencia de la serie de Fourier, y ciertamente se puede demostrar que éste es el caso. Específicamente, considere la evaluación de $X(\omega)$ de acuerdo con la Ec. (3.82) y sea $\hat{x}(t)$ la señal obtenida al usar $X(\omega)$ en el lado derecho de la Ec. (3.81); es decir,

$$\hat{x}(t) = \frac{1}{2\pi} \int_{-\infty}^{\infty} X(\omega) e^{j\omega t} d\omega$$

Lo que nos gustaría determinar es cuándo tiene validez la Ec. (3.81) [es decir, cuándo $\hat{x}(t)$ es una representación válida de la señal original $x(t)$]. Si $x(t)$ es una señal cuyo cuadrado es integrable de modo que

$$\int_{-\infty}^{\infty} |x(t)|^2 dt < \infty \qquad (3.83)$$

entonces se está garantizando que $X(\omega)$ es finita [la Ec. (3.82) converge] y que, denotando por $e(t)$ el error entre $\hat{x}(t)$ y $x(t)$ [es decir, $e(t) = \hat{x}(t) - x(t)$], entonces

$$\int_{-\infty}^{\infty} |e(t)|^2 dt = 0 \qquad (3.84)$$

Las Ecs. (3.83) y (3.84) son las contrapartes aperiódicas de las Ecs. (3.55) y (3.58) para señales periódicas. Así, al igual que con señales periódicas, si $x(t)$ es cuadrado integrable, entonces aunque

$x(t)$ y su representación de Fourier $\hat{x}(t)$ pueden diferir significativamente en valores individuales de t, en su diferencia no hay energía.

Igual que con las señales periódicas, existe un conjunto alterno de condiciones que son suficientes para asegurar que $\hat{x}(t)$ sea igual a $x(t)$ para cualquier t excepto en alguna discontinuidad, donde es igual al valor promedio de la discontinuidad. Estas condiciones, también conocidas como las *condiciones de Dirichlet* (similares a las dadas anteriormente para las series de Fourier), requieren que:

1. $x(t)$ sea absolutamente integrable, es decir,

$$\int_{-\infty}^{\infty} |x(t)| dt < \infty \tag{3.85}$$

2. $x(t)$ tenga un número finito de máximos y mínimos dentro de cualquier intervalo finito.

3. $x(t)$ tenga un número finito de discontinuidades dentro de cualquier intervalo finito. Adicionalmente, cada una de estas continuidades debe ser finita.

En consecuencia, *las señales absolutamente integrables que son continuas o tienen un número finito de discontinuidades tienen transformadas de Fourier*.

Un ejemplo de una función matemática que no tiene una transformada de Fourier ya que no cumple con la condición de Dirichlet de integrabilidad absoluta, es $x(t) = e^{-t}$. Sin embargo, la señal de aparición frecuente $x(t) = e^{-t} u(t)$ sí cumple con las condiciones de Dirichlet y sí tiene una transformada de Fourier.

Aunque los dos conjuntos alternos de condiciones que se han dado son suficientes, no necesarias, para garantizar que una señal tiene una transformada de Fourier, en la próxima sección se verá que las señales periódicas, que no son absolutamente integrables ni cuadrado integrables en un intervalo *infinito*, pueden considerarse que poseen transformadas de Fourier si se permiten funciones impulso en la transformada. Esto tiene la ventaja de que la serie y la transformada de Fourier pueden incorporarse en un marco común y esto será muy conveniente para diferentes tipos de análisis. Antes de examinar este punto un poco más en la próxima sección, primero se debe señalar que la transformada de Fourier es una transformación lineal; es decir,

$$a_1 x_1(t) + a_2 x_2(t) \longleftrightarrow a_1 X_1(\omega) + a_2 X_2(\omega)$$

Se deja para el lector la demostración de esta propiedad.

Por la fórmula de Euler, la integral de Fourier, Ec. (3.82), puede escribirse en la forma

$$X(\omega) = \int_{-\infty}^{\infty} x(t)(\cos\omega t - j\,\mathrm{sen}\,\omega t)\, dt \tag{3.86}$$

Escribiendo ahora

$$X(\omega) = \mathrm{Re}[X(\omega)] + j\,\mathrm{Im}\{X(\omega)\}$$

e igualando con las partes real e imaginaria de la Ec. (3.86), se obtiene

$$\mathrm{Re}[X(\omega)] = \int_{-\infty}^{\infty} x(t)\cos\omega t\, dt \tag{3.87}$$

$$\mathrm{Im}[X(\omega)] = -\int_{-\infty}^{\infty} x(t)\,\mathrm{sen}\,\omega t\, dt \tag{3.88}$$

Esto muestra que la parte real de $X(\omega)$ es una función par de ω y la parte imaginaria de $X(\omega)$ es una función impar de ω, dando

$$X(-\omega) = X^*(\omega) \tag{3.89}$$

La implicación de la Ec. (3.76) es que si $X(\omega)$ es conocida para $\omega > 0$, entonces también es conocida para $\omega < 0$. Por esta razón, $X(\omega)$ muchas veces sólo se grafica para $\omega > 0$.

Ahora se considerarán algunos ejemplos de la transformada de Fourier.

3.5.3 Ejemplos de Transformadas de Fourier en Tiempo Continuo

Ejemplo 8. Considérese la señal

$$x(t) = A\delta(t - t_0)$$

la cual representa una función impulso de peso A. La transformada de Fourier de esta señal es

$$\mathcal{F}\{A\delta(t-t_0)\} = \int_{-\infty}^{\infty} A\delta(t-t_0)e^{-j\omega t}dt = Ae^{-j\omega t_0}$$

y se tiene el par de transformadas

$$A\delta(t - t_0) \quad \leftrightarrow \quad Ae^{-j\omega t_0} \qquad (3.90)$$

Con $A = 1$ y $t_0 = 0$, se tiene que

$$\delta(t) \quad \leftrightarrow \quad 1 \qquad (3.91)$$

Ejemplo 9. Considérese la señal

$$x(t) = e^{-at}u(t)$$

Si $a < 0$, entonces $x(t)$ no es absolutamente integrable y, por tanto, $X(\omega)$ no existe. Para $a > 0$, $X(\omega)$ se obtiene a partir de la Ec. (3.82) como

$$X(\omega) = \int_0^{\infty} e^{-at}e^{-j\omega t}dt = -\frac{1}{a+j\omega}e^{-(a+j\omega)t}\Big|_0^{\infty}$$

Es decir,

$$X(\omega) = \frac{1}{a+j\omega}, \qquad a > 0$$

Puesto que esta transformada de Fourier tiene partes real e imaginaria, para graficarla en función de □ la expresamos en términos de su magnitud y fase:

$$|X(\omega)| = \frac{1}{\sqrt{a^2+\omega^2}}, \qquad \angle X(\omega) = -\tan^{-1}\left(\frac{\omega}{a}\right)$$

Cada una de estas componentes se grafica en la Fig. 3.16. Observe que si a es compleja, entonces $x(t)$ es absolutamente integrable siempre que $\text{Re}\{a\} > 0$, y en este caso el cálculo precedente produce la misma forma para $X(\omega)$; es decir,

$$X(\omega) = \frac{1}{a+j\omega}, \qquad \text{Re}\{a\} > 0$$

Ahora se calculará el valor $x(0)$ a partir de la transformada:

$$x(0) = \frac{1}{2\pi}\int_{-\infty}^{\infty}\frac{1}{a+j\omega}d\omega = \frac{1}{2\pi}\int_{-\infty}^{\infty}\frac{a}{a^2+\omega^2}d\omega - \frac{j}{2\pi}\int_{-\infty}^{\infty}\frac{\omega}{a^2+\omega^2}d\omega$$

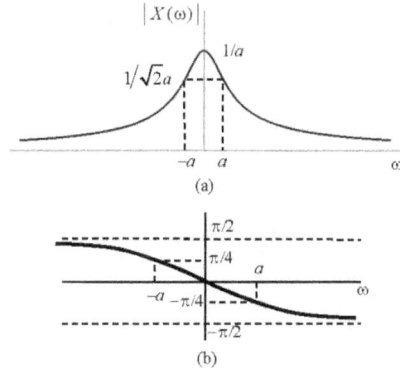

Figura 3.16 Transformada de Fourier de la señal $x(t) = e^{-at}u(t)$.

Como la parte imaginaria de $X(\omega)$ es impar, el valor de su integral es cero. Por tanto,

$$x(0) = \frac{1}{2\pi}\int_{-\infty}^{\infty}\frac{a}{a^2+\omega^2}d\omega = \frac{1}{2\pi}\tan^{-1}\left(\frac{\omega}{a}\right)\Big|_{-\infty}^{\infty} = \frac{1}{2}$$

El valor de $x(t)$ en $t = 0$ es siempre 1/2 para cualquier valor de a. Observe que la señal de Fourier reconstruida converge al promedio de los límites por la derecha y por la izquierda en cualquier discontinuidad.

Ejemplo 10. Sea

$$x(t) = e^{-a|t|}$$

donde $a > 0$. Esta señal se grafica en la Fig. 3.17.

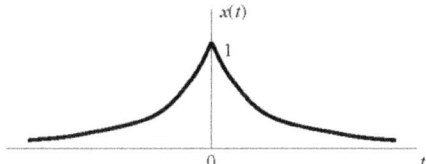

Figura 3.17 Señal $x(t) = e^{-a|t|}$.

El espectro de esta señal es

$$X(\omega) = \int_{-\infty}^{\infty} e^{-a|t|}e^{-j\omega t}dt = \int_{-\infty}^{0} e^{at}e^{-j\omega t}dt + \int_{0}^{\infty} e^{-at}e^{-j\omega t}dt$$

$$= \frac{1}{a-j\omega} + \frac{1}{a+j\omega} = \frac{2a}{a^2+\omega^2}$$

En este caso $X(\omega)$ es real y se ilustra en la Fig. 3.18.

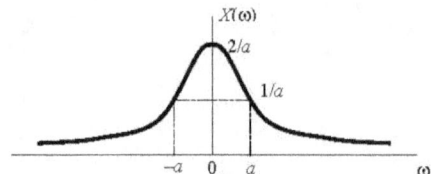

Figura 3.18 Transformada de Fourier de la señal en la Fig. 3.17.

Ejemplo 11. Considérese el pulso rectangular

$$x(t) = \begin{cases} 1, & |t| < T_1 \\ 0, & |t| > T_1 \end{cases} \qquad (3.92)$$

que se muestra en la Fig. 3.19a.

Aplicando la definición de la transformada, se encuentra que ésta está dada por

$$X(\omega) = \int_{-T_1}^{T_1} e^{-j\omega t} dt = 2\frac{\operatorname{sen}\omega T_1}{\omega} \qquad (3.93)$$

Como se explicó al comienzo de esta sección, la señal dada en la Ec. (3.92) puede considerarse como la forma límite de una onda cuadrada periódica conforme el período se hace arbitrariamente grande. Por lo tanto, es de esperar que la convergencia de la ecuación de síntesis para esta señal se comporte en una forma similar a la observada para la onda cuadrada, y, de hecho, éste es el caso.

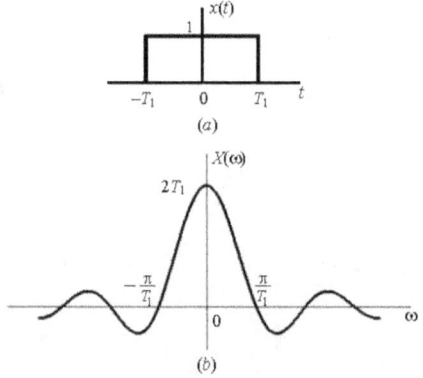

Figura 3.19. El pulso y su transformada de Fourier.

Ejemplo 12. Considérese la señal $x(t)$ cuya transformada de Fourier está dada por

$$X(\omega) = \begin{cases} 1, & |\omega| \leq W \\ 0, & |\omega| > W \end{cases} \qquad (3.94)$$

Esta transformada se ilustra en la Fig. 3.20b.

Usando ahora la ecuación de síntesis, se puede determinar $x(t)$:

$$x(t) = \frac{1}{2\pi}\int_{-W}^{W} e^{j\omega t}d\omega = \frac{\operatorname{sen} Wt}{\pi t} \qquad (3.95)$$

la cual se muestra en la Fig. 3.20a.

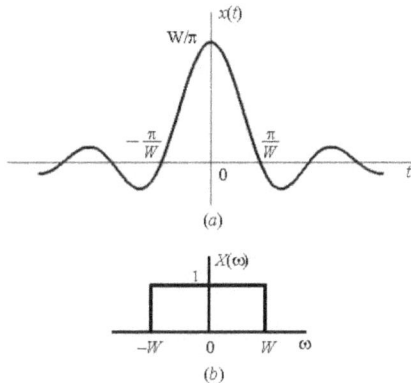

Figura 3.20. Par de transformadas de Fourier del Ejemplo 8.

Comparando las Figs. 3.19 y 3.20, o equivalentemente, las Ecs. (3.92) y (3.93) con las Ecs. (3.94) y (3.95), se observa una relación interesante. En cada caso, el par de transformadas de Fourier consiste de una función de tipo $(\operatorname{sen} x)/x$ y un pulso rectangular. Sin embargo, en el Ejemplo 10, la señal $x(t)$ es la que es un pulso, mientras que en el Ejemplo 11, la señal es la *transformada*. La relación especial que aparece aquí es una consecuencia directa de la *propiedad de dualidad* para las transformadas de Fourier, la cual se discute más adelante.

3.6 La Transformada de Señales Periódicas

En la sección anterior se desarrolló la transformada de Fourier para señales aperiódicas considerando el comportamiento de la serie de Fourier para señales periódicas conforme el período se hace arbitrariamente grande. Como lo indican los resultados, las representaciones en series de Fourier y en transformadas de Fourier están íntimamente relacionadas y en esta sección se invessstiga un poco más esa relación y también se desarrolla una representación en serie de Fourier para señales periódicas.

3.6.1 Los Coeficientes de la Serie de Fourier como Muestras de la Transformada

Como un primer paso, recuerde que en la derivación de la transformada de Fourier se hizo la observación de que los coeficientes de Fourier de una señal periódica $\tilde{x}(t)$ se podían obtener a partir de muestras de una envolvente, que entonces se determinó era igual a la transformada de Fourier de una señal aperiódica $x(t)$ y que a su vez era igual a un período de $\tilde{x}(t)$. Específicamente, sea T_0 el período fundamental de $\tilde{x}(t)$, como se ilustra en la Fig. 3.21. Como ya se vio, si $x(t)$ se toma como

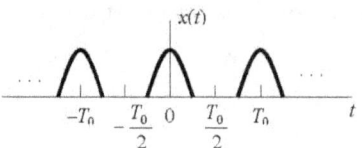

Figura 3.21. Señal Periódica.

$$x(t) = \begin{cases} \tilde{x}(t), & -\dfrac{T_0}{2} \le t \le \dfrac{T_0}{2} \\ 0, & t < -\dfrac{T_0}{2} \text{ o } t > \dfrac{T_0}{2} \end{cases} \tag{3.96}$$

entonces los coeficientes de Fourier c_k de $\tilde{x}(t)$ pueden expresarse en función de las muestras de la transformada de Fourier $X(\omega)$ de $x(t)$:

$$c_k = \frac{1}{T_0}\int_{-T_0/2}^{T_0/2}\tilde{x}(t)e^{-jk\omega_0 t}dt = \frac{1}{T_0}\int_{-T_0/2}^{T_0/2} x(t)e^{-jk\omega_0 t}dt$$

$$= \frac{1}{T_0}\int_{-\infty}^{\infty} x(t)e^{-jk\omega_0 t}dt = \frac{1}{T_0}X(k\omega_0) \tag{3.97}$$

Sin embargo, puesto que los coeficientes de Fourier, c_k, se pueden obtener integrando en *cualquier intervalo* de longitud T_0, es posible efectivamente obtener una expresión más general que la dada en la Ec. (3.97). Específicamente, sea s un punto arbitrario en el tiempo y defina la señal $x(t)$ como igual a $\tilde{x}(t)$ en el intervalo $s \le t \le s + T_0$ y cero para otros valores de s. Es decir,

$$x(t) = \begin{cases} \tilde{x}(t), & s \le t \le s + T_0 \\ 0, & t < s \text{ o } t > s + T_0 \end{cases} \tag{3.98}$$

Entonces los coeficientes de la serie de Fourier de $\tilde{x}(t)$ vienen dados por

$$c_k = \frac{1}{T_0}X(k\omega_0) \tag{3.99}$$

donde $X(\omega)$ es la transformada de Fourier de $x(t)$ en la forma definida en la Ec. (3.98). Observe que la Ec. (3.99) es válida para *cualquier* selección de s y no únicamente para $s = -T_0/2$. Sin embargo, esto *no* significa que la transformada $X(\omega)$ es la misma para todos los valores de s, pero sí implica que el conjunto de *muestras X($k\omega_0$)* es independiente de s.

En lugar de dar una demostración de la validez de la Ec. (3.99) en general, se ilustrará mediante el siguiente ejemplo.

Ejemplo 13. Sea $\tilde{x}(t)$ la onda periódica cuadrada con período T_0 ilustrada en la Fig. 3.22a, y sean $x_1(t)$ y $x_2(t)$ como se muestran en las Figs. 3.22b y c. Estas señales son iguales a $\tilde{x}(t)$ en intervalos diferentes de longitud T_0. La transformada de Fourier de $x_1(t)$ ya se obtuvo y es

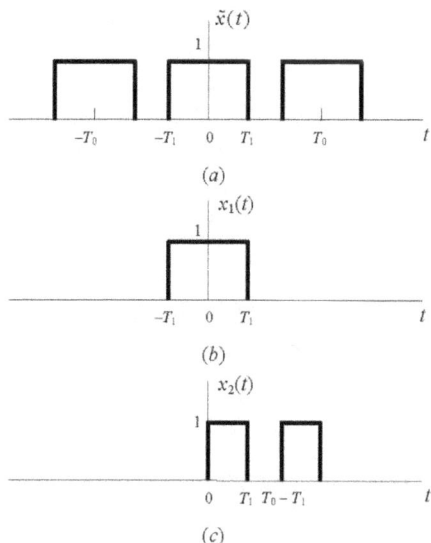

Figura 3.22

$$X_1(\omega) = \frac{2\operatorname{sen}\omega T_1}{\omega} \qquad (3.100)$$

La transformada de Fourier de $x_2(t)$ puede calcularse a partir la fórmula de definición:

$$\begin{aligned}X_2(\omega) &= \int_{-\infty}^{\infty} x_2(t)e^{-j\omega t}dt = \int_0^{T_1} e^{-j\omega t}dt + \int_{T_0-T_1}^{T_0} e^{-j\omega t}dt \\ &= \frac{1}{j\omega}\left(1 - e^{-j\omega T_1}\right) + \frac{1}{j\omega}e^{-j\omega T_0}\left(e^{j\omega T_1} - 1\right) \\ &= \frac{1}{j\omega}e^{-j\omega T_1/2}\left(e^{j\omega T_1/2} - e^{-j\omega T_1/2}\right) + \frac{1}{j\omega}e^{-j\omega(T_0-T_1/2)}\left(e^{j\omega T_1/2} - e^{-j\omega T_1/2}\right) \\ &= \frac{2}{j\omega}\operatorname{sen}\left(\frac{\omega T_1}{2}\right)\left[e^{-j\omega T_1/2} + e^{-j\omega(T_0-T_1/2)}\right]\end{aligned} \qquad (3.101)$$

Las transformadas $X_1(\omega)$ y $X_2(\omega)$ no son iguales. De hecho, $X_1(\omega)$ es real para todos los valores de ω mientras que $X_2(\omega)$ no lo es. Sin embargo, para $\omega = k\omega_0$, la Ec. (3.101) se convierte en

$$X_2(k\omega_0) = \frac{2}{k\omega_0}\operatorname{sen}\left(\frac{k\omega_0 T_1}{2}\right)\left[e^{-jk\omega_0 T_1/2} + e^{-jk\omega_0 T_0}e^{jk\omega_0 T_1/2}\right]$$

Puesto que $\omega_0 T_0 = 2\pi$, esta relación se reduce a

$$X_2(k\omega_0) = \frac{2}{k\omega_0}\operatorname{sen}\left(\frac{k\omega_0 T_1}{2}\right)\left[e^{-jk\omega_0 T_1/2} + e^{jk\omega_0 T_1/2}\right]$$

$$= \frac{4}{k\omega_0} \operatorname{sen}\left(\frac{k\omega_0 T_1}{2}\right)\cos\left(\frac{k\omega_0 T_1}{2}\right)$$

$$= \frac{2\operatorname{sen}(k\omega_0 T_1)}{k\omega_0} = X_1(k\omega_0)$$

la cual confirma el resultado dado en la Ec. (3.99), a saber, que los coeficientes de Fourier de una señal periódica pueden obtenerse a partir de muestras de la transformada de Fourier de una señal aperiódica que sea igual a la señal periódica original en *cualquier intervalo arbitrario* de longitud T_0 y que sea cero fuera de ese intervalo.

3.6.2 La Transformada de Fourier de Señales Periódicas

Considérese una señal $x(t)$ cuya transformada de Fourier $X(\omega)$ es un solo pulso de área 2π en $\omega = \omega_0$, es decir,

$$X(\omega) = 2\pi\delta(\omega - \omega_0) \qquad (3.102)$$

Para determinar la señal $x(t)$ a la que corresponde esta transformada de Fourier, se aplica la relación que define la transformada de Fourier inversa para obtener

$$x(t) = \frac{1}{2\pi}\int_{-\infty}^{\infty} 2\pi\delta(\omega-\omega_0)e^{j\omega t}d\omega$$
$$= e^{j\omega t}$$

Si $X(\omega)$ está en la forma de una combinación lineal de impulsos igualmente espaciados en frecuencia, es decir,

$$X(\omega) = \sum_{k=-\infty}^{\infty} 2\pi c_k \delta(\omega - k\omega_0) \qquad (3.103)$$

entonces la aplicación de la propiedad de linealidad produce

$$x(t) = \sum_{k=-\infty}^{\infty} c_k e^{jk\omega_0 t} \qquad (3.104)$$

y esta última corresponde exactamente a la *representación en serie de Fourier* de una señal periódica. Así que la transformada de Fourier de una señal periódica con coeficientes de su serie de Fourier $\{c_k\}$, puede interpretarse como un tren de impulsos que ocurren en las frecuencias relacionadas armónicamente y donde el área de la k-ésima frecuencia armónica $k\omega_0$ es 2π veces el k-ésimo coeficiente de la serie de Fourier c_k.

Ejemplo 14. Considérese de nuevo la onda cuadrada ilustrada en la Fig. 3.22*a*. Los coeficientes de la serie de Fourier para esta señal son

$$c_k = \frac{\operatorname{sen} k\omega_0 T_1}{\pi k}$$

y la transformada de Fourier es

$$X(\omega) = \sum_{k=-\infty}^{\infty} \frac{2\operatorname{sen} k\omega_0 T_1}{k}\delta(\omega - k\omega_0)$$

la cual se grafica en la Fig. 3.23 para $T_0 = 4T_1$.

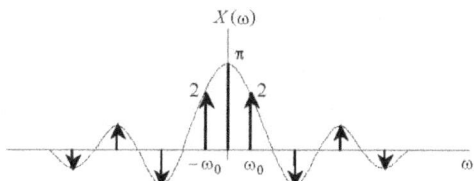

Figura 3.23. Transformada de Fourier de una onda cuadrada periódica simétrica.

Ejemplo 15. Considérese el tren de impulsos periódicos dado por

$$x(t) = \sum_{k=-\infty}^{\infty} \delta(t - kT)$$

y dibujado en la Fig. 3.24a. Esta señal es periódica con período fundamental T. Para determinar la transformada de Fourier de esta señal, calculamos primero sus coeficientes de Fourier:

$$c_k = \frac{1}{T}\int_{-T/2}^{T/2} \delta(t) e^{-jk\omega_0 t} dt = \frac{1}{T}$$

Insertando ésta en la Ec. (3.104), se obtiene

$$X(\omega) = \frac{2\pi}{T}\sum_{k=-\infty}^{\infty} \delta\left(\omega - \frac{2\pi k}{T}\right)$$

La transformada de un tren de impulsos en el tiempo es entonces un tren de impulsos en frecuencia, como se muestra en la Fig. 3.24b. Aquí se ve de nuevo una ilustración de la relación entre los dominios del tiempo y de frecuencia. Conforme la separación entre los impulsos en el tiempo se hace mayor, la separación entre los impulsos en frecuencia se hace menor.

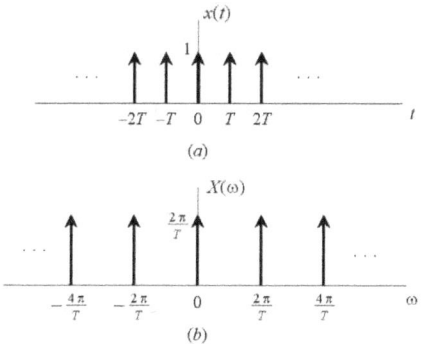

Figura 3.24. (a) Tren de impulsos periódicos; (b) su transformada de Fourier.

3.7 Propiedades Adicionales de la Transformada de Fourier

Ahora se considerarán varias propiedades de la transformada de Fourier que proporcionan una mejor comprensión de la transformada y de la relación entre las descripciones de la señal en los dominios del tiempo y la frecuencia. Adicionalmente, muchas de estas propiedades con frecuencia son útiles en la reducción de la complejidad en la evaluación de las transformadas y para estudiar mejor la relación entre las representaciones en serie de Fourier y en transformada de Fourier de una señal periódica. A través de la presentación también se usará la notación

$$x(t) \leftrightarrow X(\omega) = \mathcal{F}\{x(t)\}$$

para referirnos al par de transformadas $x(t)$ y $X(\omega)$.

3.7.1 Retardo en el Tiempo y Cambio de Escala

Dada una función del tiempo $x(t)$, a partir de ella se pueden generar otras señales mediante una modificación del argumento de la función. Específicamente, reemplazando t por $t - t_d$ produce la *señal retardada en el tiempo* $x(t - t_d)$. La señal retardada tiene la misma forma que $x(t)$ pero está desplazada t_d unidades hacia la derecha en el eje del tiempo. Para establecer esta propiedad, supóngase que

$$x(t) \leftrightarrow X(\omega)$$

Considere entonces la transformada de la función retardada:

$$\mathcal{F}\{x(t - t_d)\} = \int_{-\infty}^{\infty} x(t - t_d) e^{-j\omega t} dt$$

Haciendo $\sigma = t - t_d$, se obtiene

$$\mathcal{F}\{x(t - t_d)\} = \int_{-\infty}^{\infty} x(\sigma) e^{-j\omega(\sigma + t_d)} d\sigma = e^{-j\omega t_d} X(\omega)$$

esto es,

$$x(t - t_d) \leftrightarrow e^{-j\omega t_d} X(\omega) = e^{-j2\pi f t_d} X(f) \tag{3.105}$$

Antes de proceder con el siguiente ejemplo, defina el pulso rectangular de la Fig. 3.25, el cual por ser tan común merece un símbolo propio.

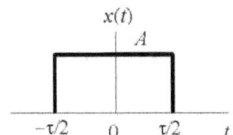

Figura 3.25. La función rectangular.

Se adoptará la notación

$$\Pi(t/\tau) = \operatorname{rect}(t/\tau) \equiv \begin{cases} 1 & |t| < \tau/2 \\ 0 & |t| > \tau/2 \end{cases} \tag{3.106}$$

que representa una función rectangular con amplitud unitaria y duración ☐ centrada en $t = 0$. El pulso en la figura se escribe entonces como

$$x(t) = A\Pi(t/\tau) = A\operatorname{rect}(t/\tau) \tag{3.107}$$

y su transformada de Fourier es

$$X(\omega) = \int_{-\tau/2}^{\tau/2} A e^{-j\omega t} dt = \frac{2A}{\omega} \operatorname{sen} \frac{\omega \tau}{2} = A\tau \operatorname{sinc} \frac{\omega \tau}{2\pi} \tag{3.108}$$

El desplazamiento o corrimiento de fase en la transformada es una función lineal de ω. Si t_d es una cantidad negativa, la señal es *adelantada* en el tiempo y la fase añadida tiene pendiente positiva.

Si el pulso rectangular no está centrado en el origen, entonces se denota como $\text{rect}\left[(t-T_0)/\tau\right]$; esto indica que el pulso está centrado en T_0 y su ancho es igual a τ.

Ejemplo 16. La señal en la Fig. 3.26 se construye usando dos pulsos rectangulares $x(t) = A\Pi(t/\tau)$ tales que

$$z_a(t) = x(t - t_d) + (-1)x\left[t - (t_d + T)\right]$$

donde $t_0 = t_d + T/2$. Aplicando los teoremas de superposición (linealidad) y de retardo, se obtiene

$$Z_a(\omega) = X(\omega)\left[e^{-j\omega t_d} - e^{-j\omega(t_d + T)}\right]$$

donde $X(\square)$ está dada por la Ec. (3.108).

Si $t_0 = 0$ y $T = \tau$, $z_a(t)$ se degenera en la onda de la Fig. 3.26b donde

$$z_b(t) = A\Pi\left(\frac{t + \tau/2}{\tau}\right) - A\Pi\left(\frac{t - \tau/2}{\tau}\right)$$

El espectro se convierte entonces en

$$Z_b(\omega) = \left(A\tau \,\text{sinc}\, \tfrac{\omega\tau}{2\pi}\right)(j2\sen \omega\tau/2)$$
$$= (j\omega\tau) A\tau \,\text{sinc}^2 \frac{\omega\tau}{2}$$

El espectro es puramente imaginario porque $z_b(t)$ tiene simetría impar.

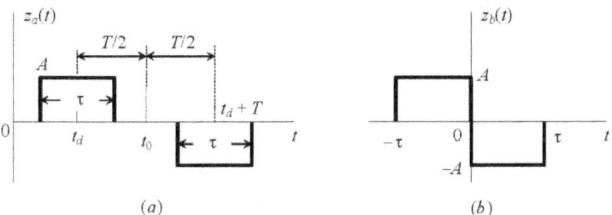

Figura 3.26

Otra operación en el eje del tiempo es un *cambio de escala*, el cual produce una imagen de $x(t)$ escalada horizontalmente al reemplazar t por αt. La señal escalada $x(\alpha t)$ será *expandida* si $|\alpha| < 1$ o *comprimida* si $|\alpha| > 1$; un valor negativo de α produce *inversión* en el tiempo y también expansión o compresión.

El cambio de escala en el dominio del tiempo se convierte en un cambio de escala *recíproco* en el dominio de la frecuencia. Es decir, si

$$x(t) \leftrightarrow X(\omega)$$

entonces

$$x(\alpha t) \leftrightarrow \frac{1}{|\alpha|} X\left(\frac{\omega}{\alpha}\right) \qquad (3.109)$$

donde α es una constante real. Se demostrará la Ec. (3.109) para el caso $\alpha < 0$ escribiendo $\alpha = -|\alpha|$ y haciendo ahora el cambio de variable $\lambda = -|\alpha|t$, y $dt = -d\lambda/|\alpha|$, se tiene que

$$\mathcal{F}\{x(-|\alpha|t)\} = \int_{-\infty}^{\infty} x(-|\alpha|t) e^{-j\omega t} dt = -\frac{1}{|\alpha|} \int_{\infty}^{-\infty} X(\lambda) e^{-j\omega\lambda/\alpha} d\lambda$$

$$= \frac{1}{|\alpha|} \int_{-\infty}^{\infty} x(\lambda) e^{-j(\omega/\alpha)\lambda} d\lambda = \frac{1}{|\alpha|} X\left(\frac{\omega}{\alpha}\right)$$

El factor $1/|a|$ asegura que las señales escaladas en ambos dominios tengan la misma energía o potencia. Una señal comprimida varía más rápidamente y, por tanto, requiere componentes de frecuencias más altas para sintetizarla. Por tanto, el espectro es expandido. Lo inverso es el caso para una expansión de la señal.

Ejemplo 16. Determinar la transformada de Fourier de la señal rectangular

$$x(t) = \mathrm{rect}\left(2t/T_1\right)$$

Por la Ec. (3.108),

$$f(t) = \mathrm{rect}(t/\tau) \leftrightarrow \frac{2}{\omega} \mathrm{sen} \frac{\omega\tau}{2}$$

se ve que $x(t)$ es simplemente el caso particular donde $T = \tau$ y el factor de escala $a = 2$. Aplicando la propiedad de escalamiento en el tiempo al par de transformadas en la relación anterior resulta en

$$x(t) = f(2t)$$

donde $f(t) = \mathrm{rect}(t/T_1)$. Por tanto, por la Ec. (3.109),

$$x(\omega) = \frac{1}{2} F(\omega/2) = \frac{4}{\omega} \mathrm{sen}\left(\frac{\omega T_1}{4}\right)$$

Este ejemplo y la propiedad de escalamiento permiten ver una importante relación entre los dominios del tiempo y de la frecuencia. Obsérvese cómo el espectro de frecuencia de la señal se dispersa o se hace más amplio conforme se comprime la señal en el dominio del tiempo. Esto implica que un pulso con poca duración contiene componentes de frecuencias con magnitudes significativas en una banda de frecuencias más amplia que un pulso con una mayor duración. En los sistemas de comunicaciones, esta relación recíproca entre las señales en el dominio del tiempo y sus espectros en frecuencia es una consideración importante. Ella se conoce como la relación *duración-ancho de banda* y se analiza en detalle en los textos de comunicaciones.

Las propiedades de desplazamiento y escalamiento en el tiempo se pueden combinar en una propiedad más general de transformación en el tiempo. Supóngase que

$$\tau = at - t_0$$

donde a es un factor de escala y t_0 es un corrimiento en el tiempo. Si se aplica primero la propiedad de cambio de escala a la señal $x(t)$, se obtiene

$$x(at) \leftrightarrow \frac{1}{|a|} X\left(\frac{\omega}{a}\right)$$

y luego se aplica la propiedad de desplazamiento a esta última función, se obtiene la propiedad de transformación en el tiempo:

$$x(at - t_0) \leftrightarrow \frac{1}{|a|} X\left(\frac{\omega}{a}\right) e^{-j(\omega/\omega_0)t_0} \qquad (3.110)$$

3.7.2 Diferenciación en el Tiempo

Diferenciando la Ec. (3.79) (que da la definición de la transformada inversa) con respecto al tiempo, se obtiene

$$\frac{dx(t)}{dt} = \frac{1}{2\pi} \int_{-\infty}^{\infty} [j\omega X(\omega)] e^{j\omega t} d\omega$$

Pero la expresión entre corchetes dentro de la integral en el lado derecho, por definición, es la transformada de la derivada $dx(t)/dt$ y así se obtiene el par de transformadas

$$\frac{dx(t)}{dt} \leftrightarrow j\omega X(\omega) \qquad (3.111)$$

Es bastante sencillo demostrar para el caso general que

$$\frac{d^n x(t)}{dt^n} \leftrightarrow (j\omega)^n X(\omega) \qquad (3.112)$$

Observe que, el valor espectral con $\omega = 0$ es cero, ya que la componente de cd se pierde cuando se diferencia una señal. El factor ω implica que la magnitud de las componentes de alta frecuencia es realzada más que las de baja frecuencia y, por tanto, las variaciones rápidas en el tiempo de la señal son acentuadas. La propiedad es válida sólo si la función derivada tiene transformada.

3.7.3 Integración en el Tiempo

Supóngase que a partir de $x(t)$ se genera otra función por integración, es decir, la función

$$y(t) = \int_{-\infty}^{t} x(\lambda) d\lambda.$$

El *teorema de integración* dice que si

$$X(0) = \int_{-\infty}^{\infty} x(\lambda) d\lambda = 0$$

entonces

$$\int_{-\infty}^{t} x(\tau) d\tau \leftrightarrow \frac{1}{j\omega} X(\omega) = \frac{1}{j2\pi f} X(f) \qquad (3.113)$$

La condición de que el área neta sea cero asegura que la señal integrada tiende a cero conforme t tiende a infinito. Puesto que la integración es el proceso inverso de la diferenciación, la Ec. (3.113) muestra que la operación en el dominio de la frecuencia correspondiente a la integración en el dominio del tiempo es la multiplicación por $1/j\omega$.

3.7.4 Dualidad

Si se comparan las relaciones para la transformada de Fourier y su transformada inversa

$$x(t) = \frac{1}{2\pi}\int_{-\infty}^{\infty} X(\omega)e^{j\omega t}d\omega = \int_{-\infty}^{\infty} X(f)e^{j2\pi f t}df \qquad (3.114)$$

$$X(\omega) = \int_{-\infty}^{\infty} x(t)e^{-j\omega t}dt = X(f) \qquad (3.115)$$

se observa que hay una simetría bien definida, que difieren solamente por la variable de integración y el signo en el exponente. De hecho, esta simetría conduce a una propiedad de la transformada de Fourier conocida como *dualidad*. Específicamente, considere cambiar en la Ec. (3.115) ω por –ω; se obtiene

$$X(-\omega) = \int_{-\infty}^{\infty} x(t)e^{j\omega t}dt \qquad (3.116)$$

Comparando esta ecuación con la Ec. (3.114), vemos que si ahora intercambiamos ω y *t*, se obtiene

$$X(-t) = \int_{-\infty}^{\infty} x(\omega)e^{j\omega t}d\omega \qquad (3.117)$$

y entonces

$$x(\omega) = \frac{1}{2\pi}\mathscr{F}\{X(-t)\} \qquad (3.118)$$

Es decir, si se nos da el par de transformadas de Fourier para la función temporal *x(t)*:

$$x(t) \leftrightarrow X(\omega) \qquad (3.119)$$

y después se considera la *función del tiempo* $X(t)$, su par de transformadas de Fourier es

$$X(t) \leftrightarrow \begin{cases} 2\pi x(-\omega) \\ x(-f) \end{cases} \qquad (3.120)$$

Las implicaciones de estas dos últimas ecuaciones son importantes. Por ejemplo, supóngase que

$$x(t) = \begin{cases} 1, & |t| < M \\ 0, & |t| > M \end{cases} \qquad (3.121)$$

Entonces, de la Ec. (3.116),

$$X(\omega) = \frac{2\,\mathrm{sen}\,\omega M}{\omega} = 2M\,\mathrm{sinc}\left(\frac{\omega M}{\pi}\right) \qquad (3.122)$$

Ese resultado, junto con la Ec. (3.111) o, equivalentemente, la Ec. (3.119), produce el par de transformadas en la Ec. (3.109) para $M = \tau/2$, mientras que si se usa la Ec. (3.119) o la Ec. (3.121) se obtiene el par en la Ec. (3.95) con $M = W$. Por tanto, la propiedad de dualidad permite obtener ambas de estas transformadas duales a partir de una evaluación de la Ec. (3.116). Esto a veces permite una reducción en la complejidad de los cálculos involucrados en la determinación de las transformadas y las transformadas inversas. Como ilustración de esta propiedad, considérese el siguiente ejemplo.

Ejemplo 18. Supóngase que se desea evaluar la transformada de Fourier de la señal

$$x(t) = \frac{2}{t^2 + 1}$$

Si se hace

$$x(\omega) = \frac{2}{\omega^2 + 1}$$

entonces, de la Ec. (3.119), se tiene el par de transformadas de Fourier

$$g(t) \leftrightarrow x(\omega) = \frac{2}{\omega^2 + 1}$$

Por el Ejemplo 9 se sabe que

$$g(t) = e^{-|t|}$$

Adicionalmente, usando el par de transformadas dado por la Ec. (3.120), se concluye que puesto que $f(t) = x(t)$, entonces

$$X(\omega) = \mathcal{F}\{x(t)\} = 2\pi g(-\omega) = 2\pi e^{-|\omega|}$$

La propiedad de dualidad también puede usarse para determinar o sugerir otras propiedades de la transformada de Fourier. Específicamente, si existen características de una función del tiempo que tienen implicaciones sobre la transformada de Fourier, entonces las mismas características asociadas con una función de la frecuencia tendrán implicaciones *duales* en el dominio del tiempo. Por ejemplo, se sabe que una función del tiempo periódica tiene una transformada de Fourier que es un tren de impulsos ponderados e igualmente espaciados. Debido a la dualidad, una *función del tiempo* que es un tren de impulsos ponderados e igualmente espaciados tendrá una transformada de Fourier que es periódica en frecuencia. Esto es una consecuencia de las Ecs. (3.117) y (3.118). En forma similar, algunas de las propiedades de la transformada de Fourier ya consideradas también implican propiedades duales. Por ejemplo, ya se vio que la diferenciación en el dominio del tiempo corresponde a multiplicar por $j\omega$ en el dominio de la frecuencia. De la discusión anterior se podría entonces intuir que la multiplicación por jt en el dominio del tiempo corresponde a alguna forma de diferenciación en el dominio de la frecuencia. Para determinar la forma precisa de esta propiedad dual, se procede en la forma siguiente: Se diferencia la ecuación de síntesis con respecto a ω para obtener

$$\frac{dX(\omega)}{d\omega} = \int_{-\infty}^{\infty} -jtx(t)e^{-j\omega t} dt$$

Es decir,

$$-jtx(t) \leftrightarrow \frac{dX(\omega)}{d\omega} \qquad (3.123)$$

que es la propiedad dual de la Ec. (3.111).

En forma similar, otras propiedades duales son:

$$e^{j\omega_0 t} x(t) \leftrightarrow X(\omega - \omega_0) \qquad (3.124)$$

que es la propiedad de corrimiento en frecuencia, y

$$-\frac{1}{jt}x(t)+\pi x(0)\delta(t) \leftrightarrow \int_{-\infty}^{\infty} X(\eta)d\eta \qquad (3.125)$$

que se obtiene a partir de la Ec. (3.129) más adelante.

3.7.5 La Relación de Parseval

En la misma forma que la representación en el dominio de la frecuencia de una señal es una representación equivalente, la energía E de la señal también puede expresarse en términos de su espectro. Si $x(t)$ y $X(\omega)$ forman una par de transformadas de Fourier, entonces, la energía de una señal $x(t)$ está relacionada con su espectro por la relación

$$E = \int_{-\infty}^{\infty}|x(t)|^2 dt = \frac{1}{2\pi}\int_{-\infty}^{\infty}|X(\omega)|^2 d\omega = \int_{-\infty}^{\infty}|X(f)|^2 df \qquad (3.126)$$

Esta expresión, conocida como la relación de Parseval, se deduce de una aplicación directa de la transformada de Fourier. Específicamente,

$$\int_{-\infty}^{\infty}|x(t)|^2 dt = \int_{-\infty}^{\infty} x(t)x^*(t)dt = \int_{-\infty}^{\infty} x(t)\left[\frac{1}{2\pi}\int_{-\infty}^{\infty} X^*(\omega)e^{-j\omega t}d\omega\right]dt$$

Invirtiendo el orden de integración se obtiene

$$\int_{-\infty}^{\infty}|x(t)|^2 dt = \frac{1}{2\pi}\int_{-\infty}^{\infty} X^*(\omega)\left[\int_{-\infty}^{\infty} x(t)e^{-j\omega t}dt\right]d\omega$$

Pero la cantidad entre corchetes es sencillamente la transformada de Fourier de $x(t)$; en consecuencia,

$$\int_{-\infty}^{\infty}|x(t)|^2 dt = \frac{1}{2\pi}\int_{-\infty}^{\infty}|X(\omega)|^2 d\omega = \int_{-\infty}^{\infty}|X(f)|^2 df$$

La relación de Parseval expresa que la energía total puede determinarse bien sea calculando la energía por unidad de tiempo, $|x(t)|^2$, e integrando para todo el tiempo o calculando la energía por unidad de frecuencia, $|X(\omega)|^2$, e integrando para todas las frecuencias. Por esta razón, a $|X(\omega)|$ también se le refiere como el *espectro de la densidad de energía* de la señal $x(t)$. Con esto se quiere decir que la energía en cualquier banda diferencial de frecuencias df es igual a $|X(f)|df$. Observe que este teorema sólo es aplicable a la transformada de Fourier de señales de energía.

Ejemplo 19. Halle la energía de la señal $x(t) = e^{-t}u(t)$. Halle el valor de T de modo que 99% de la energía de la señal esté contenido en el intervalo $0 \leq t \leq T$. ¿Cuál es el ancho de banda B correspondiente de la señal, donde B es tal que 99% de la energía espectral está en la banda $0 \leq \omega \leq B$.

Solución: Para la función $x(t) = e^{-t}u(t)$, su transformada es

$$X(\omega) = \frac{1}{1+j\omega}$$

La energía E de la señal es

$$E = \int_{-\infty}^{\infty} |x(t)|^2 dt = \int_0^{\infty} e^{-2t} dt = -\frac{e^{-2t}}{2}\bigg|_0^{\infty} = \frac{1}{2}$$

Si se cambia el límite superior a T, se obtiene

$$\int_0^T e^{-2t} dt = \frac{1}{2}(1 - e^{-2T}) = 0.495$$

De aquí se obtiene el valor de T como $T = 2.3026$ s.

Si ahora se utiliza el espectro,

$$\frac{1}{\pi} \int_0^B \frac{d\omega}{1+\omega^2} = \frac{1}{\pi} \tan^{-1} B = 0.495 \quad \Rightarrow \quad B = \tan(0.495\pi) = 63.6567 - 2c_2\phi_2(t)f(t) - \cdots - 2c_n\phi_n(t)$$

Ejemplo 20. Considere el par de transformadas

$$x(t) = \begin{cases} 1, & |t| < T_1 \\ 0, & |t| > T_1 \end{cases} \quad \leftrightarrow \quad X(\omega) = \frac{2\,\text{sen}\,\omega T_1}{\omega} = 2T_1 \,\text{sinc}\left(\frac{\omega T_1}{\pi}\right)$$

La energía total de la señal es

$$\frac{1}{2\pi} \int_{-\infty}^{\infty} (4T_1^2) \,\text{sinc}^2\left(\frac{\omega T_1}{\pi}\right) d\omega = \int_{-T_1}^{T_1} (1)^2 dt = 2T_1$$

Como se observa, es mucho más fácil integrar el lado derecho que el lado izquierdo.

3.8 La Propiedad de Convolución

Esta propiedad juega un papel importante en el estudio de los sistemas LIT. La propiedad establece que si

$$x(t) \leftrightarrow X(\omega)$$
$$h(t) \leftrightarrow H(\omega)$$

entonces la convolución y su transformada están relacionadas en la forma siguiente:

$$y(t) = \int_{-\infty}^{\infty} x(\tau) h(t-\tau) d\tau = x(t) * h(t) \quad \leftrightarrow \quad Y(\omega) = X(\omega) H(\omega) \qquad (3.127)$$

La convolución de dos señales en el dominio del tiempo tiene el efecto de multiplicar sus transformadas en el dominio de la frecuencia. La demostración se obtiene directamente a partir de la definición de la integral de convolución, vale decir, se quiere determinar $Y(\omega)$ usando la ecuación de definición de la transformada:

$$Y(\omega) = \mathcal{F}\{y(t)\} = \int_{-\infty}^{\infty} \left[\int_{-\infty}^{\infty} x(\tau) h(t-\tau) d\tau \right] e^{-j\omega t} dt$$

Intercambiando el orden de integración y observando que $x(\tau)$ no depende de t, se obtiene

$$Y(\omega) = \int_{-\infty}^{\infty} x(\tau) \left[\int_{-\infty}^{\infty} h(t-\tau) e^{-j\omega t} d\tau \right] dt$$

Por el teorema del retardo, el término entre corchetes es simplemente $H(\omega)e^{-j\omega\tau}$, y entonces

$$Y(\omega) = \int_{-\infty}^{\infty} x(\tau)e^{-j\omega\tau}H(\omega)d\tau$$
$$= H(\omega)\int_{-\infty}^{\infty} x(\tau)e^{-j\omega\tau}d\tau$$
$$= H(\omega)X(\omega)$$

Así que una convolución en el dominio del tiempo es equivalente a una multiplicación en el dominio de la frecuencia, la cual, en muchos casos, es conveniente y se puede hacer por inspección. La convolución de un pulso rectangular centrado en el origen de ancho τ y altura $1/\tau$ consigo mismo produce una forma de onda triangular, centrada en el origen, con ancho 2τ y altura $1/\tau$. Puesto que la convolución en el dominio del tiempo corresponde a una multiplicación en el dominio de la frecuencia y la transformada de Fourier del pulso rectangular es $2\operatorname{sen}(\omega\tau/2)/\omega\tau$, la transformada de Fourier de la forma de onda triangular se obtiene como

$$X(\omega) = \frac{2\operatorname{sen}\left(\frac{\omega\tau}{2}\right)}{\omega\tau} \frac{2\operatorname{sen}\left(\frac{\omega\tau}{2}\right)}{\omega\tau} = \left(\frac{2\operatorname{sen}\left(\frac{\omega\tau}{2}\right)}{\omega\tau}\right)^2$$

El uso de la propiedad de convolución para sistemas LIT se muestra en la Fig. 3.27. El espectro de amplitud y el de fase de la salida $y(t)$ están relacionados con los espectros de la entrada $x(t)$ y la respuesta al impulso $h(t)$ en la forma

$$|Y(\omega)| = |X(\omega)||H(\omega)|$$
$$\angle Y(\omega) = \angle X(\omega) + \angle H(\omega)$$

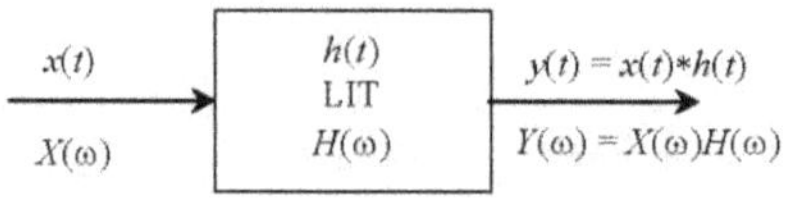

Figura 3.27. Propiedad de convolución de sistemas LIT.

La función $H(\omega)$ o $H(f)$, la transformada de Fourier de la respuesta al impulso del sistema, generalmente se conoce como la *respuesta de frecuencia* del sistema. Muchas de las propiedades de los sistemas LIT pueden interpretarse convenientemente en términos de $H(\omega)$. Por ejemplo, la respuesta al impulso de la conexión en cascada de dos sistemas LIT es la convolución de las respuestas al impulso de los sistemas individuales y la respuesta completa no depende del orden en el cual los sistemas están en la cascada (¡demuéstrelo!). Usando la Ec. (3.127) se puede definir esto en términos de las respuestas en frecuencia. Como se ilustra en la Fig. 3.28, la respuesta de frecuencia total de los dos sistemas en cascada es simplemente el producto de las respuestas de frecuencia individuales, y de esto está claro que la respuesta total no depende del orden de la cascada.

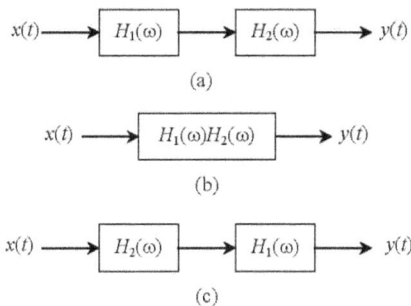

Figura 3.28. Tres sistemas LIT equivalentes.

Ejemplo 21. La convolución periódica $f(t) = x_1(t) \oplus x_2(t)$ se definió en el Ejemplo 11 del Cap. 2. Si d_n y e_n son los coeficientes de Fourier complejos de $x_1(t)$ y $x_2(t)$, respectivamente, demuestre que los coeficientes de Fourier complejos c_k de $f(t)$ están dados por

$$c_k = T_0 d_k e_k$$

donde T_0 es el período fundamental común a $x_1(t)$, $x_2(t)$ y $f(t)$.

Se sabe

$$f(t) = x_1(t) \oplus x_2(t) = \int_0^{T_0} x_1(\tau) x_2(\tau) d\tau$$

Sean

$$x_1(t) = \sum_{k=-\infty}^{\infty} d_k e^{jk\omega_0 t} \quad y \quad x_2(t) = \sum_{k=-\infty}^{\infty} e_k e^{jk\omega_0 t}$$

las series de Fourier para x_1 y x_2, respectivamente. Entonces

$$f(t) = \int_0^{T_0} x(\tau) \left(\sum_{k=-\infty}^{\infty} e_k e^{jk\omega_0 (t-\tau)} \right) d\tau$$

$$= \sum_{k=-\infty}^{\infty} e_k e^{jk\omega_0 t} \int_0^{T_0} x(\tau) e^{-jk\omega_0 \tau} d\tau$$

Como

$$d_k = \frac{1}{T_0} \int_0^{T_0} x(\tau) e^{-jk\omega_0 \tau} d\tau$$

se obtiene que

$$f(t) = \sum_{k=-\infty}^{\infty} T_0 d_k e_k e^{jk\omega_0 t}$$

la cual muestra que los coeficientes de Fourier complejos c_k de $f(t)$ son iguales a $T_0 d_k e_k$.

3.8.1 Las Funciones Escalón y Signo

La falta de simetría en la función escalón crea un problema cuando se trata de determinar su transformada en el límite. Para resolver este problema, se comienza con la *función signo*, Fig. 3.29, la cual se define como

$$\operatorname{sgn} t \equiv \begin{cases} +1 & t>0 \\ -1 & t<0 \end{cases}$$

y que presenta simetría impar.

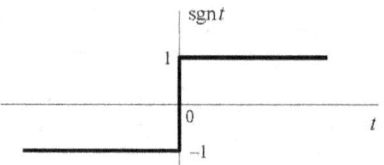

Figura 3.29. La función signo.

La función signo puede considerarse como un caso límite de la función

$$z(t) = \begin{cases} +e^{-bt} & t>0 \\ -e^{+bt} & t<0 \end{cases}$$

de manera que $z(t) \to \operatorname{sgn} t$ si $b \to 0$. La transformada de $z(t)$ es

$$Z(f) = \frac{-j4\pi f}{b^2 + (2\pi f)^2}$$

y, por tanto,

$$\mathcal{F}\{\operatorname{sgn} t\} = \lim_{b \to 0} Z(f) = \frac{1}{j\pi f}$$

de donde se obtiene el par de transformadas

$$\operatorname{sgn} t \quad \leftrightarrow \quad \frac{1}{j\pi f}$$

Las funciones escalón y signo están relacionadas por la ecuación

$$u(t) = \frac{1}{2}(\operatorname{sgn} t + 1) = \frac{1}{2}\operatorname{sgn} t + \frac{1}{2}$$

y, por consiguiente,

$$u(t) \quad \leftrightarrow \quad \frac{1}{j2\pi f} + \frac{1}{2}\delta(f) \tag{3.128}$$

Ahora se quiere deducir la propiedad de integración cuando la señal integrada tiene un área neta diferente de cero. Esta propiedad se obtiene mediante la convolución de $u(t)$ con una señal de energía arbitraria $x(t)$, esto es,

$$x(t) * u(t) = \int_{-\infty}^{\infty} x(\lambda) u(t-\lambda) d\lambda$$
$$= \int_{-\infty}^{t} x(\lambda) d\lambda$$

Pero, del teorema de la convolución y la Ec. (3.128), se tiene que

$$\mathscr{F}\{x(t) * u(t)\} = X(f)\left[\frac{1}{j2\pi f} + \frac{1}{2}\delta(f)\right]$$

por lo que

$$\int_{-\infty}^{t} x(\lambda) d\lambda \leftrightarrow \frac{1}{j2\pi f} + \frac{1}{2} X(0)\delta(f) \qquad (3.129)$$

la cual se reduce al teorema de integración previo cuando $X(0) = 0$.

Ejemplo 22. Considere un sistema LIT con respuesta al impulso

$$h(t) = e^{-at} u(t)$$

y cuya excitación es la función escalón unitario $u(t)$. La transformada de Fourier de la salida es

$$Y(\omega) = \mathscr{F}\{u(t)\} \mathscr{F}\{e^{-at} u(t)\} = \left[\pi\delta(\omega) + \frac{1}{j\omega}\right]\left(\frac{1}{a+j\omega}\right)$$
$$= \frac{\pi}{a}\delta(\omega) + \frac{1}{j\omega(a+j\omega)}$$
$$= \frac{1}{a}\left[\pi\delta(\omega) + \frac{1}{j\omega}\right] - \frac{1}{a}\frac{1}{a+j\omega}$$

Tomando la transformada de Fourier inversa de ambos lados resulta en

$$y(t) = \frac{1}{a} u(t) - \frac{1}{a} e^{-at} u(t)$$
$$= \frac{1}{a}\left[1 - e^{-at}\right] u(t)$$

Ejemplo 23. Considérese la señal $x(t) = u(t) - u(t-2)$, mostrada en la Fig. 3.30(a), cuya transformada de Fourier es

$$X(\omega) = \frac{1}{j\omega}\left(1 - e^{-j2\omega}\right)$$

y $X(0) = 2$. Si ahora se usa la propiedad de integración, se tiene que

$$y(t) = \int_{-\infty}^{t} x(\tau) d\tau \leftrightarrow Y(\omega) = \frac{X(\omega)}{j\omega} + = 2\pi\delta(\omega) + \frac{e^{-j2\omega} - 1}{\omega^2}$$

La integral de $x(t)$ es $y(t) = tu(t) - (t-2)u(t-2)$, mostrada en la Fig. 3.30(b).

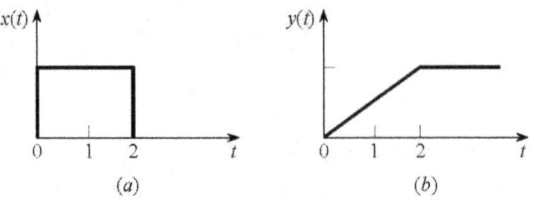

Figura 3.30. Señales para el Ejemplo 23.

3.9 Modulación

La propiedad de convolución expresa que la convolución en el *dominio del tiempo* se corresponde con una multiplicación en el *dominio de la frecuencia*. A causa de la propiedad de dualidad entre los dominios del tiempo y de la frecuencia, es de esperar que también se cumpla una propiedad dual. Específicamente, si

$$x(t) \leftrightarrow X(\omega)$$
$$m(t) \leftrightarrow M(\omega)$$

entonces

$$x(t)m(t) \leftrightarrow \frac{1}{2\pi}[X(\omega)*M(\omega)] = X(f)*M(f) \qquad (3.130)$$

La convolución de señales de frecuencia se demuestra a partir de la Ec. (3.127) usando la propiedad de dualidad, y se obtiene en exactamente la misma forma que la convolución en el dominio del tiempo; es decir,

$$X(\omega)*H(\omega) = \int_{\sigma=-\infty}^{\infty} X(\sigma)H(\omega-\sigma)d\sigma = \int_{\sigma=-\infty}^{\infty} H(\sigma)X(\omega-\sigma)d\sigma$$

La multiplicación de la señal deseada $x(t)$ por $m(t)$ es equivalente a alterar o *modular* la amplitud de $x(t)$ de acuerdo con las variaciones en $m(t)$, y por ello también se denomina *modulación de amplitud*. La importancia de esta propiedad se ilustrará con algunos ejemplos.

Ejemplo 24. Sea $x(t)$ una señal cuyo espectro $X(\omega)$ se muestra en la Fig. 3.31a. También considérese la señal $m(t)$ definida por

$$m(t) = \cos\omega_0 t$$

Entonces

$$M(\omega) = \pi\delta(\omega-\omega_0) + \pi\delta(\omega+\omega_0)$$

como se muestra en la Fig. 3.31b, y el espectro $(1/2\pi)\,M(\omega)*X(\omega)$ del producto $m(t)x(t)$ se obtiene aplicando la Ec. (3.126):

$$\frac{1}{2\pi}M(\omega)*X(\omega) = \frac{1}{2}X(\omega-\omega_0) + \frac{1}{2}X(\omega+\omega_0) = R(\omega)$$

el cual se grafica en la Fig. 3.31c. Aquí se tomó $\omega_0 > \omega_1$ para que las partes diferentes de cero de $R(\omega)$ no se solapen. Se ve entonces que el espectro de la onda resultante de la multiplicación en el tiempo consiste de la suma de dos versiones desplazadas y escaladas de $X(\omega)$.

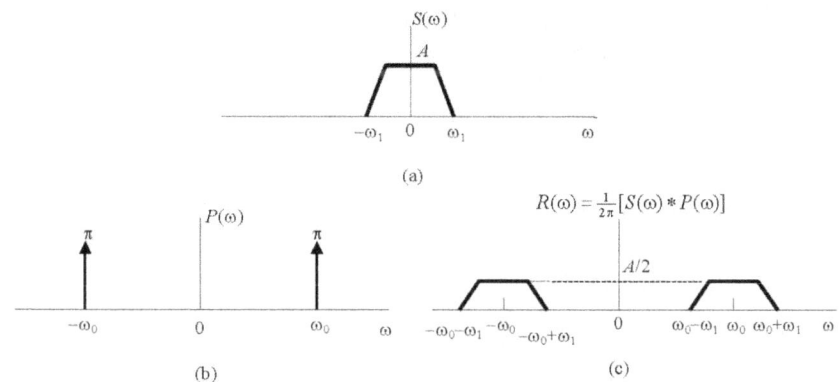

Figura 3.31. La propiedad de modulación.

De la Ec. (3.130) y de la Fig. 3.31 está claro que toda la información contenida en la señal $x(t)$ se preserva cuando se multiplica por una señal sinusoidal, aunque la información ha sido corrida hacia frecuencias mayores. Este hecho forma la base para los sistemas de modulación de amplitud sinusoidal y en el próximo ejemplo se le da una mirada a cómo es posible recuperar la señal original $x(t)$ a partir de la señal modulada.

Ejemplo 25. Considérese ahora la señal $r(t) = m(t)x(t)$ en el Ejemplo 24 y sea

$$g(t) = r(t)m(t)$$

donde, de nuevo, $m(t) = \cos \omega_0 t$. Entonces, $R(\omega)$, $M(\omega)$ y $G(\omega)$ son como se muestra en la Fig. 3.32.

De la Fig. 3.32c y de la linealidad de la transformada de Fourier, se ve que $g(t)$ es la suma de $\frac{1}{2}x(t)$ y una señal con un espectro que es diferente de cero solamente para las frecuencias más altas (centradas alrededor de $\pm 2\omega_0$). Suponga que aplicamos la señal $g(t)$ como la entrada a un sistema LIT con respuesta de frecuencia $H(\omega)$ que es constante para frecuencias bajas (digamos para $|\omega| < \omega_1$ y cero para las frecuencias altas (para $|\omega| > \omega_0$). Entonces la salida de este sistema tendrá como su espectro $H(\omega)G(\omega)$, la cual, debido a la selección particular de $H(\omega)$, será una réplica a escala de $X(\omega)$. Por tanto, la salida misma será una versión a escala de $x(t)$.

3.10 Generación de Otros Pares de Transformadas

El impulso y el escalón unitarios están relacionados por la identidad

$$\delta(t - t_d) = \frac{d}{dt}u(t - t_d) \tag{3.131}$$

la cual proporciona otra interpretación del impulso en términos de la derivada de una discontinuidad en la forma de un escalón. Esta ecuación, junto con la ecuación de definición del impulso, facilita ciertos cálculos de transformadas y ayuda a predecir el comportamiento en alta frecuencia de una señal. El método es el siguiente: Se diferencia repetidamente la señal bajo análisis hasta que aparezcan por primera vez una o más discontinuidades escalonadas. La siguiente derivada, digamos la n-ésima, incluye entonces un impulso $A_k\delta(t - t_k)$ por cada discontinuidad de amplitud A_k, por lo que

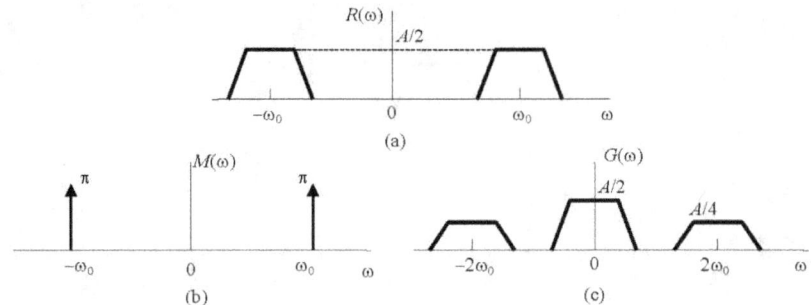

Figura 3.32. Espectros de las señales en el Ejemplo 22.

$$\frac{d^n}{dt^n} x(t) = y(t) + \sum_k A_k \delta(t - t_k) \qquad (3.132)$$

donde $y(t)$ es una función que no contiene impulsos. Transformando la Ec. (3.132), se obtiene

$$(j2\pi f)^n X(f) = Y(f) + \sum_k A_k e^{-j2\pi f t_k} \qquad (3.133)$$

la cual puede resolverse para obtener $X(f)$ si se conoce $Y(f)$.

Ejemplo 26. La Fig. 3.33 muestra una forma de onda llamada el *pulso coseno levantado* porque está definida como

$$x(t) = \frac{A}{2}\left(1 + \cos\frac{\pi t}{\tau}\right)\Pi\left(\frac{t}{2\tau}\right)$$

Se usará el método de diferenciación para determinar el espectro $X(f)$ y el comportamiento en alta frecuencia.

Al diferenciar se encuentra que

$$\frac{dx(t)}{dt} = \frac{A}{2}\left(-\frac{\pi}{\tau}\sen\frac{\pi t}{\tau}\right)\Pi\left(\frac{t}{2\tau}\right) + \frac{A}{2}\left(1 + \cos\frac{\pi t}{\tau}\right)\left[\delta(t+\tau) - \delta(t-\tau)\right]$$

$$= \frac{A}{2}\left(-\frac{\pi}{\tau}\sen\frac{\pi t}{\tau}\right)\Pi\left(\frac{t}{2\tau}\right)$$

$$\frac{d^2 x(t)}{dt^2} = -\frac{A}{2}\left(\frac{\pi}{\tau}\right)^2 \cos\frac{\pi t}{\tau}\Pi\left(\frac{t}{2\tau}\right) - \frac{A}{2}\frac{\pi}{\tau}\sen\frac{\pi t}{\tau}\left[\delta(t+\tau) - \delta(t-\tau)\right]$$

$$= -\frac{A}{2}\left(\frac{\pi}{\tau}\right)^2 \cos\frac{\pi t}{\tau}\Pi\left(\frac{t}{2\tau}\right)$$

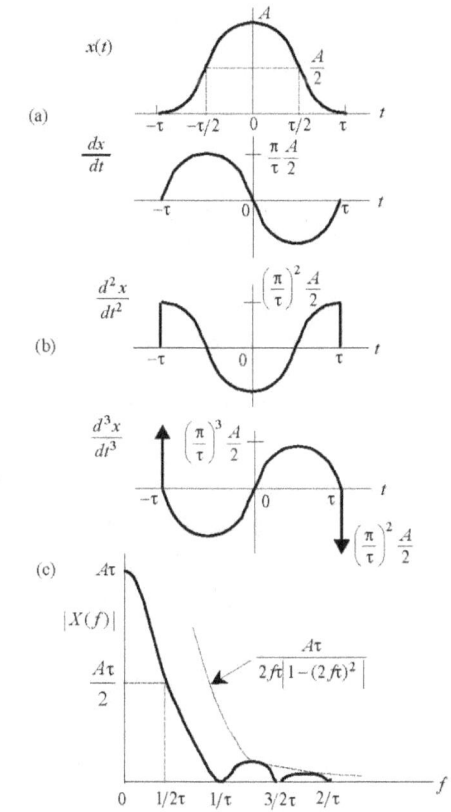

Figura 3.33. Pulso coseno levantado. (a) Forma de onda; (b) derivadas; (c) espectro de amplitudes.

Observe que $d^2x(t)/dt^2$ es discontinua en $y = \pm\tau$ y, por ello, a partir de esta última relación se tiene que

$$\frac{d^3x(t)}{dt^3} = -\left(\frac{\pi}{\tau}\right)^2 \frac{dx(t)}{dt} + \frac{A}{2}\left(\frac{\pi}{\tau}\right)^2 \left[\delta(t+\tau) - \delta(t-\tau)\right]$$

y tomando la transformada, se obtiene

$$(j2\pi f)^3 X(f) = -\left(\frac{\pi}{\tau}\right)^3 (j2\pi f) X(f) + \left(\frac{\pi}{\tau}\right)^2 \frac{A}{2}\left(e^{j2\pi f\tau} - e^{-j2\pi f\tau}\right)$$

para obtener finalmente que

$$X(f) = \frac{jA\,\text{sen}\,2\pi f\tau}{j2\pi f + (\tau/\pi)^2 (j2\pi f)^3} = \frac{A\tau\,\text{sinc}\,2f\tau}{1-(2f\tau)^2}$$

cuyo espectro de amplitudes se muestra en la Fig. 3.33 para $f \geq 0$. Observe que $|X(f)|$ tiene un comportamiento de tercer orden ($n = 3$), en tanto que un pulso rectangular con $|X(f)| = |\text{sinc}\, f\tau| = |(\text{sen}\,\pi f\tau)/(\pi f\tau)|$ tendría solamente un comportamiento de primer orden.

3.11 Densidad Espectral de Potencia

Existe una clase importante de señales, a saber, las señales de potencia no periódicas, para las cuales todavía no se ha desarrollado un modelo en el dominio de la frecuencia. La serie de Fourier no existe para señales de potencia no periódicas que no están limitadas en el tiempo. Para esas señales, la transformada de Fourier puede existir o no, y no es aplicable el concepto de densidad espectral de energía. Sin embargo, puesto que se supone que la potencia promedio es finita, es posible usar funciones de la densidad espectral de potencia para describir señales de potencia no-periódicas en el dominio de la frecuencia.

Suponga que se da una señal de potencia $x(t)$; esta señal tiene energía infinita pero contiene una cantidad finita de potencia. Con ella se forma una versión truncada $x_T(t)$ de $x(t)$, como se muestra en la Fig. 3.34.

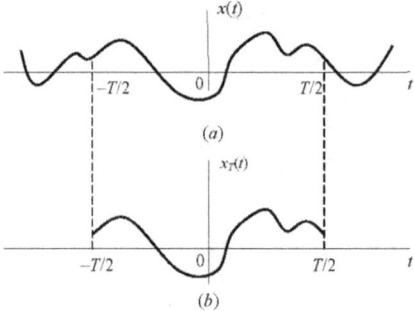

Figura 3.34. (a) Una señal de potencia. (b) Versión truncada de la señal.

La potencia promedio normalizada de $x_T(t)$ está dada por

$$S_x^T = \frac{1}{T}\int_{-T/2}^{T/2} |x(t)|^2 dt = \frac{1}{T}\int_{-T/2}^{T/2} |x_T(t)|^2 dt \qquad (3.134)$$

Ahora se introduce la función de *autocorrelación* $R_{xx}^T(\tau)$ de $x_T(t)$ definida como

$$R_{xx}^T(\tau) = \frac{1}{T}\int_{-T/2}^{T/2} x_T(t)\, x_T(t+\tau)\, d\tau \qquad (3.135)$$

La transformada de Fourier de $R_{xx}^T(\tau)$ es

$$\int_{-\infty}^{\infty} R_{xx}^T(\tau)\exp(-j2\pi f\tau)d\tau = \frac{1}{T}\int_{-\infty}^{\infty}\exp(-j2\pi f\tau)\left[\int_{-\infty}^{\infty} x_T(t)\, x_T(t+\tau)dt\right]d\tau$$

$$= \frac{1}{T}\int_{-\infty}^{\infty}\left[\int_{-\infty}^{\infty} x_T(t)\, x_T(t+\tau)\exp(-j2\pi f(t+\tau))\exp(j2\pi ft)dt\right]d\tau$$

$$= \frac{1}{T}\int_{-\infty}^{\infty} x_T(t)\exp(j2\pi ft)\left(\int_{-\infty}^{\infty} x_T(t+\tau)\exp(-j2\pi f(t+\tau))d\tau\right)dt$$

$$= \frac{1}{T} X_T(-f)X_T(f) \qquad (3.136)$$

donde $X_T(f)$ es la transformada de Fourier de $x_T(t)$.

Puesto que $x(t)$ es real, se tiene que $X_T(-f) = X_T^*(f)$ y, por tanto,

$$\int_{-\infty}^{\infty} R_{xx}^T(\tau)\exp(-j2\pi f\tau)d\tau = \frac{1}{T}\left|X_T(f)\right|^2$$

Haciendo $R_{xx}(\tau) = \lim_{T\to\infty} R_{xx}^T(\tau)$ y pasando al límite $T\to\infty$ en ambos lados de la ecuación anterior, se obtiene que

$$\int_{-\infty}^{\infty} R_{xx}(\tau)\exp(-j2\pi f\tau)d\tau = \lim_{T\to\infty}\frac{1}{T}\left|X_T(f)\right|^2 \qquad (3.137)$$

El lector debe observar que el límite en el lado derecho de la Ec. (3.137) puede no existir en muchos casos. El lado izquierdo de la Ec. (3.137) es la transformada de Fourier de la función de autocorrelación de la señal de potencia $x(t)$. En el lado derecho se tiene a $\left|X_T(f)\right|^2$, que es la densidad espectral de energía de $x_T(t)$ y, por tanto, $\left|X_T(f)\right|^2$ da la distribución de potencia en el dominio de la frecuencia. Por esta razón es posible usar la relación en la Ec. (3.137) para definir la *densidad espectral de potencia* (dep) $G_x(f)$ de $x(t)$ como

$$G_x(f) = \mathcal{F}\{R_{xx}(\tau)\} \qquad (3.138)$$

$$= \lim_{T\to\infty}\frac{\left|X_T(f)\right|^2}{T} \qquad (3.139)$$

La relación dada en la Ec. (3.137) se conoce como el *teorema de Wiener – Khintchine* y tiene gran importancia en la teoría de señales aleatorias.

La dep definida en la Ec. (3.137) se usará como la descripción en el dominio de la frecuencia de señales de potencia no periódicas. Anteriormente se definió la dep para señales de potencia periódicas como

$$G_x(f) = \sum_{n=-\infty}^{\infty} \left|C_x(nf_0)\right|^2 \delta(f - nf_0)$$

El lector puede verificar que la definición dada en la Ec. (3.137) en efecto se reduce a la ecuación anterior para señales periódicas. En ambos casos, para una señal de potencia se tiene que

$$S_x = \lim_{T\to\infty}\frac{1}{T}\int_{-T/2}^{T/2} x^2(t)dt$$

$$= R_{xx}(0)$$

$$= \int_{-\infty}^{\infty} G_x(f)df \qquad (3.140)$$

Si $x(t)$ es una señal de corriente o de voltaje que alimenta una resistencia de carga de un ohmio, entonces S_x tiene las unidades de vatios y por ello a $G_x(f)$ se le da las unidades de vatios por hertz.

Si la resistencia de carga tiene un valor diferente de un ohmio, entonces $G_x(f)$ usualmente se especifica en términos de volts² por hertz.

Se debe señalar aquí que la función de la densidad espectral de potencia (y la función de autocorrelación) no describe en forma única una señal. La dep retiene solamente la información de la magnitud y se pierde la información de la fase. Así que para una señal de potencia dada, hay una densidad espectral de potencia, pero hay muchas señales que tienen la misma densidad espectral de potencia. En contraste, las series de Fourier y las transformadas de Fourier de señales, cuando existen, describen en forma única una señal en todos los puntos de continuidad.

Ejemplo 27. La función de autocorrelación de una señal de potencia no-periódica es

$$R_{xx}(\tau) = \exp(-\tau^2/2\sigma^2)$$

Determine la dep y el contenido de potencia promedio normalizada de la señal.

Solución: Por el teorema de Wiener – Khintchine, la dep de la señal está dada por

$$G_x(f) = \int_{-\infty}^{\infty} \exp(-\tau^2/2\sigma^2)\exp(-j2\pi f\tau)d\tau$$
$$= \sqrt{2\pi\sigma^2}\exp\left[-(2\pi f\sigma)^2/2\right]$$

La potencia promedio normalizada está dada por

$$S_x = \lim_{T\to\infty}\frac{1}{T}\int_{-T/2}^{T/2} x^2(t)dt = R_{xx}(0) = 1$$

Ejemplo 28. Determine la función de autocorrelación y la densidad espectral de potencia de una forma de onda rectangular con un período T_0, una amplitud pico igual a A y un valor promedio de $A/2$.

Solución: Puesto que $x(t)$ es periódica, se necesita obtener el "promedio en el tiempo" para la correlación por un período solamente, es decir,

$$R_{xx}(\tau) = \frac{1}{T_0}\int_{-T_0/2}^{T_0/2} x(t)x(t+\tau)dt$$

En la Fig. 3.35 se muestran dibujos de $x(t)$ y $x(t+\tau)$. Para $0 < \tau < T_0/2$, el valor de $R_{xx}(\tau)$ es igual al área sombreada en la Fig. 3.35c:

$$R_{xx}(\tau) = \frac{A^2}{T_0}\left(\frac{T_0}{2}-\tau\right) = A^2\left(\frac{1}{2}-\frac{\tau}{T_0}\right), \quad 0 < \tau < \frac{T_0}{2}$$

Se puede verificar fácilmente que $R_{xx}(\tau)$ es una función par y que será periódica con un período igual a T_0. En la Fig. 3.35d se muestra una gráfica de $R_{xx}(\tau)$. La dep de $x(t)$ está dada por

$$G_x(f) = \int_{-\infty}^{\infty} R_{xx}(\tau)\exp(-j2\pi f\tau)d\tau$$
$$= \int_{-\infty}^{\infty}\frac{A^2}{4}\left[1+\sum_{\substack{n=-\infty\\n\text{ impar}}}^{\infty}\left(\frac{4}{\pi^2 n^2}\right)\exp(j2\pi n f_0\tau)\right]\exp(-j2\pi f\tau)d\tau$$

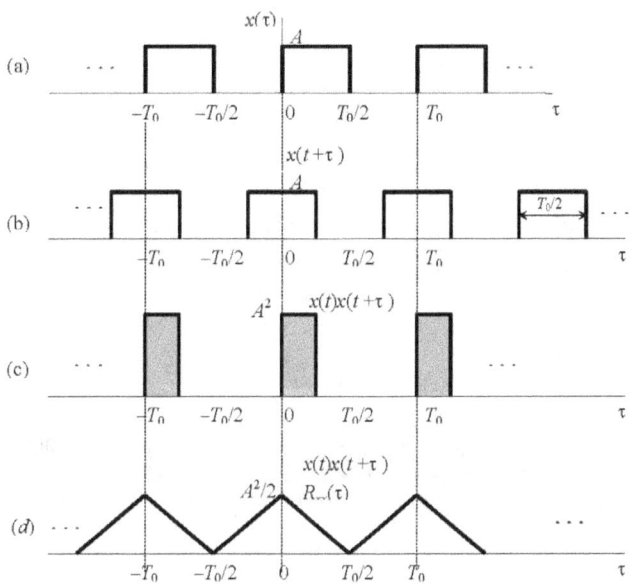

Figura 3.35 (a) Señal $x(t)$. (b) $x(t+\tau)$, la cual es integrada desde $-T_0/2$ hasta $T_0/2$ para obtener $R_{xx}(\tau)$. (d) $R_{xx}(\tau)$.

donde el término entre corchetes dentro de la integral es la serie de Fourier para $R_{xx}(\tau)$. Completando la integración, se obtiene

$$G_x(f) = \frac{A^2}{4}\left[\delta(f) + \sum_{\substack{n=-\infty \\ n \text{ impar}}}^{\infty} \frac{4}{\pi^2 n^2} \delta(f - nf_0)\right]$$

Problemas

3.1. La serie exponencial de Fourier de una cierta señal periódica $x(t)$ está dada por

$$x(t) = j\exp(-j4t) - (3-j3)\exp(-j3t) + (2+j2)\exp(-j2t)$$
$$+ (2-j2)\exp(j2t) - (3+j3)\exp(j3t) - j\exp(j4t)$$

(a) Grafique el espectro de magnitud y el de fase de los dos espectros bilaterales de frecuencia.

(b) Escriba $x(t)$ en la forma trigonométrica de la serie de Fourier.

3.2. Determine si las siguientes funciones pueden ser representadas por una serie de Fourier:

(i) $x(t) = \cos 3t + \text{sen} 5t$

(ii) $x(t) = \cos 6t + \text{sen} 8t + e^{j2t}$

(iii) $x(t) = \cos t + \text{sen} \pi t$

3.3. La señal mostrada en la Fig. P3.2 se produce cuando una onda de voltaje o de corriente en forma de coseno es rectificada por un solo diodo, un proceso conocido como *rectificación de media onda*. Deduzca la serie de Fourier exponencial para la señal rectificada de media onda.

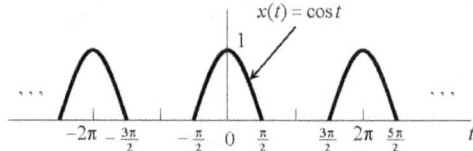

Figura P3.3

3.4. Determine la expansión en serie de Fourier trigonométrica para la señal en el Problema 3.3.

3.5. Dada la onda periódica $x(t) = e^{-t}$, $0 < t < T_0$, determine los coeficientes de la serie exponencial de Fourier y dibuje los espectros de amplitud y de fase.

3.6. La señal en la Fig. P3.6 se crea cuando una onda de voltaje o de corriente en seno es rectificada por un circuito con dos diodos, un proceso conocido como *rectificación de onda completa*. Determine la expansión en serie de Fourier exponencial para la señal rectificada de onda completa.

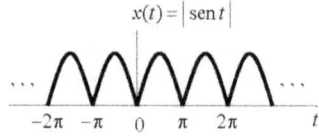

Figura P3.6

3.7. Halle la representación en serie de Fourier trigonométrica para la señal en el Problema 3.6.

3.8. Halle las representaciones en series de Fourier exponenciales de las señales mostradas en la Fig. P3.8. En cada caso, grafique los espectros de magnitud y de fase.

3.9. Determine las representaciones en serie de Fourier trigonométrica de las señales mostradas en la Figura P3.8.

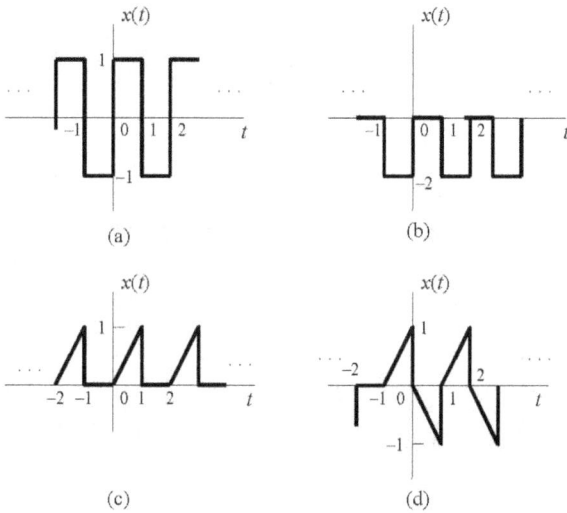

Figura P3.8

3.10. (a) Demuestre que si una señal periódica es absolutamente integrable, entonces $|c_n| < \infty$.

(b) ¿Tiene representación en serie de Fourier la señal periódica $x(t) = \text{sen}\dfrac{2\pi}{t}$? Explique su respuesta.

(c) ¿Tiene representación en serie de Fourier la señal periódica $x(t) = \tan 2\pi t$? ¿Por qué?

3.11. (a) Demuestre que $x(t) = t^2$, $-\pi < t \leq \pi$, $x(t+2\pi) = x(t)$ tiene la serie de Fourier

$$x(t) = \frac{\pi^2}{3} - 4\left(\cos t - \frac{1}{4}\cos 2t + \frac{1}{9}\cos 3t - + \cdots\right)$$

(b) Haga $t = 0$ para obtener la expresión

$$\sum_{n=1}^{\infty} \frac{(-1)^{n+1}}{n^2} = \frac{\pi^2}{12}$$

3.12. Los coeficientes de Fourier de una señal periódica con período T son dados por

$$c_n = \begin{cases} 0, & n = 0 \\ 1 + \exp\left(-j\dfrac{n\pi}{3}\right) - 2\exp(-jn\pi), & n \neq 0 \end{cases}$$

¿Representa esto una señal real? ¿Por qué o por qué no? A partir de la forma de c_n, deduzca la señal de tiempo $x(t)$. *Ayuda*: Use la relación

$$\int \exp(-jn\omega\, t)\delta(t-t_1)\,dt = \exp(-jn\omega\, t_1)$$

3.13. (a) Grafique la señal

$$x(t) = \frac{1}{4} + \sum_{n=1}^{M} \frac{2}{n\pi} \operatorname{sen} \frac{n\pi}{4} \cos 2n\pi t$$

Para M = 1, 3 y 5.

(b) Prediga la forma de $x(t)$ conforme $M \to \infty$.

3.12 Halle las series de Fourier exponencial y trigonométrica para los trenes de impulsos mostrados en la Fig. P3.12.

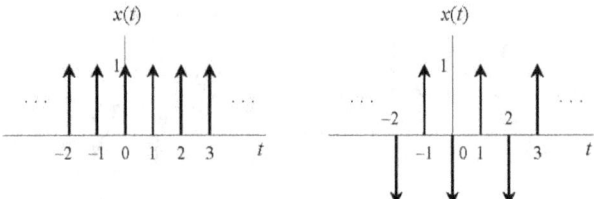

Figura P3.12

3.13 (a) Calcular la energía de la señal $x(t)$ dada en la Figura P3.12.

(b) Si la energía de los primeros cuatro armónicos es igual a 0.0268 julios, calcule la energía contenida en el resto de los armónicos.

3.14 Especifique los tipos de simetría para las señales mostradas en la Figura P3.14. Especifique también los términos que son iguales a cero.

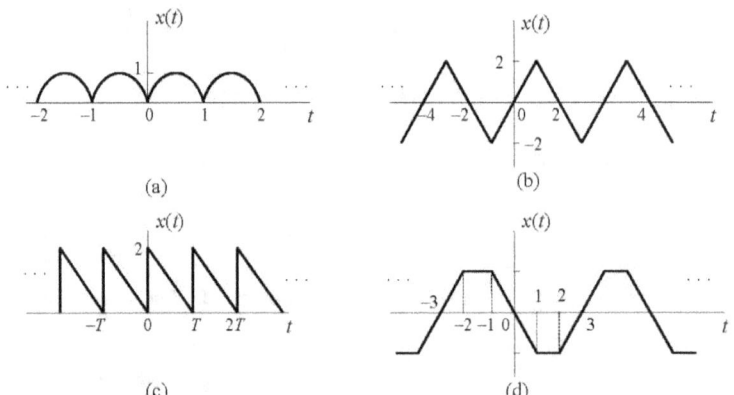

Figura P3.14

3.15 Demostrar que el valor cuadrático medio de una señal periódica real $x(t)$ es igual a la suma de los valores cuadráticos medios de sus armónicos.

3.16 Conociendo la expansión en serie de Fourier de $x_1(t)$ mostrada en la Figura P3.16a. determínense los coeficientes de $x_2(t)$ mostrada en la Figura P3.16b.

3.17 Considere la onda triangular mostrada en la Fig. P3.17. Usando la técnica de diferenciación, determine (a) la serie de Fourier exponencial de $x(t)$, y (b) la serie de Fourier trigonométrica de $x(t)$.

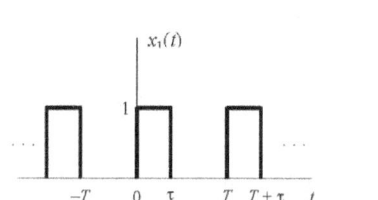
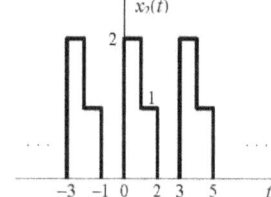

Figura P3.16

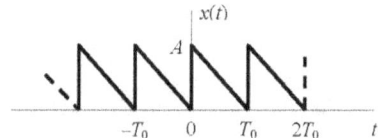

Figura P3.17

3.18 La convolución periódica o circular es un caso especial de la convolución general. Para señales periódicas con el mismo período T, la convolución periódica se define mediante la integral

$$z(t) = \frac{1}{T} \int_T x(\tau) y(t-\tau) d\tau$$

(a) Demuestre que $z(t)$ es periódica.

(b) Demuestre que la convolución periódica es asociativa y conmutativa.

3.19 Determine la convolución periódica de las dos señales mostradas en la Fig. P3.19.

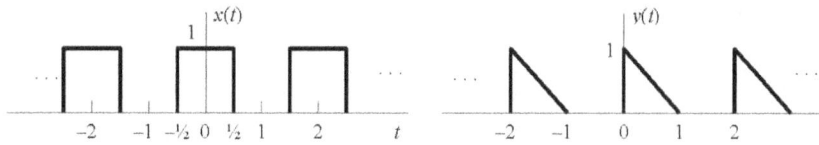

Figura P3.19

3.20 Considere la señal periódica $x(t)$ cuya serie exponencial de Fourier es

$$x(t) = \sum_{n=-\infty}^{\infty} c_n \exp(jn\omega_0 t), \quad c_0 = 0$$

(a) Integre término por término para obtener la expansión de Fourier de $y(t) = \int x(t) dt$ y demuestre que $y(t)$ también es periódica.

(b) ¿Cómo se comparan las amplitudes de los armónicos de y(t) con las amplitudes de los armónicos de x(t)?

(c) ¿La integración les quita o les pone énfasis a las componentes de alta frecuencia?

(d) Usando la parte (c), ¿es la onda integrada más suave que la original? Explique.

3.21 La representación en serie de Fourier de la señal triangular en la Figura P3.21(a) es

$$x(t) = \frac{8}{\pi^2}\left(\operatorname{sen} t - \frac{1}{9}\operatorname{sen} 3t + \frac{1}{25}\operatorname{sen} 5t - \frac{1}{49}\operatorname{sen} 7t + \cdots\right)$$

Use este resultado para obtener la serie de Fourier para la señal en la Fig. P3.21b.

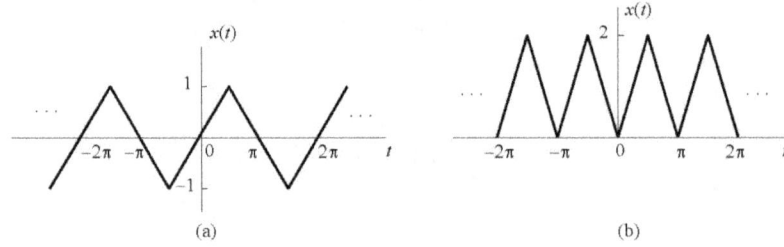

Figura P3.21

3.22 Un voltaje x(t) se aplica al circuito mostrado en la Figura P.3.22. Si los coeficientes de Fourier de x(t) están dados por

$$c_n = \frac{1}{n^2+1}\exp\left(jn\frac{\pi}{3}\right)$$

(a) Demuestre que x(t) debe ser una señal real del tiempo.
(b) ¿Cuál es el valor promedio de la señal?
(c) Determine los tres primeros armónicos de y(t) diferentes de cero.
(d) ¿Qué le hace el circuito a los términos de alta frecuencia de la entrada?
(e) Repita las partes (c) y (d) para el caso donde y(t) es el voltaje en el resistor.

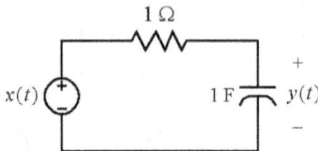

Figura P3.22

3.23 Si el voltaje de entrada al circuito mostrado en la Fig. P3.22 es

$$x(t) = 1 + 2(\cos t + \cos 2t + \cos 3t)$$

determínese el voltaje de salida y(t).

3.24 La función

$$x(t) = \sum_{n=-\infty}^{\infty} c_n \exp(jn\omega_0 t)$$

se aplica a cuatro sistemas diferentes cuyas respuestas son

$$y_1(t) = \sum_{n=-\infty}^{\infty} (\alpha - 3)|c_n|\exp\left[j(n\omega_0 t + \phi - 3n\omega_0 t_0)\right]$$

$$y_2(t) = \sum_{n=-\infty}^{\infty} \alpha\, c_n \exp\left[jn\omega_0(t - t_0)\right]$$

$$y_3(t) = \sum_{n=-\infty}^{\infty} \alpha^2 |c_n|\exp\left[j(n\omega_0 t + \phi - n^2\omega_0 t_0)\right]$$

$$y_4(t) = \sum_{n=-\infty}^{\infty} n\alpha|c_n|\exp\left[j(n\omega_0 t - \phi)\right]$$

¿Cuál de ellos, si hay alguno, es un sistema sin distorsión?

3.25 Para el circuito mostrado en la Fig. P3.25,

(a) Determine la función de transferencia $H(j\omega)$.

(b) Grafique $|H(j\omega)|$ y $\angle H(j\omega)$.

(c) Considere la entrada $x(t) = 10\exp(j\omega t)$. ¿Cuál es la frecuencia más alta que se puede usar de forma que

$$\frac{|y(t) - x(t)|}{|x(t)|} < 0.01?$$

(d) ¿Cuál es la mayor frecuencia que se puede usar tal que $\angle H(j\omega)$ se desvíe de la característica lineal ideal por menos de 0.02?

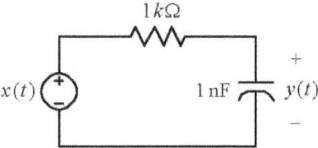

Figura P3.25

3.26 Se pueden usar dispositivos no lineales para generar armónicos de la frecuencia de entrada. Considere el sistema no lineal descrito por

$$y(t) = A x(t) + B x^2(t)$$

Determine la respuesta del sistema a $x(t) = a_1 \cos\omega_0 t + a_2 \cos 2\omega_0 t$. Haga una lista de todos los nuevos armónicos generados por el sistema y también sus amplitudes.

3.27 Se usa una fuente de frecuencia variable para medir la función del sistema $H(j\omega)$ de un sistema LIT cuya respuesta al impulso es $h(t)$. La salida de la fuente $y(t) = \exp(j\omega t)$ se conecta a la entrada del sistema LIT. La salida $H(\omega)\exp(j\omega t)$ se mide para frecuencias diferentes. Los resultados se muestran en la Fig. P3.27.

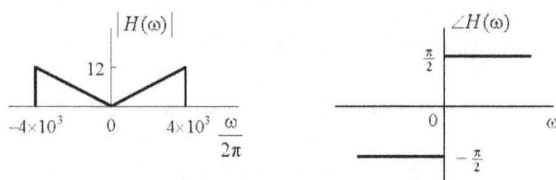

Figura P3.27

Determine la respuesta del sistema para la señal de entrada siguiente:

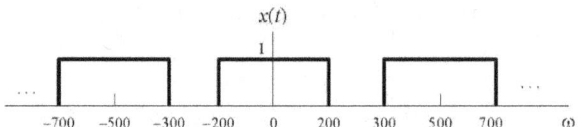

3.28 Para el sistema mostrado en la Fig. P3.28, la entrada $x(t)$ es periódica con período T. Demuestre que $y_c(t)$ y $y_s(t)$ en cualquier tiempo $t > T_1$ después de aplicar la entrada se aproximan a $\mathrm{Re}\{c_n\}$ e $\mathrm{Im}\{c_n\}$, respectivamente. En efecto, si T_1 es un múltiplo entero del período t de la señal de entrada $x(t)$, entonces las salidas son exactamente iguales a los valores deseados. Discuta las salidas para los casos siguientes:

(a) $T_1 = T$

(b) $T_1 = mT$

(c) $T_1 \gg T$ pero $T_1 \neq T$

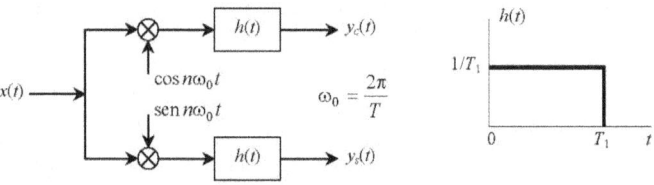

Figura P3.28

3.29 La ecuación diferencial siguiente es un modelo para un sistema lineal con entrada $x(t)$ y salida $y(t)$:

$$\frac{dy(t)}{dt} + 2y(t) = x(t)$$

Si la entrada $x(t)$ es una onda cuadrada de período 2 s, duración del pulso igual a 1 s y amplitud unitaria, determine las amplitudes del primer y tercer armónicos en la salida.

3.30 Repita el Problema 3.29 para el sistema descrito por la ecuación diferencial

$$y''(t) + 4y'(t) + 3y(t) = 2x(t) + x'(t)$$

3.31 Considere el circuito mostrado en la Fig. P3.31. La entrada es la señal rectificada de media onda del Problema 3.2. Halle la amplitud del segundo y cuarto armónico de la salida $y(t)$.

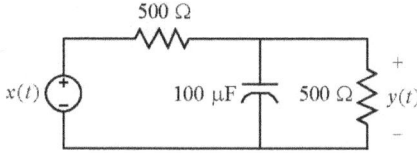

Figura P3.31

3.32 Considere el circuito mostrado en la Fig. P3.32. La entrada es la señal rectificada de media onda del Problema 3.2. Determine la amplitud del segundo y del cuarto armónico de la salida $y(t)$.

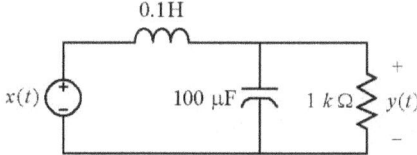

Figura P3.32

3.33 Considere el circuito mostrado en la Fig. P3.31. La entrada es la señal rectificada de onda completa del Problema 3.5. Determine la componente de cd y la amplitud del segundo armónico de la salida $y(t)$.

3.34 Considere el circuito mostrado en la Fig. P3.32. La entrada el la señal rectificada de onda completa del Problema 3.5. Determine la componente cd y la amplitud del segundo y el cuarto armónico de la salida $y(t)$.

3.35 Demuestre que las relaciones siguientes son identidades:

(a) $\displaystyle\sum_{n=-N}^{N} \exp(jn\omega_0 t) = \dfrac{\operatorname{sen}\left[\left(n+\dfrac{1}{2}\right)\omega_0 t\right]}{\operatorname{sen}(\omega_0 t/2)}$

(b) $\dfrac{1}{T}\displaystyle\int_{-T/2}^{T/2} \dfrac{\operatorname{sen}\left[\left(n+\dfrac{1}{3}\right)\omega_0 t\right]}{\operatorname{sen}(\omega_0 t/2)} dt = 1$

3.36 Para la señal $x(t)$ mostrada en la Fig. P3.15a, mantenga T fijo y discuta el efecto de variar τ con la restricción $\tau < T$) sobre los coeficientes de Fourier.

3.37 Considere la señal mostrada en la Fig. P3.15a. Determine el efecto sobre la amplitud del segundo armónico de $x(t)$ cuando hay un error muy pequeño en la medición de τ. Para hacer esto, haga $\tau = \tau_0 - \varepsilon$, donde $\varepsilon \ll \tau_0$, y determine la variación del segundo armónico con respecto a ε. Determine el cambio porcentual en $|c_2|$ cuando $T = 10$ y $\varepsilon = 0.1$.

3.38 En la Figura P3.38 se muestra una onda sinusoidal truncada.

(a) Determine los coeficientes de la serie de Fourier.

(b) Calcule la amplitud del tercer armónico para $B = A/2$.

(c) Obtenga t_0 de manera que $|c_3|$ Sea un máximo. Este método se usa para generar contenido armónico a partir de una forma de onda sinusoidal.

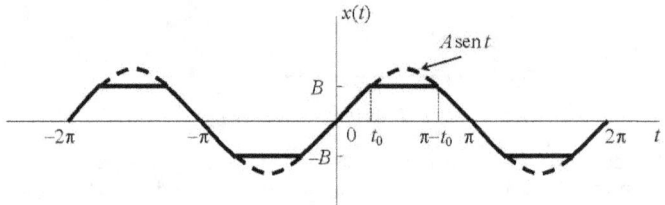

Figura P3.38

3.39 Para la señal $x(t)$ mostrada en la Fig. P3.39 determine lo siguiente:

(a) Los coeficientes de la serie de Fourier.

(b) Resuelva por el valor de t_0 para el cual $|c_3|$ es máximo.

(c) Compare el resultado con la parte (c) del Problema 3.38.

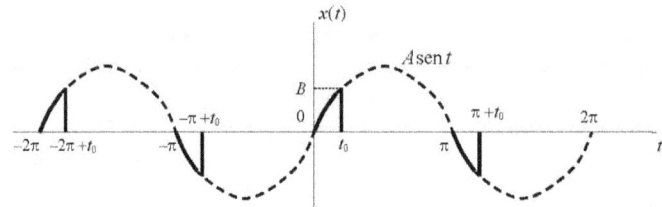

Figura P3.39

3.40 La señal mostrada en la Fig. P3.40 es la salida es la señal rectificada de media onda suavizada. Las constantes t_1, t_2 y A satisfacen las relaciones siguientes:

$$\omega\, t_1 = \pi - \tan^{-1}(\omega RC)$$

$$A = \text{sen}\,\omega\, t_1 \exp\left(\frac{t_1}{RC}\right)$$

$$A \exp\left(-\frac{t_2}{RC}\right) = \text{sen}\,\omega\, t_2$$

$$RC = 0.1 \text{ s}$$

$$\omega = 2\pi \times 60 = 377 \text{ rad/s}$$

(a) Verifique que $\omega\, t_1 = 1.5973$ rad, $A = 1.0429$, y $\omega\, t_2 = 7.316$ rad.

(b) Determine los coeficientes de la serie de Fourier exponencial.

(c) Determine la relación entre las amplitudes del primer armónico y la componente cd.

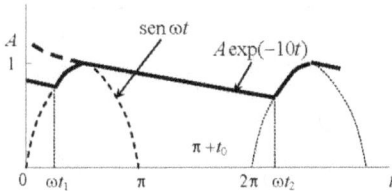

Figura P3.40

3.41 Al circuito RL de la Fig. P3.41(a) se le aplica la onda cuadrada de la Fig. P3.41(b), con $T_0 = \pi$ s y $X_0 = 10$ V. Determine el espectro de frecuencias de la señal de salida y dé valores numéricos para las amplitudes y fases de los tres primeros armónicos sinusoidales diferentes de cero.

3.42 Determine la transformada de Fourier de una señal periódica $x(t)$ con período T_0.

3.43 Determine la transformada de Fourier de las señales siguientes:

(a) $x(t) = u(-t)$

(b) $x(t) = e^{at}u(-t)$, $a > 0$

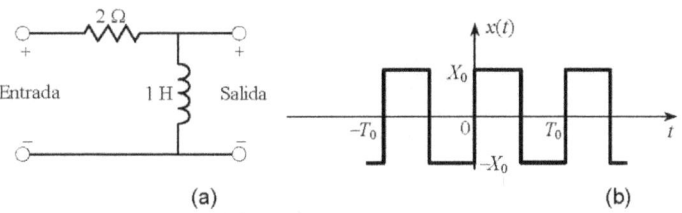

Figura P3.41

3.44 Use la definición de la transformada de Fourier para hallar la transformadas de las siguientes señales:

(a) $x(t) = e^{-at}\left[u(t) - u(t - t_d)\right]$, $t_d > 0$

(b) $x(t) = A\cos(\omega_0 t + \phi)$

(c) $x(t) = e^{at}u(-t)$, $a > 0$

(d) $x(t) = te^{-at}u(t)$.

3.45 Dada la transformada de Fourier de $\operatorname{sen}\omega_0 t$, deduzca la transformada de Fourier de $\cos\omega_0 t$ utilizando (a) la propiedad de diferenciación; (b) la propiedad de corrimiento en el tiempo.

3.46 La transformada de Fourier de una señal $x(t)$ está dada por [Fig. P3.46]

$$X(\omega) = \tfrac{1}{2}p_a(\omega - \omega_0) + \tfrac{1}{2}p_a(\omega + \omega_0)$$

Determine y dibuje $x(t)$.

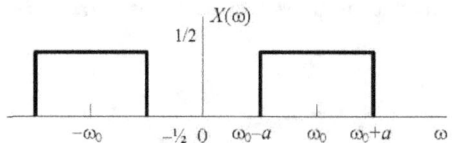

Figura P3.46

3.47 Dado que

$$e^{-|t|} \leftrightarrow \frac{2}{\omega^2 + 1}$$

halle las transformadas de Fourier de las funciones siguientes:

(a) $\dfrac{d}{dt}e^{-|t|}$ (b) $\dfrac{1}{2\pi(t^2+1)}$ (c) $\dfrac{4\cos(2t)}{t^2+1}$

3.48 Utilice la propiedad de dualidad para hallar la transformada de Fourier de las señales siguientes:

(a) $x(t) = \dfrac{1}{2+jt}$ (b) $x(t) = 2\dfrac{\text{sen}(3t)}{t}$ (c) $x(t) = \pi\delta(t) + \dfrac{1}{jt}$

3.49 Un sistema se excita mediante la señal

$$x(t) = 6\,\text{rect}\left(\frac{t}{4}\right)$$

y su respuesta es $10\left[\left(1-e^{-(t+2)}\right)u(t+2)-\left(1-e^{-(t-2)}\right)u(t-2)\right]$. ¿Cuál es su respuesta al impulso?

3.50 Usando el teorema de convolución, determine la transformada de Fourier inversa de

(a) $X(\omega) = \dfrac{1}{(a+j\omega)^2}$ (b) $X(\omega) = \dfrac{1}{\omega^2}\left(e^{-j4\omega}-1\right)$

3.51 Dibuje una gráfica de la señal producida por la convolución de las dos funciones siguientes:

(a) $2\,\text{rect}(t) * \text{rect}(t)$

(b) $\text{rect}\left(\dfrac{t-1}{2}\right) * \text{rect}\left(\dfrac{t+1}{2}\right)$

(c) $2\delta(t) * 5\,\text{sen}\,t$

3.52 Determine la transformada de Fourier del pulso gaussiano

$$x(t) = e^{-at^2} \quad a > 0$$

3.53 Halle la transformada de Fourier inversa de

(a) $X(\omega) = \dfrac{1}{(a+j\omega)^N}$

(b) $X(\omega) = \dfrac{1}{2 - \omega^2 + j3\omega}$

3.54 Halle la transformada de Fourier de las señales siguientes, usando la propiedad de multiplicación:

(a) $x(t) = \cos\omega_0 t\, u(t)$

(b) $x(t) = \operatorname{sen}\omega_0 t\, u(t)$

(c) $x(t) = e^{-at}\cos\omega_0 t\, u(t), \quad a > 0$

(d) $x(t) = e^{-at}\operatorname{sen}\omega_0 t\, u(t), \quad a > 0$

3.55 Sea $x(t)$ una señal cuya transformada de Fourier está dada por

$$X(\omega) = \begin{cases} 1 & |\omega| < 1 \\ 0 & |\omega| > 1 \end{cases}$$

Considérese la señal

$$y(t) = \dfrac{d^2 x(t)}{dt^2}$$

Determine el valor de

$$\int_{-\infty}^{\infty} |y(t)|^2\, dt$$

3.56 Dibuje la transformada de Fourier inversa de la función en la Fig. P3.56.

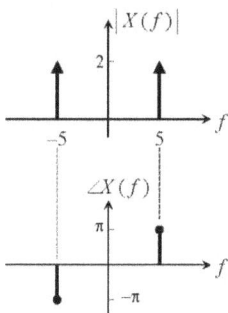

Figura P3.56

3.57 Sea $x(t)$ una señal real cuya transformada de Fourier es $X(\omega)$. La *señal analítica* $x_+(t)$ asociada con $x(t)$ es una señal compleja definida por

$$x_+(t) = x(t) + j\hat{x}(t)$$

donde $\hat{x}(t)$ es la transformada de Hilbert de $x(t)$.

(a) Halle la transformada de Fourier $X_+(\omega)$ de $x_+(t)$.

(b) Halle la señal analítica $x_+(t)$ asociada con $\cos\omega_0 t$ y su transformada de Fourier $X_+(\omega)$.

3.58 Considere una señal real $x(t)$ y sea

$$X(\omega) = \mathcal{F}\{x(t)\} = A(\omega) + jB(\omega)$$

y

$$x(t) = x_p(t) + x_i(t)$$

donde $x_p(t)$ y $x_i(t)$ con las componentes par e impar de $x(t)$, respectivamente. Demuestre que

$$x_p(t) \leftrightarrow A(\omega)$$
$$x_i(t) \leftrightarrow jB(\omega)$$

3.59 Considere un sistema LIT de tiempo continuo con respuesta de frecuencia $H(\omega)$. Determine la transformada de Fourier $S(\omega)$ de la respuesta al impulso unitario $s(t)$ del sistema.

3.60 Un sistema se excita mediante la señal

$$x(t) = 4\operatorname{rect}\left(\frac{t}{2}\right)$$

y su respuesta es

$$y(t) = 10\left[\left(1 - e^{-(t+1)}\right)u(t+1) - \left(1 - e^{-(t-1)}\right)u(t-1)\right]$$

¿Cuál es la respuesta al impulso?

3.61 (a) Considere un sistema LIT cuya respuesta al impulso es

$$h(t) = \frac{0.4\operatorname{sen}(2t)}{t}$$

Halle la respuesta $y(t)$ del sistema si $x(t) = \cos t + \operatorname{sen}(3t)$.

(b) Determine la salida del sistema si la entrada se cambia a $x(t) = \operatorname{sinc}(2t)$

CAPÍTULO CUATRO

ANÁLISIS DE FOURIER

TIEMPO DISCRETO

4.1 Introducción

Las técnicas del análisis de Fourier en tiempo continuo desarrolladas en el capítulo anterior tienen mucho valor en el análisis de las propiedades de señales y sistemas de tiempo continuo. Esta parte está dedicada al estudio del análisis de Fourier en tiempo discreto, dando primero un leve tratamiento de las señales discretas. Éstas, como su nombre lo indica, son señales que están definidas solamente en instantes discretos del tiempo El enfoque sigue muy de cerca el tratamiento que se hizo del caso en tiempo continuo y los resultados son muy semejantes a los obtenidos en el Capítulo 3.

4.2 Señales Periódicas

Como ya se analizó para los sistemas de tiempo continuo, se desea la respuesta de sistemas lineales a excitaciones periódicas. Ya se estudió que una secuencia (señal de tiempo discreto) $x[n]$ es *periódica con período N* si existe un entero positivo N para el cual

$$x[n+N] = x[n] \quad \text{para toda } n \tag{4.1}$$

En la Fig. 4.1 se muestra un ejemplo de una secuencia de este tipo.

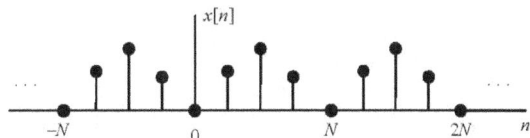

Figura 4.1

De la Fig. 4.1 y la Ec. (4.1) se deduce que

$$x[n+mN] = x[n] \tag{4.2}$$

para toda n y cualquier entero m. El período fundamental N_0 de $x[n]$ es el menor entero positivo N para el cual se cumple la Ec. (4.1). Una secuencia que no es periódica se denomina una secuencia *no periódica* (o *aperiódica*).

Para una señal de tiempo discreto $x[n]$, el contenido de energía normalizada E de $x[n]$ se definió como

$$E = \sum_{n=-\infty}^{\infty} |x[n]|^2 \qquad (4.3)$$

y la potencia promedio normalizada P de $x[n]$ se definió como

$$P = \lim_{N\to\infty} \frac{1}{2N+1} \sum_{n=-N}^{N} |x[n]|^2 \qquad (4.4)$$

Con base en estas definiciones, también se definieron las siguientes clases de señales:

1. Se dice que $x[n]$ es una señal (secuencia) de *energía* si y sólo si $0 < E < \infty$ (y, en consecuencia, $P = 0$).
2. Se dice que $x[n]$ es una señal (secuencia) de *potencia* si y sólo si $0 < P < \infty$, implicando con ello que $E = \infty$.
3. A las señales que no satisfacen ninguna de estas propiedades no se les refiere ni como señales de energía ni de potencia.

Observe que una señal periódica es una señal de potencia si su contenido de energía por período es finito, y entonces la potencia promedio de esta señal sólo tiene que evaluarse durante un período.

4.3 Serie de Fourier Discreta

4.3.1 Secuencias Periódicas

En la Sec. 1.3 se definió a una señal (secuencia) de tiempo discreto como periódica si existía un entero positivo N para el cual

$$x[n+N] = x[n] \qquad \text{para toda } n \qquad (4.5)$$

El período fundamental N_0 de $x[n]$ es el menor entero positivo N para el cual se satisface la Ec. (4.5).

Ya se vio en el Cap. 2, que la secuencia exponencial compleja

$$x[n] = e^{j(2\pi/N_0)n} = e^{j\Omega_0 n} \qquad (4.6)$$

donde $\Omega_0 = 2\pi/N_0$, es una secuencia periódica con período fundamental N_0. Como ya se analizó anteriormente, una diferencia muy importante entre la función exponencial compleja de tiempo discreto y la de tiempo continuo es que las señales $e^{j\omega_0 t}$ son diferentes para valores diferentes de ω_0, pero las secuencias $e^{j\Omega_0 n}$ que difieren en frecuencia por un múltiplo de 2π, son idénticas; es decir,

$$e^{j(\Omega_0 + 2\pi)n} = e^{j\Omega_0 n} e^{j2\pi k n} = e^{j\Omega_0 n} \qquad (4.7)$$

Sea

$$\Psi_k[n] = e^{jk\Omega_0 n}, \qquad \Omega_0 = \frac{2\pi}{N_0}, \qquad k = 0, \pm 1, \pm 2, \ldots \qquad (4.8)$$

Entonces por la Ec. (4.7) se tiene que

$$\Psi_0[n] = \Psi_{N_0}[n], \quad \Psi_1[n] = \Psi_{N_0+1}[n], \ldots, \Psi_k[n] = \Psi_{N_0+k}[n], \ldots \qquad (4.9)$$

De modo que las secuencias $\Psi_k[n]$ son diferentes sólo en un intervalo de N_0 valores sucesivos de k. Es decir, cuando k es cambiado por cualquier múltiplo entero de N_0, se genera la secuencia idéntica.

4.3.2 Representación en Serie de Fourier Discreta

En analogía con la representación de señales periódicas en tiempo continuo, se busca una representación en serie de Fourier discreta de una secuencia periódica $x[n]$ con período fundamental N_0, en función de los armónicos correspondientes a la frecuencia fundamental $2\pi/N_0$. Es decir, se busca una representación para $x[n]$ de la forma

$$x[n] = \sum_{k=0}^{N_0-1} a_k e^{j\Omega_0 nk}, \qquad \Omega_0 = \frac{2\pi}{N_0} \qquad (4.10)$$

donde los valores a_k son los coeficientes de Fourier y están dados por

$$a_k = \frac{1}{N_0} \sum_{n=0}^{N_0-1} x[n] e^{-jk\Omega_0 n} \qquad (4.11)$$

La validez de la relación dada por la Ec. (4.11) se demuestra en la forma siguiente: Usando la condición de ortogonalidad (la demostración de ésta se deja como ejercicio)

$$\sum_{n=\langle N\rangle} \Psi_m[n]\Psi_k^*[n] = \sum_{n=\langle N\rangle} e^{jm(2\pi/N)n} e^{-jk(2\pi/N)n}$$

$$= \sum_{n=\langle N\rangle} e^{j(m-k)(2\pi/N)n} = \begin{cases} N & m=k \\ 0 & m \neq k \end{cases} \quad m,k < N \qquad (4.12)$$

donde las secuencias $\{\Psi_k[n]\}$ son ortogonales en cualquier intervalo de longitud N. Por ejemplo, el conjunto de exponenciales complejas

$$\Psi_k[n] = e^{jk(2\pi/N)n} \qquad k = 0, 1, 2, \ldots, N-1 \qquad (4.13)$$

es ortogonal en cualquier intervalo de longitud N.

Si se reemplaza la variable k de la sumatoria por m en la Ec. (4.10), se obtiene

$$x[n] = \sum_{m=0}^{N-1} a_m e^{jm(2\pi/N_0)n} \qquad (4.14)$$

Usando la Ec. (4.13) con $N = N_0$, la Ec. (4.14) puede escribirse como

$$x[n] = \sum_{m=0}^{N_0-1} a_m \Psi_m[n] \qquad (4.15)$$

Multiplicando ambos lados de la Ec. (4.15) por $\Psi_k^*[n]$ y sumando desde $n = 0$ hasta $N_0 - 1$, se obtiene

$$\sum_{n=0}^{N_0-1} x[n]\Psi_k^*[n] = \sum_{m=0}^{N_0-1} a_m \left(\sum_{n=0}^{N_0-1} \Psi_m[n] \right) \Psi_k^*[n]$$

Intercambiando el orden de las sumatorias y usando la Ec. (4.12), se tiene que

$$\sum_{n=0}^{N_0-1} x[n]\Psi_k^*[n] = \sum_{m=0}^{N_0-1} a_m \left(\sum_{n=0}^{N_0-1} \Psi_m[n]\Psi_k^*[n] \right) = N_0 a_k$$

y de aquí se obtiene la Ec. (4.11).

Usando la Ec. (4.9), las Ecs. (4.10) y (4.11) pueden escribirse como

$$x[n] = \sum_{k=\langle N_0 \rangle} a_k e^{jk\Omega_0 n}, \quad \Omega_0 = \frac{2\pi}{N_0} \quad (4.16)$$

$$a_k = \frac{1}{N_0} \sum_{n=\langle N_0 \rangle} x[n] e^{-jk\Omega_0 n} \quad (4.17)$$

donde $\sum_{k=\langle N_0 \rangle}$ denota la sumatoria en k conforme k varía en un intervalo de N_0 enteros sucesivos.

Así, conforme n toma los $n = 0, 1, \ldots, N_0 - 1$, las muestras $x[n]$ de $x(t)$ son aproximadas por la Ec. (4.16). La Ec. (4.16) representa la ecuación de *síntesis* y la Ec. (4.17) la ecuación de *análisis*. Haciendo $k = 0$ en la Ec. (4.17), se obtiene

$$a_0 = \frac{1}{N_0} \sum_{n=\langle N_0 \rangle} x[n] \quad (4.18)$$

la cual indica que a_0 es igual al valor promedio de $x[n]$ en un período.

A los coeficientes de Fourier a_k con frecuencia se les refiere como los *coeficientes espectrales* de $x[n]$. Es fácil demostrar que $a_k = a_{k+N_0}$ (¡hágalo!). Es decir, si se consideran más de N_0 valores secuenciales de k, los valores a_k se repetirán periódicamente con período N_0. Este hecho debe interpretarse con cuidado. En particular, como solamente hay N_0 exponenciales complejas distintas que son periódicas con período N_0, la representación en serie de Fourier de tiempo discreto es una serie finita con N_0 términos. Por consiguiente, si se fijan los N_0 valores consecutivos de k para los cuales se define la serie de Fourier en la Ec.(4.16), se obtendrá un conjunto de exactamente N_0 coeficientes a partir de la Ec. (4.17). Por otra parte, algunas veces será conveniente usar diferentes conjuntos de N_0 valores de k y, en consecuencia, es útil considerar la Ec. (4.16) como una suma para cualquier *conjunto arbitrario* de N_0 valores sucesivos de k.

Ejemplo 1. En este ejemplo se considera la onda cuadrada periódica en tiempo discreto mostrada en la Fig. 4.2. La serie de Fourier de esta función se puede evaluar usando la Ec. (4.17).

Debido a la simetría de esta secuencia con respecto a $n = 0$, es conveniente seleccionar un intervalo simétrico en el cual evaluar la sumatoria en la Ec. (4.17). Por ello, expresamos la Ec. (4.17) como

$$a_k = \frac{1}{N_0} \sum_{n=-N_1}^{N_1} e^{-jk(2\pi/N_0)n}$$

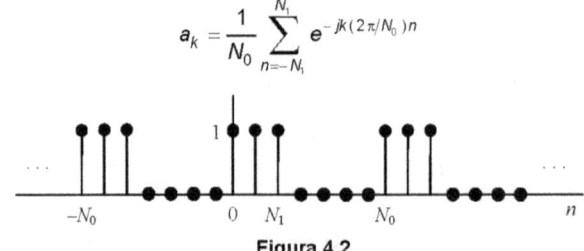

Figura 4.2

Haciendo $m = n + N_1$, la ecuación anterior se convierte en

$$a_k = \frac{1}{N_0} \sum_{m=0}^{2N_1} e^{-jk(2\pi/N_0)(m-N_1)}$$

$$= \frac{1}{N_0} e^{jk(2\pi/N_0)N_1} \sum_{m=0}^{2N_1} e^{-jk(2\pi/N_0)m}$$

cuya sumatoria consiste de los primeros ($2N_1 + 1$) términos en una serie geométrica, la cual al ser evaluada produce

$$a_k = \frac{1}{N_0} e^{jk(2\pi/N_0)N_1} \left(\frac{1 - e^{-jk2\pi(2N_1+1)/N_0}}{1 - e^{-jk(2\pi/2N_0)}} \right)$$

$$= \frac{1}{N_0} \frac{e^{-jk(2\pi/2N_0)} \left[e^{jk2\pi(N_1+\frac{1}{2})/N_0} - e^{-jk2\pi(N_1+\frac{1}{2})/N_0} \right]}{e^{-jk(2\pi/2N_0)} \left[e^{jk(2\pi/2N_0)} - e^{-jk(2\pi/2N_0)} \right]}$$

$$= \frac{1}{N_0} \frac{\operatorname{sen}[2\pi k(N_1 + \tfrac{1}{2})/N_0]}{\operatorname{sen}(2\pi k/2N_0)}, \qquad k \neq 0, \pm N_0, \pm 2N_0, \ldots$$

y

$$a_k = \frac{2N_1}{N_0}, \qquad k = 0, \pm N_0, \pm 2N_0, \ldots$$

Esta expresión puede escribirse en una forma más compacta si los coeficientes se expresan como muestras de una envolvente:

$$N_0 a_k = \left. \frac{\operatorname{sen}[(2N_1 + 1)\Omega_0/2]}{\operatorname{sen}(\Omega_0/2)} \right|_{\Omega_0 = 2\pi k/N_0}$$

En la Fig. 4.3 se dibujan los coeficientes $N_0 a_k$ para $2N_1 + 1 = 5$ y $N_0 = 10$.

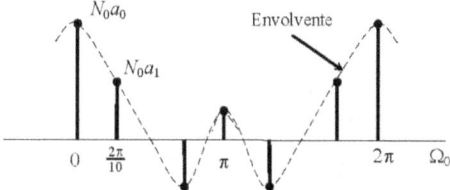

Figura 4.3

Ejemplo 2. Determínese la representación en serie de Fourier discreta de la secuencia

$$x[n] = \cos\frac{\pi}{3}n + \operatorname{sen}\frac{\pi}{4}n.$$

Tómese $x[n] = \cos\dfrac{\pi}{3}n + \operatorname{sen}\dfrac{\pi}{4}n = x_1[n] + x_2[n]$, donde

$$x_1[n] = \cos\dfrac{\pi}{3}n = \cos\Omega_1 n \;\to\; \Omega_1 = \dfrac{\pi}{3}$$

$$x_2[n] = \operatorname{sen}\dfrac{\pi}{4}n = \operatorname{sen}\Omega_2 n \;\to\; \Omega_2 = \dfrac{\pi}{4}$$

Como $\Omega_1/2\pi = \tfrac{1}{6}$ (= número racional), $x_1[n]$ es periódica con período fundamental $N_1 = 6$, y como $\Omega_2/2\pi = \tfrac{1}{8}$ (= número racional), entonces $x_2[n]$ es periódica con período fundamental $N_2 = 8$. Por tanto, $x[n]$ es periódica y su período fundamental está dado por el mínimo común múltiplo de 6 y 8, es decir, $N_0 = 24$ y $\Omega_0 = 2\pi/N_0 = \pi/12$. Por la fórmula de Euler se iene que

$$x[n] = \dfrac{1}{2}\left[e^{j(\pi/3)n} + e^{-j(\pi/3)n}\right] + \dfrac{1}{2j}\left[e^{j(\pi/4)n} - e^{-j(\pi/4)n}\right]$$

$$= \dfrac{1}{2}e^{-j4\Omega_0 n} + j\dfrac{1}{2}e^{-j3\Omega_0 n} - j\dfrac{1}{2}e^{j3\Omega_0 n} + \dfrac{1}{2}e^{j4\Omega_0 n}$$

Así que $c_3 = -j\left(\tfrac{1}{2}\right)$, $c_4 = \tfrac{1}{2}$, $c_{-4} = c_{-4+24} = c_{20} = \tfrac{1}{2}$, $c_{-3} = c_{-3+24} = c_{21} = j\left(\tfrac{1}{2}\right)$ y todos los otros $c_k = 0$. Por tanto, la serie de Fourier discreta de $x[n]$ es

$$x[n] = -j\dfrac{1}{2}e^{j3\Omega_0 n} + \dfrac{1}{2}e^{j4\Omega_0 n} + \dfrac{1}{2}e^{j20\Omega_0 n} + j\dfrac{1}{2}e^{j21\Omega_0 n}, \quad \Omega_0 = \dfrac{\pi}{12}$$

4.3.3 Convergencia de la Serie de Fourier Discreta

Puesto que la serie de Fourier discreta de una secuencia $x[n]$ es una serie finita, en contraste con el caso de tiempo continuo, y definida completamente por los valores de la señal en un período, *no hay problemas de convergencia* con la serie de Fourier discreta y *no se presenta el fenómeno de Gibbs*. En otras palabras, el hecho de que cualquier secuencia periódica en tiempo discreto $x[n]$ está completamente especificada por un número *finito* de parámetros, a saber, los valores de la secuencia en un período, es la razón por la cual no hay problemas de convergencia en general con la serie de Fourier en tiempo discreto.

4.4 Propiedades de la Serie de Fourier Discreta

4.4.1 Periodicidad de los Coeficientes de Fourier

De las Ecs. (4.9) y (4.10) se observa que

$$a_{k+N_0} = a_k \tag{4.19}$$

la cual indica que los coeficientes de la serie de Fourier son periódicos con período fundamental N_0. Es decir, si consideramos más de N_0 valores secuenciales de k, los valores de a_k se repetirán periódicamente con período N_0.

4.4.2 Dualidad

De la Ec. (4.19) se nota que los coeficientes de Fourier a_k forman una secuencia periódica con período fundamental N_0. Entonces, escribiendo a_k como $a[k]$, la Ec. (4.17) puede escribirse de nuevo como

$$a[k] = \sum_{n=\langle N_0 \rangle} \frac{1}{N_0} x[n] e^{-jk\Omega_0 n} \qquad (4.20)$$

Sea $n = -m$ en la Ec. (4.20). Entonces

$$a[k] = \sum_{m=\langle N_0 \rangle} \frac{1}{N_0} x[-m] e^{jk\Omega_0 m}$$

Haciendo ahora $k = n$ y $m = k$ en la expresión anterior, se obtiene

$$a[n] = \sum_{m=\langle N_0 \rangle} \frac{1}{N_0} x[-k] e^{jk\Omega_0 n} \qquad (4.21)$$

Comparando la Ec. (4.21) con la Ec. (4.16), se ve que los valores $(1/N_0) x[-k]$ son los coeficientes de Fourier de $a[n]$. Si se adopta la notación

$$x[n] \overset{\text{SFD}}{\leftrightarrow} a_k = a[k] \qquad (4.22)$$

para denotar el par de series de Fourier discretas (SFD), entonces, por la Ec. (4.21), se tiene que

$$a[n] \overset{\text{SFD}}{\leftrightarrow} \frac{1}{N_0} x[-k] \qquad (4.23)$$

La Ec. (4.23) se conoce como la propiedad de *dualidad* de la serie de Fourier discreta. Dicho de otra forma, puesto que los coeficientes de Fourier a_k de una señal periódica $x[n]$ son a su vez una secuencia periódica, los coeficientes a_k se pueden expandir en una serie de Fourier. La propiedad de dualidad descrita implica que los coeficientes de la serie de Fourier para la secuencia periódica a_k son los valores $(1/N_0) x[-k]$.

4.4.3 Otras Propiedades

Cuando $x[n]$ es real, entonces de la Ec. (4.11) [o la Ec. (4.17)] y la Ec. (4.19) se deduce que

$$a_{-k} = a_{N_0 - k} = a_k^* \qquad (4.24)$$

donde, igual que antes, el asterisco (*) denota el conjugado complejo.

4.4.4 Secuencias Pares e Impares

Para el caso en que $x[n]$ sea real, supóngase que

$$x[n] = x_p[n] + x_i[n]$$

donde $x_p[n]$ y $x_i[n]$ son las partes par e impar de $x[n]$, respectivamente y sea

$$x[n] \overset{\text{SFD}}{\leftrightarrow} a_k$$

Entonces

$$\begin{aligned} x_p[n] &\overset{\text{SFD}}{\leftrightarrow} \text{Re}\{a_k\} \\ x_i[n] &\overset{\text{SFD}}{\leftrightarrow} \text{Im}\{a_k\} \end{aligned} \qquad (4.25)$$

Se observa entonces que si $x[n]$ es real y par, entonces sus coeficientes de Fourier son reales, mientras que si $x[n]$ es real e impar, sus coeficientes son imaginarios.

Ejemplo 3. Sea $x[n]$ una secuencia periódica real con período fundamental N_0 y coeficientes de Fourier $c_k = a_k + jb_k$, donde a_k y b_k son reales.

(a) Demuestrar que $a_{-k} = a_k$ y $b_{-k} = -b_k$.

(b) Demostrar que $c_{N_0/2}$ es real si N_0 es par.

(c) Demostrar que $x[n]$ puede también expresarse como una serie de Fourier trigonométrica de la forma

$$x[n] = c_0 + 2 \sum_{k=1}^{(N_0-1)/2} (a_k \cos k\Omega_0 n - b_k \sen k\Omega_0 n), \qquad \Omega_0 = \frac{2\pi}{N_0}$$

si N_0 es impar, o

$$x[n] = c_0 + (-1)^n c_{N_0/2} + 2 \sum_{k=1}^{(N_0-1)/2} (a_k \cos k\Omega_0 n - b_k \sen k\Omega_0 n)$$

si N_0 es par.

Solución:

(a) Si $x[n]$ es real, entonces de la Ec. (4.11) se tiene que

$$c_{-k} = \frac{1}{N_0} \sum_{n=0}^{N_0-1} x[n] e^{jk\Omega_0 n} = \left(\frac{1}{N_0} \sum_{n=0}^{N_0-1} x[n] e^{-jk\Omega_0 n} \right)^* = c_k^*$$

Así que

$$c_{-k} = a_{-k} + jb_{-k} = (a_k + jb_k)^* = a_k - jb_k$$

y se obtiene

$$a_{-k} = a_k \quad \text{y} \quad b_{-k} = -b_k$$

(b) Si N_0 es par, entonces de la Ec. (4.11),

$$c_{N_0/2} = \frac{1}{N_0} \sum_{n=0}^{N_0-1} x[n] e^{-j(N_0/2)(2\pi/N_0)n} = \frac{1}{N_0} \sum_{n=0}^{N_0-1} x[n] e^{-j\pi n}$$

$$= \frac{1}{N_0} \sum_{n=0}^{N_0-1} (-1)^n x[n] \qquad \text{real}$$

(c) Escriba de nuevo la Ec. (4.10) como

$$x[n] = \sum_{k=0}^{N_0-1} c_k e^{jk\Omega_0 n} = c_0 + \sum_{k=1}^{N_0-1} c_k e^{jk\Omega_0 n}$$

Si N_0 es impar, entonces $(N_0 - 1)$ es par y $x[n]$ se puede escribir como

$$x[n] = c_0 + \sum_{k=1}^{(N_0-1)/2} \left(c_k e^{jk\Omega_0 n} + c_{N_0-k} e^{j(N_0-k)\Omega_0 n} \right)$$

Ahora, de la Ec. (4.24),

$$c_{N_0-k} = c_k^*$$

y

$$e^{j(N_0-k)\Omega_0 n} = e^{jN_0\Omega_0 n} e^{-jk\Omega_0 n} = e^{j2\pi n} e^{-jk\Omega_0 n} = e^{-jk\Omega_0 n}$$

Por tanto,

$$x[n] = c_0 + \sum_{k=1}^{(N_0-1)/2} \left(c_k e^{jk\Omega_0 n} + c_k^* e^{-jk\Omega_0 n} \right)$$

$$= c_0 + \sum_{k=1}^{(N_0-1)/2} 2\mathrm{Re}\left(c_k e^{jk\Omega_0 n} \right)$$

$$= c_0 + 2\sum_{k=1}^{(N_0-1)/2} \mathrm{Re}(a_k + jb_k)(\cos k\Omega_0 n + j\,\mathrm{sen}\,k\Omega_0 n)$$

$$= c_0 + 2\sum_{k=1}^{(N_0-1)/2} (a_k \cos k\Omega_0 n - b_k \,\mathrm{sen}\,k\Omega_0 n)$$

Si N_0 es par, se puede escribir a $x[n]$ como

$$x[n] = c_0 + \sum_{k=1}^{N_0-1} c_k e^{jk\Omega_0 n}$$

$$= c_0 + \sum_{k=1}^{(N_0-2)/2} \left(c_k e^{jk\Omega_0 n} + c_{N_0-k} e^{j(N_0-k)\Omega_0 n} \right) + c_{N_0/2} e^{j(N_0/2)\Omega_0 n}$$

Usando de nuevo la Ec. (4.24), se obtiene

$$c_{N_0-k} = c_k^* \quad \text{y} \quad e^{j(N_0-k)\Omega_0 n} = e^{-jk\Omega_0 n}$$

y

$$e^{j(N_0/2)\Omega_0 n} = e^{j(N_0/2)(2\pi/N_0)n} = e^{j\pi n} = (-1)^n$$

Entonces

$$x[n] = c_0 + (-1)^n c_{N_0/2} + \sum_{k=1}^{(N_0-2)/2} 2\mathrm{Re}\left(c_k e^{jk\Omega_0 n} \right)$$

$$= c_0 + (-1)^n c_{N_0/2} + 2\sum_{k=1}^{(N_0-2)/2} (a_k \cos k\Omega_0 n - b_k \,\mathrm{sen}\,k\Omega_0 n)$$

4.5 Teorema de Parseval

Si $x[n]$ está representada por la serie de Fourier discreta (4.16), entonces es posible demostrar que

$$\frac{1}{N_0} \sum_{n=\langle N_0 \rangle} |x[n]|^2 = \sum_{k=\langle N_0 \rangle} |a_k|^2 \qquad (4.26)$$

La Ec. (4.26) se conoce como la *identidad de Parseval* (o el *teorema de Parseval*) para la serie de Fourier discreta.

Demostración: Sean $x_1[n]$ y $x_2[n]$ dos secuencias periódicas con igual período fundamental N_0 y con series de Fourier discretas dadas por

$$x_1[n] = \sum_{k=0}^{N_0-1} b_k e^{jk\Omega_0 n} \qquad x_2[n] = \sum_{k=0}^{N_0-1} c_k e^{jk\Omega_0 n} \qquad \Omega_0 = \frac{2\pi}{N_0}$$

Entonces la secuencia $x[n] = x_1[n]x_2[n]$ es periódica con el mismo período fundamental N_0 (la demostración se deja para el lector) y se puede expresar como

$$x[n] = \sum_{k=0}^{N_0-1} a_k e^{jk\Omega_0 n} \qquad \Omega_0 = \frac{2\pi}{N_0}$$

donde a_k está dada por

$$a_k = \sum_{m=0}^{N_0-1} b_m c_{k-m} \qquad (4.27)$$

De esta relación se obtiene que

$$a_k = \frac{1}{N_0} \sum_{n=0}^{N_0-1} x_1[n] x_2[n] e^{-jk\Omega_0 n} = \sum_{m=0}^{N_0-1} b_m c_{k-m}$$

Haciendo ahora $k = 0$ en la expresión anterior, se obtiene

$$\frac{1}{N_0} \sum_{n=0}^{N_0-1} x_1[n] x_2[n] = \sum_{m=0}^{N_0-1} b_m c_{-m} = \sum_{k=0}^{N_0-1} b_k c_{-k} \qquad (4.28)$$

la cual se conoce como la *relación de Parseval*.

Ahora, sean

$$x[n] = \sum_{k=0}^{N_0-1} a_k e^{jk\Omega_0 n}$$

y

$$x^*[n] = \sum_{k=0}^{N_0-1} b_k e^{-jk\Omega_0 n}$$

Entonces

$$b_k = \frac{1}{N_0}\sum_{n=0}^{N_0-1} x^*[n]e^{-jk\Omega_0 n} = \left(\frac{1}{N_0}\sum_{n=0}^{N_0-1} x[n]e^{jk\Omega_0 n}\right)^* = a_{-k}^* \qquad (4.29)$$

La Ec. (4.29) indica que si los coeficientes de Fourier de $x[n]$ son los a_k, entonces los coeficientes de Fourier de $x^*[n]$ son los coeficientes a_{-k}^*. Haciendo $x_1[n] = x[n]$ y $x_2[n] = x^*[n]$ en la Ec. (4.28), se tiene que $b_k = a_k$ y $e_k = c_{-k}^*$ (o $c_{-k} = a_k^*$) y se obtiene

$$\frac{1}{N_0}\sum_{n=0}^{N_0-1} x[n]x^*[n] = \sum_{k=0}^{N_0-1} a_k a_k^* \qquad (4.30)$$

o

$$\frac{1}{N_0}\sum_{n=0}^{N_0-1} |x[n]|^2 = \sum_{k=0}^{N_0-1} |a_k|^2$$

que es la relación buscada.

4.6 La Transformada de Fourier Discreta

A continuación se considerará la representación en el dominio de la frecuencia de señales de tiempo discreto y de duración finita que no son necesariamente periódicas.

4.6.1 Transformación de la Serie de Fourier Discreta en la Transformada de Fourier

Sea $x[n]$ una secuencia no periódica de duración finita. Es decir, para algún entero positivo N_1,

$$x[n] = 0 \quad |n| > N_1$$

Una secuencia así se muestra en la Fig. 4.4a. Sea $x_{N_0}[n]$ una secuencia periódica formada al repetir $x[n]$ con un período fundamental N_0, como se muestra en la Fig. 4.4b. Si ahora se hace que $N_0 \to \infty$, entonces

$$\lim_{N_0 \to \infty} x_{N_0}[n] = x[n] \qquad (4.31)$$

La serie de Fourier discreta para $x_{N_0}[n]$ está dada por

$$x_{N_0}[n] = \sum_{k=\langle N_0 \rangle} a_k e^{jk\Omega_0 n} \qquad \Omega_0 = \frac{2\pi}{N_0} \qquad (4.32)$$

donde

$$a_k = \frac{1}{N_0}\sum_{n=\langle N_0 \rangle} x_{N_0}[n]e^{-jk\Omega_0 n} \qquad (4.33)$$

Puesto que $x_{N_0}[n] = x[n]$ para $|n| \leq N_1$ y también como $x[n] = 0$ fuera de este intervalo, la Ec. (4.33) puede escribirse de nuevo como

$$a_k = \frac{1}{N_0}\sum_{n=-N_1}^{N_1} x[n]e^{-jk\Omega_0 n} = \frac{1}{N_0}\sum_{n=-\infty}^{\infty} x[n]e^{-jk\Omega_0 n} \qquad (4.34)$$

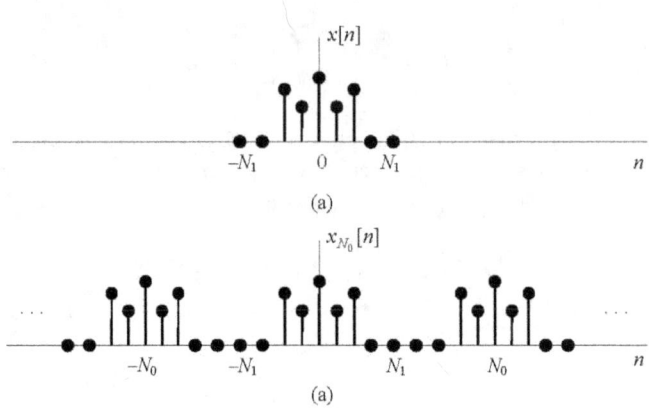

Figura 4.4

Defina la envolvente $X(\Omega)$ de $N_0 a_k$ como

$$X(\Omega) = \sum_{n=-\infty}^{\infty} x[n] e^{-j\Omega n} \qquad (4.35)$$

Entonces, por la Ec. (4.34), los coeficientes de Fourier pueden expresarse como

$$a_k = \frac{1}{N_0} X(k\Omega_0) \qquad (4.36)$$

donde Ω_0 se usa para denotar el espacio muestral $2\pi/N_0$. Así pues, los coeficientes a_k son proporcionales a muestras igualmente espaciadas de esta función envolvente. Si se sustituye la Ec. (4.36) en la Ec. (4.32), se obtiene

$$x_{N_0}[n] = \sum_{k=\langle N_0 \rangle} \frac{1}{N_0} X(k\Omega_0) e^{jk\Omega_0 n}$$

o

$$x_{N_0}[n] = \frac{\Omega_0}{2\pi} \sum_{k=\langle N_0 \rangle} X(k\Omega_0) e^{jk\Omega_0 n} \qquad (4.37)$$

De la Ec. (4.35), $X(\Omega)$ es periódica con período 2π y $e^{j\Omega n}$ también lo es. Por ello, el producto $X(\Omega) e^{j\Omega n}$ también será periódico con período 2π. Como se muestra en la Fig. 4.5, cada término en la sumatoria de la Ec. (4.37) representa el área de un rectángulo de altura $X(k\Omega_0) e^{jk\Omega_0 n}$ y anchura Ω_0. Conforme $N_0 \to \infty$, $\Omega_0 = 2\pi/N_0$ se hace infinitesimal ($\Omega_0 \to 0$) y la Ec. (4.36) se convierte en una integral. También, puesto que la sumatoria en la Ec. (4.37) es sobre N_0 intervalos consecutivos de anchura $\Omega_0 = 2\pi/N_0$, el intervalo total de integración siempre tendrá una anchura de 2π. Así que conforme $N_0 \to \infty$ y en vista de la Ec. (4.31), la Ec. (4.37) se convierte en

$$x[n] = \frac{1}{2\pi} \int_{2\pi} X(\Omega) e^{j\Omega n} d\Omega \qquad (4.38)$$

Como $X(\Omega)e^{j\Omega n}$ es periódica con período 2π, el intervalo de integración en la Ec. (4.38) puede tomarse como cualquier intervalo de longitud 2π.

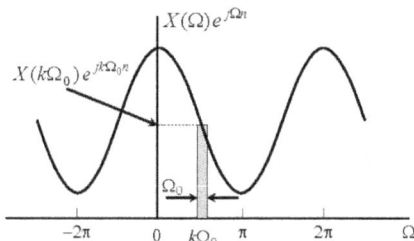

Figura 4.5

4.6.2 Par de Transformadas de Fourier

La función $X(\Omega)$ definida por la Ec. (4.35) se denomina la *transformada de Fourier* de x[n] y la Ec. (4.38) define la *transformada de Fourier inversa* de $X(\Omega)$. Específicamente, ellas se denotan por

$$X(\Omega) = \mathcal{F}\{x[n]\} = \sum_{n=-\infty}^{\infty} x[n]e^{-j\Omega n} \qquad (4.39)$$

$$x[n] = \mathcal{F}^{-1}\{X(\Omega)\} = \frac{1}{2\pi}\int_{2\pi} X(\Omega)e^{j\Omega n}d\Omega \qquad (4.40)$$

y se dice que x[n] y $X(\Omega)$ forman un par de transformadas de Fourier y se denotan por

$$x[n] \leftrightarrow X(\Omega)$$

Las Ecs. (4.39) y (4.40) son las contrapartes discretas de las ecuaciones para las transformadas en tiempo continuo. La deducción de estas ecuaciones indica cómo una secuencia aperiódica puede considerarse como una combinación lineal de exponenciales complejas. En particular, la ecuación de síntesis es en efecto una representación de x[n] como una combinación lineal de exponenciales complejas infinitesimalmente cercanas en frecuencia y con amplitudes $X(\Omega)(d\Omega/2\pi)$ y proporciona la información de sobre cómo x[n] está compuesta de exponenciales complejas en frecuencias diferentes.

Es importante señalar que x[n] es una función de la variable discreta n, en tanto que la transformada $X(\Omega)$ en la Ec. (4.39) es una función de la variable continua Ω. Por tanto, $X(\Omega)$ es una función continua de la frecuencia, mientras que x[n] es una función discreta del tiempo.

Ejemplo 4. Determínese la transformada de Fourier del pulso rectangular (Fig. 4.6)

$$x[n] = u[n] + u[n-N]$$

De la Ec. (4.39), la transformada de Fourier de x[n] está dada por

$$X(\Omega) = \sum_{n=-\infty}^{\infty} x[n]e^{-j\Omega n} = \sum_{n=0}^{N-1}(1)e^{-j\Omega n}$$

$$= \frac{1-e^{-j\Omega n}}{1-e^{-j\Omega}} = \frac{e^{-j\Omega N/2}\left(e^{j\Omega N/2} - e^{-j\Omega N/2}\right)}{e^{-j\Omega/2}\left(e^{j\Omega/2} - e^{-j\Omega/2}\right)} = e^{-j\Omega(N-1)/2}\frac{\operatorname{sen}(\Omega N/2)}{\operatorname{sen}(\Omega/2)}$$

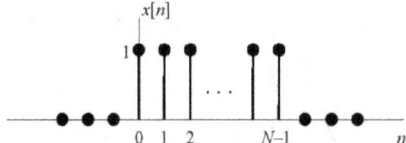

Figura 4.6

Ejemplo 5. Determinar la transformada de Fourier de la función $x[n] = a^n u[n]$.

De la Ec. (4.39),

$$X(\Omega) = \sum_{n=-\infty}^{\infty} x[n]e^{-jn\Omega} = \sum_{n=0}^{\infty} a^n e^{-n\Omega}$$

Ahora se aplica la serie geométrica

$$\sum_{n=0}^{\infty} b^n = \frac{1}{1-b}, \quad |b| < 1$$

Si en la relación para $X(\Omega)$ se hace $ae^{-j\Omega} = b$, resulta la transformada

$$X(\Omega) = \frac{1}{1-ae^{-j\Omega}}; \quad |ae^{-j\Omega}| < 1$$

Puesto que $|e^{-j\Omega}| = 1$, esta transformada existe para $|a| < 1$ y entonces se tiene el par de transformadas

$$a^n u[n] \leftrightarrow \frac{1}{1-ae^{-j\Omega}}, \quad |a| < 1$$

Esta transformada es válida para valores reales o complejos de *a*. La transformada de Fourier discreta de $a^n u[n]$, $|a| > 1$, no existe.

4.6.3 Espectros de Fourier

La transformada de Fourier $X(\Omega)$ de $x[n]$ es, en general, compleja y puede expresarse como

$$X(\Omega) = |X(\Omega)|e^{j\phi(\Omega)} \qquad (4.41)$$

Igual que en tiempo continuo, la transformada de Fourier $X(\Omega)$ de una secuencia no periódica $x[n]$ es la especificación en el dominio de la frecuencia de $x[n]$ y se conoce como el *espectro* (o *espectro de Fourier*) de $x[n]$. La cantidad $|X(\Omega)|$ es el *espectro de magnitud* de $x[n]$ y $\phi(\Omega)$ es el *espectro de fase* de $x[n]$. Además, si $x[n]$ es real, el espectro de amplitud $|X(\Omega)|$ es una función par y el espectro de fase $\phi(\Omega)$ es una función impar de Ω.

Ejemplo 6. Considere la secuencia

$$x[n] = \alpha^n u[n] \qquad |\alpha| < 1$$

Para este ejemplo,

$$X(\Omega) = \sum_{n=0}^{\infty} \alpha^n e^{-j\Omega n} = \frac{1}{1 - \alpha e^{-j\Omega}}$$

El espectro de magnitud está dado por

$$|X(\Omega)| = \frac{1}{\sqrt{1 + \alpha^2 - 2\alpha \cos \Omega}}$$

y el de fase por

$$\phi(\Omega) = \tan^{-1} \frac{\alpha \operatorname{sen} \Omega}{1 - \alpha \cos \Omega}$$

4.6.4 Convergencia de $X(\Omega)$

En forma similar al caso de tiempo continuo, la condición *suficiente* para la convergencia de la transformada $X(\Omega)$ es que $x[n]$ sea absolutamente sumable, es decir,

$$\sum_{n=-\infty}^{\infty} |x[n]| < \infty \qquad (4.42)$$

La demostración de esta relación se deja para el lector. Por tanto, se ve que la transformada de Fourier en tiempo discreto posee muchas semejanzas con el caso de tiempo continuo. Las diferencias principales entre los dos casos son la periodicidad de la transformada de tiempo discreto $X(\Omega)$ y el intervalo finito de integración en la ecuación de síntesis. Ambas provienen de un hecho que ya se ha señalado: Las exponenciales complejas en tiempo discreto que difieren en frecuencia por un múltiplo de 2π son idénticas.

4.7 Propiedades de la Transformada de Fourier

Hay muchas diferencias y semejanzas del casp discreto con el caso continuo. Estas propiedades son útiles en el análisis de señales y sistemas y en la simplificación del trabajo con las transformadas directa e inversa

4.7.1 Periodicidad

Ya se vio que la transformada de Fourier discreta es *siempre* periódica en Ω con período 2π, de modo que

$$X(\Omega + 2\pi) = X(\Omega) \qquad (4.43)$$

Como una consecuencia de la Ec. (4.43), en el caso de tiempo discreto sólo se tienen que considerar valores de Ω (radiantes) solamente en el intervalo $0 \leq \Omega < 2\pi$ o $-\pi \leq \Omega < \pi$, mientras que en el caso continuo se tieen que considerar valores de $\sqcup$ (radianes/segundo) en todo el intervalo $-\infty < \omega < \infty$.

4.7.2 Linealidad

Esta propiedad establece que la transformada de Fourier discreta de una suma de funciones es igual a la suma de las transformadas de Fourier discretas de las funciones, siempre que la suma exista. Sean $x_1[n]$ y $x_2[n]$ dos secuencias con transformadas de Fourier $X_1(\Omega)$ y $X_2(\Omega)$, respectivamente. Entonces, es muy sencillo demostrar que

$$a_1 x_1[n] + a_2 x_2[n] \leftrightarrow a_1 X_1(\Omega) + a_2 X_2(\Omega) \qquad (4.44)$$

para cualesquiera constantes a_1 y a_2.

4.7.3 Desplazamiento o Corrimiento en el Tiempo

Es instructivo deducir esta propiedad a partir de la definición de la transformada de Fourier discreta. Por sustitución directa en las ecuaciones de definición de la transformada de Fourier, se obtiene que

$$x[n-n_0] \leftrightarrow e^{-j\Omega n_0} X(\Omega) \qquad (4.45)$$

La demostración de la Ec. (4.45) es la siguiente: Por definición, Ec. (4.39),

$$\mathcal{F}\{x[n-n_0]\} = \sum_{n=-\infty}^{\infty} x[n-n_0] e^{-j\Omega n}$$

Mediante el cambio de variable $m = n - n_0$, se obtiene

$$\mathcal{F}\{x[n-n_0]\} = \sum_{m=-\infty}^{\infty} x[m] e^{-j\Omega(m+n_0)}$$

$$= e^{-j\Omega n_0} \sum_{m=-\infty}^{\infty} x[m] e^{-j\Omega m} = e^{-j\Omega n_0} X(\Omega)$$

Por tanto,

$$x[n] \leftrightarrow e^{-j\Omega n_0} X(\Omega)$$

Ejemplo 7. Determine (a) la transformada de Fourier $X(\Omega)$ de la secuencia en forma de pulso rectangular mostrada en la Fig. 4.7a; (b) Grafique $X(\Omega)$ para $N_1 = 4$ y $N_1 = 8$.

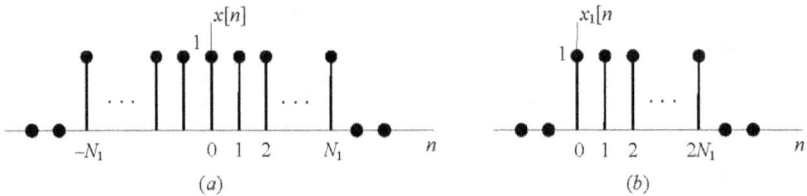

Figura 4.7

(a) En la Fig. 4.7 se observa que

$$x[n] = x_1[n + N_1]$$

donde $x_1[n]$ se muestra en la Fig. 4.7b. Haciendo $N = 2N_1 + 1$ en el resultado del Ejemplo 4, se obtiene

$$X_1(\Omega) = e^{-j\Omega N_1} \frac{\operatorname{sen}\left[\Omega\left(N_1 + \frac{1}{2}\right)\right]}{\operatorname{sen}(\Omega/2)}$$

Ahora, por la propiedad de desplazamiento en el tiempo, se tiene que

$$X(\Omega) = e^{j\Omega N_1} X_1(\Omega) = \frac{\operatorname{sen}\left[\Omega\left(N_1 + \frac{1}{2}\right)\right]}{\operatorname{sen}(\Omega/2)}$$

(b) Haciendo $N_1 = 4$ en la ecuación anterior, se obtiene

$$X(\Omega) = \frac{\operatorname{sen}(4.5\Omega)}{\operatorname{sen}(0.5\Omega)}$$

la cual se grafica en la Fig. 4.8a. En forma similar, para $N_1 = 8$ se obtiene

$$X(\Omega) = \frac{\operatorname{sen}(8.5\Omega)}{\operatorname{sen}(0.5\Omega)}$$

la cual se grafica en la Fig. 4.8b.

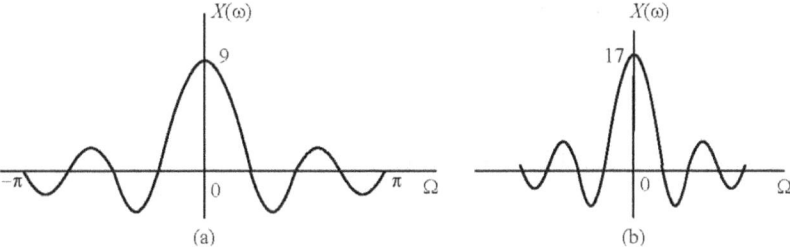

Figura 4.8

4.7.4 Desplazamiento en Frecuencia

Esta propiedad, producida al multiplicar la exponencial $e^{j\Omega_0 n}$ por $x[n]$, produce el par de transformadas dado por

$$e^{j\Omega_0 n} x[n] \leftrightarrow X(\Omega - \Omega_0) \quad (4.46)$$

que es un desplazamiento en el dominio de la frecuencia.

La demostración procede en la forma siguiente. Por la Ec. (4.39)

$$\mathcal{F}\{e^{j\Omega_0 n} x[n]\} = \sum_{n=-\infty}^{\infty} e^{j\Omega_0 n} x[n] e^{-j\Omega n}$$

$$= \sum_{n=-\infty}^{\infty} x[n] e^{-j(\Omega - \Omega_0)n} = X(\Omega - \Omega_0)$$

de donde obtenemos que

$$e^{j\Omega_0 n} x[n] \leftrightarrow X(\Omega - \Omega_0)$$

Ejemplo 8. Determinar la transformada inversa de

$$X(\Omega) = 2\pi \delta(\Omega - \Omega_0) \qquad |\Omega|, |\Omega_0| \leq \pi$$

De la ecuación de definición de la transformada de Fourier inversa, se tiene que

$$x[n] = \frac{1}{2\pi} \int_{-\pi}^{\pi} 2\pi \delta(\Omega - \Omega_0) e^{j\Omega_0 n} d\Omega = e^{j\Omega_0 n}$$

y de aquí se obtiene el par de transformadas

$$e^{j\Omega_0 n} \leftrightarrow 2\pi \delta(\Omega - \Omega_0)$$

Haciendo $\Omega_0 = 0$ en la relación anterior, se obtiene otro par de transformadas:

$$x[n] = 1 \leftrightarrow 2\pi\delta(\Omega), \qquad |\Omega| \leq \pi$$

4.7.5 Conjugación

Esta propiedad relaciona el conjugado de la función con su transformada y establece que

$$x^*[n] \leftrightarrow X^*(-\Omega) \tag{4.47}$$

De la Ec. (4.39) se tiene que

$$\mathcal{F}\{x^*[n]\} = \sum_{n=-\infty}^{\infty} x^*[n] e^{-j\Omega n} = \left(\sum_{n=-\infty}^{\infty} x[n] e^{j\Omega n} \right)^*$$

$$= \left(\sum_{n=-\infty}^{\infty} x[n] e^{-j(-\Omega n)} \right)^* = X^*(-\Omega)$$

y, por tanto,

$$x^*[n] \leftrightarrow X^*(-\Omega)$$

Debido a la naturaleza discreta del índice del tiempo para señales de tiempo discreto, los escalamientos en tiempo y en frecuencia resultan en tiempos discretos que toman una forma algo diferente de sus contrapartes en tiempo continuo. Sea $x[n]$ una señal con espectro $X(\Omega)$ y considérense las dos propiedades siguientes.

4.7.6 Inversión en el Tiempo

Considere la señal con inversión en el tiempo $x[-n]$. Entonces

$$x[-n] \leftrightarrow X(-\Omega) \tag{4.48}$$

Esta demostración se deja para el lector. Aun cuando la Ec. (4.48) es análoga al caso de tiempo continuo, surgen diferencias cuanto se trata de escalar tiempo y frecuencia en vez de simplemente invertir el eje del tiempo, como se verá a continuación.

4.7.7 Escalamiento en el Tiempo

La propiedad de escalamiento de la transformada de Fourier en tiempo continuo se expresó como

$$x(at) \leftrightarrow \frac{1}{|a|} X\left(\frac{\omega}{a}\right) \tag{4.49}$$

Sin embargo, en el caso de tiempo discreto, $x[an]$ no es una secuencia si a no es un entero. Por otra parte, si a es un entero, digamos 2, $x[2n]$ consiste solamente de las muestras pares de $x[n]$. Así que el escalamiento en el tiempo en tiempo discreto toma una forma algo diferente de la Ec. (4.49).

Sea m un entero positivo y defina la secuencia

$$x_{(m)}[n] = \begin{cases} x[n/m] = x[k] & \text{si } n = km, \, k \text{ entero} \\ 0 & \text{si } n \neq km \end{cases} \tag{4.50}$$

Entonces se tiene que

$$x_{(m)}[n] \leftrightarrow X(m\Omega) \tag{4.51}$$

La Ec. (4.51) es la contraparte en tiempo discreto de la Ec. (4.49). Expresa una vez más la relación inversa entre el tiempo y la frecuencia. Es decir, conforme la señal se extiende en el tiempo ($m > 1$), su transformada de Fourier se comprime. Observe que $X(m\Omega)$ es periódica con período $2\pi/m$, ya que $X(\Omega)$ es periódica con período 2π.

De la Ec. (4.39)

$$\mathcal{F}\{x_{(m)}[n]\} = \sum_{n=-\infty}^{\infty} x_{(m)}[n] e^{-j\Omega n}$$

Haciendo el cambio de variable $n = km$ en el lado derecho de esta ecuación, se obtiene

$$\mathcal{F}\{x_{(m)}[n]\} = \sum_{k=-\infty}^{\infty} x_{(m)}[km] e^{-j\Omega km} = \sum_{-\infty}^{\infty} x[k] e^{-j(m\Omega)k} = X(m\Omega)$$

De aquí que

$$x_{(m)}[n] \leftrightarrow X(m\Omega)$$

4.7.8 Dualidad

La propiedad de dualidad de una transformada de Fourier de tiempo continuo se expresó como

$$X(t) \leftrightarrow 2\pi x(-\omega) \tag{4.52}$$

En el caso discreto no hay una contraparte para esta propiedad. Sin embargo, hay una dualidad entre la transformada de Fourier discreta y la serie de Fourier de tiempo continuo. Sea

$$x[n] \leftrightarrow X(\Omega)$$

De las Ecs. (4.39) y (4.43),

$$X(\Omega) = \sum_{n=-\infty}^{\infty} x[-k] e^{-j2n} \tag{4.53}$$

$$X(\Omega + 2\pi) = X(\Omega) \qquad (4.54)$$

Puesto que Ω es una variable continua, haciendo $\Omega = t$ y $n = -k$ en la Ec. (4.53), se obtiene

$$X(t) = \sum_{k=-\infty}^{\infty} x[-k] e^{jkt} \qquad (4.55)$$

Puesto que $X(t)$ es periódica con período $T_0 = 2\pi$ y la frecuencia fundamental $\omega_0 = 2\pi/T_0 = 1$, la Ec. (4.55) indica que los coeficientes de la serie de Fourier de $X(t)$ serán iguales a $x[-k]$. Esta relación dual se indica por

$$X(t) \overset{SF}{\leftrightarrow} a_k = x[-k] \qquad (4.56)$$

y donde SF denota "la serie de Fourier" y las a_k son los coeficientes de Fourier.

4.7.9 Diferenciación en Frecuencia

De nuevo, suponga que $X(\Omega)$ es la transformada de $x[n]$. Entonces

$$n x[n] \leftrightarrow j \frac{dX(\Omega)}{d\Omega} \qquad (4.57)$$

De la definición (4.39) se sabe que

$$X(\Omega) = \sum_{n=-\infty}^{\infty} x[n] e^{-j\Omega n}$$

Diferenciando ambos lados de la expresión anterior con respecto a Ω e intercambiando el orden de la diferenciación y la sumatoria, se obtiene

$$\frac{dX(\Omega)}{d\Omega} = \frac{d}{d\Omega}\left(\sum_{n=-\infty}^{\infty} x[n] e^{-j\Omega n} \right) = \sum_{n=-\infty}^{\infty} x[n] \frac{d}{d\Omega}\left(e^{-j\Omega n} \right)$$

$$= -j \sum_{n=-\infty}^{\infty} n x[n] e^{-j\Omega n}$$

Multiplicando ambos lados por j, se ve que

$$\mathcal{F}\{n x[n]\} = \sum_{n=-\infty}^{\infty} n x[n] e^{-j\Omega n} = j \frac{dX[n]}{d\Omega}$$

y, por tanto, se tiene el par de transformadas

$$n x[n] \leftrightarrow j \frac{dX(\Omega)}{d\Omega}$$

4.7.10 Diferencias

Para una sola diferencia, se tiene que

$$x[n] - x[n-1] \leftrightarrow (1 - e^{-j\Omega}) X(\Omega) \qquad (4.58)$$

La secuencia $x[n] - x[n-1]$ ya se definió como la *primera diferencia*. La Ec. (4.58) se obtiene fácilmente a partir de la propiedad de linealidad, Ec. (4.44), y la propiedad de desplazamiento en el tiempo, Ec. (4.45).

Ejemplo 9. Demuestre que

$$\mathcal{F}\{u[n]\} = \pi\delta(\Omega) + \frac{1}{1-e^{-j\Omega}} \quad |\Omega| \leq \pi$$

Sea

$$\mathcal{F}\{u[n]\} = X(\Omega)$$

Observe ahora que

$$\delta[n] = u[n] - u[n-1]$$

y tomando la transformada de Fourier de ambos lados de esta ecuación, se obtiene

$$1 = \left(1 - e^{-j\Omega}\right) X(\Omega)$$

Ahora bien, $\left(1 - e^{-j\Omega}\right) = 0$ para $\Omega = 0$ y, por tanto, $X(\Omega)$ debe ser de la forma

$$X(\Omega) = A\delta(\Omega) + \frac{1}{1-e^{-j\Omega}} \quad |\Omega| \leq \pi$$

donde A es una constante. Para determinar A, se procede en la forma siguiente: La componente par de $u[n]$ está dada por

$$u_p[n] = \tfrac{1}{2} + \tfrac{1}{2}\delta[n]$$

Así que la componente impar de $u[n]$ está dada por

$$u_i[n] = u[n] - u_p[n] = u[n] - \tfrac{1}{2} - \tfrac{1}{2}\delta[n]$$

y

$$\mathcal{F}\{u_i[n]\} = A\delta(\Omega) + \frac{1}{1-e^{-j\Omega}} - \pi\delta(\Omega) - \frac{1}{2}$$

Pero la transformada de Fourier de una secuencia real impar debe ser puramente imaginaria; así que se debe tener que $A = \pi$ y entonces

$$\mathcal{F}\{u[n]\} = \pi\delta(\Omega) + \frac{1}{1-e^{-j\Omega}} X(\Omega)$$

4.7.11 Acumulación

Esta propiedad dice que

$$\sum_{k=-\infty}^{n} x[k] \quad \leftrightarrow \quad \pi X(0)\delta(\Omega) + \frac{1}{1-e^{-j\Omega}} X(\Omega) \quad |\Omega| \leq \pi \qquad (4.59)$$

Observe que la acumulación es la contraparte en tiempo discreto de la integración. El término en impulso en el lado derecho de la Ec. (4.59) refleja el valor promedio o CD que puede resultar de la acumulación.

La demostración de esta propiedad se deja para el lector (use el resultado del Ejemplo 8).

Ejemplo 10. Determinar la transformada de Fourier de $u[n]$ usando la propiedad de acumulación, Ec. (4.59).

Solución: Ya se sabe que

$$u[n] = \sum_{k=-\infty}^{n} \delta[k]$$

y también que

$$\delta[n] \leftrightarrow 1$$

Haciendo $x[k] = \delta[k]$ en la Ec. (4.59), se obtiene

$$x[n] = \delta[n] \leftrightarrow X(\Omega) = 1 \quad y \quad X(0) = 1$$

y, por tanto,

$$u[n] = \sum_{k=-\infty}^{n} \delta[k] \leftrightarrow \pi\delta(\Omega) + \frac{1}{1-e^{-j\Omega}} \quad |\Omega| \le 1$$

4.7.12 Convolución

Para dos señales discretas $x_1[n]$ y $x_2[n]$, su convolución y la transformada de ésta cumplen con la relación

$$x_1[n] * x_2[n] \leftrightarrow X_1(\Omega) X_2(\Omega) \tag{4.60}$$

Esta propiedad juega un papel muy importante en el estudio de los sistemas LIT de tiempo discreto.

Por las definiciones en las Ecs. (4.27) y (4.39), se tiene que

$$\mathcal{F}\{x_1[n] * x_2[n]\} = \sum_{n=-\infty}^{\infty} \left(\sum_{k=-\infty}^{\infty} x_1[k] x_2[n-k] \right) e^{-j\Omega n}$$

Intercambiando el orden de las sumatorias, se obtiene

$$\mathcal{F}\{x_1[n] * x_2[n]\} = \sum_{k=-\infty}^{\infty} x_1[k] \left(\sum_{n=-\infty}^{\infty} x_2[n-k] e^{-j\Omega n} \right)$$

Por la propiedad de desplazamiento en el tiempo, Ec. (4.45):

$$\sum_{n=-\infty}^{\infty} x_2[n-k] e^{-j\Omega n} = e^{-j\Omega n} X_2(\Omega)$$

y así se obtiene que

$$\mathcal{F}\{x_1[n] * x_2[n]\} = \sum_{k=-\infty}^{\infty} x_1[k] e^{-j\Omega k} X_2(\Omega)$$

$$= \left(\sum_{k=-\infty}^{\infty} x_1[k] e^{-j\Omega k} \right) X_2(\Omega) = X_1(\Omega) X_2(\Omega)$$

y así se verifica la relación (4.60).

Ejemplo 11. Determine la transformada de Fourier inversa $x[n]$ de

$$X(\Omega) = \frac{1}{\left(1 - ae^{-j\Omega}\right)^2} \qquad |a| < 1$$

usando el teorema de convolución.

Solución: La transformada inversa de

$$\frac{1}{\left(1 - ae^{-j\Omega}\right)} \qquad |a| < 1$$

es la función $a^n u[n]$ (Ejemplo 5). Ahora bien,

$$X(\Omega) = \frac{1}{\left(1 - ae^{-j\Omega}\right)^2} = \left(\frac{1}{1 - ae^{-j\Omega}}\right)\left(\frac{1}{1 - ae^{-j\Omega}}\right)$$

Entonces, aplicandl el teorema de convolución, Ec. (4.60), se obtiene

$$x[n] = a^n u[n] * a^n u[n] = \sum_{k=-\infty}^{\infty} a^k u[k] a^{n-k} u[n-k]$$

$$= a^n \sum_{k=0}^{n} 1 = (n+1) a^n u[n]$$

Por consiguiente, se obtiene el par de transformadas

$$(n+1) a^n u[n] \leftrightarrow \frac{1}{\left(1 - ae^{-j\Omega}\right)} \qquad |a| < 1$$

4.7.13 Propiedad de Multiplicación o Modulación

En el Cap. 3 se introdujo la propiedad de modulación para señales de tiempo continuo y se indicaron algunas de sus aplicaciones. Existe una propiedad análoga para señales de tiempo discreto y ella juega un papel similar en aplicaciones. Esta propiedad es

$$x_1[n] x_2[n] \quad \leftrightarrow \quad \frac{1}{2\pi} X_1(\Omega) \oplus X_2(\Omega) \qquad (4.61)$$

donde el símbolo $\oplus$ denota la *convolución periódica* definida por

$$X_1(\Omega) \oplus X_2(\Omega) = \int_{2\pi} X_1(\theta) X_2(\Omega - \theta) d\theta \qquad (4.62)$$

La propiedad de multiplicación (4.61) es la propiedad dual de la Ec. (4.60) y su demostración procede en la forma siguiente:

Sea $x[n] = x_1[n] x_2[n]$. Entonces, por la definición dada en la Ec. (4.39),

$$X(\Omega) = \sum_{n=-\infty}^{\infty} x_1[n] x_2[n]$$

Ahora, por la Ec. (4.39),

$$x_1[n] = \frac{1}{2\pi}\int_{2\pi} X_1(\theta)e^{j\theta n}d\theta$$

Entonces

$$X(\Omega) = \sum_{n=-\infty}^{\infty}\left[\frac{1}{2\pi}\int_{2\pi} X_1(\Omega)e^{j\theta n}d\theta\right]x_2[n]e^{-j\Omega n}$$

Intercambiando el orden de la sumatoria y la integración, se obtiene

$$X(\Omega) = \frac{1}{2\pi}\int_{2\pi} X_1(\theta)\left(\sum_{n=-\infty}^{\infty} x_2[n]e^{-j(\Omega-\theta)n}\right)d\theta$$

$$= \frac{1}{2\pi}\int_{2\pi} X_1(\theta)X_2(\Omega-\theta)d\theta = \frac{1}{2\pi}X_1(\Omega)\oplus X_2(\Omega)$$

y así queda demostrada la propiedad.

4.7.14 Propiedades Adicionales

Si $x[n]$ es real, sea

$$x[n] = x_p[n] + x_i[n]$$

donde $x_p[n]$ y $x_i[n]$ son las componentes par e impar de $x[n]$, respectivamente. Sea

$$x[n] \leftrightarrow X(\Omega) = A(\Omega) + jB(\Omega) = |X(\Omega)|e^{j\theta(\Omega)} \qquad (4.63)$$

Entonces

$$X(-\Omega) = X^*(\Omega) \qquad (4.64)$$

$$\begin{aligned} x_p[n] &\leftrightarrow \operatorname{Re}\{X(\Omega)\} = A(\Omega) \\ x_i[n] &\leftrightarrow j\operatorname{Im}\{X(\Omega)\} = jB(\Omega) \end{aligned} \qquad (4.65)$$

La Ec. (4.64) es la condición necesaria y suficiente para que $x[n]$ sea real. De las Ecs. (4.64) y (4.63), se obtiene

$$A(-\Omega) = A(\Omega), \qquad B(-\Omega) = -B(\Omega)70$$

$$|X(-\Omega)| = |X(\Omega)|, \qquad \theta(-\Omega) = -\theta(\Omega) \qquad (4.66)$$

Observe en las Ecs. (4.65) y (4.66) que si $x[n]$ es real y par, entonces $X(\Omega)$ es real y par, mientras que si $x[n]$ es real e impar, $X(\Omega)$ es imaginaria e impar.

4.7.15 Relación de Parseval

Si $x[n]$ y $X[\Omega]$ forman un par de transformadas de Fourier, entonces

$$\sum_{n=-\infty}^{\infty} x_1[n]x_2[n] = \frac{1}{2\pi}\int_{2\pi} X_1(\Omega)X_2(\Omega)d\Omega \qquad (4.67)$$

$$\sum_{n=-\infty}^{\infty}|x[n]|^2 = \frac{1}{2\pi}\int_{2\pi}|X(\Omega)|^2 d\Omega \qquad (4.68)$$

La Ec. (4.68) se conoce como la *identidad de Parseval* (o el *teorema de Parseval*) para la transformada de Fourier de tiempo discreto. En analogía con el caso de tiempo continuo, el lado izquierdo de la Ec. (4.68) se conoce como la *energía* en $x[n]$ y $|X(\Omega)|^2$ como el *espectro de la densidad de energía*. Como la energía en una secuencia periódica es infinita, la Ec. (4.68) no es de utilidad en ese caso. Para señales periódicas se puede derivar una variante de la identidad de Parseval que relaciona la energía en un período de la secuencia con la energía en un período de los coeficientes de la serie de Fourier, ella es

$$\frac{1}{N_0}\sum_{n=\langle N_0 \rangle}|x[n]|^2 = \sum_{k=\langle N_0 \rangle}|a_k|^2 \qquad (4.69)$$

4.8 La Respuesta de Frecuencia de Sistemas LIT Discretos

Como ya se mostró en el Cap. 2, la salida $y[n]$ de un sistema LIT discreto es igual a la convolución de la entrada $x[n]$ con la respuesta al impulso $h[n]$, suponiendo que las transformadas de Fourier de $x[n]$, $y[n]$ y $h[n]$ existen; es decir,

$$y[n] = x[n] * h[n] \qquad (4.70)$$

Entonces la propiedad de convolución implica que

$$Y(\Omega) = X(\Omega)H(\Omega) \qquad (4.71)$$

donde $X(\Omega)$, $Y(\Omega)$ y $H(\Omega)$ son las transformadas de Fourier de $x[n]$, $y[n]$ y $h[n]$, respectivamente. De esta relación obtenemos

$$H(\Omega) = \frac{Y(\Omega)}{X(\Omega)} \qquad (4.72)$$

De la relación (4.71), observe que

$$|Y(\Omega)| = |X(\Omega)||H(\Omega)| \qquad (4.73)$$

$$\angle Y(\Omega) = \angle X(\Omega) + \angle H(\Omega) \qquad (4.74)$$

Igual que en el caso de tiempo continuo, la función $|H(\Omega)|$ se conoce como la *respuesta de magnitud* del sistema. Debido a la forma multiplicativa de la Ec. (4.73), a la magnitud de la respuesta de frecuencia de un sistema LIT algunas veces se le refiere como la *ganancia* del sistema. Las relaciones dadas por las Ecs. (4.71) y (4.72) se muestran en la Fig. 4.9.

Sea

$$H(\Omega) = |H(\Omega)|e^{j\theta_H(\Omega)} \qquad (4.75)$$

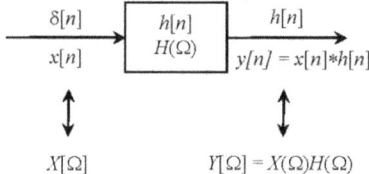

Figura 4.9

La función $H(\Omega)$ se conoce como la *respuesta de frecuencia* del sistema, $|H(\Omega)|$ como la *respuesta de magnitud* del sistema y $\theta_H(\Omega)$ como la *respuesta de fase* del sistema.

4.8.1 Sistemas LIT Caracterizados por Ecuaciones de Diferencias

Muchos sistemas LIT de tiempo discreto y de interés práctico son descritos por ecuaciones de diferencias con coeficientes constantes de la forma

$$\sum_{k=0}^{N} a_k y[n-k] = \sum_{k=0}^{M} b_k x[n-k] \tag{4.76}$$

donde $M \leq N$. En esta sección usamos las propiedades de la transformada de Fourier en tiempo discreto para obtener una expresión para la respuesta de frecuencia del sistema LIT descrito por la Ec. (4.76).

Tomando la transformada de Fourier de ambos lados de la Ec. (4.76) y usando las propiedades de linealidad y de desplazamiento en el tiempo, se obtiene

$$\sum_{k=0}^{N} a_k e^{-jk\Omega} Y(\Omega) = \sum_{k=0}^{M} b_k e^{-jk\Omega} X(\Omega)$$

o, en forma equivalente,

$$H(\Omega) = \frac{Y(\Omega)}{X(\Omega)} = \frac{\sum_{k=0}^{M} b_k e^{-jk\Omega}}{\sum_{k=0}^{N} a_k e^{-jk\Omega}} \tag{4.77}$$

Observe que $H(\Omega)$ es un cociente de polinomios en la variable $e^{-j\Omega}$. Los coeficientes del polinomio del *numerador* son los mismos coeficientes que aparecen en el lado derecho de la Ec. (4.76) y los coeficientes del *denominador* son los mismos coeficientes que aparecen en el lado izquierdo de la Ec. (4.76). Esto implica que la respuesta de frecuencia de un sistema LIT especificado por la Ec. (4.77) puede escribirse por inspección.

Ejemplo 12. Considere un sistema LIT inicialmente en reposo descrito por la ecuación de diferencias

$$y[n] - \tfrac{3}{4} y[n-1] + \tfrac{1}{8} y[n-2] = x[n]$$

De la Ec. (4.77), la respuesta de frecuencia es

$$H(\Omega) = \frac{Y(\Omega)}{X(\Omega)} = \frac{1}{1 - \tfrac{3}{4} e^{-j\Omega} + \tfrac{1}{8} e^{-j2\Omega}}$$

Para determinar la respuesta al impulso, debemos obtener la transformada inversa de $H(\Omega)$, por lo que necesitamos expandir esta última expresión en fracciones parciales. Por lo tanto,

$$H(\Omega) = \frac{1}{1 - \tfrac{3}{4} e^{-j\Omega} + \tfrac{1}{8} e^{-j2\Omega}} = \frac{1}{\left(1 - \tfrac{1}{2} e^{-j\Omega}\right)\left(1 - \tfrac{1}{4} e^{-j\Omega}\right)}$$

$$= \frac{2}{1-\frac{1}{2}e^{-j\Omega}} - \frac{1}{1-\frac{1}{4}e^{-j\Omega}}$$

La transformada inversa puede obtenerse por inspección y el resultado es

$$h[n] = \left[2\left(\tfrac{1}{2}\right)^n - \left(\tfrac{1}{4}\right)^n \right] u[n]$$

4.8.2 Naturaleza Periódica de la Respuesta de Frecuencia

De la Ec. (4.43) se sabe que

$$H(\Omega) = H(\Omega + 2\pi)$$

Así que, a diferencia de la respuesta de frecuencia de los sistemas de tiempo continuo, la de todos los sistemas LIT de tiempo discreto es periódica con período 2π. Por consiguiente, solamente se necesita observar la respuesta de un sistema de tiempo discreto en la banda de frecuencias $0 \le \Omega < 2\pi$ o $-\pi \le \Omega < \pi$.

4.9 Respuesta del Sistema a Muestras de Sinusoides de Tiempo Continuo

4.9.1 Respuestas del Sistema

Denote por $y_c[n]$, $y_s[n]$ y $y[n]$ las respuestas del sistema a las excitaciones $\cos\Omega n$, $\text{sen}\,\Omega n$ y $e^{j\Omega n}$, respectivamente (Fig. 4.10). Puesto que $e^{j\Omega n} = \cos\Omega n + j\,\text{sen}\,\Omega n$, y la respuesta de un sistema LIT con respuesta al impulso $h[n]$ a una excitación exponencial de la forma z^n es

$$y[n] = H(z)z^n, \quad H(z) = \sum_{n=-\infty}^{\infty} h[n]z^{-n}$$

se tiene que

$$y[n] = y_c[n] + jy_s[n] = H(\Omega)e^{j\Omega n}$$
$$y_c[n] = \text{Re}\{y[n]\} = \text{Re}\left\{H(\Omega)e^{j\Omega n}\right\} \qquad (4.78)$$
$$y_s[n] = \text{Im}\{y[n]\} = \text{Im}\left\{H(\Omega)e^{j\Omega n}\right\}$$

Cuando una sinusoide $\cos\Omega n$ se obtiene por muestreo de una sinusoide de tiempo continuo $\cos\omega t$, con un intervalo de muestreo igual a T_s, es decir,

$$\cos\Omega n = \cos\omega t \big|_{t=nT_s} = \cos\omega T_s n$$

se pueden aplicar todos los resultados obtenidos en esta sección si se sustituye ωT_s por Ω:

$$\Omega = \omega T_s$$

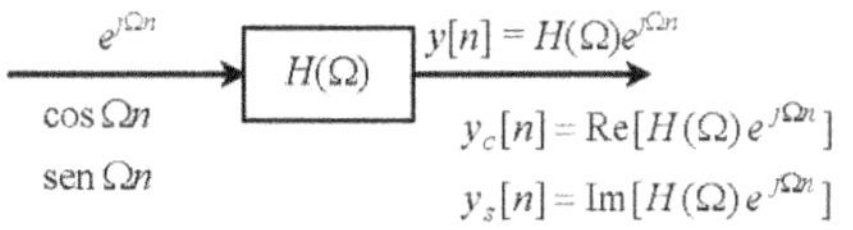

Figura 4.10

Para una sinusoide de tiempo continuo $\cos \omega t$ existe una forma de onda única para todo valor de ω en el intervalo de 0 a ∞. Un aumento en ω resulta en una sinusoide de frecuencia siempre creciente. En contraste, la sinusoide de tiempo discreto $\cos \Omega n$ tiene una forma de onda única solamente para valores de Ω en el intervalo de 0 a 2π porque

$$\cos[(\Omega + 2\pi m)n] = \cos(\Omega n + 2\pi mn) = \cos \Omega n \quad m = \text{entero}$$

Este intervalo también está restringido por el hecho de que

$$\cos(\pi \pm \Omega)n = \cos \pi n \cos \Omega n \mp \sen \pi n \sen \Omega n$$
$$= (-1)^n \cos \Omega n$$

y, por tanto,

$$\cos(\pi + \Omega)n = \cos(\pi - \Omega)n \qquad (4.79)$$

La Ec. (4.79) muestra que una sinusoide de frecuencia $(\pi + \Omega)$ tiene la misma forma de onda que una con frecuencia $(\pi - \Omega)$. Por ello, una sinusoide con cualquier valor de Ω fuera del intervalo 0 a π es idéntica a una sinusoide con Ω en el intervalo de 0 a π. Se concluye entonces que toda sinusoide de tiempo discreto con una frecuencia en la banda $0 \leq \Omega < \pi$ tiene una forma de onda única y sólo es necesario observar la respuesta de frecuencia de un sistema en la banda de frecuencias $0 \leq \Omega < \pi$.

4.10 La Transformada de Fourier en Tiempo Discreto de Secuencias Periódicas

Ahora se considerará la transforma de Fourier en tiempo discreto de secuencias periódicas. El resultado de este desarrollo conduce a la transformada de Fourier discreta y a la transformada rápida de Fourier.

Considérese una secuencia periódica $x[n]$ con periodo N, tal que $x[n] = x[n + N]$. Se define $x_0[n]$ como los valores de $x[n]$ en el periodo que comienza en $n = 0$, de manera que

$$x_0[n] = \begin{cases} x[n], & 0 \leq n \leq N-1 \\ 0, & \text{otros valores de } N \end{cases} \qquad (4.80)$$

En la Fig. 4.10 se muestra un ejemplo de una secuencia periódica con $N = 3$. En este caso, $x_0[n]$ es la secuencia compuesta de $x_0[0] = 0$, $x_0[1] = 1$ y $x_0[2] = 1$, con $x_0[n] = 0$ para todas las otras n.

La transformada de Fourier discreta de $x_0[n]$ es dada por

$$X_0(\Omega) = \sum_{n=-\infty}^{\infty} x_0[n] e^{-jn\Omega}$$
$$= \sum_{n=0}^{N-1} x_0[n] e^{-jn\Omega} \qquad (4.81)$$

Por tanto, $X_0(\Omega)$ es una serie finita en la variable de frecuencia continua Ω.

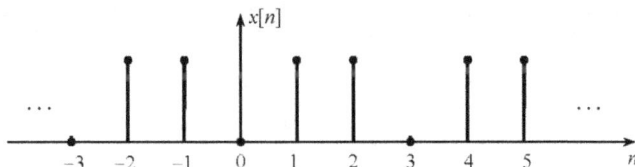

Figura 4.10. Una secuencia periódica en tiempo discreto.

Ahora se determinará la transformada de Fourier en tiempo discreto de la secuencia periódica $x[n]$ como una función de $X_0(\Omega)$ en la Ec. (4.81). La secuencia periódica se puede expresar como

$$x[n] = x_0[n] * \sum_{k=-\infty}^{\infty} \delta[n-kN] \qquad (4.82)$$

El tren de impulsos discretos

$$\sum_{k=-\infty}^{\infty} \delta[n-kN]$$

puede considerarse como la secuencia que se general al tomar muestras de una señal de amplitud constante e igual a la unidad con el periodo de muestreo NT. Entonces, es relativamente sencillo determinar el par de transformadas

$$f_s(t) = \sum_{k=-\infty}^{\infty} \delta[t-kNT] \quad \leftrightarrow \quad \frac{2\pi}{NT} \sum_{k=-\infty}^{\infty} \delta\left(\omega - \frac{2\pi k}{NT}\right) = F_s(\omega)$$

Haciendo el cambio de variables $\Omega = \omega T$, se tiene que

$$F(\Omega) = F_s(\omega)\big|_{\Omega=\omega T} = \frac{2\pi}{NT} \sum_{k=-\infty}^{\infty} \delta\left(\frac{1}{T}\left[\Omega - \frac{2\pi k}{N}\right]\right)$$

De la definición de la función impulso, se obtiene la relación

$$\int_{-\infty}^{\infty} \delta(ax)dx = \frac{1}{a}\delta(x), \quad a > 0$$

lo que permite escribir

$$F(\Omega) = \frac{2\pi}{NT} \sum_{k=-\infty}^{\infty} T\delta\left(\Omega - \frac{2\pi k}{N}\right) = \frac{2\pi}{N} \sum_{k=-\infty}^{\infty} \delta\left(\Omega - \frac{2\pi k}{N}\right)$$

y ahora se tiene el par de transformadas de Fourier en tiempo discreto

$$\sum_{k=-\infty}^{\infty} \delta[n-kN] \quad \leftrightarrow \quad \frac{2\pi}{N} \sum_{k=-\infty}^{\infty} \delta\left(\Omega - \frac{2\pi k}{N}\right) \qquad (4.83)$$

Aquí, la función $\delta[\cdot]$ es la función impulso en *tiempo discreto* y $\delta(\cdot)$ es la función impulso en *tiempo continuo*. Por tanto, la transformada de Fourier en tiempo discreto de un tren de impulsos discretos es un tren de impulsos continuos.

Puesto que la convolución en tiempo discreto se transforma en una multiplicación en frecuencia, entonces, de las Ecs. (4.82) y (4.83), la transformada de Fourier en tiempo discreto de $x[n]$ puede escribirse como

$$X(\Omega) = \frac{2\pi}{N} \sum_{k=-\infty}^{\infty} X_0(\Omega) \delta\left(\Omega - \frac{2\pi k}{N}\right) \tag{4.84}$$

o también

$$X(\Omega) = \frac{2\pi}{N} \sum_{k=-\infty}^{\infty} X_0\left(\frac{2\pi k}{N}\right) \delta\left(\Omega - \frac{2\pi k}{N}\right) \tag{4.85}$$

Recuerde que una transformada de Fourier en tiempo discreto es *siempre* periódica con periodo 2π; así que $X_0(\Omega)$ es periódica. Por tanto, la transformada de Fourier de una secuencia $x[n]$, la cual es periódica con periodo N, resulta en una función $X(\Omega)$ que es periódica con periodo 2π. Además, los N valores distintos de $x[n]$, $0 \le n \le N-1$, se transforman en N valores distintos de $X_0(2\pi k/N)$, $0 \le k \le N-1$ en frecuencia.

A continuación se deriva la transforma de Fourier inversa en tiempo discreto de la Ec. (4.85). De la definición,

$$\begin{aligned} x[n] &= \frac{1}{2\pi} \int_0^{2\pi} X(\Omega) e^{j\Omega n} d\Omega \\ &= \frac{1}{2\pi} \int_0^{2\pi} \left[\frac{2\pi}{N} \sum_{k=-\infty}^{\infty} X_0\left(\frac{2\pi k}{N}\right) \delta\left(\Omega - \frac{2\pi k}{N}\right) \right] e^{j\Omega n} d\Omega \\ &= \frac{1}{N} \sum_{k=0}^{N-1} X_0\left(\frac{2\pi k}{N}\right) e^{j2\pi kn/N} \end{aligned} \tag{4.86}$$

En esta ecuación, en el intervalo $0 \le \Omega \le 2\pi$, sólo ocurren las funciones impulso $\delta(\Omega)$, $\delta(\Omega - 2\pi/N)$, ... , $\delta(\Omega - 2\pi[N-1]/N)$.

En resumen, para una secuencia periódica $x[n] = x[n+N]$, su transformada es

$$X(\Omega) = \frac{2\pi}{N} \sum_{k=-\infty}^{\infty} X_0\left(\frac{2\pi k}{N}\right) \delta\left(\Omega - \frac{2\pi k}{N}\right)$$

y la transformada inversa correspondiente es

$$x[n] = \frac{1}{N} \sum_{k=-\infty}^{N-1} X_0\left(\frac{2\pi k}{N}\right) e^{j2\pi kn/N}$$

donde

$$X_0(\Omega) = \sum_{n=0}^{N-1} x_0[n] e^{-jn\Omega} \tag{4.87}$$

Hay N valores distintos de $x[n]$ y N valores distintos de $X_0(2\pi k/N)$.

Ejemplo 13. Considere la señal periódica de la Fig. 4.10. Para esta señal, $N = 3$, $x_0[0] = 0$, $x_0[1] = 0$ y $x_0[2] = 1$, con $x_0[n] = 0$. Por la Ec. (4.87), la transformada de Fourier de tiempo discreto de $x_0[n]$ es dada por

$$X_0(\Omega) = \sum_{n=0}^{N-1} x_0[n] e^{-jn\Omega} = 0e^{-j0} + (1)e^{-j\Omega} + (1)e^{-j2\Omega}$$
$$= e^{-j\Omega} + e^{-j2\Omega}$$

Esta transformada es periódica y la parte real de $X_0(\Omega)$ se grafica en la Fig. 4.11. De la Ec. (4.85), la transformada de Fourier en tiempo discreto de $x[n]$ es entonces

$$X(\Omega) = \frac{2\pi}{3} \sum_{k=-\infty}^{\infty} X_0\left(\frac{2\pi k}{3}\right) \delta\left(\Omega - \frac{2\pi k}{3}\right)$$

donde los tres valores distintos de $X_0(2\pi k/3)$ son dados por

$$X_0(0) = e^{j(0)} + e = e^{j2(0)} = 2$$
$$X_0\left(\frac{2\pi}{3}\right) = e^{-j2\pi/3} + e^{-j4\pi/2} = 1\angle -120° + |\angle 240° = -1$$
$$X_0\left(\frac{4\pi}{3}\right) = e^{-j4\pi/3} + e^{-j8\pi/2} = -1$$

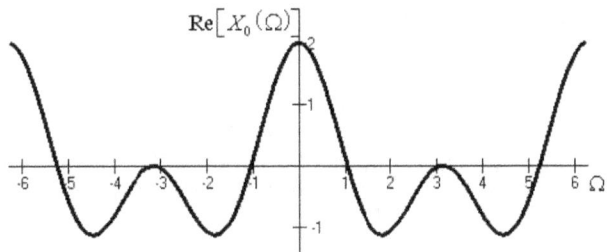

Figura 4.11

4.11 La Transformada de Fourier Discreta

Una de las razones para el incremento del uso de los métodos de tiempo discreto para el análisis y síntesis de señales y sistemas ha sido el desarrollo de herramientas muy eficientes para realizar el análisis de Fourier de secuencias de tiempo discreto. En el corazón de estos métodos está una técnica muy cercana a las ideas que hemos presentado en las secciones anteriores y que está idealmente adaptada para el uso en una computadora digital o para su implementación en hardware digital. Esta técnica es la *transformada de Fourier discreta* (TFD) para señales de duración finita y aun cuando puede considerarse como una extensión lógica de la transformada de Fourier ya estudiada, *no debe ser confundida con la transformada de Fourier de tiempo discreto*. Específicamente, en muchas aplicaciones solamente se pueden verificar los valores de una función en un número finito de puntos igualmente espaciados. Por ejemplo, un conjunto de esos valores podría ser una sucesión obtenida mediante el muestreo instantáneo de una señal continua en un conjunto de puntos con igual separación entre ellos. Entonces se debe hallar una serie de Fourier *finita* cuya suma en cada punto del dominio de la función sea igual al valor correspondiente de la función en ese punto.

Para generar los puntos de muestra, por razones prácticas ellos se limitan a un conjunto finito de muestras en tiempo discreto. Con este propósito, se N el símbolo que representa el número de muestras elegidas para representar la señal de tiempo discreto. El valor de N se escoge lo suficientemente grande de modo que el conjunto de muestras represente adecuadamente toda la señal $x[n]$. Se procede entonces a definir la transformada de Fourier discreta en la siguiente forma.

4.11.1. Definición

Sea $x[n]$ una secuencia finita de longitud N, es decir,

$$x[n] = 0 \quad \text{fuera de la banda} \quad 0 \le n \le N - 1 \tag{4.88}$$

La *transformada de Fourier discreta* (TFD) de $x[n]$, denotada como $X[k]$, se define por la relación

$$X[k] = \sum_{n=0}^{N-1} x[n] W_N^{kn} \qquad k = 0, 1, \ldots, N-1 \tag{4.89}$$

donde W_N es la N-ésima raíz de la unidad dada por

$$W_N = e^{-j(2\pi/N)} \tag{4.90}$$

La TFD inversa (TFDI) está dada por

$$x[n] = \frac{1}{N} \sum_{k=0}^{N-1} X[k] W_N^{-kn} \qquad n = 0, 1, \ldots, N-1 \tag{4.91}$$

El par de TFD se denota por

$$x[n] \quad \leftrightarrow \quad X[k] \tag{4.92}$$

La TFD tiene las siguientes características importantes:

1. *Existe una correspondencia uno a uno entre $x[n]$ y $X[k]$.*

2. *Para su cálculo está disponible un algoritmo extremadamente rápido llamado la transformada de Fourier rápida (FFT por sus iniciales en inglés).*

3. *La TFD está íntimamente relacionada con la serie y la transformada de Fourier de tiempo discreto y, por ello, exhibe algunas de sus propiedades importantes.*

4. *La TFD es la representación de Fourier apropiada para realización en una computadora digital ya que es discreta y de longitud finita tanto en el dominio del tiempo como en el de la frecuencia.*

Observe que la selección de N en la Ec. (4.89) no es fija, siempre que ella se escoja mayor que la duración de $x[n]$. Si $x[n]$ tiene longitud $N_1 < N$, se desea que $x[n]$ tenga longitud N mediante la simple adición de $(N - N_1)$ muestras con un valor de 0. Esta adición de muestras de relleno se conoce como *relleno de ceros*. Entonces la $x[n]$ resultante se llama una *secuencia* o *sucesión de N puntos*, y a la $X[k]$ definida en la Ec. (4.89) se le refiere como una TFD *de N puntos*. Mediante una selección juiciosa de N, tal como tomarla como una potencia de 2, se puede obtener una buena eficiencia computacional.

Ejemplo 14. Determine la TFD de N puntos de las secuencias siguientes:

(a) $x[n] = \delta[n]$

(b) $x[n] = u[n] - u[n - N]$

(a) De la definición (4.89), tenemos

$$X[k] = \sum_{n=0}^{N-1} \delta[n] W_N^{kn} = 1 \qquad k = 0, 1, \ldots, N-1$$

La Fig. 4.12 muestra $x[n]$ y su TFD de N puntos.

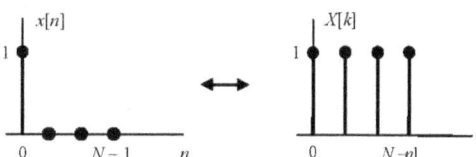

Figura 4.12

(b) De nuevo, por la definición en la Ec. (4.89) y usando la ecuación

$$\sum_{n=0}^{N-1} \alpha^n = \begin{cases} \dfrac{1 - \alpha^N}{1 - \alpha} & \alpha \neq 1 \\ N & \alpha = 1 \end{cases}$$

se obtiene

$$X[k] = \sum_{n=0}^{N-1} W_N^{kn} = \frac{1 - W_N^{kN}}{1 - W_N^k} = 0 \qquad k \neq 0$$

puesto que $W_N^{kN} = e^{-j(2\pi/N)kN} = e^{-jk2\pi} = 1$ y

$$X[0] = \sum_{n=0}^{N-1} W_N^0 = \sum_{n=0}^{N-1} 1 = N$$

La Fig. 4.13 muestra $x[n]$ y su TFD de N puntos $X[k]$.

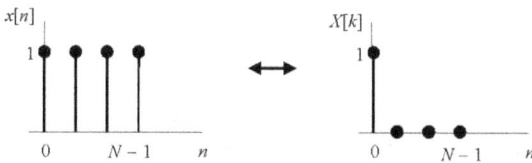

Figura 4.13

Resolución en Frecuencia de la TFD

Como la transformada de Fourier en tiempo discreto de la cual se tomaron N muestras en frecuencia es periódica con periodo 2π, el espectro de frecuencias discreto que se calcula usando la TFD tiene una resolución (separación entre muestras) de

$$\Delta\Omega = \frac{2\pi}{N} \tag{4.93}$$

Por esta razón, se tiene que la selección del número de muestras de $x[n]$ usadas en el cálculo determina la resolución del espectro de frecuencias, o viceversa; la resolución requerida en el espectro de frecuencia determina el número de muestras de $x[n]$ que se deben utilizar. En el caso en que se tenga disponible un número fijo, digamos N_1, de muestras en el dominio del tiempo, pero que se requiera un número mayor, digamos N_2, de muestras en el dominio de la frecuencia para tener un resolución adecuada, se pueden añadir $N_2 - N_1$ ceros a la secuencia en el tiempo. Este proceso se denomina *acolchado* o *relleno de ceros*.

4.11.2. Relación entre la TFD y la Serie de Fourier de Tiempo Discreto

Comparando las Ecs. (4.91) y (4.89) con las Ecs. (4.10) y (4.11), vemos que la $X[k]$ de una secuencia finita $x[n]$ puede ser interpretada como los coeficientes c_k en la representación en serie de Fourier discreta de su extensión periódica multiplicada por el período N_0 y $N_0 = N$. Es decir,

$$X[k] = N c_k \tag{4.94}$$

En realidad, las dos pueden hacerse idénticas si incluimos el factor $1/N$ en la TFD y no en la transformada de Fourier de tiempo discreto.

4.11.3. Relación entre la TFD y la Transformada de Fourier

Por la definición (4.38), la transformada de Fourier de la secuencia $x[n]$ definida por la Ec. (4.88) puede ser expresada como

$$X(\Omega) = \sum_{n=0}^{N-1} x[n] e^{-j\Omega n} \tag{4.95}$$

Comparando la Ec. (4.95) con la Ec. (4.89), se observa que

$$X[k] = X(\Omega)\big|_{\Omega = k2\pi/N} = X\left(\frac{k2\pi}{N}\right) \tag{4.96}$$

Así pues, la TFD $X[k]$ corresponde a la transformada de Fourier $X(\Omega)$ muestreada uniformemente en las frecuencias $\Omega = k2\pi/N$ para k entero.

4.11.4. Propiedades de la TFD

Debido a la relación expresada por la Ec. (4.96) entre la TFD y la transformada de Fourier, se debe esperar que sus propiedades sean muy semejantes, excepto que la TFD $X[k]$ es una función de una variable discreta en tanto que la transformada de Fourier $X(\ )$ es una función de una variable continua. Observe que las variables de la TFD n y k deben estar restringidas al intervalo $0 \le n, k < N$, por lo que los desplazamientos de la TFD $x[n - n_0]$ o $X[k - k_0]$ implican $x[n - n_0]_{\text{mód } N}$ o $X[k - k_0]_{\text{mód } N}$, donde la notación $[m]_{\text{mód } N}$ significa que

$$0 \le [m]_{\text{mód } N} = m + iN \tag{4.97}$$

para algún entero *i* tal que

$$0 \leq [m]_{\text{mód } N} < N \tag{4.98}$$

Por ejemplo, si $x[n] = \delta[n-3]$, entonces

$$x[n-4]_{\text{mód } 6} = \delta[n-7]_{\text{mód } 6} = \delta[n-7+6]_{\text{mód } 6} = \delta[n-1]$$

El desplazamiento en la TFD también se conoce como un *desplazamiento circular*.

Puesto que la TFD es evaluada en frecuencias en la banda [0, 2π], las cuales están separadas por 2π/N, al considerar la TFD de dos señales simultáneamente, las frecuencias correspondientes a la TFD deben ser las mismas para que cualquier operación tenga significado. Esto significa que la longitud de las secuencias consideradas debe ser la misma. Si éste no es el caso, se acostumbra aumentar las señales mediante un número apropiado de ceros, de modo que todas tengan la misma longitud. Algunas propiedades básicas de la TFD son las siguientes:

1. *Linealidad*: Sean $X_1[k]$ y $X_2[k]$ las TFD de dos secuencias $x_1[n]$ y $x_1[n]$. Entonces

$$a_1 x_1[n] + a_2 x_2[n] \leftrightarrow a_1 X_1[k] + a_2 X_2[k] \tag{4.99}$$

para cualesquiera constantes a_1 y a_2.

2. *Desplazamiento en el Tiempo*: Para cualquier entero real n_0,

$$x[n-n_0]_{\text{mód } N} \leftrightarrow W_N^{kn_0} X[k] \quad W_N = e^{-j(2\pi/N)} \tag{4.100}$$

donde el desplazamiento es un desplazamiento circular.

3. *Desplazamiento en Frecuencia*:

$$W_N^{-kn_0} x[n] \leftrightarrow X[k-k_0]_{\text{mód } N} \tag{4.101}$$

4. *Conjugación*:

$$x^*[n] \leftrightarrow X^*[-k]_{\text{mód } N} \tag{4.102}$$

donde el asterisco, igual que antes, denota el conjugado complejo.

5. *Inversión del Tiempo*:

$$x[-n]_{\text{mód } N} \leftrightarrow X[-k]_{\text{mód } N} \tag{4.103}$$

6. *Dualidad*:

$$X[n] \leftrightarrow N x[-k]_{\text{mód } N} \tag{4.104}$$

7. *Convolución Circular*: En nuestras análisis anteriores de diferentes transformadas vimos que la transformada inversa del producto de dos transformadas correspondía a una convolución de las funciones del tiempo correspondientes. Con esto en mente, tenemos entonces que

$$x_1[n] \oplus x_2[n] \leftrightarrow X_1[k] X_2[k] \tag{4.105}$$

donde

$$x_1[n] \oplus x_2[n] = \sum_{i=0}^{N-1} x_1[i] x_2[n-i]_{\text{mód } N} \tag{4.106}$$

La suma de convolución en la Ec. (4.106) se conoce como la *convolución circular* de $x_1[n]$ y $x_2[n]$. La demostración de esta propiedad se deja como un ejercicio.

Ejemplo 15. Considere las dos secuencias $x[n]$ y $h[n]$ de longitud 4 dadas por

$$x[n] = \cos\left(\frac{\pi}{2}n\right) \quad n = 0, 1, 2, 3$$

$$h[n] = \left(\frac{1}{2}\right)^n \quad n = 0, 1, 2, 3$$

(a) Calcule $y[n] = x[n] \oplus h[n]$ usando la convolución circular.

(b) Calcule $y[n]$ usando la TFD.

(a) Las secuencias $x[n]$ y $h[n]$ pueden expresarse como

$$x[n] = \{1, 0, -1, 0\} \quad \text{y} \quad h[n] = \left\{1, \tfrac{1}{2}, \tfrac{1}{4}, \tfrac{1}{8}\right\}$$

Por la Ec. (4.106),

$$y[n] = x[n] \oplus h[n] = \sum_{i=0}^{3} x[i] h[n-i]_{\text{mód } 4}$$

Las secuencias $x[i]$ y $h[n-i]_{\text{mód 4}}$ para $n = 0, 1, 2, 3$ se grafican en la Fig. 4.14a. Entonces, por la Ec. (4.97) se obtiene

$$n = 0 \quad y[0] = 1(1) + (-1)\left(\tfrac{1}{4}\right) = \tfrac{3}{4}$$
$$n = 1 \quad y[1] = 1\left(\tfrac{1}{2}\right) + (-1)\left(\tfrac{1}{8}\right) = \tfrac{3}{8}$$
$$n = 2 \quad y[2] = 1\left(\tfrac{1}{4}\right) + (-1)(1) = -\tfrac{3}{4}$$
$$n = 3 \quad y[3] = 1\left(\tfrac{1}{8}\right) + (-1)\left(\tfrac{1}{2}\right) = -\tfrac{3}{8}$$

y

$$y[n] = \left\{\tfrac{3}{4}, \tfrac{3}{8}, -\tfrac{3}{4}, -\tfrac{3}{8}\right\}$$

(b) Por la Ec. (4.89)

$$X[k] = \sum_{n=0}^{3} x[n] W_4^{kn} = 1 - W_4^{2k} \quad k = 0, 1, 2, 3$$

$$H[k] = \sum_{n=0}^{3} h[n] W_4^{kn} = 1 + \tfrac{1}{2} W_4^k + \tfrac{1}{4} W_4^{2k} + \tfrac{1}{8} W_4^{3k} \quad k = 0, 1, 2, 3$$

Entonces, por la Ec. (4.105), la TFD de $y[n]$ es

$$Y[k] = X[k] H[k] = \left(1 - W_4^{2k}\right)\left(1 + \tfrac{1}{2} W_4^k + \tfrac{1}{4} W_4^{2k} + \tfrac{1}{8} W_4^{3k}\right)$$

$$= 1 + \tfrac{1}{2} W_4^k - \tfrac{3}{4} W_4^{2k} - \tfrac{3}{8} W_4^{3k} - \tfrac{1}{4} W_4^{4k} - \tfrac{1}{8} W_4^{5k}$$

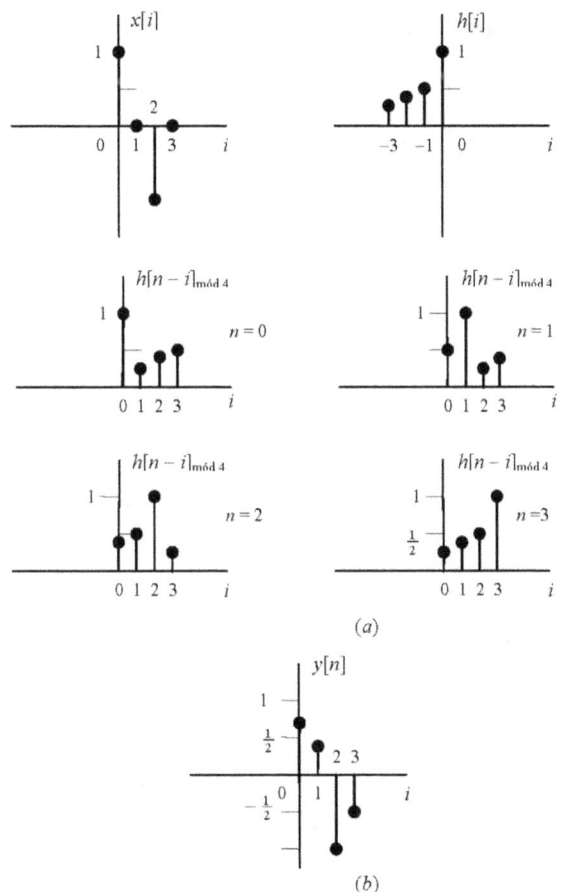

Figura 4.13

Como $W_4^{4k} = \left(W_4^4\right)^k = 1^k$ y $W_4^{5k} = W_4^{(4+1)k} = W_4^k$, se tiene

$$Y[k] = \frac{3}{4} + \frac{3}{8}W_4^k - \frac{3}{4}W_4^{2k} - \frac{3}{8}W_4^{3k} \quad k = 0, 1, 2, 3$$

y por la definición de la TFD, Ec. (4.89), se obtiene

$$y[n] = \left\{\frac{3}{4}, \frac{3}{8}, -\frac{3}{4}, -\frac{3}{8}\right\}$$

Ejemplo 16. Demuestre que si $x[n]$ es real, entonces su TFD $X[k]$ satisface la relación

$$X[N-k] = X^*[k]$$

De la Ec. (4.89)

$$X[N-k] = \sum_{n=0}^{N-1} x[n] W_N^{(N-k)n} = \sum_{n=0}^{N-1} x[n] e^{-j(2\pi/N)(N-k)n}$$

Ahora bien,

$$e^{-j(2\pi/N)(N-k)n} = e^{-j2\pi n} e^{j(2\pi/N)kn} = e^{j(2\pi/N)kn}$$

Por lo tanto, si $x[n]$ es real, entonces $x^*[n] = x[n]$ y

$$X[n-k] = \sum_{n=0}^{N-1} x[n] e^{j(2\pi/N)kn} = \left[\sum_{n=0}^{N-1} x[n] e^{-j(2\pi/N)kn} \right]^* = X^*[k]$$

---

8. *Multiplicación*:

$$x_1[n] x_2[n] \leftrightarrow \frac{1}{N} X_1[k] \oplus X_2[k] \quad (4.107)$$

donde

$$X_1[k] \oplus X_2[k] = \sum_{i=1}^{N-1} X_1[i] X_2[k-i]_{\text{mód } N}$$

9. *Propiedades Adicionales*:

    Cuando $x[n]$ es real, sea

    $$x[n] = x_p[n] + x_i[n]$$

donde $x_p[n]$ y $x_i[n]$ son las componentes par e impar de $x[n]$, respectivamente. Sea

$$x[n] \leftrightarrow X[k] = A[k] + jB[k] = |X[k]| e^{j\theta[k]}$$

Entonces

$$X[-k]_{\text{mód } N} = X^*[k] \quad (4.108)$$

$$\begin{aligned} x_p[n] &\leftrightarrow \text{Re}\{X[k]\} = A[k] \\ x_i[n] &\leftrightarrow j\text{Im}\{X[k]\} = jB[k] \end{aligned} \quad (4.109)$$

De la Ec. (4.108) tenemos que

$$\begin{aligned} A[-k]_{\text{mód } N} &= A[k] & B[-k]_{\text{mód } N} &= -B[k] \\ |X[-k]|_{\text{mód } N} &= |X[k]| & \theta[-k]_{\text{mód } N} &= -\theta[k] \end{aligned} \quad (4.110)$$

10. *Relación de Parseval*:

$$\sum_{n=0}^{N-1} |x[n]|^2 = \frac{1}{N} \sum_{n=0}^{N-1} |X[k]|^2 \quad (4.111)$$

La Ec. (4.111) se conoce como la *identidad de Parseval* (o el *teorema de Parseval*) para la TFD.

Problemas

4.1 Un conjunto de secuencias $\{\Psi_k[n]\}$ es ortogonal en un intervalo $[N_1, N_2]$ si dos señales cualesquiera $\Psi_m[n]$ y $\Psi_n[n]$ en el conjunto satisfacen la condición

$$\sum_{n=N_1}^{N_2} \Psi_m[n]\Psi_k^*[n] = \begin{cases} 0 & m \neq k \\ \alpha & m = k \end{cases}$$

$\alpha \neq 0$. Demuestre que el conjunto de secuencias exponenciales complejas

$$\Psi_k[n] = e^{jk(2\pi/N)n}, \quad k = 0, 1, \ldots, N-1$$

es ortogonal en cualquier intervalo de longitud N.

4.2 Determine los coeficientes de Fourier para la secuencia periódica $x[n]$ en la Fig. P4.2.

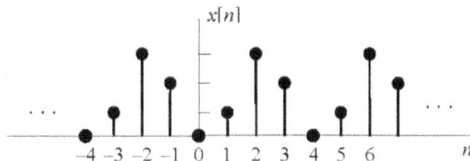

Figura P4.2

4.3 Considere la secuencia

$$x[n] = \sum_{k=-\infty}^{\infty} \delta[n - 3k]$$

(b) Dibuje $x[n]$.

(c) Determine los coeficientes de Fourier c_k de $x[n]$.

4.4 Determine la representación en serie de Fourier discreta para cada de las secuencias siguientes y grafique la magnitud y fase de los coeficientes de Fourier:

(a) $x[n] = \cos\dfrac{\pi}{4}n$

(b) $x[n] = 2\,\text{sen}\dfrac{3\pi}{4}n\,\text{sen}\dfrac{2\pi}{7}n$

(c) $x[n]$ es periódica con período 4 y

$$x[n] = \left(\dfrac{1}{3}\right)^n \quad 0 \leq n \leq 3$$

(d) $x[n] = \displaystyle\sum_{k=-\infty}^{\infty}(-1)^k\,\delta(n-k) + \text{sen}\dfrac{3\pi n}{4}$

4.5 Sea $x[n]$ una secuencia periódica real con período fundamental N_0 y coeficientes de Fourier $c_k = a_k + jb_k$, donde a_k y b_k son ambos reales.

(a) Demuestre que $a_{-k} = a_k$ y $b_{-k} = -b_k$.

(b) Demuestre que $c_{N_0/2}$ es real si N_0 es par.

(c) Demuestre que $x[n]$ también puede expresarse como una serie de Fourier trigonométrica discreta de la forma

$$x[n] = c_0 + 2\sum_{k=1}^{(N_0-1)/2}(a_n \cos k\Omega_0 n - b_k \operatorname{sen} k\Omega_0 n) \qquad \Omega_0 = \frac{2\pi}{N_0}$$

si N_0 es impar o

$$x[n] = c_0 + (-1)^n c_{N_0/2} + 2\sum_{k=1}^{(N_0-2)/2}(a_k \cos k\Omega_0 n - b_k \operatorname{sen} k\Omega_0 n)$$

si N_0 es par.

4.6 Determine la transformada de Fourier de cada una de las secuencias siguientes:

(a) $x[n] = -a^n u[-n-1]$ a real

(b) $x[n] = a^{|n|}$, $|a| < 1$

(c) $x[n] = \operatorname{sen}(\Omega_0 n)$, $|\Omega_0| < \pi$

(d) $x[n] = u[-n-1]$

4.7 Sean $x[n]$, $h[n]$ y $y[n]$ secuencias periódicas con el mismo período N_0, y sean a_k, b_k y c_k los coeficientes de Fourier respectivos.

(a) Sea $y[n] = x[n]h[n]$. Demuestre que

$$c_k = \sum_{\langle N_0 \rangle} a_m b_{k-m} = \sum_{\langle N_0 \rangle} a_{k-m} b_m = a_k * b_k$$

(b) Sea $y[n] = x[n]h[n]$. Demuestre que

$$c_k = N_0 a_k b_k$$

4.8 Determine la transformada de Fourier de la secuencia en pulso rectangular

$$x\{n\} = u[n] - u[n-N]$$

4.9 Para la secuencia del pulso rectangular mostrado en la Fig. P4.9,

(a) Determine la transformada de Fourier $X(\Omega)$.

(b) Grafique $X(\Omega)$ para $N_1 = 4$ y $N_1 = 10$.

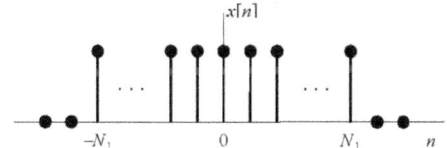

Figura P4.9

4.10 Determine la transformada de Fourier inversa de

(a) $X(\Omega) = 2\pi\delta(\Omega - \Omega_0)$ $|\Omega|, |\Omega_0| \leq \pi$

(b) $X(\Omega) = \cos(2\Omega)$

(c) $X(\Omega) = j\Omega$

4.11 Determine la transformada de Fourier de la secuencia sinusoidal

$$x[n] = \cos\Omega_0 n \quad |\Omega_0| \leq \pi$$

4.12 Considere la secuencia $x[n]$ definida por

$$x[n] = \begin{cases} 1 & |n| \leq 2 \\ 0 & \text{otros valores de } n \end{cases}$$

(a) Dibuje $x[n]$ y su transformada de Fourier $X(\Omega)$.

(b) Dibuje la secuencia escalada en el tiempo $x_{(2)}[n]$ y su transformada de Fourier $X_{(2)}(\Omega)$.

(c) Dibuje la secuencia escalada en el tiempo $x_{(3)}[n]$ y su transformada de Fourier $X_{(3)}(\Omega)$.

(d) Determine $y[n] = x[n] * x[n]$.

(e) Exprese $Y(\Omega)$ en función de $X(\Omega)$.

4.13 Considere la secuencia $y[n]$ dada por

$$y[n] = \begin{cases} x[n] & n \text{ par} \\ 0 & n \text{ impar} \end{cases}$$

Exprese $Y[\Omega]$ en función de $X[\Omega]$.

4.14 Sea

$$x[n] = \begin{cases} 1, & |n| \leq 2 \\ 0, & |n| > 2 \end{cases}$$

(a) Determine $y[n] = x[n] * x[n]$.

(b) Halle la transformada de Fourier $Y(\Omega)$ de $y[n]$.

4.15 Use el teorema de la convolución para determinar la transformada de Fourier inversa de

$$X(\Omega) = \frac{1}{\left(1 - ae^{-j\Omega}\right)^2} \qquad |a| < 1$$

4.16 Demuestre que

$$u[n] \leftrightarrow \delta(\Omega) + \frac{1}{1 - e^{-j\Omega}} \qquad |\Omega| \leq \pi$$

4.17 Verifique la propiedad de acumulación, es decir, demuestre que

$$\sum_{k=-\infty}^{\infty} x[k] \leftrightarrow X(0)\delta(\Omega) + \frac{1}{1 - e^{-j\Omega}} X(\Omega)$$

4.18 Considere una función periódica en tiempo discreto $x[n]$ con transformada de Fourier en tiempo discreto

$$X(\Omega) = \frac{2\pi}{4} \sum_{k=-\infty}^{\infty} X_0\left(\frac{2\pi k}{4}\right) \delta\left(\Omega - \frac{2\pi k}{4}\right)$$

Los valores de $X_0(2\pi k/4)$ son

$$X_0\left(\frac{2\pi k}{4}\right) = \begin{cases} 4, & k = 0 \\ 0, & k = 1 \\ 4, & k = 2 \\ 0, & k = 3 \end{cases}$$

Determine $x_0[n]$, donde $x_0[n]$ es un periodo de $x[n]$, es decir,

$$x_0[n] = \begin{cases} x[n], & 0 \leq n \leq N - 1 \\ 0, & \text{otros valores de } n \end{cases}$$

4.19 Considere una función periódica en tiempo discreto $x[n]$ con transformada de Fourier en tiempo discreto

$$X(\Omega) = \frac{2\pi}{4} \sum_{k=-\infty}^{\infty} X_0\left(\frac{2\pi k}{4}\right) \delta\left(\Omega - \frac{2\pi k}{4}\right)$$

Los valores de $X_0(2\pi k/4)$ son

$$X_0\left(\frac{2\pi k}{4}\right) = \begin{cases} 0, & k = 0 \\ 0, & k = 1 \\ 6, & k = 2 \\ 6, & k = 3 \end{cases}$$

Determine $x[n]$.

4.20 Demuestre que

$$u[n] \leftrightarrow \pi\delta[n] + \frac{1}{1-e^{-j\Omega}} \quad |\Omega| \leq \pi$$

4.21 Verifique el teorema de Parseval para la transformada de Fourier discreta.

4.22 Un sistema LIT causal de tiempo discreto es descrito por

$$y[n] - \tfrac{1}{4}y[n-1] + \tfrac{1}{8}y[n-2] = x[n]$$

donde $x[n]$ y $y[n]$ son la entrada y salida del sistema, respectivamente.

(a) Determine la respuesta de frecuencia $H(\Omega)$ del sistema.

(b) Halle la respuesta al impulso $h[n]$ del sistema.

(c) Halle $y[n]$ si $x[n] = \left(\tfrac{1}{2}\right)^n u[n]$.

4.23 Considere un sistema LIT causal de tiempo discreto con respuesta de frecuencia

$$H(\Omega) = \text{Re}\{H(\Omega)\} + j\,\text{Im}\{H(\Omega)\} = A(\Omega) + jB(\Omega)$$

(a) Demuestre que la respuesta al impulso $h[n]$ del sistema se puede obtener en función de $A(\Omega)$ o de $B(\Omega)$ solamente.

(b) Halle $H(\Omega)$ y $h[n]$ si

$$\text{Re}\{H(\Omega)\} = A(\Omega) = 1 + \cos\Omega$$

4.24 Determine la TFD de la secuencia $x[n] = a^n$, $0 \leq n \leq N-1$.

4.25 La señal $x(t) = \cos(8\pi t)$ se muestrea ocho veces comenzando en $t = 0$ con $T = 0.1$ s.

(a) Calcule la transformada de Fourier discreta de esta secuencia.

(b) Determine la transformada de Fourier de $x(t)$ y compáreles con el resultado de la parte (a). Explique las diferencias.

4.26 Halle y grafique $X[k]$, la transformada de Fourier discreta de $x[n] = e^{j6\pi n/8}$, donde $n = 0, 1, \ldots, 7$.

4.27 Evalúe la convolución circular $y[n] = x[n] \oplus h[n]$, donde

$$x[n] = u[n] - u[n-4]$$
$$h[n] = u[n] - u[n-3]$$

(a) Suponiendo $N = 4$.

(b) Suponiendo $N = 8$.

SEÑALES Y SISTEMAS
Jose Morón

CAPÍTULO 5

LA TRANSFORMACIÓN DE LAPLACE

5.1 Introducción

El concepto de transformar una función puede emplearse desde el punto de vista de hacer un cambio de variable para simplificar la solución de un problema; es decir, si se tiene un problema en la variable x, se sustituye x por alguna otra expresión en términos de una nueva variable, por ejemplo, $x = \operatorname{sen} y$, anticipando que el problema tendrá una formulación y una solución más sencillas en términos de la nueva variable y; luego de obtener la solución en términos de la nueva variable, se usa el procedimiento opuesto al cambio previo y se obtiene entonces la solución del problema original. El *logaritmo* es un ejemplo sencillo de una transformación a la que ya nos hemos enfrentado; su virtud es que transforma un producto en una suma, que es una operación mucho más sencilla. Efectuando la operación inversa, el *antilogaritmo*, se obtiene el resultado del producto. En resumen, el objetivo es convertir operaciones de un tipo en operaciones de un tipo diferente y obtener ciertas ventajas como, por ejemplo, ciertas características de las operaciones originales pueden ser más evidentes en las operaciones transformadas.

En el Capítulo 3 se estudió la Transformada de Fourier en tiempo continuo. Sin embargo, esta transformación está restringida a funciones que tienden a cero lo suficientemente rápido conforme $t \to \pm\infty$ de modo que la integral de Fourier converja. Ahora se removerá esa restricción. También se quiere extender el teorema de la integral de Fourier a aquellos casos donde se desea la respuesta de un sistema lineal a una excitación que comienza en $t = 0$, es decir, se definen condiciones iniciales, y luego desarrollar ciertas propiedades de la transformada modificada resultante, la cual se identificará como la transformada de Laplace.

Una transformación que es de gran importancia en el cálculo es la de integración,

$$I\{f(t)\} = \int_0^x f(t)\,dt = F(x)$$

El resultado de esta operación es una función $F(x)$, la *imagen* de $f(t)$ bajo la transformación. Obsérvese que la operación inversa a la integración es la derivación o diferenciación; si se designa por D la operación de derivar, d/dt, entonces

$$D\{F(x)\} = f(x)$$

Con frecuencia es necesaria una transformación más complicada. Si se tiene una función $f(t)$ de la variable t, se define una *transformada integral* de $f(t)$ como

$$\text{Transformada integral de } f(t) = \Im\{f(t)\} = \int_a^b f(t) K(s,t)\,dt \qquad (5.1)$$

La función $K(s, t)$, la cual es una función de dos variables, se denomina el *núcleo* de la transformación. Obsérvese que la transformada integral ya no depende de t; es una función $F(s)$ de la variable s, de la cual depende el núcleo. El tipo de transformada que se obtiene y los tipos de problemas para los cuales es de utilidad dependen de dos cosas: el núcleo y los límites de integración. Para ciertos núcleos $K(s, t)$, la transformación (5.1) al aplicarse a formas lineales en $f(t)$ dadas, cambia esas formas a expresiones algebraicas en $F(s)$ que involucran ciertos valores de frontera de la función $f(t)$. Como consecuencia, ciertas clases de problemas en ecuaciones diferenciales ordinarias se transforman en problemas algebraicos cuya incógnita es la imagen $F(s)$ de $f(t)$. Como ya se mencionó, si se conoce una transformación inversa, entonces es posible determinar la solución $y(t)$ del problema original.

En general, recuerde que una transformación $\Im\{f(t)\}$ es *lineal* si para todo par de funciones $f_1(t)$ y $f_2(t)$ y para todo par de constantes c_1 y c_2, ella satisface la relación

$$\Im\{c_1 f_1(t) + c_2 f_2(t)\} = c_1 \Im\{f_1(t)\} + c_2 \Im\{f_2(t)\} \tag{5.2}$$

Es decir, la transformada de una combinación lineal de dos funciones es la combinación lineal de las transformadas de esas funciones.

Para la selección particular del núcleo $K(s,t) = e^{-st}$ y los límites de integración desde cero hasta infinito en la Ec. (5.1), la transformación definida en esta forma se denomina una *transformación de Laplace* y la imagen resultante una *transformada de Laplace*. La transformada de Laplace de $f(t)$ es entonces una función de la variable s y se denota por $F(s)$ o $\mathcal{L}\{f(t)\}$. La transformación de Laplace es probablemente la herramienta más poderosa para estudiar los sistemas lineales descritos por ecuaciones diferenciales con coeficientes constantes. Como un proceso, la transformación convierte un problema en ecuaciones diferenciales en uno que involucra una o más ecuaciones algebraicas, que son más fáciles de manipular y de resolver.

5.2 Definición de la Transformada de Laplace

Dada una función $f(t)$ definida para todos los valores positivos de la variable t, se forma la integral

$$\int_{0^-}^{\infty} f(t) e^{-st} dt = F(s) \tag{5.3}$$

la cual define una nueva función $F(s)$ del parámetro s, para todo s para el cual converge la integral. La función $F(s)$ así formada se denomina la *transformada de Laplace unilateral* de $f(t)$. Normalmente se omitirá el término *unilateral* y la transformada se denotará por $F(s)$ o $\mathcal{L}\{f(t)\}$. Es decir, la definición formal de la transformada de Laplace es

$$\mathcal{L}\{f(t)\} = F(s) = \int_{0^-}^{\infty} f(t) e^{-st} dt \tag{5.4}$$

El límite inferior de la Ec. (5.4) se escogió como 0^- en vez de 0 o 0^+ para incluir casos donde la función $f(t)$ pueda tener una discontinuidad de tipo salto en el origen $t = 0$. Esto no debe considerarse una restricción, ya que en los estudios usuales de transitorios, el origen del tiempo siempre puede tomarse en el instante $t = 0$ o en algún tiempo finito $t > 0$. La función en el lado derecho de la Ec. (5.4) no depende de t porque la integral tiene límites fijos. Como ya se mencionó, la transformación de Laplace es un proceso que reduce un sistema de ecuaciones *integro-diferenciales* simultáneas lineales a un sistema de ecuaciones *algebraicas* simultáneas lineales. La transformada de Laplace asocia una función en el dominio del tiempo con otra función, la cual se define en el "plano de frecuencia compleja".

La propiedad más sencilla y más obvia de la transformación de Laplace es que es *lineal*. Esta afirmación es fácil de demostrar ya que ella está definida como una integral. Es decir, si $f_1(t)$ y $f_2(t)$ poseen transformadas $F_1(s)$ y $F_2(s)$ y c_1 y c_2 son constantes cualesquiera, entonces

$$\mathcal{L}\{c_1 f_1(t) + c_2 f_2(t)\} = c_1 F_1(s) + c_2 F_2(s) \tag{5.5}$$

La notación

$$f(t) \leftrightarrow F(s)$$

significará que las funciones $f(t)$ y $F(t)$ forman *un par de transformadas de Laplace*, es decir, que $F(s)$ es la transformada de Laplace de $f(t)$.

En general, la variable s es compleja ($s = \sigma + j\omega$) pero, por los momentos, se tomará como real y más adelante se discutirán las limitaciones sobre el carácter de la función $f(t)$ y sobre el recorrido de la variable s. Puesto que el argumento st del exponente de e en la Ec. (5.3) o (5.4) debe ser adimensional, entonces las dimensiones de s deben ser las de frecuencia y las unidades de segundos inversos (s^{-1}).

Ahora se obtendrán las transformadas de algunas funciones elementales. La mayoría de los ejemplos están basados en la integral

$$\int_0^\infty e^{-pt} dt = \frac{1}{p}, \quad p > 0 \tag{5.6}$$

cuya demostración procede de la identidad

$$\int_0^T e^{-pt} dt = \frac{1 - e^{-pT}}{p}$$

En efecto, si $p > 0$, entonces $e^{-pT} \to 0$ conforme $T \to \infty$ y se obtiene la Ec. (5.5).

Ejemplo 1

(a) Se determinará la transformada de Laplace de la función $f(t) = 1$, $t > 0$ (ésta es la función escalón unitario, definida en el Capítulo 1). Insertando esta función en la Ec. (5.3), se obtiene

$$\mathcal{L}\{1\} = \int_{0^+}^\infty (1) e^{-st} dt = \int_0^\infty e^{-st} dt = \frac{1}{s}$$

para $s > 0$. En la notación indicada,

$$1 \leftrightarrow \frac{1}{s}, \quad s > 0 \tag{5.7}$$

(b) Considérese ahora la función $f(t) = e^{ct}$, $t > 0$, donde c es una constante. En este caso,

$$\mathcal{L}\{e^{ct}\} = \int_{0^-}^\infty e^{ct} e^{-st} dt = \int_{0^-}^\infty e^{-(s-c)t} dt$$

La última integral es la misma que la de (5.6) con $p = s - c$; por lo tanto, es igual a $1/(s-c)$, con tal que $s - c > 0$. Se concluye entonces que

$$e^{ct} \leftrightarrow \frac{1}{s - c}, \quad s > c \tag{5.8}$$

Con la ayuda de métodos elementales de integración se pueden obtener las transformadas de otras funciones. Por ejemplo,

$$\begin{array}{ll} t \leftrightarrow 1/s^2, & t^2 \leftrightarrow 2/s^3 \\ \operatorname{sen} at \leftrightarrow \dfrac{1}{s^2 + a^2}, & \cos at \leftrightarrow \dfrac{s}{s^2 + a^2} \end{array} \tag{5.9}$$

para $s > 0$; más adelante se estudiarán procedimientos más sencillos para obtener estas transformadas.

Ejemplo 2. Utilizando la propiedad de linealidad de la transformada de Laplace se obtendrá la transformada de la función $f(t)=\operatorname{senh} at$.

Usando la identidad
$$\operatorname{senh} at = \frac{1}{2}e^{at} - \frac{1}{2}e^{-at}$$
entonces
$$\mathcal{L}\{\operatorname{senh} at\} = \mathcal{L}\left\{\frac{1}{2}e^{at} - \frac{1}{2}e^{-at}\right\} = \frac{1}{2}\frac{1}{s-a} - \frac{1}{2}\frac{1}{s+a}$$
cuando $s > a$ y $s > -a$; es decir,
$$\operatorname{senh} at \leftrightarrow \frac{a}{s^2+a^2}, \qquad \left(s > |a|\right)$$

Puesto que la ecuación de definición de la transformada de Laplace contiene una integral en la cual uno de sus límites es infinito y por la propiedad de linealidad, una de las primeras preguntas a responder se refiere a la existencia de la transformada. Un ejemplo sencillo de una función que no tiene una transformada de Laplace es $f(t) = \exp\left[\exp(t)\right]$. Por ello, a continuación se darán algunos teoremas concernientes a la convergencia de la integral de Laplace.

5.3   Condiciones para la Existencia de la Transformada de Laplace

5.3.1 Funciones Seccionalmente Continuas

Se dice que una función $f(t)$ es *seccionalmente continua* en un intervalo acotado $a < t < b$, si es continua excepto en un número finito de puntos $t_1 < t_2 < \cdots < t_N$ de (a, b) y si en cada punto de discontinuidad posee límites finitos conforme t tiende a cualquier extremo de los subintervalos desde el interior (si $x_1 = a$, el límite por el lado derecho existe en t_1, y si $t_N = b$, el límite por el lado izquierdo debe existir en t_N). Se usan los símbolos

$$f(t_i^-), \qquad f(t_i^+)$$

para denotar los límites por el lado izquierdo y por el lado derecho, respectivamente, de $f(t)$ en t_i. La función $f(t)$ que se ilustra en la Fig. 5.1 es seccionalmente continua en (a, b). Tiene sólo una discontinuidad en $t = t_1$ y

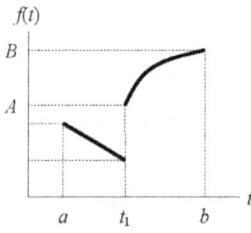 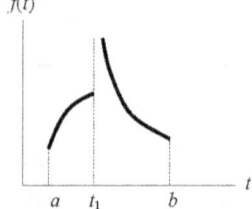

Figura 5.1 Figura 5.2

$$f(t_1^-) = A, \quad f(t_i^+) = B$$

La función que se ilustra en la Fig. 5.2 *no* es seccionalmente continua. Posee sólo una discontinuidad en t_1, pero el límite por el lado derecho de $g(t)$ no existe en t_1.

Teorema 1. Sean las funciones $f(t)$ y $g(t)$ seccionalmente continuas en todo intervalo de la forma $[c, T]$, donde c es fijo y $T > c$. Si $|f(t)| \leq g(t)$ para $t \geq c$ y si la integral

$$\int_c^\infty g(t)\,dt$$

converge, entonces la integral

$$\int_c^\infty f(t)\,dt$$

también converge.

Más adelante se usará el Teorema 1 para establecer un conjunto de condiciones de suficiencia para la existencia de la transformada de Laplace de una función. Sin embargo, primero se introducirá la notación

$$f(t) = O[g(t)]$$

la cual debe leerse "$f(t)$ es del orden de $g(t)$". Esta notación significa que existen constantes M y N tales que

$$|f(t)| \leq M g(t)$$

cuando $t \geq N$. En particular, si $f(t) = O|e^{\alpha t}|$ para alguna constante α, se dice que $f(t)$ es de *orden exponencial*.

Teorema 2. Sea $f(t)$ una función seccionalmente continua en todo intervalo de la forma $[0, T]$, donde $T > 0$ y sea $f(t) = O\left[e^{\alpha t}\right]$ para alguna constante α. Entonces la transformada de Laplace $\mathcal{L}\{f(t)\} = F(s)$ existe, al menos para $s > \alpha$.

Demostración: De acuerdo con las hipótesis del teorema, existen constantes M y t_0 tales que $|f(t)| \leq M e^{\alpha t}$ cuando $t > t_0$. Entonces $|f(t)e^{-st}| \leq M e^{-(s-\alpha)t}$ cuando $s \geq t_0$. Puesto que la integral

$$\int_{t_0}^\infty M e^{-(s-\alpha)t}\,dt$$

converge cuando $s > \alpha$, la integral

$$\int_{t_0}^\infty e^{-st}\,dt$$

también converge (Teorema 1). Puesto que

$$\int_0^\infty e^{-st} f(t)\,dt = \int_0^{t_0} e^{-st} f(t)\,dt + \int_{t_0}^\infty e^{-st} f(t)\,dt \quad s > \alpha$$

la transformada de Laplace $\mathcal{L}\{f(t)\}$ existe para $s > \alpha$.

Como una aplicación importante del Teorema 2, se demostrará que si $f(t)$ es de la forma

$$t^n e^{at} \cos bt, \quad t^n e^{at} \operatorname{sen} bt \tag{5.10}$$

donde *n* es un entero no negativo, entonces $\mathcal{L}\{f(t)\}$ existe para $s > a > 0$. Primero obsérvese que

$$t^n = O\left[e^{\varepsilon t}\right]$$

para todo número positivo ε. Como $|\cos bt| \leq 1$ y $|\operatorname{sen} bt| \leq 1$ para todo t, tenemos que

$$f(t) = O\left[e^{(a+\varepsilon)t}\right]$$

Por el teorema 1, $\mathcal{L}\{f(t)\}$ existe para $s > a + \varepsilon$ para todo número positivo ε. Por consiguiente, $\mathcal{L}\{f(t)\}$ existe para $s > a$.

El resultado anterior es importante en el estudio de ecuaciones diferenciales lineales con coeficientes constantes. Considere la ecuación homogénea

$$P(D)x = 0$$

donde $D = d/dt$ y $P(D)$ es un operador polinomial. Toda solución de esta ecuación es una combinación lineal de funciones de la forma (5.10). Cualquier derivada de una solución es también una combinación lineal de funciones de este tipo. Por lo tanto, se puede decir que toda solución de la ecuación, y toda derivada de una solución, es de orden exponencial y posee una transformada de Laplace.

Teorema 3. Sea $f(t)$ una función seccionalmente continua en todo intervalo de la forma $[0, T]$ y sea $f(t) = O\left[e^{\alpha t}\right]$ para alguna constante α. Entonces la función $h(t)$, donde

$$h(t) = \int_0^t f(u)\,du$$

es de orden exponencial. Si $\alpha > 0$, $h(t) = O\left[e^{\alpha t}\right]$ y si $\alpha < 0$, $h(t) = O[1]$.

Demostración: Existen constantes positivas t_0 y M_1 tales que $|f(t)| \leq M_1 e^{\alpha t}$ para $t \geq t_0$. También existe una constante positiva M_2 tal que $|f(t)| \leq M_2$ para $0 \leq t \leq t_0$. Puesto que

$$h(t) = \int_0^{t_0} f(u)\,du + \int_{t_0}^t f(u)\,du$$

para $t > t_0$, se tiene que

$$|h(t)| \leq M_2 \int_0^{t_0} f(u)\,du + M_1 \int_{t_0}^t f(u)\,du$$

o

$$|h(t)| \leq M_2 t_0 + \frac{M_1}{\alpha}\left(e^{\alpha t} - e^{\alpha t_0}\right)$$

Si $\alpha > 0$, entonces

$$|h(t)| \leq \left(M_2 t_0 + \frac{M_1}{\alpha}\right)e^{\alpha t}, \quad t \geq t_0$$

y $h(t) = O\left[e^{\alpha t}\right]$.

Ejemplo 3. La función *escalón unitario* (previamente definida en el Cap. 1)

$$u(t - t_0) = \begin{cases} 0 & \text{cuando } 0 < t < t_0 \\ 1 & \text{cuando } t > t_0 \end{cases}$$

es un ejemplo de una función seccionalmente continua en el intervalo $0 < t < T$ para todo número positivo T (Fig. 5.3). Observe la discontinuidad en $t = t_0$:

$$\lim_{t \to t_0^-} u(t - t_0) = 0 \qquad \lim_{t \to t_0^+} u(t - t_0) = 1$$

La transformada de Laplace de esta función es

$$\int_{0^-}^{\infty} u(t - t_0) e^{-st} dt = \int_{t_0}^{\infty} e^{-st} dt = -\frac{1}{s} e^{-st} \Big|_{t_0}^{\infty}$$

Así que, siempre que $s > 0$,

$$\mathcal{L}\{u(t - t_0)\} = \frac{e^{-t_0 s}}{s}$$

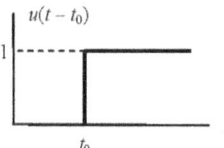

Figura 5.3

Aquí se debe señalar un punto importante. La transformada de Laplace está definida solamente entre 0^- y $+\infty$. La conducta de la función $f(t)$ para $t < 0$ nunca entra en la integral y por tanto no tiene efecto sobre su transformada. Por ejemplo, las funciones $f(t) = 1$ y $u(t)$ ($t_0 = 1$ en el Ejemplo 3) tienen la misma transformada $1/s$.

Las condiciones mencionadas en los teoremas para la existencia de la transformada de una función son adecuadas para la mayoría de nuestras necesidades; pero ellas son condiciones suficientes y no necesarias. Por ejemplo, la función $f(t)$ puede tener una discontinuidad infinita en, por ejemplo, $t = 0$, es decir $|f(t)| \to \infty$ conforme $t \to 0$, con tal que existan números positivos m, N y T, donde $m < 1$, tales que $|f(t)| < N/t^m$ cuando $0 < t < T$. Entonces, si en cualquier otra forma, $f(t)$ cumple con las condiciones mencionadas, su transformada todavía existe porque la integral

$$\int_{0^-}^{T} e^{-sT} f(t) dt$$

existe.

5.3.2 Región de Convergencia de la Transformada

El recorrido de valores de la variable compleja s para los cuales converge la transformada de Laplace se denomina la *región de convergencia* (RDC). Por ejemplo, sabemos que la señal $x(t) = e^{-at} u(t)$, a real, tiene como transformada la función $X(s) = 1/(s + a)$, siempre que $\text{Re}(s) > -a$ (recuerde que la variable s es compleja), puesto que

$$\lim_{t\to\infty} e^{-(s+a)t} = 0$$

sólo si $\text{Re}(s+a) > 0$ o $\text{Re}(s) > -a$. Así que la RDC para este ejemplo la especifica la condición $\text{Re}(s) > -a$ y se muestra en el plano complejo ilustrado en la Fig. 5.4 mediante el área sombreada a la derecha de la línea $\text{Re}(s) > -a$, para el caso en que $a > 0$.

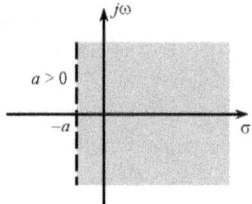

Figura 5.4

5.4 Teoremas de la Derivada y de la Integral

Se desea expresar la transformada de Laplace

$$\int_{0^-}^{\infty} f'(t) e^{-st} dt$$

de la derivada $f'(t)$ de una función $f(t)$ en términos de la transformada de Laplace $F(s)$ de $f(t)$. Integrando por partes se obtiene

$$\mathcal{L}\{f'(t)\} = \int_{0^-}^{\infty} f'(t) e^{-st} dt = f(t) e^{-st} \Big|_{0^-}^{\infty} + s \int_{0^-}^{\infty} f(t) e^{-st} dt$$

Sea $f(t)$ del orden de e^{st} conforme t tiende a infinito y continua. Entonces, siempre que $s > a$, el primer término en el lado derecho se convierte en $-f(0)$ y por tanto

$$\mathcal{L}\{f'(t)\} = sF(s) - f(0) \tag{5.11}$$

Así que la *diferenciación* de la función objeto corresponde a la *multiplicación* de la función resultado por su variable s y la adición de la constante $-f(0)$. La fórmula (5.11) da entonces la *propiedad operacional fundamental* de la transformación de Laplace; ésta es la propiedad que hace posible reemplazar la operación de diferenciación en una ecuación diferencial por una simple operación algebraica sobre la transformación.

Ejemplo 4. Resolver la ecuación

$$y'(t) + 3y(t) = 0, \quad t > 0 \tag{5.12}$$

con la condición inicial $y(0) = 2$.

Multiplicando ambos lados de la Ec. (5.12) por e^{-st} e integrando de cero a infinito, se obtiene

$$\int_{0^-}^{\infty} [y'(t) + 3y(t)] e^{-st} dt = 0 \tag{5.13}$$

Del teorema de la derivada, Ec. (5.11), se obtiene que

$$\int_{0^-}^{\infty} y'(t)e^{-st}dt = sY(s) - y(0) = sY(s) - 2$$

donde $Y(s) = \mathcal{L}\{y(t)\}$. Sustituyendo en la Ec. (5.12) da

$$sY(s) - 2 + Y(s) = 0 \qquad (5.14)$$

Así que la transformada de Laplace $Y(s)$ de la función incógnita $y(t)$ satisface esta ecuación. Despejando $Y(s)$, se obtiene

$$Y(s) = \frac{2}{s+3} \qquad (5.15)$$

Como se observa, la fracción anterior es la transformada de la función $2e^{-3t}$. Por tanto, la solución de la Ec. (5.12) es

$$y(t) = 2e^{-3t}, \quad t > 0$$

5.4.1 La Transformada de Laplace Bilateral

La transformada de Laplace $F(s)$ de una función $f(t)$, como se definió en la Ec. (5.3), involucra los valores de la función $f(t)$ para todo t en el intervalo $(0^-, \infty)$. Es decir, el intervalo adecuado en la solución de ecuaciones diferenciales que son válidas para $t \geq 0$. En la teoría de circuitos eléctricos, sistemas de control lineales y otras aplicaciones, algunas veces es deseable considerar los valores de $f(t)$ en todo el eje real y definir a $F(s)$ en consecuencia. Esto conduce a la función

$$F(s) = \int_{-\infty}^{\infty} f(t)e^{-st}dt \qquad (5.16)$$

conocida como la *transformada de Laplace bilateral* de $f(t)$. Si la función $f(t)$ es *causal*, es decir, si $f(t) = 0$ para $t < 0$, entonces la integral en la Ec. (5.16) es igual a la integral en la Ec. (5.3). En este texto no se usará la Ec. (5.16). *La notación $F(s)$ se reservará sólo para las transformadas unilaterales*.

5.4.2 La Función Impulso

Un concepto muy importante ya presentado en el Cap. 1 es el de la *función impulso*. Esta función, también conocida como la *función delta de Dirac*, se denota por $\delta(t)$ y se representa gráficamente mediante una flecha vertical, como en la Fig. 5.5. En un sentido matemático estricto, la función impulso es un concepto bastante sofisticado. Sin embargo, para las aplicaciones de interés es suficiente comprender sus propiedades formales y aplicarlas correctamente. Las propiedades de esta función ya se estudiaron en el Cap. 1 y no se repetirán aquí. Su transformada se derivará más adelante.

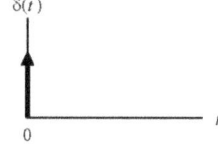

Figura 5.5. La función impulso unitario

5.4.3 El Teorema de la Derivada

Al comienzo de esta sección se demostró que si $F(s) = L\{f(t)\}$, entonces

$$\mathcal{L}\{f'(t)\} = sF(s) - f(0) \tag{5.17}$$

Ahora se revisará el significado de $f(0)$. Si $f(t)$ es continua en el origen, entonces $f(t)$ tiene un significado claro: **es el valor de $f(t)$ para $t = 0$**. Supóngase, sin embargo, que $f(t)$ es discontinua y que

$$f(0^+) = \lim_{\varepsilon \to 0} f(+\varepsilon), \quad f(0^-) = \lim_{\varepsilon \to 0} f(-\varepsilon), \quad \varepsilon > 0 \tag{5.18}$$

son sus valores en $t = 0^+$ y $t = 0^-$, respectivamente (Fig. 5.6a). En este caso, el número $f(0)$ en la Ec. (5.17) depende de la interpretación de $f'(t)$. Si $f'(t)$ incluye el impulso de valor $[f(0^+) - f(0^-)]\delta(t)$ debido a la discontinuidad de $f(t)$ en $t = 0$ (Fig. 5.6b), entonces $f(0) = f(0^-)$. Si $f'(t)$ es la derivada de $f(t)$ para $t > 0$ solamente y sin el impulso en el origen (Fig. 5.6c), entonces $f(0) = f(0^+)$. La primera interpretación requiere aclarar el significado de la integral en la Ec. (5.3) cuando $f(t)$ contiene un impulso en el origen.

Como se sabe, la integral de $\delta(t)$ en el intervalo $(0, \infty)$ no está definida porque $\delta(t)$ es un impulso en $t = 0$. Para evitar esta dificultad, se interpretará a $F(s)$ como un límite de la integral $f(t)e^{-st}$ en el intervalo $(-\varepsilon, \infty)$:

$$F(s) = \lim_{\varepsilon \to 0^-} \int_{-\varepsilon}^{\infty} f(t)e^{-st} dt = \int_{0^-}^{\infty} f(t)e^{-st} dt \tag{5.19}$$

donde $\varepsilon > 0$. Con esta interpretación de $F(s)$ se deduce que la transformada de $\delta(t)$ es igual 1:

$$\delta(t) \leftrightarrow 1 \tag{5.20}$$

También, la transformada de Laplace del impulso $\delta(t - t_0)$ es dada por

$$\mathcal{L}[\delta(t - t_0)] = \int_{0^-}^{\infty} \delta(t - t_0)e^{-st} = e^{-t_0 s}$$

y se tiene el par de transformadas

$$\delta(t - t_0) \leftrightarrow e^{-t_0 s} \tag{5.21}$$

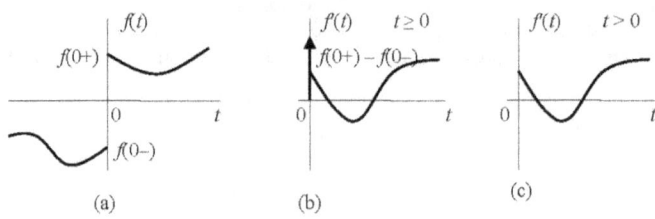

Figura 5.6

Además, el término $f(0)$ en la Ec. (5.29) es el límite $f(0^-)$ de $f(-\varepsilon)$ conforme $\varepsilon \to 0$. Si $F(s)$ se interpreta como un límite en el intervalo (ε, ∞), entonces $f(0) = f(0^+)$. En resumen,

**CAPÍTULO CINCO:
LA TRANSFORMACIÓN DE LAPLACE**

$$\int_{0^-}^{\infty} f'(t)e^{-st}dt = sF(s) - f(0^-) \qquad (5.22)$$

y

$$\int_{0^-}^{\infty} f'(t)e^{-st}dt = sF(s) - f(0^+) \qquad (5.23)$$

La diferencia $f(0^+) - f(0^-)$ entre estas dos integrales es igual a la transformada de Laplace del impulso $[f(0^+) - f(0^-)]\delta(t)$ en el origen y causada por la discontinuidad de $f(t)$ en ese punto.

Si la función $f(t)$ es *continua* en el origen, entonces debe quedar claro que $f(0^-) = f(0^+) = f(0)$ y las fórmulas dadas por las Ecs. (5.17), (5.22) y (5.23) son equivalentes. Si $f(t)$ es continua para $t \geq 0$ excepto por un salto finito en t_0, es fácil demostrar que la fórmula en la Ec. (5.17) se debe reemplazar por la fórmula

$$\mathcal{L}\{f'(t)\} = sF(s) - f(0) - [f(t_0 + 0) - f(t_0 - 0)] \, e^{-st_0}$$

donde la cantidad entre corchetes es la magnitud del salto en t_0.

Derivadas de Orden Superior. Sean $f(t)$ y $f'(t)$ continuas para $t \geq 0$ y de orden exponencial y también sea $f'(t)$ seccionalmente continua en todo intervalo acotado. Entonces, como $f''(t)$ es la derivada de $f'(t)$, la transformada de $f'(t)$ menos el valor inicial $f'(0)$ de $f'(t)$, es decir

$$\begin{aligned}\mathcal{L}\{f''(t)\} &= s\mathcal{L}\{f'(t)\} - f(0)\\ &= s[sF(s) - f(0)] - f'(0)\\ &= s^2 F(s) - sf(0) - f'(0)\end{aligned} \qquad (5.24)$$

La aplicación repetida del argumento anterior produce la relación

$$\mathcal{L}\{f^{(n)}(t)\} = s^n F(s) - s^{n-1}f(0) - s^{n-2}f'(0) - \cdots f^{(n-1)}(0) \qquad (5.25)$$

donde se supone que $f(t)$ y sus derivadas de orden hasta $n-1$ son continuas para $t \geq 0$ y de orden exponencial y que $f'(0), \ldots, f^{(n-1)}(0)$ deben existir y también que $f^{(n)}(t)$ existe.

Aplicando la relación en la Ec. (5.25) al impulso $\delta(t)$, se obtiene

$$\mathcal{L}\{\delta^{(n)}(t)\} = s^n$$

porque la transformada de $\delta(t)$ es igual a 1 y los valores de sus derivadas en $t = 0$ son todos iguales a cero.

Ejemplo 5. Obtener la transformada de $f(t) = \text{sen}(at)$ a partir de la transformada conocida de $\cos(at)$.

Se sabe que $f(t) = \cos(at)$; entonces $f'(t) = -a\,\text{sen}(at)$ y aplicando la Ecs. (5.17), se obtiene

$$\begin{aligned}\mathcal{L}\{-a\,\text{sen}\,at\} &= s\,\mathcal{L}\{\cos at\} - 1\\ &= \frac{s^2}{s^2 + a^2} - 1 = -\frac{a^2}{s^2 + a^2}\end{aligned}$$

y por tanto

$$\mathcal{L}\{\operatorname{sen} at\} = \frac{a}{s^2 + a^2}$$

Ejemplo 6. Determínese la transformada de la función rampa unitaria $f(t) = tu(t)$.

Solución: La función $f(t) = t$ y $f'(t)$ son continuas y $f(t)$ es de $O(e^{\alpha t})$ para cualquier α positiva. Por tanto,

$$\mathcal{L}\{f'(t)\} = s\mathcal{L}\{f(t)\} - f(0) \quad (s > 0)$$

o

$$\mathcal{L}\{1\} = s\mathcal{L}\{t\}$$

Puesto que $\mathcal{L}\{1\} = 1/s$, se tiene entonces que

$$\mathcal{L}\{t\} = \frac{1}{s^2} \quad (s > 0)$$

Ejemplo 7. Determínese la transformada de Laplace de $f(t) = t^n$, donde n es cualquier entero positivo.

Solución: La función $f(t) = t^n$ cumple con todas las condiciones del Teorema 2 para cualquier $\square$ positiva. En este caso,

$$f(0) = f'(0) = \cdots f^{(n-1)}(0) = 0$$
$$f^{(n)}(t) = n!$$
$$f^{(n+1)}(t) = 0$$

Aplicando la fórmula (5.25) se obtiene

$$\mathcal{L}\{f^{(n+1)}(t)\} = 0 = s^{n+1}\mathcal{L}\{t^n\} - n!$$

y por tanto,

$$\mathcal{L}\{t^n\} = \frac{n!}{s^{n+1}} \quad (s > 0)$$

5.4.4 El Teorema de la Integral

Usando el teorema de la derivada, se obtendrá la transformada $F(s)$ de la integral definida por

$$f(t) = \int_{0^-}^{t} y(\tau)d\tau \tag{5.26}$$

de una función $y(t)$ en términos de la transformada $Y(s)$ de $y(t)$. Se supone que $f(t)$ es seccionalmente continua y de orden exponencial.

La función $f(t)$ en la Ec. (5.26) es continua y $f(0) = 0$. También se tiene que $y(t) = f'(t)$. Por tanto, la transformada $Y(s)$ de $y(t)$ es igual la transformada $sY(s) - f(0)$ y, puesto que $f(0^-) = 0$, se concluye que $Y(s) = sF(s)$. Entonces,

$$F(s) = \mathcal{L}\left\{\int_{0^-}^{t} y(\tau)d\tau\right\} = \frac{1}{s}Y(s) \tag{5.27}$$

Ahora bien, la formulación de las leyes de Kirchhoff para una red, con frecuencia incluye una integral con límites de $-\infty$ a $t > 0$. Estas integrales pueden dividirse en dos partes,

$$\int_{-\infty}^{t} y(\tau)d\tau = \int_{-\infty}^{0^-} y(t)dt + \int_{0^-}^{t} y(\tau)d\tau$$

en donde el primer término del lado derecho es una constante. Cuanto $y(t)$ es una corriente, esta integral es el valor inicial de la carga, $q(0^-)$, y cuando $y(t)$ es un voltaje, la integral es el enlace de flujo $\Psi(0^-) = Li(0^-)$, donde L es la inductancia. En cualquier caso, este término debe incluirse en la formulación de la ecuación; la transformada de una constante $q(0^-)$ es

$$\mathcal{L}\{q(0^-)\} = \frac{q(0^-)}{s}$$

Y se puede escribir una ecuación similar para $\Psi(0^-)$.

Ejemplo 8 Considere la siguiente relación para $t > 0$:

$$\int_0^t u(\tau)d\tau = \tau\Big|_0^t = t$$

La transformada del escalón unitario es $1/s$. Por tanto, por la Ec. (5.27),

$$\mathcal{L}[t] = \mathcal{L}\left[\int_0^t u(\tau)d\tau\right] = \frac{1}{s}\mathcal{L}[u(t)] = \frac{1}{s}\frac{1}{s} = \frac{1}{s^2}$$

que es la transformada de Laplace de t.

5.4.5 Traslación (Desplazamiento) Compleja

Ahora se expresará la transformada

$$\int_{0^-}^{\infty} \left[e^{-at}f(t)\right]e^{-st}dt = \int_{0^-}^{\infty} f(t)e^{-(s+a)t}dt, \quad (a > 0)$$

del producto $e^{-at}f(t)$ en términos de la transformada $F(s)$ de $f(t)$. La última integral en la ecuación anterior es la misma integral de la ecuación de definición de la transformada, siempre que s se reemplace por $s - a$. Por tanto, es igual a $F(s - a)$ y se obtiene así el par de transformadas

$$e^{-at}f(t) \leftrightarrow F(s + a) \tag{5.28}$$

Esta propiedad dice que la transformada del producto de la exponencial e^{-at} por una función de t es igual a la transformada de la misma función con s reemplazada por $s + a$. Como herramienta para hallar transformadas inversas, esta propiedad establece que si $s + a$ es reemplazada por s en la transformada de una función $f(t)$, entonces $f(t)$ es igual al producto de e^{-at} por la inversa de la transformada modificada.

Ejemplo 8

(a) Se desea evaluar $\mathcal{L}^{-1}\left\{\dfrac{1}{s(s^2 + 4)}\right\}$.

Suprimiendo el factor 1/s, se obtiene $Y(s) = 1/(s^2 + 4) = \frac{1}{2}\left[2/(s^2+4)\right]$ cuya transformada inversa es igual a $\frac{1}{2}\text{sen}\, 2t$. Integrando esta ecuación y usando la Ec. (5.27), se obtiene que

$$\mathcal{L}^{-1}\left\{\frac{1}{s(s^2+4)}\right\} = \int_0^t \frac{\text{sen}\, 2t}{2} dt = -\frac{\cos 2t}{4}\Big|_0^t = \frac{1-\cos 2t}{4} = \frac{1}{2}\text{sen}^2 t$$

(b) Ahora se usarán las Ecs. (5.26) y (5.27) para evaluar la integral

$$g(t) = \int_0^t e^{-a\tau} d\tau$$

Éste es un caso especial de la Ec. (5.27) con $y(t) = e^{-at}$. Usando (5.27) con $f(t) = 1$, se tiene que $F(s) = 1/s$ y entonces

$$\mathcal{L}\left\{e^{-at} \times 1\right\} = \frac{1}{s+a}$$

Usando la Ec. (5.27) con $Y(s) = 1/(s+a)$, se obtiene

$$G(s) = \frac{1}{s(s+a)} = \frac{1/a}{s} - \frac{1/a}{s+a}$$

y por tanto,

$$g(t) = \frac{1}{a} - \frac{1}{a}e^{-at}$$
$$= \frac{1}{a}\left(1 - e^{-at}\right) \quad (t > 0)$$

Aplicando la Ec. (5.27) a las transformadas de sen(bt) y cos(bt), se demuestra fácilmente que

$$e^{-at}\cos bt \leftrightarrow \frac{s+a}{(s+a)^2 + b^2}$$

$$e^{-at}\text{sen}\, bt \leftrightarrow \frac{b}{(s+a)^2 + b^2}$$

5.5 El Problema de Inversión

Si $F(s)$ es la transformada de Laplace de una función $f(t)$, entonces $f(t)$ se denomina la *transformada de Laplace inversa* de $F(s)$. El problema de inversión es la determinación de la transformada inversa $f(t)$ de una función $F(s)$ dada. Este problema es básico en las aplicaciones de la transformada de Laplace. Considérese, por ejemplo, la ecuación diferencial

$$y'(t) + 3y(t) = 6, \quad y(0) = 0 \tag{5.29}$$

Si se aplica la transformada de Laplace a esta ecuación, se obtiene

$$sY(s) + 3Y(s) = \frac{6}{s}$$

puesto que $y(0) = 0$ y la transformada de $f(t) = 6$ es igual a $6/s$. Por tanto,

$$Y(s) = \frac{6}{s(s+3)} \qquad (5.30)$$

Así que para determinar $y(t)$, se debe hallar la transformada inversa de esta fracción.

En general, hay dos métodos de inversión fundamentales diferentes:

1. *El Método de la Fórmula de Inversión.* En este método, la función $f(t)$ se expresa directamente como una integral que involucra la función $F(s)$. Este resultado importante, conocido como el de la *fórmula de inversión*, se discute usualmente en el contexto de lo que se conoce como transformadas de Fourier (tópico fuera del alcance de este texto).

2. *Tablas.* En este método se intenta expresar la función $F(s)$ como una suma de transformadas

$$F(s) = F_1(s) + F_2(s) + \cdots + F_n(s) \qquad (5.31)$$

donde $F_1(s), \ldots, F_n(s)$ son funciones con transformadas inversas $f_1(t), \ldots, f_n(t)$ conocidas y tabuladas. De la propiedad de linealidad de la transformada se determina que si $F(s)$ puede ser expandida como en la Ec. (5.31), entonces su transformada inversa $f(t)$ está dada por

$$f(t) = f_1(t) + f_2(t) + \cdots + f_n(t) \qquad (5.32)$$

Como una ilustración se expande la fracción (5.30) como una suma de dos fracciones con transformadas conocidas:

$$Y(s) = \frac{6}{s(s+3)} = \frac{2}{s} - \frac{2}{s+3} \qquad (5.33)$$

Ésta muestra que la transformada inversa $y(t)$ de $Y(s)$ es la suma

$$y(t) = 2 - e^{-3t}, \qquad t > 0$$

(Esta técnica ya se usó en el Ejemplo 8).

La identidad en (5.33) proviene de la conocida técnica de expansión de funciones racionales en fracciones parciales, la cual se discutirá más adelante.

En el problema de inversión se deben considerar las siguientes preguntas:

1. *Existencia.* ¿Posee toda función $F(s)$ una transformada inversa? Hay funciones que no poseen transformadas inversas. Sin embargo, esas funciones tienen un interés principalmente matemático. *Todas las funciones consideradas en este texto poseen transformadas inversas.*

2. *Unicidad.* ¿Pueden dos funciones $f_1(t)$ y $f_2(t)$ tener la misma transformada $F(s)$? Si dos funciones tienen la misma transformada, entonces ellas deben ser iguales para esencialmente todos los valores de t. Sin embargo, pueden diferir en un conjunto discreto de puntos. Si las funciones son continuas, entonces ellas deben ser idénticas.

5.5.1 Inversión de Transformadas Racionales (Fracciones Parciales)

Ahora se determinará la transformada inversa $f(t)$ de la clase de funciones racionales, es decir, de funciones de la forma

$$F(s) = \frac{N(s)}{D(s)} \qquad (5.34)$$

donde $N(s)$ y $D(s)$ son polinomios en s y no poseen factores comunes. Aquí se supone que $F(s)$ es una fracción *propia*, es decir, que el grado de $N(s)$ es menor que el de $D(s)$. Las fracciones impropias involucran funciones de singularidad y se considerarán posteriormente.

Primero, supóngase que todas las raíces s_i, $i = 1, 2, \ldots, n$, del denominador $D(s)$ son distintas. De acuerdo con la teoría de fracciones parciales, $F(s)$ puede entonces expandirse como una suma, es decir,

$$F(s) = \frac{N(s)}{D(s)} = \frac{c_1}{s - s_1} + \frac{c_2}{s - s_2} + \cdots + \frac{c_n}{s - s_n} \quad (5.35)$$

Para determinar el valor de c_i, se multiplican ambos miembros de la Ec. (5.35) por $s - s_i$ para obtener la ecuación

$$(s - s_i)F(s) = (s - s_i)\frac{N(s)}{D(s)} = \frac{c_1(s - s_i)}{s - s_1} + \cdots + c_i + \cdots + \frac{c_n(s - s_i)}{s - s_n}$$

es decir, se remueve del denominador el factor $s - s_i$; evaluando ahora el resultado en $s = s_i$, se obtiene

$$c_i = (s - s_i)F(s)\Big|_{s=s_i} = (s - s_i)\frac{N(s)}{D(s)}\Big|_{s=s_i} = \frac{N(s)}{D'(s)}\Big|_{s=s_i} \quad (5.36)$$

donde $D'(s_i) = [dD/ds]_{s=s_i} = [D(s)/(s - s_i)]_{s=s_i}$. Puesto que la transformada inversa de la fracción $1/(s - s_i)$ es igual a $e^{s_i t}$, de la Ec. (5.35) se concluye que la transformada inversa $f(t)$ de la función racional $F(s)$ es una suma de exponenciales:

$$f(t) = c_1 e^{s_1 t} + c_2 e^{s_2 t} + \cdots c_n e^{s_n t} \quad (5.37)$$

Ejemplo 9. Determine la transformada inversa de la función

$$F(s) = \frac{s^2 + 29s + 30}{s^3 + 7s^2 + 10s}$$

Solución: El denominador de $F(s)$ es de mayor grado que el numerador y posee factores reales y distintos; éstos son: $s_1 = 0$, $s_2 = -2$ y $s_3 = -5$. Por lo tanto, se pueden determinar factores c_1, c_2, y c_3 tales que

$$\frac{s^2 + 29s + 30}{s^3 + 7s^2 + 10s} = \frac{s^2 + 29s + 30}{s(s + 2)(s + 3)} = \frac{c_1}{s} + \frac{c_2}{s + 2} + \frac{c_3}{s + 5}$$

y usando la Ec. (5.36) se obtiene

$$c_1 = sF(s)\Big|_{s=0} = 3, \quad c_2 = (s + 2)F(s)\Big|_{s=-2} = 4, \quad c_3 = (s + 5)F(s)\Big|_{s=-5} = -6$$

Por lo tanto,

$$f(t) = 3 + 4e^{-2t} - 6e^{-5t}, \quad t > 0$$

Ahora se considerarán fracciones parciales para el caso en el cual el polinomio $D(s)$ contiene factores lineales repetidos de la forma $(s-s_i)^m$. En este caso, la expansión de $F(s)$ en fracciones parciales formada por términos de la forma

$$\frac{c_{i1}}{s-s_i} + \frac{c_{i2}}{(s-s_i)^2} + \cdots \frac{c_{im}}{(s-s_i)^m} \quad (5.38)$$

donde los números c_{ij}, $j = 1, 2, \ldots, m$, son independientes de s y vienen dados por

$$c_{i,m-r} = \frac{1}{r!}\frac{d^r}{ds^r}\left[(s-s_i)^m F(s)\right]_{s=s_i}, \quad r = 0, 1, \ldots, m-1 \quad (5.39)$$

Así que para evaluar el coeficiente $c_{i,m-r}$ se remueve el factor $(s-s_i)^m$ del denominador de $F(s)$ y se evalúa la derivada r-ésima del resultado en $s = s_i$. La componente de $f(t)$ debida a la raíz múltiple s_i es la transformada inversa de la suma en (5.38) y viene dada por

$$c_{i1}e^{s_i t} + c_{i2}t e^{s_i t} + \cdots + \frac{c_{im}}{(m-1)!}t^{m-1}e^{s_i t} \quad (5.40)$$

De lo anterior se concluye que la transformada inversa de una función racional $F(s)$ es una suma de exponenciales cuyos coeficientes son polinomios en t. Los exponentes s_i se denominan los *polos* de $F(s)$, es decir, los polos son las raíces del denominador $D(s)$.

Ejemplo 10. La función

$$F(s) = \frac{s^2 + 2s + 5}{(s+3)(s+5)^2} = \frac{c_1}{s+3} + \frac{c_{21}}{s+5} + \frac{c_{22}}{(s+5)^2} \quad (5.41)$$

tiene un polo sencillo en $s_1 = -3$ y un polo múltiple en $s_2 = -5$ con multiplicidad $m = 2$. En este caso,

$$c_1 = \frac{s^2+2s+5}{(s+5)^2}\bigg|_{s=-3} = 2, \quad c_{22} = \frac{s^2+2s+5}{s+3}\bigg|_{s=-5} = -10$$

$$c_{21} = \frac{d}{ds}\frac{s^2+2s+5}{s+3}\bigg|_{s=-5} = \frac{s^2+6s+1}{(s+3)^2}\bigg|_{s=-5} = -1$$

Por tanto,

$$f(t) = 2e^{-3t} - (1+10t)e^{-5t}, \quad t > 0$$

Observe que el coeficiente c_{21} puede determinarse sin diferenciación. Puesto que la relación (5.41) es válida para toda s, también es válida para $s = 0$ (o cualquier otro número). Haciendo $s = 0$, por ejemplo, se obtiene

$$\frac{1}{15} = \frac{c_1}{3} + \frac{c_{21}}{5} + \frac{c_{22}}{25}$$

Puesto que $c_1 = 2$ y $c_{22} = -10$, la igualdad anterior produce $c_{21} = 1$.

Raíces Complejas

En los ejemplos anteriores, las raíces del denominador de la función $F(s)$ eran reales. Se pueden obtener resultados similares si $D(s)$ tiene raíces complejas. Sin embargo, en este caso los coeficientes correspondientes son complejos y $f(t)$ contiene términos exponenciales complejos. En el análisis de sistemas físicos, la función $F(s)$ tiene coeficientes reales. Por ello, las raíces complejas siempre ocurren en pares conjugados y, como se demuestra a continuación, las componentes correspondientes de $f(t)$ son ondas sinusoidales amortiguadas con coeficientes reales. Se comenzará con un ejemplo:

$$F(s) = \frac{5s+13}{s(s^2+4s+13)}$$

En este caso, $D(s)$ tiene dos polos complejos, $s_1 = -2 + j3$, $s_2 = -2 - j3$, y un polo real, $s_3 = 0$. La expansión directa de (5.35) da

$$\frac{5s+13}{s(s^2+4s+13)} = \frac{c_1}{s-(-2+j3)} + \frac{c_2}{s-(-2-j3)} + \frac{c_3}{s}$$

donde $c_1 = -(1 + j)/2$, $c_2 = -(1 - j)/2$ y $c_3 = 1$ (determinados en la forma ya explicada). Por consiguiente,

$$f(t) = -\frac{1+j}{2}e^{(-2+j3)t} - \frac{1-j}{2}e^{(-2-j3)t} + 1, \quad t>0 \quad (5.42)$$

Esta expresión incluye cantidades complejas. Sin embargo, es una función real. Efectivamente, insertando la identidad $e^{(-2\pm j3)t} = e^{-2t}(\cos 3t \pm j\,\mathrm{sen}\,3t)$ en (5.42), se obtiene

$$f(t) = 1 - e^{-2t}(\cos 3t - \mathrm{sen}\,3t), \quad t>0 \quad (5.43)$$

la cual es una expresión real.

Ahora se demostrará que la Ec. (5.43) puede determinarse directamente. El resultado está en el hecho de que si $F(s)$ es una función real con coeficientes reales y s_1 y s_2 son dos números complejos conjugados, entonces $F(s_2) = F(s_1^*) = F^*(s_1)$ (donde el asterisco indica el conjugado complejo).

Considere una función racional $F(s)$ con coeficientes reales. Como se sabe, si $s_1 = \alpha + j\beta$ es un polo complejo de $F(s)$, entonces su conjugado, $s_1^* = \alpha - j\beta$, también es un polo. Por lo tanto, la expansión (5.35) de $F(s)$ contiene términos como

$$\frac{c_1}{s-s_1} + \frac{c_2}{s-s_2}, \quad s_1 = \alpha+j\beta, \quad s_2 = \alpha - j\beta \quad (5.44)$$

Los coeficientes c_1 y c_2 se expresarán en términos de la función

$$G(s) = \frac{F(s)}{j\beta}(s-s_1)(s-s_2) \quad (5.45)$$

De la Ec. (5.36) se obtiene que

$$c_1 = F(s)(s-s_1)\Big|_{s=s_1} = \frac{j\beta G(s_1)}{s_1-s_2} = \frac{1}{2}G(s_1)$$

puesto que $s_1 - s_2 = j\beta$. En forma similar,

$$c_2 = \frac{1}{2}G(s_2)$$

La función $G(s_1)$ es, en general, compleja con parte real G_r y parte imaginaria G_i, es decir,

$$G(s_1) = G_r + jG_i \qquad (5.46)$$

Como $F(s_2) = F^*(s_1)$, de la Ec. (5.45) se obtiene que $G(s_2) = G^*(s_1) = G_r - jG_i$, y por tanto,

$$c_1 = \frac{1}{2}(G_r + jG_i), \qquad c_2 = \frac{1}{2}(G_r - jG_i)$$

La transformada inversa de la suma en la Ec. (5.44) es entonces igual a

$$c_1 e^{s_1 t} + c_2 e^{s_2 t} = \frac{1}{2}(G_r + jG_i)e^{(\alpha + j\beta)t} + \frac{1}{2}(G_r - jG_i)e^{(\alpha - j\beta)t} \qquad (5.47)$$

Insertando la identidad $e^{(\alpha \pm j\beta)t} = e^{\alpha t}(\cos\beta t \pm j\,\mathrm{sen}\,\beta t)$ en la Ec. (5.47), se obtiene finalmente la transformada inversa $f(t)$ de $F(s)$ debida a los polos complejos conjugados s_1 y s_2, y la cual es igual a

$$e^{\alpha t}(G_r \cos\beta t - G_i \,\mathrm{sen}\,\beta t) \qquad (5.48)$$

En resumen: Para hallar el término en $f(t)$ resultante de los polos complejos de $F(s)$, se forma la función $G(s)$, como en (5.45), y se calcula su valor $G(s_1)$ para $s = s_1$. El término correspondiente de $f(t)$ lo da la Ec. (5.48), donde G_r y G_i son las partes real e imaginaria de $G(s)$.

El resultado anterior se aplicará a la función

$$F(s) = \frac{5s + 13}{s(s^2 + 4s + 13)}$$

ya considerada anteriormente. En este caso,

$$(s - s_1)(s - s_2) = s^2 + 4s + 13, \qquad s_1 = -2 + j3, \qquad \alpha = -2, \qquad \beta = 3$$

$$G(s) = \frac{F(s)}{j\beta}(s^2 + 4s + 13) = \frac{5s + 13}{j3s}, \qquad G(s_1) = \frac{5(-2 + j3) + 13}{j3(-2 + j3)}$$

Por tanto, $G_r = -1$, $G_i = -1$ y la Ec. (5.48) da

$$e^{-2t}(-\cos 3t + \mathrm{sen}\,3t)$$

Este es el término de $f(t)$ proveniente de los polos complejos de $F(s)$ y concuerda con el resultado (5.43).

Ejemplo 11. Obtener la transformada de Laplace inversa de la función

$$F(s) = \frac{s}{(s^2 + 9)(s + 2)} = \frac{c_1}{s - j3} + \frac{c_2}{s + j3} + \frac{c_3}{s + 2}$$

El coeficiente c_3 correspondiente al polo real $s_3 = -2$ se determina directamente a partir de la Ec. (5.36):

$$c_3 = (s + 2)F(s)\Big|_{s=-2} = -\frac{2}{13}$$

Los otros dos polos $s_1 = j3$ y $s_2 = -j3$ de $F(s)$ son imaginarios puros con $\alpha = 0$ y $\beta = 3$. Puesto que

$$(s-s_1)(s-s_2) = s^2 + 9$$

la función $G(s)$ correspondiente en la Ec. (5.45) está dada por

$$G(s) = \frac{F(s)}{j3}(s^2+9) = \frac{s}{j3(s+2)}$$

Por lo tanto,

$$G(s_1) = \frac{j3}{j3(j3+2)} = \frac{2}{13} - j\frac{3}{13}$$

Agregando el término $c_3 e^{-2t}$ debido al polo real $s_3 = -2$, se obtiene

$$f(t) = \frac{2}{13}\cos 3t + \frac{3}{13}\sen 3t - \frac{2}{13}e^{-2t}$$

5.5.2 Inversión de Funciones Impropias

En la Sección 5.5.1 se determinó la transformada inversa de funciones racionales propias. Ahora se considerarán funciones impropias, limitando la discusión a dos casos especiales.

Se comenzará con un ejemplo. Supóngase que

$$F(s) = \frac{3s^2 + 15s + 14}{s^2 + 3s + 2}$$

Como los polinomios en el numerador y el denominador tienen el mismo grado, se procede a dividir para obtener

$$\frac{3s^2 + 15s + 14}{s^2 + 3s + 2} = 3 + \frac{6s + 8}{s^2 + 3s + 2} = 3 + \frac{2}{s+1} + \frac{4}{s+2}$$

y por tanto,

$$f(t) = 3\delta(t) + 2e^{-t} + 4e^{-2t}$$

Considérese otro ejemplo. Sea la función

$$F(s) = \frac{s^3 + 3s^2 + s + 8}{s^2 + 4s}$$

Entonces, procediendo en la misma forma que en el ejemplo previo, se obtiene

$$\frac{s^3 + 3s^2 + s + 8}{s^2 + 4s} = s - 1 + \frac{2}{s} + \frac{3}{s+4}$$

y por tanto

$$f(t) = \delta'(t) - \delta(t) + 2 + 3e^{-4t}$$

En general, para una función racional

$$F(s) = \frac{N(s)}{D(s)}$$

donde el grado de $N(s)$ es mayor o igual que el de $D(s)$, se procede a la división para obtener

$$F(s) = c_{m-n}s^{m-n} + \cdots + c_1 s + c_0 + \frac{Q(s)}{D(s)} = P(s) + \frac{Q(s)}{D(s)}$$

donde $P(s)$ es el cociente y $Q(s)$ es el residuo; m es el grado del numerador y n el del denominador ($m > n$). Ahora el grado de $Q(s)$ es menor que el de $D(s)$. La nueva función racional $Q(s)/D(s)$ es propia y está preparada para su expansión. Se continúa entonces con la expansión en fracciones parciales de $Q(s)/D(s)$ y luego se obtiene la transformada inversa de $F(s)$. Obsérvese que el polinomio $P(s)$ producirá funciones singulares. Éstas no aparecen con frecuencia, pero son de mucha utilidad en la solución de algunos problemas prácticos que están fuera del alcance de este texto.

5.6 Los Valores Inicial y Final de $f(t)$ a Partir de $F(s)$

A continuación se demuestra que los valores de una función $f(t)$ y sus derivadas en $t = 0$ pueden expresarse en términos de los valores de su transformada para valores grandes de s. Este resultado permite determinar en una forma sencilla la conducta de $f(t)$ cerca del origen. También se determinará el comportamiento de $f(t)$ conforme t tiende a infinito usando su transformada y bajo ciertas condiciones.

5.6.1 El Teorema del Valor Inicial

La función e^{-st} tiende a cero conforme s tiende a infinito para $t > 0$ (la parte real de s mayor que cero). A partir de esto se deduce que bajo ciertas condiciones generales

$$\lim_{s \to \infty} \int_{\varepsilon}^{\infty} f(t) e^{-st} dt = 0 \tag{5.49}$$

para todo $\varepsilon > 0$. Si $f(t)$ es continua para $t \geq 0$, excepto posiblemente por un número finito de discontinuidades finitas, y también de orden exponencial, entonces la integral en (5.49) tiende a $F(s)$ cuando $\varepsilon \to 0$. Esto da como resultado que

$$\lim_{s \to \infty} F(s) = 0 \tag{5.50}$$

Lo anterior podría no ser cierto si $f(t)$ contiene impulsos u otras singularidades en el origen. Por ejemplo, si $f(t) = e^{at}$, entonces $F(s) = 1/(s-a)$ tiende a cero cuando $s \to \infty$. Sin embargo, si $f(t) = \delta(t)$, entonces su transformada $F(s) = 1$ no tiende a cero.

Aplicando (5.50) a la función $f'(t)$ y usando la Ec. (5.17), se obtiene

$$\lim_{s \to \infty} \int_{0^-}^{\infty} f'(t) e^{-st} dt = sF(s) - f(0^-) = 0$$

Aquí se toma a $f'(t)$ como seccionalmente continua y de orden exponencial.

Entonces se obtiene que

$$f(0^-) = \lim_{s \to \infty} sF(s) \tag{5.51}$$

este resultado se conoce como el *teorema del valor inicial*. Se verificará con una ilustración sencilla. Si $f(t) = 3e^{-2t}$, entonces

$$F(s) = \frac{3}{s+2}, \quad \lim_{s \to \infty} sF(s) = \lim_{s \to \infty} \frac{3s}{s+2} = 3$$

lo cual concuerda con la Ec. (5.51) porque, en este caso, $f(0^+) = f(0) = 3$.

Una derivación rigurosa de la Ec. (5.51) muestra que $f(t)$ debe ser continua para $t \geq 0$, excepto posiblemente por un número finito de saltos finitos en cualquier intervalo finito.

Ejemplo 12. Si
$$F(s) = \frac{2s+3}{s^2+7s+10}$$
entonces,
$$\lim_{s \to \infty} sF(s) = \lim_{s \to \infty} \frac{2s^2+3s}{s^2+7s+10} = 2$$
y, por tanto, $f(0) = 2$.

El teorema del valor inicial también puede usarse para determinar los valores iniciales de las derivadas de $f(t)$. En efecto, puesto que se obtiene a partir de la Ec. (5.25), la función $s^2 F(s) - sf(0) - f'(0)$ es la transformada de Laplace de $f''(t)$. Por lo tanto [ver la Ec. (5.49)], debe tender a cero cuando $\varepsilon \to \infty$ [$f''(t)$ debe cumplir con las condiciones necesarias]. Esto conduce a la conclusión de que

$$f'(0) = \lim_{s \to \infty}\left[s^2 F(s) - sf(0) \right] \quad (5.52)$$

En una forma similar se pueden determinar los valores iniciales de derivadas de orden superior. En todos estos casos se ha supuesto que $f(t)$ es continua en el origen.

Ejemplo 13. Si
$$F(s) = \frac{2s+3}{s^2+7s+10}$$
entonces $sF(s) \to 0$, $s^2 F(s) \to 0$ y $s^3 F(s) \to 1$ cuando $s \to \infty$. Por tanto,
$$f(0) = 0, \quad f'(0) = 0, \quad f''(0) = 1$$

5.6.2 El Teorema del Valor Final

Ahora se demostrará que si $f(t)$ y su primera derivada son transformables en el sentido de Laplace, entonces
$$\lim_{t \to \infty} f(t) = \lim_{s \to 0} sF(s) \quad (5.53)$$

Ya se demostró que
$$\int_{0^-}^{\infty} f'(t) e^{-st} dt = sF(s) - f(0^-) \quad (5.54)$$

Cuando s tiende a cero, se obtiene entonces que

$$\int_{0^-}^{\infty} f'(t) dt = \lim_{t \to \infty} \int_{0^-}^{\infty} f'(t) dt$$
$$= \lim_{t \to \infty}\left[f(t) - f(0^-) \right]$$

Igualando este resultado con el de la Ec. (5.54), escrita para el límite cuando $s \to 0$, se llega a la conclusión de que

$$\lim_{t \to \infty} f(t) = \lim_{s \to 0} sF(s) \qquad (5.55)$$

como se requería. La aplicación de este resultado requiere que *todas las raíces del denominador de F(s) tengan partes reales negativas,* ya que de otra manera no existe el límite de $f(t)$ cuando t tiende a infinito.

Ejemplo 14. Para la función

$$f(t) = 5 - 3e^{-2t}$$

es evidente que su valor final es 5. La transformada de $f(t)$ es

$$F(s) = \frac{5}{s} - \frac{3}{s+2} = \frac{2s+10}{s(s+2)}$$

y, según la Ec. (5.55), el valor final de $f(t)$ es

$$\lim_{t \to \infty} f(t) = \lim_{s \to 0} sF(s) = \lim_{s \to 0} \frac{2s+10}{s+2} = 5$$

5.7 Teoremas Adicionales

5.7.1 El Teorema de Traslación Real o de Desplazamiento Real

Una función $f(t)$ trasladada en el tiempo se representa como $f(t - t_0)u(t - t_0)$, donde

$$f(t - t_0)u(t - t_0) = \begin{cases} f(t - t_0), & t > t_0 \\ 0, & t < t_0 \end{cases} \qquad (5.56)$$

(véase la Fig. 5.7). Observe que la función $f(t - t_0)u(t - t_0)$ es idéntica a $f(t)u(t)$ excepto que está *retardada o trasladada* en t_0 seg. Para encontrar la transformada de esta función se aplica la Ec. (5.3) a la Ec. (5.56):

$$\int_{0^-}^{\infty} f(t - t_0)u(t - t_0)e^{-st} dt = \int_{0^-}^{\infty} f(t - t_0)e^{-st} dt = \int_{0}^{\infty} f(t)\, e^{-s(t + t_0)} dt$$

de donde se concluye que

$$\mathcal{L}\{f(t - t_0)u(t - t_0)\} = e^{-st_0} \mathcal{L}\{f(t)\} \qquad (5.57)$$

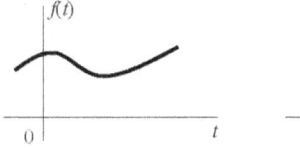 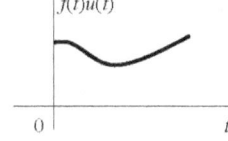 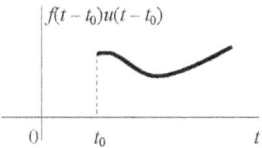

Figura 5.7

Si ahora se aplica la propiedad (5.57) al par $\delta(t) \leftrightarrow 1$, se obtiene

$$\delta(t-t_0) \leftrightarrow e^{-st_0}$$

que ya se obtuvo anteriormente.

Ejemplo 15. A partir de los pares de transformadas $1 \leftrightarrow 1/s$ y $t \leftrightarrow 1/s^2$, se obtienen los pares adicionales:

$$u(t-t_0) \leftrightarrow \frac{1}{s}e^{-st_0}, \quad (t-t_0)u(t-t_0) \leftrightarrow \frac{1}{s^2}e^{-st_0}$$

Aplicando la propiedad anterior al pulso $p_T = u(t) - u(t-T)$. Se obtiene

$$p_T = u(t) - u(t-T) \leftrightarrow \frac{1}{s}\left(1 - e^{-sT}\right) \qquad (5.58)$$

Este último resultado puede verificarse aplicando la definición dada por la Ec. (5.3) de la transformada. Puesto que $p_T(t) = 1$ para $0 < t < T$ y 0 para otros valores de t, su transformada es igual a

$$\int_{0^-}^{\infty} p_T(t) e^{-st} dt = \int_0^T e^{-st} dt = \frac{1}{s}\left(1 - e^{-sT}\right)$$

acorde con (5.58).

Ejemplo 16. Si se da la función

$$f(t) = 6e^{-2t}u(t) + 4e^{-3(t-t_0)}u(t-t_0)$$

entonces, aplicando la Ec. (5.57), se obtiene

$$F(s) = \frac{6}{s+2} + \frac{4}{s+3}e^{-st_0}$$

Ejemplo 17. Considere la función

$$f(t) = e^{-t}u(t-2)$$

Esta función no está en la forma de la Ec. (5.57), pero se puede manipular para llevarla a esa forma:

$$f(t) = e^{-(t-2)}e^{-2}u(t-2) = \frac{1}{e^2}e^{-(t-2)}u(t-2)$$

y la transformada es dada entpnces por

$$F(s) = \frac{1}{e^2}\frac{e^{-2s}}{s+1}$$

Supóngase que $F_1(s)$, $F_2(s)$, ... , $F_m(s)$ son funciones con transformadas inversas conocidas $f_1(t)$, $f_2(t)$, ... , $f_m(t)$. De la Ec. (5.57) y la propiedad de linealidad de la transformada se obtiene que la transformada inversa de la suma es la suma

$$F(s) = F_1(s)e^{-st_1} + F_2(s)e^{-st_2} + \cdots + F_m(s)e^{-st_m} \qquad (5.59)$$

$$f(t) = f_1(t-t_1)u(t-t_1) + f_2(t-t_2)u(t-t_2) + \cdots + f_m(t-t_m)u(t-t_m) \qquad (5.60)$$

Esto se ilustrará mediante un ejemplo.

Ejemplo 18. Se desea determinar la transformada inversa de la función

$$F(s) = \frac{3 + 3se^{-sT} + 6e^{-2sT}}{s^2 + 7s + 10}$$

Solución: Esta función es una suma igual que en la Ec. (5.59), donde

$$F_1(s) = \frac{3}{s^2 + 7s + 10}, \quad F_2(s) = \frac{3s}{s^2 + 3s + 10}, \quad F_3(s) = \frac{6}{s^2 + 7s + 10}$$

y $t_1 = 0$, $t_2 = T$ y $t_3 = 2T$. Usando expansión en fracciones parciales, se obtiene

$$f_1(t) = e^{-2t} - e^{-5t}, \quad f_2(t) = 5e^{-5t} - 2e^{-2t}, \quad f_3(t) = 2e^{-2t} - 2e^{-5t}$$

y aplicando la Ec. (5.60), se obtiene

$$f(t) = f_1(t)u(t) + f_2(t-T)u(t-T) + f_3(t-2T)u(t-2T)$$

5.7.2 El Teorema de Escala

Este teorema relaciona los cambios de escala en el dominio de *s* con los cambios correspondientes en el dominio de *t*. El término cambio de escala significa que *s* o *t* se multiplican por una constante positiva. Dada una función $f(t)$, se cambia de escala al formar una nueva función $f(t/t_0)$. Su transformada se encuentra como sigue: a partir de la ecuación de definición se tiene que

$$\mathcal{L}\{f(t/t_0)\} = \int_0^\infty f(t/t_0)e^{-st}dt = t_0 \int_0^\infty f(t/t_0)e^{-(t_0s)t/t_0}d(t/t_0)$$

si ahora se hace $t/t_0 = x$, entonces la última ecuación se convierte en

$$\mathcal{L}\{f(t/t_0)\} = t_0 \int_0^\infty f(x)e^{-t_0sx}dx$$

Obsérvese que la integral define a $F(t_0 s)$, de tal modo que se puede escribir

$$\mathcal{L}\{f(t/t_0)\} = t_0 F(t_0 s) \qquad (5.61)$$

La transformada inversa correspondiente es

$$f(t/t_0) = t_0 \mathcal{L}^{-1}\{F(t_0 s)\} \qquad (5.62)$$

Ejemplo 19. Para la transformada

$$F(s) = \frac{1}{s(s+1)}$$

el valor correspondiente de $f(t)$ es

$$f(t) = 1 - e^{-t} \tag{5.63}$$

El teorema de escala indica que la nueva función

$$f_1(t) = \mathcal{L}^{-1}\{2F(2s)\} = 1 - e^{-t/2} \tag{5.64}$$

está relacionada con $f(t)$ en la Ec. (5.63) por un simple cambio en la escala del tiempo.

5.7.3 Transformación en el Tiempo

Ahora se considerará el efecto combinado de un desplazamiento en el tiempo y un cambio de escala. Para una función $f(t)$, la transformación general de la variable independiente la da la relación $\tau = (at - b)$ para producir

$$f(at - b) = f(\tau)\big|_{\tau = at - b} = f_t(t) \tag{5.65}$$

donde $a > 0$ y $b \geq 0$. Igual que en el desplazamiento en el tiempo, se requiere que $f(at - b)$ sea multiplicada por la función escalón unitario desplazado $u(at - b)$.

Se desea obtener $F_t(s)$ como una función de $F(s)$, la transformada de $f(t)$. Entonces

$$\begin{aligned} F_t(s) &= \mathcal{L}[f(at-b)u(at-b)] \\ &= \int_0^\infty f(at-b)u(at-b)e^{-st}dt \end{aligned} \tag{5.66}$$

Ahora se hace el cambio de variable, $\tau = at + b$, de modo que

$$t = \frac{\tau + b}{a}; \qquad dt = \frac{d\tau}{a}$$

Entonces, de (5.66),

$$\begin{aligned} F_t(s) &= \int_{-b}^\infty f(\tau)u(\tau)e^{-s(\tau+b)/a}\frac{d\tau}{a}\int_{-b}^\infty \\ &= \frac{e^{-sb/a}}{a}\int_0^\infty f(\tau)e^{-(s/a)\tau}d\tau = \frac{e^{-sb/a}}{a}F\left(\frac{s}{a}\right) \end{aligned}$$

y el par de transformadas siguiente muestra la propiedad de transformación en el tiempo:

$$f(at-b)u(at-b) \quad \leftrightarrow \quad \frac{e^{-sb/a}}{a}F(s/a) \tag{5.67}$$

Ejemplo 20. Considere la función $\operatorname{sen} 3t$. La transformada de esta función es

$$F(s) = \frac{3}{s^2 + 9}$$

Se busca determina la transformada de Laplace de la función

$$f_t(t) = \operatorname{sen}\left[3\left(4t - \frac{\pi}{6}\right)\right]u\left(4t - \frac{\pi}{6}\right)$$

En este caso, $a = 4$ y $b = \pi/6$. Entonces, por la Ec. (5.67),

$$F_t(s) = \frac{e^{-s\pi/24}}{4} F\left(\frac{s}{4}\right) = \frac{e^{-s\pi/24}}{4} \frac{3}{(s/4)^2 + 9} = \frac{12 e^{-s\pi/24}}{s^2 + 144}$$

5.7.4 Derivadas de Transformadas

Cuando la integral de Laplace

$$F(s) = \int_{0^-}^{\infty} f(t) e^{-st} dt \qquad (5.68)$$

es diferenciada formalmente con respecto al parámetro s, se obtiene la fórmula

$$\frac{dF(s)}{dt} = \int_{0^-}^{\infty} [-t f(t)] e^{-st} dt$$

lo que implica que

$$tf(t) \leftrightarrow -\frac{dF(s)}{ds} \qquad (5.69)$$

es decir, la multiplicación de una función $f(t)$ por t en el dominio del tiempo equivale a diferenciar la transformada $F(s)$ de $f(t)$ con respecto a s y luego cambiar de signo en el dominio de la frecuencia compleja..

Se debe señalar que $f(t)e^{-st}$ y su derivada parcial de cada orden con respecto a s cumplen con las condiciones necesarias para que la diferenciación con respecto a s se pueda ejecutar dentro del signo de integración; se obtiene así el siguiente teorema:

Teorema 4. La diferenciación de la transformada de una función corresponde a la multiplicación por $-t$:

$$F^{(n)}(s) = \mathcal{L}\{(-t)^n f(t)\}, \qquad (n = 1, 2, \ldots) \qquad (5.70)$$

Adicionalmente $F^{(n)}(s) \to 0$ conforme $s \to \infty$. Estas propiedades se cumplen siempre que $f(t)$ sea seccionalmente continua y del orden de $e^{\alpha t}$, si $s > \alpha$ en la fórmula (5.70).

Ejemplo 21. Ya se sabe que

$$\mathcal{L}\{\text{sen}\, at\} = \frac{a}{s^2 + a^2} \qquad (s > 0)$$

y, por la Ec. (5.70),

$$\mathcal{L}\{-t \,\text{sen}\, at\} = \frac{d}{ds}\left(\frac{a}{s^2 + a^2}\right) = -\frac{2as}{(s^2 + a^2)^2}$$

de donde se obtiene la fórmula

$$\mathcal{L}\{t \,\text{sen}\, at\} = \frac{2as}{(s^2 + a^2)^2} \qquad (5.71)$$

Ejemplo 22. Determinar la transformada de Laplace de $f(t) = t e^{-at} \cos 5t$.

Si se hace $f_1(t) = \cos 5t$ y $f_2(t) = t \cos 5t$, se obtiene

$$F_1(s) = \frac{s}{s^2 + 25}$$

Usando el teorema de la multiplicación por t, se obtiene

$$F_2(s) = -\frac{d}{ds}\left(\frac{s}{s^2+25}\right) = \frac{s^2 - 25}{(s^2+25)^2}$$

y finalmente, usando la propiedad de la traslación compleja,

$$F(s) = \frac{(s+2)^2 - 25}{\left[(s+2)^2 + 25\right]^2} = \frac{s^2 + 4s - 21}{(s^2 + 4s + 29)^2}$$

5.7.5 La Transformada de una Función Periódica

Considere la función periódica $f(t)$ con un período T que satisface $f(t + nT) = f(t)$, donde n es un entero positivo o negativo. La transformada de esta función es

$$\begin{aligned} F(s) &= \int_{0^-}^{\infty} f(t) e^{-st} dt \\ &= \int_{0^-}^{T} f(t) e^{-st} dt + \int_{T}^{2T} f(t) e^{-st} dt + \cdots \end{aligned} \quad (5.72)$$

Trasladando sucesivamente cada término de la transformada por e^{-sT}, en donde n es el número de traslados necesarios para hacer que los límites de las expresiones integrales sean todos de 0^- a T, se tiene que

$$F(s) = \left(1 + e^{-sT} + e^{-2sT} + \cdots\right)\int_{0^-}^{T} f(t) e^{-st} dt$$

y utilizando el teorema del binomio para la identificación de la serie, se obtiene

$$F(s) = \frac{1}{1 - e^{-Ts}} \int_{0^-}^{T} f(t) e^{-st} dt \quad (5.73)$$

La integral en esta ecuación representa la transformada de la función $f(t)$ como si ella estuviese definida sólo de $0-$ a T. Denotando esta transformada por $F_1(s)$, se obtiene

$$F(s) = \frac{1}{1 - e^{-Ts}} F_1(s) \quad (5.74)$$

Esta ecuación relaciona la transformada de una función periódica con la transformada de esa función sobre el primer ciclo (o cualquier otro ciclo).

Ejemplo 23. Se desea determinar la transformada de un tren de pulsos con un período T, donde cada pulso tiene una amplitud unitaria y una duración $a < T$.

Solución: Aplicando la Ec. (5.74), se tiene

$$F_1(s) = \int_{0^-}^{T} f(t)e^{-st}dt$$
$$= \int_0^a e^{-st}dt = \frac{1}{s}\left(1 - e^{-as}\right)$$

y por tanto,

$$F(s) = \frac{1}{s}\frac{1 - e^{-as}}{1 - e^{-Ts}}$$

5.8 Aplicación de la Transformada de Laplace a Ecuaciones Diferenciales Ordinarias

En esta sección se usan transformadas de Laplace para resolver ecuaciones diferenciales *lineales con coeficientes constantes*. Se supone siempre que todas las ecuaciones son válidas para $t \geq 0$ y las soluciones se determinan para diferentes formas de excitación.

Una ecuación diferencial *lineal de orden n con coeficientes constantes* es una ecuación de la forma

$$a_n y^{(n)}(t) + a_{n-1} y^{(n-1)}(t) + \cdots + a_1 y'(t) + a_0 y(t) = x(t) \qquad (5.75)$$

donde $x(t)$, la *excitación*, es una función conocida y $a_0, a_1, \ldots, a_n$ son constantes dadas.

Una *solución* de (5.75) es cualquier función $y(t)$ que satisfaga la ecuación. Como se verá, la Ec. (5.75) tiene muchas soluciones. Sin embargo, su solución es única si se especifican los valores iniciales de $y(t)$ y sus primeras $n-1$ derivadas:

$$y(0) = y_0, \quad y'(0) = y_1, \quad \ldots, \quad y^{(n-1)}(0) = y_{n-1} \qquad (5.76)$$

Estos valores se denominan *condiciones iniciales*.

Una solución particular es una solución $y(t)$ que satisface unas condiciones iniciales específicas. Si no se especifican los valores iniciales, entonces $y(t)$ es una *solución general*. Así que una solución general es una familia de soluciones que depende de los n parámetros $y_0, y_1, \ldots, y_{n-1}$.

A una ecuación diferencial se le puede dar una interpretación de sistema. En esta interpretación, la Ec. (5.75) especifica un sistema con entrada (excitación) $x(t)$ y salida (respuesta) $y(t)$. La salida así especificada, $y(t)$, es la solución única de la Ec. (5.75) bajo las condiciones iniciales especificadas.

El *estado inicial* del sistema es el conjunto (5.76) de condiciones iniciales. La respuesta de *estado cero* del sistema es la solución, $y(t) = y_r(t)$, de (5.75) con cero condiciones iniciales:

$$y_\alpha(0) = y'_\alpha(0) = \cdots y_\alpha^{(n-1)}(0) = 0 \qquad (5.77)$$

La respuesta de *entrada cero*, $y(t) = y_L(t)$. Es la solución de (5.75) cuando $x(t) = 0$. Es decir, la respuesta de entrada cero $y_L(t)$ es la solución de la ecuación *homogénea*

$$a_n y^{(n)}(t) + a_{n-1} y^{(n-1)}(t) + \cdots + a_1 y'(t) + a_0 y(t) = 0 \qquad (5.78)$$

La aplicación de la transformada de Laplace para resolver la Ec. (5.75) comprende los siguientes pasos:

1. *Se multiplican ambos lados de la ecuación por e^{-st} y se integra de cero a infinito. Puesto que la ecuación es válida para $t \geq 0$, resulta la ecuación*

$$\int_{0^-}^{\infty}\left[a_n y^{(n)}(t)+\cdots+a_0 y(t)\right]e^{-st}dt = \int_{0^-}^{\infty} x(t)e^{-st}dt \qquad (5.79)$$

Se supone que todas las funciones son transformables en el sentido de Laplace. Ello implica que el lado derecho es igual a la transformada $X(s)$ de la función conocida $x(t)$, y el lado izquierdo puede expresarse en términos de la transformada $Y(s)$ de $y(t)$ y de las condiciones iniciales (5.77).

2. Se resuelve la ecuación en la transformada $Y(s)$ resultante.
3. Se determina la transformada inversa $y(t)$ de $Y(s)$ usando fracciones parciales u otros métodos de inversión.

A continuación se ilustra el método con varios ejemplos.

Ejemplo 24. Resolver la ecuación diferencial

$$a_1 y'(t) + a_0 y(t) = x(t)$$

sujeta a la condición inicial $y(0) = y_0$.

Tomando transformadas en ambos lados se obtiene

$$a_1[sY(s)-y_0] + a_0 Y(s) = X(s)$$

Por tanto,

$$Y(s) = \frac{X(s)}{a_1 s + a_0} + \frac{a_1 y_0}{a_1 s + a_0}$$

Así que $Y(s) = Y_L + Y_-$, donde

$$Y_\alpha(s) = \frac{1}{a_1 s + a_0} X(s)$$

es la respuesta de estado cero y

$$Y_\beta = \frac{1}{s + a_0/a_1} y_0$$

es la respuesta de entrada cero. Su inversa es la exponencial

$$y_\beta = y_0 e^{s_1 t}$$

donde $s_1 = -a_0/a_1$.

Si, por ejemplo, $a_0 = 1$, $a_1 = 2$, $x(t) = 8t$ y $y(0) = 5$, entonces la ecuación es

$$y'(t) + 2y(t) = 8t, \qquad y(0) = 5,$$

y su ecuación transformada es

$$Y(s) = \frac{8/s^2}{s+2} + \frac{5}{s+2} = \frac{4}{s^2} - \frac{2}{s} + \frac{7}{s+2}$$

La solución completa es

$$y(t) = 4t - 2 + 7e^{-2t}, \qquad (t \geq 0)$$

Ejemplo 25. Resolver la ecuación diferencial

$$\frac{d^2y}{dt^2} + 4\frac{dy}{dt} + 5y = 5u(t)$$

sujeta a las condiciones

$$y(0) = 1, \quad \left.\frac{dy}{dt}\right|_{t=0} = 2$$

La transformación de Laplace de esta ecuación diferencial produce

$$\left[s^2 Y(s) - sy(0) - y'(0)\right] + 4\left[sY(s) - y(0)\right] + 5Y(s) = \frac{5}{s}$$

y al incluir las condiciones iniciales, se obtiene

$$Y(s)\left(s^2 + 4s + 5\right) = \frac{5}{s} + s + 6$$

o

$$Y(s) = \frac{s^2 + 6s + 5}{s(s^2 + 4s + 5)}$$

Desarrollando ahora en fracciones parciales,

$$Y(s) = \frac{1}{s} + \frac{-j}{s+2-j1} + \frac{j}{s+2+j1}$$

y tomando la transformada inversa, da la solución

$$y(t) = 1 + 2e^{-2t}\operatorname{sen} t, \quad t \geq 0$$

Ejemplo 26. Determine la solución de la ecuación diferencial

$$y''(t) - y'(t) - 6y(t) = 2$$

sujeta a las condiciones

$$y(0) = 1, \quad y'(0) = 0$$

Aplicando la transformación a ambos lados de la ecuación diferencial, se obtiene la ecuación algebraica

$$sY(s) - s - sY(s) + 1 - 6Y(s) = \frac{2}{s}$$

Por tanto,

$$\left(s^2 - s - 6\right)Y(s) = \frac{s^2 - s + 2}{s}$$

o

$$Y(s) = \frac{s^2 - s + 2}{s(s-3)(s+2)} = \frac{A}{s} + \frac{B}{s-3} + \frac{C}{s+2}$$

Evaluando los coeficientes, se determina la expansión

$$Y(s) = -\frac{1}{3}\frac{1}{s} + \frac{8}{15}\frac{1}{s-3} + \frac{4}{5}\frac{1}{s+2}$$

cuya solución $y(t)$ es

$$y(t) = -\frac{1}{3} + \frac{8}{15}e^{3t} + \frac{4}{5}e^{-2t}, \quad t \geq 0$$

Ejemplo 27. Determine la solución del sistema de ecuaciones diferenciales

$$\frac{dy_1}{dt} + 20y_1 - 10y_2 = 100u(t)$$

$$\frac{dy_2}{dt} + 20y_2 - 10y_1 = 0$$

sujeto a las condiciones iniciales $y_1(0) = 0$ y $y_2(0) = 0$.

Las ecuaciones transformadas son

$$(s+20)Y_1(s) - 10Y_2(s) = \frac{100}{s}$$

$$-100Y_1(s) + (s+20)Y_2(s) = 0$$

Resolviendo este sistema, se obtiene

$$Y_1(s) = \frac{100(s+20)}{s(s^2+40s+300)} = \frac{20}{3}\frac{1}{s} - \frac{5}{s+10} - \frac{5}{3}\frac{1}{s+30}$$

$$Y_2(s) = \frac{1000}{s(s^2+40s+300)} = \frac{10}{3}\frac{1}{s} - \frac{5}{s+10} + \frac{5}{3}\frac{1}{s+30}$$

y la solución es

$$y_1(t) = \frac{20}{3} - 5e^{-10t} - \frac{5}{3}e^{-30t}, \quad t \geq 0$$

$$y_2(t) = \frac{10}{3} - 5e^{-10t} + \frac{5}{3}e^{-30t}, \quad t \geq 0$$

5.9 La Convolución

La operación de convolución encuentra aplicaciones en muchos campos, incluyendo la teoría de redes eléctricas y controles automáticos. Una aplicación importante es la que permite evaluar la *respuesta de un sistema lineal* a una excitación arbitraria cuando se conoce la respuesta al impulso [respuesta cuando la excitación es un impulso unitario $\delta(t)$].

Sean las dos funciones $f_1(t)$ y $f_2(t)$ transformables en el sentido de Laplace y sean $F_1(s)$ y $F_2(s)$ sus transformadas respectivas. El producto de $F_1(s)$ y $F_2(s)$ es la transformada de Laplace de la *convolución de $f_1(t)$ y $f_2(t)$*; es decir,

$$\mathcal{L}\{f(t)\} = F(s) = F_1(s)F_2(s) \tag{5.80}$$

$$f(t) = f_1(t) * f_2(t) = \int_0^t f_1(\tau)f_2(t-\tau)d\tau = \int_0^t f_1(t-\tau)f_2(\tau)d\tau \tag{5.81}$$

Las integrales en la Ec. (5.81) se conocen como *integrales de convolución* y el asterisco (*) indica la operación de convolución. De acuerdo con la relación $f(t) = f_1(t) * f_2(t)$, se observa que

$$F(s) = \mathcal{L}\{f_1(t) * f_2(t)\} = \mathcal{L}\{f_2(t) * f_1(t)\}$$
$$= F_1(s)F_2(s) \quad (5.82)$$

Así que la transformada inversa del producto de las transformadas $F_1(s)$ y $F_2(s)$ se determina mediante la convolución de las funciones $f_1(t)$ y $f_2(t)$ usando cualquiera de las fórmulas en la Ec. (5.81) (obsérvese que la *convolución es conmutativa*).

Para deducir estas relaciones, observe que la transformada $F(s) = F_1(s)F_2(s)$ se puede expresar como un producto de las integrales que definen sus transformadas de Laplace en la forma

$$F(s) = \int_{0^-}^{\infty} f(t)e^{-st}dt = \int_{0^-}^{\infty}\left[\int_0^t f_1(t-\tau)f_2(\tau)d\tau\right]e^{-st}dt$$

la cual puede expresarse como

$$F(s) = \int_{0^-}^{\infty}\left[\int_{0^-}^{\infty} f_1(t-\tau)u(t-\tau)f_2(\tau)d\tau\right]e^{-st}dt$$

puesto que $u(t-\tau) = 0$ para $\tau > t$. Intercambiando el orden de integración, se obtiene

$$F(s) = \int_{0^-}^{\infty} f_2(\tau)\left[\int_0^{\infty} f_1(t-\tau)u(t-\tau)dt\right]e^{-st}d\tau$$

Definiendo ahora
$$x = t - \tau$$
se tiene que

$$F(s) = \int_0^{\infty} f_2(\tau)\left[\int_{-\tau}^{\infty} f_1(x)u(x)e^{-s(x+\tau)}dx\right]d\tau$$

Pero $u(x)$ hace cero el valor de la integral entre corchetes para $x < 0$, y por tanto

$$F(s) = \int_{0^-}^{\infty} f_2(\tau)\left[\int_{0^-}^{\infty} f_1(x)e^{-s(x+\tau)}dx\right]d\tau$$

la cual puede expresarse como el producto de dos integrales:

$$F(s) = \left[\int_{0^-}^{\infty} f_2(\tau)e^{-s\tau}d\tau\right]\left[\int_{0^-}^{\infty} f_1(x)e^{-sx}dx\right] = F_2(s)F_1(s)$$

o también

$$F_2(s)F_1(s) \leftrightarrow \int_0^t f_1(t-\tau)f_2(\tau)d\tau \quad (5.83)$$

la que demuestra la validez de una de las Ecs. (5.81). Si se intercambian $f_1(t)$ y $f_2(t)$, se puede utilizar un proceso similar para derivar la otra ecuación en (5.81).

A continuación se mostrará mediante un ejemplo, que la convolución se puede interpretar de acuerdo con cuatro pasos: (1) *reflexión*, (2) *traslación*, (3) *multiplicación* y (4) *integración*.

Ejemplo 28. En este ejemplo, sean $F_1(s) = 1/s$ y $F_2(s) = 1/(s+1)$, de manera que $f_1(t) = u(t)$ y $f_2(t) = e^{-t}u(t)$. Se desea determinar la convolución de $f_1(t)$ y $f_2(t)$; es decir, se quiere hallar

$$f(t) = f_1(t) * f_2(t) = \int_0^t u(t-\tau)e^{-\tau}d\tau$$

Los pasos para aplicar la convolución a estas dos funciones se ilustran en la Fig. 5.8, en la cual $f_1(t)$ y $f_2(t)$ se muestran en la Fig. 5.8(a) y $f_1(\tau)$ y $f_2(\tau)$ en (b). En la Fig. 5.8(c) se han reflejado las funciones respecto de la línea $t = 0$ y en (d) se ha trasladado algún valor típico de t. En (e) se ha efectuado la multiplicación indicada dentro de la integral de las Ecs. (5.81). La integración del área sombreada da un punto de la curva $f(t)$ para el valor seleccionado de t. Al efectuar todos los pasos anteriores para diferentes valores de t, se obtiene la respuesta $f(t)$, tal como se señala en (f) de la misma figura.

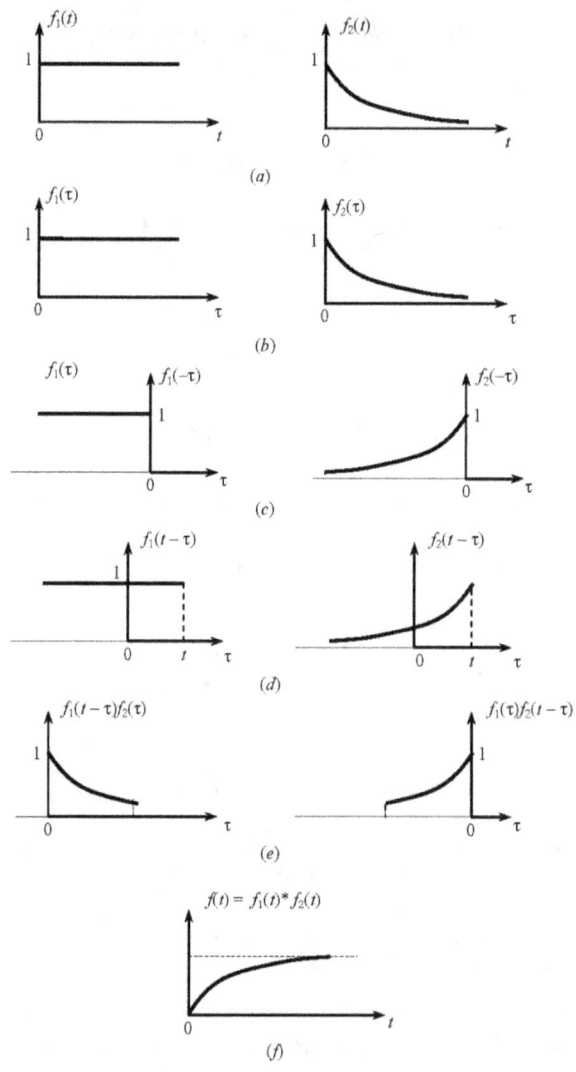

Figura 5.8

Para este ejemplo, la integración de la Ec. (5.83) es sencilla y da

$$f(t) = \int_0^t e^{-\tau} d\tau = 1 - e^{-t}$$

que es, por supuesto, la transformada inversa del producto $F_1(s)F_2(s)$,

$$f(t) = \mathcal{L}^{-1}\left\{\frac{1}{s(s+1)}\right\} = \mathcal{L}^{-1}\left\{\frac{1}{s} - \frac{1}{s+1}\right\}$$
$$= 1 - e^{-t}$$

Ejemplo 29. Como otro ejemplo, considérese ahora la transformada

$$F(s) = \frac{1}{(s^2 + a^2)^2}$$

En este caso se puede tomar

$$F_1(s) = F_2(s) = \frac{1}{a}\frac{a}{s^2 + a^2}$$

de manera que las transformadas inversas son

$$f_1(t) = f_2(t) = \frac{1}{a}\operatorname{sen} at$$

y, por tanto,

$$\mathcal{L}^{-1}\left\{\frac{1}{(s^2+a^2)^2}\right\} = \frac{1}{a^2}\operatorname{sen} at * \operatorname{sen} at$$

$$= \frac{1}{a^2}\int_0^t \operatorname{sen} a\tau \operatorname{sen} a(t-\tau) d\tau$$

$$= \frac{1}{2a^2}(\operatorname{sen} at - at\cos at)$$

5.10 Propiedades de la Integral de Convolución

Ahora se derivarán algunas propiedades de la integral de convolución.

Propiedad 1 La operación de convolución es *conmutativa*, *distributiva* y *asociativa*:

$$f_1(t) * f_2(t) = f_2(t) * f_1(t) \qquad (a)$$
$$f(t) * [f_1(t) + f_2(t) + \cdots + f_k(t)] = f(t) * f_1(t) + f(t) * f_2(t) + \cdots + f(t) * f_k(t) \qquad (b) \qquad (5.84)$$
$$f_1(t) * [f_2(t) * f_3(t)] = [f_1(t) * f_2(t)] * f_3(t) \qquad (c)$$

Solamente se verificará la relación (5.84)(c), dejando las otras dos como ejercicios. Sean $G_1(s)$ y $G_2(s)$ las transformadas de Laplace de las funciones $g_1(t) = f_2(t) * f_3(t)$ y $g_2(t) = f_1(t) * f_2(t)$, respectivamente. Por el teorema de convolución sabemos que

$$G_1(s) = F_2(s)F_3(s), \qquad G_2(s) = F_1(s)F_2(s) \qquad (5.85)$$

donde $F_i(s)$ (i = 1, 2, 3) denota la transformada de Laplace de $f_i(t)$. Esto da

$$\mathcal{L}\{f_1(t)*[f_2(t)*f_3(t)]\} = \mathcal{L}\{f_1(t)*g_1(t)\} = F_1(s)G_1(s)$$
$$= F_1(s)F_2(s)F_3(s) = G_2(s)F_3(s) = \mathcal{L}\{g_2(t)*f_3(t)\} \qquad (5.86)$$
$$= \mathcal{L}\{[f_1(t)*f_2(t)]*f_3(t)\}$$

Tomando la transformada de Laplace inversa de ambos lados produce la identidad deseada (5.84) (c).

Propiedad 2 *Si las funciones $f_1(t)$ y $f_2(t)$ son diferenciables para t > 0 y continuas para t = 0, entonces su convolución es diferenciable para t > 0:*

$$\frac{df(t)}{dt} = \int_0^t f_1(\tau)\frac{df_2(t-\tau)}{dt}d\tau + f_1(t)f_2(0)$$
$$= \int_0^t \frac{df_1(t-\tau)}{dt}f_2(\tau)d\tau + f_1(0)f_2(t) \qquad t > 0 \qquad (5.87)$$

Para demostrar esto, se aplica la regla de Leibnitz para diferenciar dentro de una integral, la cual dice que si

$$h(t) = \int_{a(t)}^{b(t)} g(t,\tau)d\tau \qquad (5.88)$$

donde $a(t)$ y $b(t)$ son funciones diferenciables de t y $g(t,\tau)$ y $\partial g(t,\tau)/\partial t$ son continuas en t y τ, entonces

$$\frac{dh(t)}{dt} = \int_{a(x)}^{b(x)} \frac{\partial g(t,\tau)}{\partial t}d\tau + g(t,b)\frac{db(t)}{dt} - g(t,a)\frac{da(t)}{dt} \qquad (5.89)$$

Aplicando (5.89) a la ecuación de definición de la integral de convolución con $h(t)=f(t)$, $g(t,\tau) = f_1(\tau)f_2(t-\tau)$ o $f_1(t-\tau)f_2(\tau)$, $a = 0^-$ y $b = t^+$, se obtiene la relación (5.87).

Observe que la Ec. (5.87) no necesita realmente la hipótesis de que ambas $f_1(t)$ y $f_2(t)$ sean diferenciables. De hecho, si cualquiera de las funciones es diferenciable y la otra es continua, entonces su convolución es diferenciable. Desde el punto de vista de la operación de convolución, la Ec. (5.87) puede escribirse también como

$$\frac{df(t)}{dt} = f_1(t)*\frac{df_2(t)}{dt} + f_1(t)f_2(0) = \frac{df_1(t)}{dt}*f_2(t) + f_1(0)f_2(t) \qquad (5.90)$$

Propiedad 3 Sea

$$f(t) = f_1(t)*f_2(t)\frac{df(t)}{dt} = f_1(t)*\frac{df_2(t)}{dt} + f_1(t)f_2(0) = \frac{df_1(t)}{dt}*f_2(t) + f_1(0)f_2(t)$$

y escriba

$$g_1(t) = f_1(t-T_1)u(t-T_1), \qquad T_1 \geq 0 \qquad (5.91)$$
$$g_2(t) = f_2(t-T_2)u(t-T_2), \qquad T_2 \geq 0 \qquad (5.92)$$

$$g(t) = f(t - T_1 - T_2)u(t - T_1 - T_2) \quad (5.93)$$

donde $u(t)$ denota la función escalón unitario. Entonces

$$g(t) = g_1(t) * g_2(t) \quad (5.94)$$

Esta propiedad expresa que si las funciones $f_1(t)$ y $f_2(t)$ son retrasadas por T_1 y T_2 segundos, respectivamente, entonces la convolución de las dos funciones retrasadas es igual a la convolución de las funciones originales, retrasada por $T_1 + T_2$ segundos. La demostración de esta propiedad se deja como un ejercicio.

5.11 Ecuaciones Diferenciales e Integrales

Con la ayuda de la propiedad de convolución se pueden resolver algunos tipos de ecuaciones integro-diferenciales no homogéneas, lineales y con coeficientes constantes. Se darán algunos ejemplos.

Ejemplo 30. Determinar la solución general de la ecuación diferencial

$$y''(t) + k^2 y(t) = f(t) \quad (5.95)$$

en términos de la constante k y la función $f(t)$.

Suponiendo que todas las funciones en (5.95) son transformables, la ecuación transformada es

$$s^2 Y(s) - s y(0) - y'(0) + k^2 Y(s) = F(s)$$

donde $y(0)$ y $y'(0)$ son, por supuesto, las condiciones iniciales. De aquí se obtiene

$$Y(s) = \frac{1}{k}\frac{k}{s^2 + k^2}F(s) + y(0)\frac{s}{s^2 + k^2} + \frac{y'(0)}{k}\frac{k}{s^2 + k^2}$$

y por tanto,

$$y(t) = \frac{1}{k}(\operatorname{sen} kt) * f(t) + y(0)\cos kt + \frac{y'(0)}{k}\operatorname{sen} kt$$

Esta solución general de la Ec. (5.95) puede entonces escribirse en la forma

$$y(t) = \frac{1}{k}\int_0^t f(\tau)\operatorname{sen} k(t - \tau)d\tau + C_1 \cos kt + C_2 \operatorname{sen} kt$$

donde C_1 y C_2 son constantes arbitrarias.

Ejemplo 31. Resuelva la ecuación integral

$$y(t) = at + \int_0^t y(\tau)\operatorname{sen}(t - \tau)d\tau$$

Esta ecuación se puede escribir en la forma

$$y(t) = at + y(t) * \operatorname{sen} t$$

y, transformando ambos miembros, se obtiene la ecuación algebraica

$$Y(s) = \frac{a}{s^2} + Y(s)\frac{1}{s^2+1}$$

cuya solución es

$$Y(s) = a\left(\frac{1}{s^2} + \frac{1}{s^4}\right)$$

y por tanto,

$$y(t) = a\left(t + \frac{1}{6}t^3\right)$$

La *ecuación integral general del tipo de convolución* tiene la forma

$$y(t) = f(t) + \int_0^t g(t-\tau)y(\tau)d\tau \tag{5.96}$$

donde las funciones $f(t)$ y $g(t)$ son dadas y $y(t)$ debe determinarse. Puesto que la ecuación transformada es

$$Y(s) = F(s) + G(s)Y(s)$$

la transformada de la función buscada es

$$Y(s) = \frac{F(s)}{1 - G(s)} \tag{5.97}$$

Si la Ec. (5.96) es modificada reemplazando $y(t)$ por combinaciones lineales de $y(t)$ y sus derivadas, la transformada de la ecuación modificada sigue siendo una ecuación algebraica en $Y(s)$.

De la Ec. (2.22), Capítulo 2, la integral de convolución para la relación de entrada-salida de un sistema LIT es dada por

$$y(t) = x(t) * h(t) = \int_{-\infty}^{\infty} x(\tau)h(t-\tau)d\tau \tag{5.98}$$

donde $x(t)$ es la entrada al sistema, $y(t)$ es la salida del sistema y $h(t)$ es la respuesta al impulso del sistema. Para la transformada de Laplace unilateral, tanto $x(t)$ como $h(t)$ son iguales a cero para $t < 0$; por tanto, sólo se consideran sistemas causales. Para este caso, la integral de convolución se puede expresar como

$$\begin{aligned} x(t) * h(t) &= \int_{-\infty}^{\infty} x(\tau)u(\tau)h(t-\tau)u(t-\tau)d\tau \\ &= \int_0^{\infty} x(\tau)h(t-\tau)u(t-\tau)d\tau \end{aligned} \tag{5.99}$$

La transformada de Laplace de esta integral es dada por

$$\begin{aligned} \mathcal{L}[x(t) * h(t)] &= \int_0^{\infty}\left[\int_0^{\infty} x(\tau)h(t-\tau)u(t-\tau)d\tau\right]e^{-st}dt \\ &= \int_0^{\infty} x(\tau)\left[\int_0^{\infty} h(t-\tau)u(t-\tau)e^{-st}dt\right]d\tau \end{aligned} \tag{5.100}$$

La integral interna en la última expresión es la transformada de Laplace de la función retardada $h(t-\tau)u(t-\tau)$; es decir, $e^{-\tau s}H(s)$, donde $H(s) = \mathcal{L}[h(t)]$, es la función de transferencia del sistema. Entonces la Ec. (5.100) se puede escribir como

$$\mathcal{L}[x(t)*h(t)] = \int_0^\infty x(\tau)H(s)e^{-s\tau}d\tau$$
$$= H(s)\int_0^\infty x(\tau)e^{-s\tau}d\tau = H(s)X(s) \quad (5.101)$$

De manera que para un sistema LIT, por la Ec. (5.101)

$$y(t) = h(t)*x(t) \quad \Rightarrow \quad Y(s) = H(s)X(s) \quad (5.102)$$

Como resultado de lo anterior, un sistema LIT en tiempo continuo puede especificarse mediante tres relaciones matemáticas:

1. la ecuación diferencial del sistema;
2. la función de transferencia del sistema $H(s)$;
3. la respuesta al impulso del sistema $h(t)$.

Ejemplo 32. Suponga que la respuesta al impulso de un sistema es dada por la función

$$h(t) = u(t) - u(t-1)$$

Aplicando la propiedad de desplazamiento en el tiempo, se determina que la transformada de Laplace de $h(t)$ es

$$H(s) = \frac{1-e^{-s}}{s}$$

Observe que esta función de transferencia no es una función racional. Para una entrada en escalón unitario, la salida del sistema $Y(s)$ es entonces

$$Y(s) = H(s)X(s) = \frac{1-e^{-s}}{s}\frac{1}{s} = \frac{1}{s^2}(1-e^{-s})$$

y se encuentra que la salida del sistema, en el tiempo, es

$$y(t) = tu(t) - (t-1)u(t-1)$$

5.11.1 La Ecuación de Estado y la Transformada de Laplace

Ahora se procederá a resolver la ecuación de estado para sistemas LIT estudiada en el Capítulo 2, utilizando la transformada de Laplace. Aplicando la transformación de Laplace a la ecuación $\frac{d\mathbf{x}(t)}{dt} = \mathbf{A}\,\mathbf{x}(t) + \mathbf{B}u(t)$, con condición inicial $\mathbf{x}(0)$, se obtiene

$$s\mathbf{X}(s) - \mathbf{x}(0) = \mathbf{A}\mathbf{X}(s)\mathbf{B}U(s)$$

o

$$\mathbf{X}(s)[s\mathbf{I} - \mathbf{A}] = \mathbf{x}(0) + \mathbf{B}U(s)$$

de donde

$$\mathbf{X}(s) = [s\mathbf{I} - \mathbf{A}]^{-1}[\mathbf{x}(0) + \mathbf{B}U(s)]$$
$$= \Phi(s)[\mathbf{x}(0) + \mathbf{B}U(s)]$$

SEÑALES Y SISTEMAS
Jose Morón

por lo que

$$x(t) = \mathcal{L}^{-1}\left\{[s\mathbf{I} - \mathbf{A}]^{-1}[\mathbf{x}(0) + \mathbf{B}U(s)]\right\} \quad (5.103)$$

donde $\Phi(s) = [s\mathbf{I} - \mathbf{A}]^{-1}$ es la *matriz resolvente*. Se debe observar que $\Phi(t) = \mathcal{L}^{-1}\{\Phi(s)\} = e^{\mathbf{A}t}$. En la sección anterior ya vimos que la matriz $\Phi(t)$ se conoce como la *matriz de transición* y más adelante se darán algunas de sus propiedades.

Ejemplo 33. Resolver el sistema

$$\dot{\mathbf{x}} = \begin{bmatrix} 0 & 6 \\ -1 & -5 \end{bmatrix}\mathbf{x} + \begin{bmatrix} 0 \\ 1 \end{bmatrix}u(t), \quad \mathbf{x}(0) = \begin{bmatrix} 1 \\ 2 \end{bmatrix}$$

Tomando $u(t) = 1$ y ejecutando las operaciones indicadas en la Ec. (5.103), obtenemos

$$[s\mathbf{I} - \mathbf{A}] = s\begin{bmatrix} 1 & 0 \\ 0 & 1 \end{bmatrix} - \begin{bmatrix} 0 & 6 \\ -1 & -5 \end{bmatrix} = \begin{bmatrix} s & 0 \\ 0 & s \end{bmatrix} - \begin{bmatrix} 0 & 6 \\ -1 & -5 \end{bmatrix} = \begin{bmatrix} s & -6 \\ 1 & s+5 \end{bmatrix}$$

de donde

$$\Phi(s) = [s\mathbf{I} - \mathbf{A}]^{-1} = \frac{1}{s^2 + 5s + 6}\begin{bmatrix} s+5 & 6 \\ -1 & s \end{bmatrix} = \begin{bmatrix} \frac{s+5}{(s+2)(s+3)} & \frac{6}{(s+2)(s+3)} \\ \frac{-1}{(s+2)(s+3)} & \frac{s}{(s+2)(s+3)} \end{bmatrix}$$

y

$$\mathbf{X}(s) = \begin{bmatrix} \frac{s+5}{(s+2)(s+3)} & \frac{6}{(s+1)(s+2)} \\ \frac{-1}{(s+2)(s+3)} & \frac{s}{(s+2)(s+3)} \end{bmatrix}\left\{\begin{bmatrix} 1 \\ 2 \end{bmatrix} + \begin{bmatrix} 0 \\ \frac{1}{s} \end{bmatrix}\right\}1$$

o

$$\mathbf{X}(s) = \begin{bmatrix} \frac{s+5}{(s+2)(s+3)} & \frac{6}{(s+1)(s+2)} \\ \frac{-1}{(s+2)(s+3)} & \frac{s}{(s+2)(s+3)} \end{bmatrix}\begin{bmatrix} 1 \\ 2 + \frac{1}{s} \end{bmatrix} = \begin{bmatrix} \frac{s^2 + 17s + 6}{s(s+2)(s+3)} \\ \frac{2s}{(s+2)(s+3)} \end{bmatrix}$$

y por tanto,

$$X_1(s) = \frac{s^2 + 17s + 6}{s(s+2)(s+3)} = \frac{K_1}{s} + \frac{K_2}{s+2} + \frac{K_3}{s+3} = \frac{1}{s} + \frac{12}{s+2} - \frac{12}{s+3}$$

$$\Rightarrow \quad x_1(t) = 1 + 12e^{-2t} - 12e^{-3t}$$

$$X_2(s) = \frac{2s}{(s+2)(s+3)} = \frac{K_1}{s+2} + \frac{K_2}{s+3} = -\frac{4}{s+2} + \frac{6}{s+3}$$

$$\Rightarrow \quad x_2(t) = -4e^{-2t} + 6e^{-3t}$$

Ejemplo 34. Resolver el sistema

$$\dot{\mathbf{x}}(t) = \begin{bmatrix} -1 & 0 \\ 0 & -2 \end{bmatrix}\mathbf{x}(t) + \begin{bmatrix} 2 \\ 3 \end{bmatrix}, \quad \mathbf{x}(0) = \begin{bmatrix} 5 \\ 1 \end{bmatrix}$$

Procediendo igual que en el Ejemplo 30, se obtiene

$$[sI - \mathbf{A}] = \begin{bmatrix} s+1 & 0 \\ 0 & s+2 \end{bmatrix}, \quad [sI - \mathbf{A}]^{-1} = \begin{bmatrix} \dfrac{1}{s+1} & 0 \\ 0 & \dfrac{1}{s+2} \end{bmatrix}$$

y

$$\mathbf{X}(s) = \begin{bmatrix} \dfrac{1}{s+1} & 0 \\ 0 & \dfrac{1}{s+2} \end{bmatrix} \begin{bmatrix} 5 + \dfrac{2}{s} \\ 1 + \dfrac{3}{s} \end{bmatrix} = \begin{bmatrix} \dfrac{5s+2}{s(s+1)} \\ \dfrac{s+3}{s(s+2)} \end{bmatrix}$$

y por tanto,

$$X_1(s) = \frac{5s+2}{s(s+1)} = \frac{2}{s} + \frac{3}{s+1} \quad \Rightarrow \quad x_1(t) = 2 + 3e^{-t}$$

$$X_2(s) = \frac{s+3}{s(s+2)} = \frac{1.5}{s} - \frac{0.5}{s+2} \quad \Rightarrow \quad x_2(t) = 1.5 - 0.5e^{-2t}$$

Ejemplo 35. Resolver el sistema

$$\dot{\mathbf{x}}(t) = \begin{bmatrix} -4 & 2 \\ -1 & -2 \end{bmatrix} \mathbf{x}(t) + \begin{bmatrix} 0 \\ 2 \end{bmatrix}, \quad \mathbf{x}(0) = \begin{bmatrix} 3 \\ 1 \end{bmatrix}$$

Aquí

$$[sI - \mathbf{A}]^{-1} = \begin{bmatrix} s+4 & -2 \\ 1 & s+2 \end{bmatrix}^{-1} = \frac{1}{s^2 + 6s + 10} \begin{bmatrix} s+2 & 2 \\ -1 & s+4 \end{bmatrix}$$

y

$$\mathbf{X}(s) = \frac{1}{s^2 + 6s + 10} \begin{bmatrix} s+2 & 2 \\ -1 & s+4 \end{bmatrix} \begin{bmatrix} 3 \\ 1 + \dfrac{2}{s} \end{bmatrix} = \frac{1}{s^2 + 6s + 10} \begin{bmatrix} \dfrac{3s^2 + 8s + 4}{s} \\ \dfrac{s^2 + 3s + 8}{s} \end{bmatrix}$$

$$X_1(s) = \frac{3s^2 + 8s + 4}{s(s^2 + 6s + 10)} = \frac{K_1}{s} + \frac{K_2}{s+3-j} * \frac{K_3}{s+3+j}$$

$$K_1 = 0.4, \quad K_2 = \frac{3(-3+j)^2 + 8(-3+j) + 4}{(-3+j)j2} = 1.703 \angle 40.236° = K_3^*$$

$$\Rightarrow \quad x_1(t) = 0.4 + 3.406 e^{-3t} \operatorname{sen}(t + 130.24°)$$

y

$$X_2(s) = \frac{s^2 + 3s + 8}{s(s^2 + 6s + 10)} = \frac{K_1}{s} + \frac{K_2}{s+3-j} + \frac{K_3}{s+3+j}$$

$$K_1 = 0.8, \quad K_2 = 1.204 \angle 85.24° = K_3^*$$

$$\Rightarrow \quad x_2(t) = 0.8 + 2.41 e^{-3t} \operatorname{sen}(t + 175.24°)$$

Ejemplo 36. Resolver el sistema

$$\dot{\mathbf{x}}(t) = \begin{bmatrix} 0 & -1 \\ 2 & -3 \end{bmatrix} \mathbf{x}(t) + \begin{bmatrix} 1 \\ 0 \end{bmatrix} t, \quad \mathbf{x}(0) = \begin{bmatrix} 0 \\ 2 \end{bmatrix}$$

Aquí se procede igual que en los ejemplos previos y se obtiene:

$$s\mathbf{I} - \mathbf{A} = \begin{bmatrix} s & 1 \\ -2 & s+3 \end{bmatrix}, \quad [s\mathbf{I} - \mathbf{A}]^{-1} = \begin{bmatrix} \frac{s+3}{(s+1)(s+2)} & \frac{-1}{(s+1)(s+2)} \\ \frac{2}{(s+1)(s+2)} & \frac{s}{(s+1)(s+2)} \end{bmatrix}$$

$$\mathbf{X}(s) = \begin{bmatrix} \frac{s+3}{(s+1)(s+2)} & \frac{-1}{(s+1)(s+2)} \\ \frac{2}{(s+1)(s+2)} & \frac{s}{(s+1)(s+2)} \end{bmatrix} \begin{bmatrix} 0 + \frac{1}{s} \\ 2 + 0 \end{bmatrix} = \begin{bmatrix} \frac{-2s^2 + s + 3}{s^2(s+1)(s+2)} \\ \frac{2s+2}{s^2(s+1)(s+2)} \end{bmatrix}$$

$$X_1(s) = \frac{-2s^2 + s + 3}{s^2(s+1)(s+2)} = \frac{1.5}{s^2} - \frac{1.75}{s} + \frac{1.75}{s+2}$$

$$\Rightarrow \quad x_1(t) = 1.5t - 1.75 + 1.75 e^{-2t}$$

$$X_2(s) = \frac{2s^3 + 2}{s^2(s+1)(s+2)} = \frac{1}{s^2} - \frac{1.5}{s} + \frac{3.5}{s+2}$$

$$\Rightarrow \quad x_2(t) = t - 1.5 + 3.5 e^{-2t}$$

5.12 Polos y Ceros de la Transformada

Usualmente, la transformada $F(t)$ de una función $f(t)$ es una función racional en s, es decir,

$$F(s) = \frac{a_0 s^m + a_1 s^{m-1} + \cdots + a_{m-1} s + a_m}{b_0 s^n + b_1 s^{n-1} + \cdots + b_{n-1} s + b_n} = \frac{a_0 (s - z_1)(s - z_2) \cdots (s - z_m)}{b_0 (s - p_1)(s - p_2) \cdots (s - p_n)} \qquad (5.104)$$

Los coeficientes a_k y b_k son constantes reales y m y n son enteros positivos. La función $F(s)$ se denomina una función racional *propia* si $n > m$, y una función racional *impropia* si $n \le m$. Las raíces del polinomio del numerador, z_k se denominan los *ceros* de $F(s)$ porque $F(s) = 0$ para esos valores de s. De igual forma, las raíces del polinomio del denominador, p_k, se denominan los *polos* de $F(s)$ ya que ella se hace infinita para esos valores de s. En consecuencia, los polos de $F(s)$ están fuera de la región de convergencia (RDC) ya que $F(s)$, por definición, no converge en los polos. Por otra parte, los ceros pueden estar dentro y fuera de la RDC, Excepto por un factor de escala, a_0/b_0, $F(s)$ puede especificarse completamente por sus polos y ceros, lo que nos da una forma compacta de representar a $F(s)$ en el plano complejo.

Tradicionalmente se usa el símbolo "×" para indicar la ubicación de un polo y el símbolo "○" para indicar cada cero. Esto se ilustra en la Fig.5.9 para la función dada por

$$F(s) = \frac{2s+4}{s^2+4s+3} = 2\frac{s+2}{(s+1)(s+3)} \qquad \text{Re}(s) > -1$$

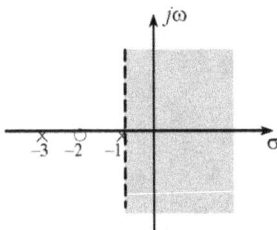

Figura 5.9

Tabla de Transformadas de Laplace

	$f(t)$, $t \geq 0$	$F(s)$	RDC
1.	$\delta(t)$	1	Toda s
2.	$u(t)$	$\dfrac{1}{s}$	$\mathrm{Re}(s) > 0$
3.	t	$\dfrac{1}{s^2}$	$\mathrm{Re}(s) > 0$
4.	t^n	$\dfrac{n!}{s^{n+1}}$	$\mathrm{Re}(s) > 0$
5.	e^{-at}	$\dfrac{1}{s+a}$	$\mathrm{Re}(s) > -a$
6.	te^{-at}	$\dfrac{1}{(s+a)^2}$	$\mathrm{Re}(s) > -a$
7.	$t^n e^{-at}$	$\dfrac{n!}{(s+a)^{n+1}}$	$\mathrm{Re}(s) > -a$
8.	$\operatorname{sen} bt$	$\dfrac{b}{s^2+b^2}$	$\mathrm{Re}(s) > 0$
9.	$\cos bt$	$\dfrac{s}{s^2+b^2}$	$\mathrm{Re}(s) > 0$
10.	$e^{-at} \operatorname{sen} bt$	$\dfrac{b}{(s+a)^2+b^2}$	$\mathrm{Re}(s) > -a$
11.	$e^{-at} \cos bt$	$\dfrac{s+a}{(s+a)^2+b^2}$	$\mathrm{Re}(s) > -a$
12.	$t \operatorname{sen} bt$	$\dfrac{2bs}{(s^2+b^2)^2}$	$\mathrm{Re}(s) > 0$
13.	$t \cos bt$	$\dfrac{s^2-b^2}{(s^2+b^2)^2}$	$\mathrm{Re}(s) > 0$

Problemas

1. Utilice la definición de la transformada de Laplace para calcular las transformadas de las funciones siguientes:

    (a) $2u(t-3)$

    (b) $5[u(t-1)-u(t-4)]$

    (c) $-2u(t-2)u(3-t)$

    (d) $-4u(t-a)u(b-t)$, $b > a > 0$

2. Determinar la transformada de Laplace de las siguientes funciones:

    (a) $f(t) = 2\operatorname{sen}\tfrac{1}{2}t$

    (b) $f(t) = 3e^{-2t}\operatorname{sen}3t$

    (c) $f(t) = 4e^{-t}\operatorname{sen}5t + t^2\cos 5t$

    (d) $f(t) = t^3 e^{-2t}\operatorname{sen}t$

3. Determine la transformada de Laplace de las funciones en las gráficas.

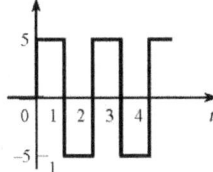

(a)

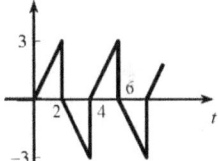

(b)

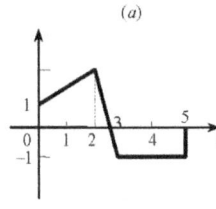

(c)

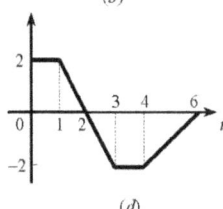

(d)

3. Encontrar la transformada de Laplace inversa de las siguientes funciones usando desarrollos en fracciones parciales.

    (a) $F(s) = \dfrac{2s^2 + 3s + 4}{s^3 + 5s^2 + 4s}$

    (b) $F(s) = \dfrac{6s^2 + 10s + 4}{3s^2 + 24s + 48}$

    (c) $F(s) = \dfrac{4s^2 + 6s + 10}{s^3 + 5s^2 + 8s + 4}$

    (d) $F(s) = \dfrac{2s^2 + 6s + 8}{\left(s^2 + 2s + 5\right)^2}$

    (e) $F(s) = \dfrac{2s^2 + 5s + 4}{s^3 + 7s^2 + 16s + 12}$

    (f) $F(s) = \dfrac{8(s+10)^2}{s(s^2 + 10s + 20)}$

    (g) $F(s) = \dfrac{14s + 42}{s^4 + 8s^3 + 14s^2 + 12s}$

    (h) $F(s) = \dfrac{12s + 48}{s^4 + 6s^3 + 16s^2 + 56s + 80}$

4. Use la propiedad de desplazamiento para hallar la transformada de Laplace de las funciones que se dan a continuación. No use la integral de definición. Tomo $a > 0$, $b > 0$ y $a < b$.

   (a) $3u(t-1)u(2-t)$

   (b) $2tu(t-1)$

   (c) $2t[u(t-a)-u(t-b)]$

   (d) $2e^{-3t}u(t-5)$

5. Dada la transformada de Laplace

$$Y(s) = \frac{2s+1}{s^2+4}$$

   (a) Determine el valor inicial de $y(t)$ usando

   (i) la propiedad del valor inicial;

   (ii) hallando $y(t) = \mathcal{L}^{-1}[Y(s)]$.

   (b) Halle el valor final de $y(t)$ usando

   (i) la propiedad del valor final;

   (ii) hallando $y(t) = \mathcal{L}^{-1}[Y(s)]$.

6. Halle las transformadas de Laplace inversas de las funciones dadas:

   (a) $F(s) = \dfrac{e^{-2s}}{s(s+1)}$

   (b) $F(s) = \dfrac{1-e^{-s}}{s(s+1)}$

   (c) $F(s) = \dfrac{e^{-2s} - e^{-3s}}{2}$

   (d) $F(s) = \dfrac{1-e^{-3s}}{s(s+3)}$

   (e) $F(s) = \dfrac{e^{-2s} - se^{-s}}{s^2 + 6s + 5}$

7. Resolver las siguientes ecuaciones diferenciales mediante la aplicación directa de la transformación de Laplace.

   (a) $\dfrac{d^2x}{dt^2} + 4\dfrac{dx}{dt} + 5x = 2t + 6.$ $x(0)=2$, $x'(0)=1$.

   (b) $2\dfrac{d^2x}{dt^2} + 12\dfrac{dx}{dt} + 10x = 6\cos 4t$, $x(0)=2$, $x'(0)=8$.

   (c) $\dfrac{d^3x}{dt^3} + 3\dfrac{d^2x}{dt^2} + \dfrac{dx}{dt} + 3x = 4$, $x(0)=1$, $x'(0)=2$, $x''(0)=5$.

   (d) $\dfrac{d^3x}{dt^3} + 7\dfrac{d^2x}{dt^2} + 12\dfrac{dx}{dt} = 2.$ $x(0)=3$, $x'(0)=1$, $x''(0)=2$.

8. Halle la respuesta al impulso unitario $h(t)$ y la respuesta al escalón unitario $s(t)$ para cada sistema descrito por las ecuaciones diferenciales en el Problema 8. Verifique su resultado demostrando que las funciones obtenidas satisfacen la ecuación

$$h(t) = \frac{ds(t)}{dt}$$

9. Se da un sistema LIT que produce una salida $y(t) = e^{-at}\operatorname{sen}(bt)u(t)$ cuando la entrada es $x(t) = u(t)$, donde $a > 0$ y $b > 0$. Determine la respuesta al impulso $h(t)$ del sistema.

10. Halle las transformadas de Laplace de las señales mostradas en la figura.

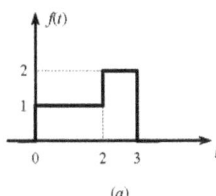
(a)
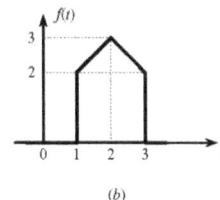
(b)

11. Determine la transformada inversa de las siguientes funciones usando la integral de convolución.

(a) $F(s) = \dfrac{5}{s(s^2 + 4)}$

(b) $F(s) = \dfrac{1}{s(s+4)^2}$

(c) $F(s) = \dfrac{10s}{s^3 + 2s^2 + 4s + 8}$

(d) $F(s) = \dfrac{2}{s^3 + 6s^2 + 13s}$

12. Demuestre que la solución del sistema de ecuaciones diferenciales

$$x'(t) - 2y'(t) = f(t), \quad x''(t) - y''(t) + y(t) = 0$$

bajo las condiciones $x(0) = x'(0) = y(0) = y'(0) = 0$, tal que $f(0) = 0$, es

$$x(t) = \int_0^t f(\tau)d\tau - 2\int_0^t f(\tau)\cos(t-\tau)d\tau,$$

$$y(t) = -\int_0^t f(\tau)\cos(t-\tau)d\tau$$

13. Resuelva el siguiente sistema de ecuaciones y verifique su resultado:

$$x'(t) + y(t) = f(t), \quad y'(t) + x(t) = 1, \quad x(0) = 1, \quad y(0) = 0.$$

14. Resuelva por $y(t)$ y verifique su solución:

$$\int_0^t y(\tau)d\tau - y'(t) = t, \quad y(0) = 2$$

15. Halle la solución de la ecuación integral

$$y(t) = a\operatorname{sen} bt + c\int_0^t y(\tau)\operatorname{sen} b(t-\tau)d\tau$$

(a) cuando $b^2 > bc$; (b) cuando $b = c$.

16. Sea $F(s)$ la transformada de Laplace de $f(t)$. Demuestre que

$$\mathcal{L}\left[\dfrac{f(t)}{t}\right] = \int_s^\infty F(s)ds$$

17. Demuestre que para α real y positiva

$$\mathcal{L}\left[e^{\alpha t}\frac{d^n}{dt^n}\left(\frac{t^n}{n!}e^{-2\alpha t}\right)\right]=\frac{(s-\alpha)^n}{(s+\alpha)^{n+1}}$$

18. Usando la propiedad demostrada en el Problema 12, determine las transformadas de Laplace de las siguientes funciones:

a) $t^{-1}\cos\omega_0 t$ (b) $t^{-1}\left(1-e^{-\alpha t}\right)$ (c) $t^{-1}(\operatorname{senh}\alpha t+\cosh\alpha t)$

CAPÍTULO 6

LA TRANSFORMADA Z

6.1 Introducción

En el Capítulo 5 se introdujo la transformada de Laplace. En este capítulo se presenta la transformada Z, que es la contraparte en tiempo discreto de la transformada de Laplace y es una de las varias transformadas importantes que se usan en el análisis y diseño de sistemas lineales. La transformada Z puede considerarse una extensión o generalización de la transformada de Fourier discreta, así como la transformada de Laplace puede considerarse como una extensión de la transformada de Fourier. La transformada Z se introduce para representar señales en tiempo discreto (o secuencias) en el dominio de la variable compleja z, y luego se describirá el concepto de la función del sistema para un sistema LIT en tiempo discreto. Como ya se estudió, la transformada de Laplace convierte ecuaciones íntegro-diferenciales en ecuaciones algebraicas. Ahora se verá que, en una forma similar, la transformada Z convierte ecuaciones en diferencias en ecuaciones algebraicas, simplificando así el análisis de los sistemas en tiempo discreto. El uso de la transformada Z para resolver ecuaciones en diferencias produce la solución como una función de la variable z de la transformada. Por tanto, se debe tener un método para convertir funciones de la variable transformada a funciones de la variable en tiempo discreto; éste es el objetivo de la *transformada Z inversa*.

Las propiedades de la transformada Z son muy parecidas a las de la transformada de Laplace, de manera que los resultados de este capítulo son semejantes a los del Capítulo 5 y, en algunos casos, se puede pasar directamente de una transformada a la otra. Sin embargo, se estudiarán algunas diferencias importantes entre las dos transformadas.

6.2 La Transformada Z

En la Sección 4.9 se vio que para un sistema LIT de tiempo discreto con respuesta al impulso dada por $h[n]$, la salida $y[n]$ del sistema a una entrada exponencial de la forma z^n viene dada por

$$y[n] = \mathbf{T}\{z^n\} = H(z)z^n \qquad (6.1)$$

donde

$$H(z) = \sum_{n=-\infty}^{\infty} h[n]z^{-n} \qquad (6.2)$$

Para $z = e^{j\Omega}$ con Ω real (es decir, con $|z|=1$), la sumatoria en la Ec. (6.2) corresponde a la transformada de Fourier discreta de $h[n]$. Lo anterior nos conduce a la definición siguiente para la transformada Z de una secuencia $x[n]$.

6.2.1. Definición

La función $H(z)$ en la Ec. (6.2) se conoce como la *transformada Z* de $h[n]$. Para una señal en tiempo discreto general $x[n]$, la transformada Z, $X[z]$, se define como

$$X(z) = \sum_{n=-\infty}^{\infty} x[n]z^{-n} \qquad (6.3)$$

La variable z es generalmente compleja y en forma polar se expresa como

$$z = r\, e^{j\Omega} \qquad (6.4)$$

donde *r* es la magnitud de *z* y Ω es el ángulo de *z* (recuerde que la variable *s* de la transformada de Laplace también es compleja con $s = \sigma + j\omega$). La transformada *Z* definida en la Ec. (6.3) con frecuencia se denomina la *transformada Z bilateral* para distinguirla de la *transformada Z unilateral*, estudiada más adelante en la Sec. 6.7, y la cual se define como

$$X(z) = \sum_{n=0}^{\infty} x[n]z^{-n} \qquad (6.5)$$

Claramente, ambas transformadas son equivalentes sólo si $x[n] = 0$ para $t < 0$ (causal). En lo que sigue, se omitirá la palabra "bilateral" excepto cuando sea necesario para evitar ambigüedades.

Igual que en el caso de la transformada de Laplace, algunas veces la Ec. (6.3) se considera como un operador que transforma una secuencia $x[n]$ en una función $X(z)$, simbólicamente representada por

$$X(z) = \mathcal{Z}\{x[n]\} \qquad (6.6)$$

Las funciones $x[n]$ y $X(z)$ forman un par de transformadas *Z*; esto se denotará por

$$x[n] \ \leftrightarrow \ X(z) \qquad (6.7)$$

que significa que las funciones $x[n]$ y $X(z)$ forman un *par de transformadas Z*, es decir $F(z)$ es la transformada *Z* de $x[n]$.

Existen varias relaciones importantes entra la transformada *Z* y la transformada de Fourier. Para estudiar estas relaciones, se considerará la expresión dada por la Ec. (6.5) con la variable *z* en forma polar. En términos de *r* y Ω, la Ec. (6.3) se convierte en

$$X(r\,e^{j\Omega}) = \sum_{n=-\infty}^{\infty} x[n]\left(r\,e^{j\Omega}\right)^{-n} \qquad (6.8)$$

o, en forma equivalente,

$$X(r\,e^{j\Omega}) = \sum_{n=-\infty}^{\infty} \{x[n]r^{-n}\} e^{-j\Omega n} \qquad (6.9)$$

A partir de esta última ecuación se observa que $X(re^{j\Omega})$ es la transformada de Fourier de la secuencia $x[n]$ multiplicada por una exponencial real r^{-n}, es decir,

$$X(re^{j\Omega}) = \mathcal{F}\{x[n]r^{-n}\} \qquad (6.10)$$

La función de ponderación exponencial r^{-n} puede estar decreciendo o creciendo con *n* creciente, dependiendo de si *r* es mayor o menor que la unidad. En particular, se observa que para $r = 1$, la transformada *Z* se reduce a la transformada de Fourier, vale decir,

$$X(z)\big|_{z=e^{j\Omega}} = \mathcal{F}\{x[n]\} \qquad (6.11)$$

6.2.2. La Región de Convergencia de la Transformada Z

Igual que en el caso de la transformada de Laplace, la banda de valores de la variable compleja z para la cual converge la transformada Z se denomina la *región de convergencia* (RDC). En el caso de tiempo continuo, la transformada de Laplace se reduce a la transformada de Fourier cuando la parte real de la variable de transformación es cero; es decir, la transformada de Laplace se reduce a la de Fourier en el eje imaginario. Como contraste, la reducción de la transformada Z a la de Fourier se produce cuando la magnitud de la variable de transformación z es igual a la unidad. De manera que la reducción se produce en el contorno del plano z complejo correspondiente a un círculo de radio unitario, el cual jugará un papel importante en la discusión de la región de convergencia de la transformada Z.

La suma en la Ec. (6.3) tiene potencias de z positivas y negativas. La suma de las potencias negativas converge para $|z|$ mayor que alguna constante r_1, y la suma de las potencias positivas converge para $|z|$ menor que alguna otra constante r_2. Esto muestra que la región de existencia de las transformada z bilateral es un anillo cuyos radios r_1 y r_2 dependen de $x[n]$.

Para ilustrar la transformada Z y la RDC asociada, consideremos algunos ejemplos.

Ejemplo 1. Considérese la secuencia

$$x[n] = a^n u[n] \qquad a \text{ real} \qquad (6.12)$$

Entonces, por la Ec. (6.3), la transformada Z de $x[n]$ es

$$X(z) = \sum_{n=-\infty}^{\infty} a^n u[n] z^{-n} = \sum_{n=0}^{\infty} \left(a z^{-1}\right)^n$$

Para que $X(z)$ converja se requiere que

$$\sum_{n=0}^{\infty} \left| a z^{-1} \right|^n < \infty$$

En consecuencia, la RDC es la banda de valores para los cuales $|az^{-1}| < 1$ o, en forma equivalente, $|z| > |a|$, para cualquier valor finito de a. Entonces

$$X(z) = \sum_{n=0}^{\infty} \left(a z^{-1}\right)^n = \frac{1}{1 - a z^{-1}} \qquad |z| > |a| \qquad (6.13)$$

Alternativamente, multiplicando el numerador y el denominador de la Ec. (6.12) por z, podemos escribir $X(z)$ como

$$X(z) = \frac{z}{z - a} \qquad |z| > |a| \qquad (6.14)$$

Ambas formas de $X(z)$ en las Ecs. (6.12) y (6.13) son de utilidad dependiendo de la aplicación. De la Ec. (6.13) se ve que $X(z)$ es una *función racional* de z. En consecuencia, igual que con las transformadas de Laplace racionales, puede caracterizarse por sus ceros (las raíces del polinomio del numerador) y sus polos (las raíces del polinomio del denominador). De la Ec. (6.13) vemos que hay un cero en $z = 0$ y un polo en $z = a$. La RDC y el diagrama de polos y ceros para este ejemplo se muestran en la Fig. 6.1. En las aplicaciones de la transformada Z, al plano complejo se le refiere comúnmente como el plano z.

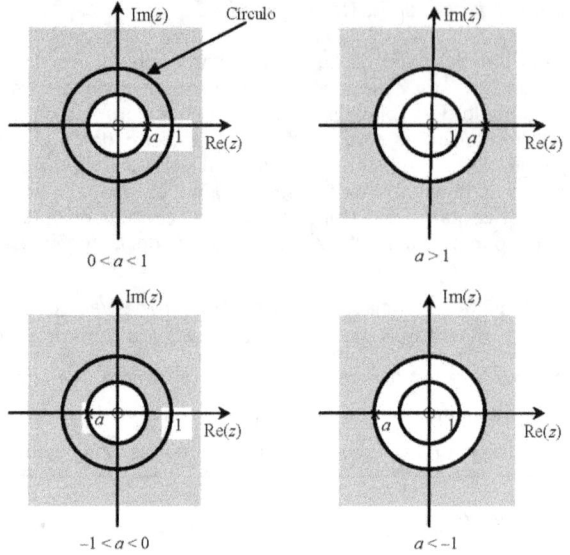

Figura 6.1. RDC de la forma $|z|>|a|$

Ejemplo 2. Considere la secuencia

$$x[n]=-a^n u[-n-1] \qquad (6.15)$$

De la Ec. (6.3), se tiene que

$$X(z)=-\sum_{n=-\infty}^{\infty}a^n u[-n-1]z^{-n}=-\sum_{n=-\infty}^{-1}a^n z^{-n}$$

$$=-\sum_{n=1}^{\infty}\left(a^{-1}z\right)^n=1-\sum_{n=0}^{\infty}\left(a^{-1}z\right)^n$$

Ahora bien,

$$\sum_{n=0}^{\infty}\left(a^{-1}z\right)^n=\frac{1}{1-a^{-1}z}, \qquad |a^{-1}z|<1 \text{ o } |z|<|a|$$

por lo que

$$X(z)=1-\frac{1}{1-a^{-1}z}=\frac{-a^{-1}z}{1-a^{-1}z}=\frac{z}{z-a}, \qquad |z|<|a| \qquad (6.16)$$

La transformada Z, $X(z)$ viene dada entonces por

$$X(z)=\frac{1}{1-az^{-1}}, \qquad |z|<|a| \qquad (6.17)$$

Como lo indica la Ec. (6.16), $X(z)$ también puede escribirse como

$$X(z)=\frac{z}{z-a}, \qquad |z|<|a| \qquad (6.18)$$

Así pues, la RDC y la gráfica de polos y ceros para este ejemplo se muestran en la Fig. 6.2. Comparando las Ecs. (6.13) y (6.17) [o las Ecs. (6.14) y (6.18)], se ve que las expresiones algebraicas de $X(z)$ para dos secuencias diferentes son idénticas, excepto por las RDC. Así que, igual que en la transformada de Laplace, la especificación de la transformada Z requiere tanto la expresión algebraica como la región de convergencia.

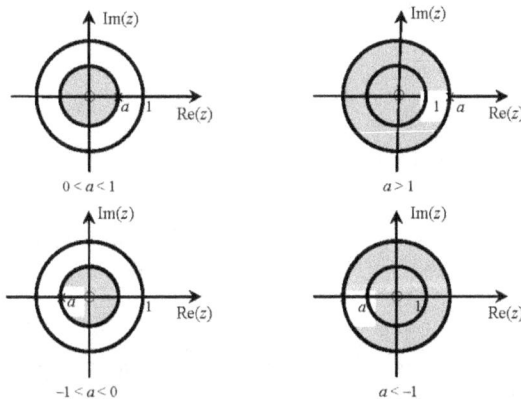

Figura 6.2. RDC de la forma $|z| < |a|$.

Ejemplo 3. Una sucesión finita $x[n]$ se define como $x[n] \neq 0$, $N_1 \leq n \leq N_2$, donde N_1 y N_2 son finitos, y $x[n] = 0$ para cualquier otro valor de n. Para determinar la RDC se procede en la forma siguiente:

De la Ec. (6.3) se tiene

$$X(z) = \sum_{n=N_1}^{N_2} x[n]z^{-n} \qquad (6.19)$$

Para valores de z diferentes de cero o infinito, cada término en la Ec. (6.19) será finito y por tanto $X(z)$ convergerá. Si $N_1 < 0$ y $N_2 > 0$, entonces la Ec. (6.19) incluye términos con potencias de z tanto positivas como negativas. Conforme $|z| \to 0$, los términos con potencias de z negativas se convierten en no acotados y, conforme $|z| \to \infty$, los términos con potencias de z positivas se vuelven no acotados. Por tanto, la RDC es todo el plano z excepto para $z = 0$ y $z = \infty$. Si $N_1 \geq 0$, la Ec. (6.19) contiene sólo potencias negativas de z, y por ende la RDC incluye $z = \infty$. Si $N_2 \leq 0$, la Ec. (6.19) contiene sólo potencias positivas de z y, por tanto, la RDC incluye el punto $z = 0$.

6.2.3. Propiedades de la Región de Convergencia

Como se vio en los Ejemplos 1 y 2, la RDC de $X(z)$ depende de la naturaleza de $x[n]$. Las propiedades de la RDC se resumen a continuación. Se sobrentiende que $X(z)$ es una función racional de z.

1. La RDC no contiene ningún polo.

2. Si $x[n]$ es una secuencia finita, es decir, $x[n] = 0$ excepto en un intervalo finito $N_1 \leq n \leq N_2$, donde N_1 y N_2 son finitos, y $X(z)$ converge para algún valor de z, entonces la RDC es todo el plano z excepto posiblemente $z = 0$ o $z = \infty$.

3. Si $x[n]$ es una secuencia lateral derecha, es decir, $x[n] = 0$ para $n < N_1 < \infty$, y $X(z)$ converge para algún valor de z, entonces la RDC es de la forma

$$|z| > r_{máx} \quad \text{o} \quad \infty > |z| > r_{máx}$$

donde $r_{máx}$ es igual a la mayor magnitud de cualquiera de los polos de $X(z)$. Así pues, la RDC es el exterior del círculo $|z| = r_{máx}$ en el plano z con la posible excepción de $z = \infty$.

4. Si $x[n]$ es una secuencia lateral izquierda, es decir, $x[n] = 0$ para $n > N_2 > -\infty$, y $X(z)$ converge para algún valor de z, entonces la RDC es de la forma

$$|z| < r_{mín} \quad \text{o} \quad 0 < |z| < r_{mín}$$

donde $r_{mín}$ es igual a la menor magnitud de cualquiera de los polos de $X(z)$. Así pues, la RDC es el interior del círculo $|z| = r_{mín}$ en el plano z con la posible excepción de $z = 0$ (el origen).

5. Si $x[n]$ es una secuencia bilateral, es decir, $x[n]$ es una secuencia de duración infinita que no es ni lateral izquierda ni lateral derecha, y $X(z)$ converge para algún valor de z, entonces la RDC es de la forma

$$r_1 < |z| < r_2$$

donde r_1 y r_2 son las magnitudes de dos de los polos de $X(z)$. Así que la RDC es una región anular en el plano z centrada en el origen entre los círculos $|z| < r_1$ y $|z| < r_2$ que no contienen polos.

Observe que la Propiedad 1 se deduce inmediatamente de la definición de polos; es decir, $X(z)$ es infinita en un polo. En todos los casos, las RDC son regiones abiertas; es decir, las fronteras de las RDC no son partes de estas regiones. Observe que todas las regiones son casos especiales de la región ilustrada en la Fig. 6.3.

Ejemplo 4. Considere la secuencia

$$x[n] = \begin{cases} a^n & 0 \le n \le N-1,\ a > 0 \\ 0 & \text{otros valores de } n \end{cases}$$

Determinar $X(z)$ y graficar sus polos y ceros.

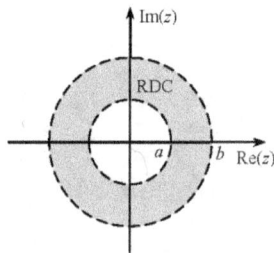

Figura 6.3 Región anular de convergencia.

De la Ec. (6.3), se obtiene

$$X(z) = \sum_{n=0}^{N-1} a^n z^{-n} = \sum_{n=0}^{N-1} \left(a z^{-1}\right)^n = \frac{1 - \left(a z^{-1}\right)^N}{1 - a z^{-1}} = \frac{1}{z^{N-1}} \frac{z^N - a^N}{z - a} \qquad (6.20)$$

Observe en la Ec. (6.20) que hay un polo de orden $(N-1)$ en $z = 0$ y un polo en $z = a$. Como $x[n]$ es una secuencia de longitud finita y es cero para $n < 0$, la RDC es $|z| > 0$ (la RDC no incluye el origen porque $x[n]$ es diferente de cero para algunos valores positivos de n). Las N raíces del polinomio del numerador están en

$$z_k = a e^{j(2\pi k/N)} \qquad k = 0, 1, \ldots, N-1 \qquad (6.21)$$

La raíz en $k = 0$ cancela el polo en $z = a$. Los ceros restantes de $X(z)$ están en

$$z_k = a e^{j(2\pi k/N)} \qquad k = 1, \ldots, N-1 \qquad (6.22)$$

El diagrama de polos y ceros con $N = 8$ se muestra en la Fig. 6.4.

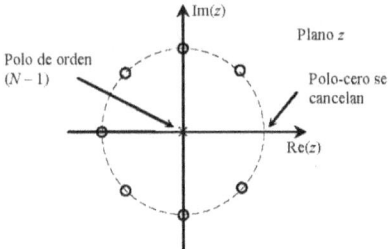

Figura 6.4 Diagrama de polos y ceros con $N = 8$.

En general, si $x[n]$ es la suma de varias secuencias, $X(z)$ existe solamente si existe un conjunto de valores de z para los cuales convergen las transformadas de cada una de las secuencias que forman la suma. La región de convergencia es entonces la intersección de las regiones de convergencia individuales. Si no hay una región de convergencia común, entonces la transformada $X(z)$ no existe. Para determinar la transformada inversa, primero se determina la expansión en fracciones parciales de $X(z)$ y luego la expresamos como la suma de dos funciones:

$$X(z) = X^+(z) + X^-(z) \qquad (6.23)$$

donde $X^+(z)$ es una secuencia lateral derecha y $X^-(z)$ es una secuencia lateral izquierda. Aquí, $X^+(z)$ contiene los términos con polos en el interior de la RDC y $X^-(z)$ contiene los términos con polos fuera de la RDC. Las transformadas inversas se determinan entonces directamente de una tabla (al final del capítulo se da una).

Por ejemplo, considere la transformada bilateral

$$X(z) = \frac{2z^2 - 0.75z}{(z - 0.25)(z - 0.5)} = \frac{z}{z - 0.25} + \frac{z}{z - 0.5}, \qquad |z| > 0.5$$

Los polos y la RDC se grafican en la Fig. 6.5. Por tanto, $x[n]$ es una secuencia lateral derecha y, de la tabla,

$$x[n] = 0.25^n + 0.5^n, \quad n \geq 0$$

Trabaje usted los casos $|z| < 0.25$ y $0.25 < |z| < 0.5$ y obtenga las transformadas inversas.

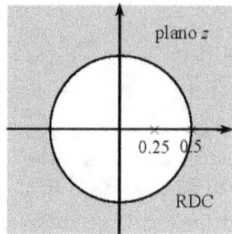

Figura 6.5

6.3 Transformadas Z de Secuencias Importantes

6.3.1. La Secuencia Impulso unitario δ[n]

De la definición dada en la Ec. (1.79) y la Ec. (6.3), se obtiene que

$$X(z) = \sum_{n=-\infty}^{\infty} \delta[n] z^{-n} = z^{-0} = 1 \qquad (6.24)$$

y, por consiguiente,

$$\delta[n] \leftrightarrow 1 \quad \text{todo } z \qquad (6.25)$$

Es fácil demostrar que

$$\delta[n-k] \leftrightarrow z^{-k} \qquad (6.26)$$

6.3.2. La Secuencia Escalón Unitario u[n]

Haciendo $a = 1$ en las Ecs. (6.12)) a (6.14), se obtiene

$$u[n] \leftrightarrow \frac{1}{1-z^{-1}} = \frac{z}{z-1} \quad |z| > 1 \qquad (6.27)$$

Por tanto, la transformada Z de la secuencia escalón unitario existe *solamente* para $|z^{-1}| < 1$; esto es, para z fuera del círculo unitario.

6.3.3. Funciones Sinusoidales

Sea $x[n] = \cos \Omega_0 n$. Escribiendo $x[n]$ como

$$x[n] = \frac{1}{2}\left(e^{j\Omega_0 n} + e^{-j\Omega_0 n}\right)$$

y usando el resultado dado en la Ec. (6.14), se obtiene que

$$\begin{aligned} X(z) &= \frac{1}{2}\frac{z}{z-e^{j\Omega_0}} + \frac{1}{2}\frac{z}{z-e^{-j\Omega_0}} \\ &= \frac{z(z-\cos\Omega_0)}{z^2 - 2z\cos\Omega_0 + 1} \end{aligned} \qquad (6.28)$$

En forma similar, la transformada Z de la secuencia $x[n] = \operatorname{sen} \Omega_0 n$ está dada por

$$X(z) = \frac{z\,\mathrm{sen}\,\Omega_0}{z^2 - 2z\cos\Omega_0 + 1} \qquad (6.29)$$

6.3.4. Tabla de Transformadas Z

En la tabla al final del capítulo se tabulan las transformadas Z de algunas secuencias encontradas con frecuencia.

6.4 Propiedades de la Transformada Z

A continuación se presentan algunas propiedades básicas de la transformada Z y la verificación de algunas de esas propiedades. Estas propiedades hacen de la transformada Z una valiosa herramienta en el estudio de señales y sistemas de tiempo discreto.

6.4.1 Linealidad

Si $x_1[n]$ y $x_2[n]$ son dos secuencias con transformadas $X_1(z)$ y $X_2(z)$ y regiones de convergencia R_1 y R_2, respectivamente, es decir,

$$x_1[n] \leftrightarrow X_1(z) \quad \mathrm{RDC} = R_1$$
$$x_2[n] \leftrightarrow X_2(z) \quad \mathrm{RDC} = R_2$$

entonces

$$a_1 x_1[n] + a_2 x[n] \leftrightarrow a_1 X_1(z) + a_2 X_2[n] \quad R' \supset R_1 \cap R_2 \qquad (6.30)$$

donde a_1 y a_2 son constantes arbitrarias, es decir, la transformada Z de una combinación lineal de secuencias es igual a la combinación lineal de las transformadas Z de las secuencias individuales.

Considere la suma $x[n] = a_1 x_1[n] + a_2 x_2[n]$. De la Ec. (6.5), la transformada Z de $x[n]$ es dada por

$$X[n] = \sum_{n=0}^{\infty}\left[a_1 x_1[n] + a_2 x_2[n]\right]z^{-n} = \sum_{n=0}^{\infty} a_1 x_1[n]z^{-n} + \sum_{n=0}^{\infty} a_2 x_2[n]z^{-n}$$
$$= a_1 \sum_{n=0}^{\infty} x_1[n]z^{-n} + a_2 \sum_{n=0}^{\infty} x_2[n]z^{-n}$$
$$= a_1 X_1(z) + a_2 X_2(z)$$

Como se indica en la Ec. (6.30), la RDC de la combinación es al menos la intersección de R_1 y R_2. Esta propiedad se puede extender a cualquier número de funciones.

De la demostración anterior se observa que la transformada del producto $ax[n]$, donde a es una constante, es igual al producto $aX[z]$. Si la constante a se reemplaza con la función $y[n]$, entonces

$$X[z]Y[z] = \sum_{n=0}^{\infty} x[n]y[n]z^{-n} \neq \sum_{n=0}^{\infty} x[n]z^{-n} \sum_{n=0}^{\infty} y[n]z^{-n}$$

Por tanto,

$$z[x[n]y[n]] \neq z[x[n]]z[y[n]] \qquad (6.31)$$

La transformada Z de un producto de dos funciones *no* es igual al producto de las transformadas Z de las funciones.

Ejemplo 5. Halle la transformada Z y dibuje el diagrama de polos y ceros (partes b y c) con la RDC para cada una de las secuencias siguientes:

(a) $x[n] = 2\delta[n] + 3\delta[n-2] - \delta[n-5]$.

(b) $x[n] = \left(\dfrac{1}{2}\right)^n u[n] + \left(\dfrac{1}{3}\right)^n u[n]$

(c) $x[n] = \left(\dfrac{1}{2}\right)^n u[n] + \left(\dfrac{1}{3}\right)^n u[-n-1]$

(a) A partir del par $\delta[n-k] \leftrightarrow z^{-k}$ y de la Ec. (6.30), se deduce que la transformada Z de la sucesión dada es

$$X(z) = 2 + 3z^{-2} - z^{-5}$$

(b) De la tabla de transformadas al final del capítulo, se obtiene

$$\left(\dfrac{1}{2}\right)^n u[n] \leftrightarrow \dfrac{z}{z-\frac{1}{2}} \qquad |z| > \dfrac{1}{2} \qquad (6.32)$$

$$\left(\dfrac{1}{3}\right)^n u[n] \leftrightarrow \dfrac{z}{z-\frac{1}{3}} \qquad |z| > \dfrac{1}{3} \qquad (6.33)$$

Vemos que la RDC en las Ecs. (6.32) y (6.33) se solapan y, de esta manera, usando la propiedad de linealidad, se obtiene

$$X(z) = \dfrac{z}{z-\frac{1}{2}} + \dfrac{z}{z-\frac{1}{3}} = \dfrac{2z\left(z-\frac{5}{12}\right)}{\left(z-\frac{1}{2}\right)\left(z-\frac{1}{3}\right)} \qquad |z| > \dfrac{1}{2} \qquad (6.34)$$

De la Ec. (6.34) vemos que $X(z)$ tiene dos ceros en $z = 0$ y $z = 5/12$ y dos polos en $z = \frac{1}{2}$ y $z = 1/3$, y que la RDC es $|z| > \frac{1}{2}$ como se dibuja en la Fig. 6.6.

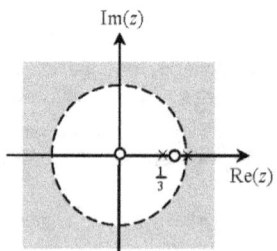

Figura 6.6

(c) De la parte (b)

$$\left(\dfrac{1}{2}\right)^n u[n] \leftrightarrow \dfrac{z}{z-\frac{1}{2}} \qquad |z| > \dfrac{1}{2}$$

y de la tabla de transformadas,

$$\left(\frac{1}{3}\right)^n u[-n-1] \leftrightarrow \frac{z}{z-\frac{1}{3}} \qquad |z|<\frac{1}{3} \qquad (6.35)$$

Vemos que las RDC de estas dos últimas relaciones no se solapan y no hay una RDC común; así pues, $x[n]$ no tiene transformada Z.

Ejemplo 6. Sea

$$x[n] = a^{|n|} \qquad a>0 \qquad (6.36)$$

Hallar $X(z)$ y dibujar el diagrama de polos y ceros y la RDC para $a<1$ y $a>1$.

La sucesión $x[n]$ se dibuja en la Fig. 6.7.

Puesto que $x[n]$ es una secuencia bilateral, es posible expresarla como

$$x[n] = a^n u[n] + a^{-n} u[-n-1] \qquad (6.37)$$

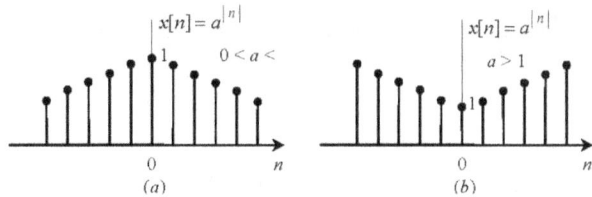

Figura 6.7

De la tabla de transformadas, se obtiene

$$a^n u[n] \leftrightarrow \frac{z}{z-a} \qquad |z|>a \qquad (6.38)$$

$$a^{-n} u[-n-1] \leftrightarrow \frac{z}{z-1/a} \qquad |z|<\frac{1}{a} \qquad (6.39)$$

Si $a<1$, se ve que la RDC en las Ecs. (6.38) y (6.39) se solapan y entonces

$$X(z) = \frac{z}{z-a} - \frac{z}{z-1/a} = \frac{a^2-1}{a} \frac{z}{(z-a)(z-1/a)} \qquad a<|z|<\frac{1}{a} \qquad (6.40)$$

De la Ec. (6.40) se ve que $X(z)$ tiene un cero en el origen y dos polos en $z = a$ y $z = 1/a$ y que la RDC es $a<|z|<1/a$, como se ilustra en la Fig. 6.8. Si $a>1$, vemos que las RDC en las Ecs. (6.38) y (6.39) no se solapan y no hay una RDC común y, por tanto, $x[n]$ no tendrá una $X(z)$.

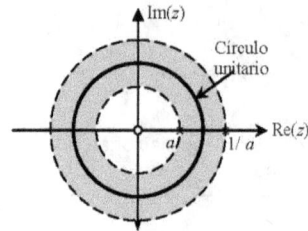

Figura 6.8

6.4.2 Desplazamiento (Corrimiento) en el Tiempo o Traslación Real

Si
$$x[n] \leftrightarrow X(z) \quad \text{RDC} = R$$
entonces
$$x[n-n_0] \leftrightarrow z^{-n_0} X(z) \quad R' = R \cap \{0 < |z| < \infty\} \tag{6.41}$$

Demostración:

Por la definición en la Ec. (6.3),
$$\mathcal{Z}\{x[n-n_0]\} = \sum_{n=-\infty}^{\infty} x[n-n_0] z^{-n}$$

Mediante el cambio de variables $m = n - n_0$, obtenemos
$$\mathcal{Z}\{x[n-n_0]\} = \sum_{m=-\infty}^{\infty} x[m] z^{-(m+n_0)}$$
$$= z^{-n_0} \sum_{m=-\infty}^{\infty} x[m] z^{-m} = z^{-n_0} X(z)$$

Debido a la multiplicación por z^{-n_0}, para $n_0 > 0$, se introducen polos adicionales en $z = 0$ y se eliminarán en $z = \infty$. En la misma forma, si $n_0 < 0$, se introducen ceros adicionales en $z = 0$ y se eliminarán en $z = \infty$. Por consiguiente, los puntos $z = 0$ y $z = \infty$ pueden añadirse o eliminarse de la RDC mediante corrimiento en el tiempo. De este modo tenemos entonces que

$$x[n-n_0] \leftrightarrow z^{-n_0} X(z) \quad R' = R \cap \{0 < |z| < \infty\}$$

donde R y R' son las RDC antes y después de la operación de desplazamiento. En resumen, la RDC de $x[n-n_0]$ es la misma que la RDC de $x[n]$ excepto por la posible adición o eliminación del origen o infinito. Se deja como un ejercicio demostrar que la transformada Z de la función retardada $x[n-n_0]u[n-n_0]$ es $z^{-n_0} X(z)$, $n_0 \geq 0$.

Casos especiales de la propiedad definida en la Ec. (6.41) son los siguientes:

$$x[n-1] \leftrightarrow z^{-1} X(z) \quad R' = R \cap \{0 < |z| < \infty\} \tag{6.42}$$

$$x[n+1] \leftrightarrow zX(z) \quad R' = R \cap \{0 < |z| < \infty\} \qquad (6.43)$$

Debido a estas últimas relaciones, z^{-1} a menudo se le denomina el *operador de retardo unitario* y z se conoce como el *operador de avance* (o *adelanto*) *unitario*. Observe que en la transformada de Laplace los operadores $s^{-1} = 1/s$ y s corresponden a integración y diferenciación en el dominio del tiempo, respectivamente.

6.4.3 Inversión en el Tiempo

Si la transformada Z de $x[n]$ es $X(z)$, es decir,

$$x[n] \leftrightarrow X(z) \quad \text{RDC} = R$$

entonces

$$x[-n] \leftrightarrow X\left(\frac{1}{z}\right) \quad R' = \frac{1}{R} \qquad (6.44)$$

En consecuencia, un polo (o cero) en $X(z)$ en $z = z_k$ se mueve a $1/z_k$ luego de inversión en el tiempo. La relación $R' = 1/R$ indica la inversión de R, reflejando el hecho de que una secuencia lateral derecha se convierte en lateral izquierda si se invierte el tiempo, y viceversa. La demostración de esta propiedad se deja como ejercicio.

6.4.4 Multiplicación por z_0^n o Corrimiento en Frecuencia

Si

$$x[n] \leftrightarrow X(z) \quad \text{RDC} = R$$

entonces

$$z_0^n x[n] \leftrightarrow X\left(\frac{z}{z_0}\right) \quad R' = |z_0| R \qquad (6.45)$$

Demostración: Por la definición dada en la Ec. (6.3), tenemos que

$$\mathcal{Z}\{z_0^n x[n]\} = \sum_{n=-\infty}^{\infty} \left(z_0^n x[n]\right) z^{-n} \sum_{n=-\infty}^{\infty} x[n] \left(\frac{z}{z_0}\right)^{-n} = X\left(\frac{z}{z_0}\right)$$

Un polo (o cero) en $z = z_k$ en $X(z)$ se mueve a $z = z_0 z_k$ luego de la multiplicación por z_0^n y la RDC se expande o contrae por el factor $|z_0|$, y la propiedad especificada por la Ec. (6.44) queda demostrada.

Un caso especial de esta propiedad es la relación

$$e^{j\Omega_0 n} x[n] \leftrightarrow X\left(e^{-j\Omega_0} z\right) \quad R' = R \qquad (6.46)$$

En este caso especial, todos los polos y ceros son simplemente rotados en un ángulo Ω_0 y la RDC no cambia.

Ejemplo 7. Determine la transformada Z y la RDC asociada para cada de las secuencias siguientes:

(a) $x[n] = \delta[n - n_0]$

(b) $x[n] = u[n - n_0]$

(c) $x[n] = a^{n+1} u[n+1]$

(d) $x[n] = u[-n]$

Solución:

(a) De la Ec. (6.25)
$$\delta[n] \leftrightarrow 1 \quad \text{toda } z$$

Aplicando la propiedad de corrimiento en el tiempo (6.40), se obtiene
$$\delta[n - n_0] \leftrightarrow z^{-n_0} \quad \begin{matrix} 0 < |z|, & n_0 > 0 \\ |z| < \infty, & n_0 < 0 \end{matrix} \tag{6.47}$$

(b) De la Ec. (6.27),
$$u[n] \leftrightarrow \frac{z}{z-1} \quad |z| > 1$$

Aplicando de nuevo la propiedad de desplazamiento en el tiempo, obtenemos
$$u[n - n_0] \leftrightarrow z^{-n_0}\frac{z}{z-1} = \frac{z^{-(n_0-1)}}{z-1} \quad 1 < |z| < \infty \tag{6.48}$$

(c) De las Ecs. (6.12) y (6.14) se obtiene que
$$a^n u[n] \leftrightarrow \frac{z}{z-a} \quad |z| > |a|$$

y por la Ec. (6.43)
$$a^{n+1} u[n] \leftrightarrow z\frac{z}{z-a} = \frac{z^2}{z-a} \quad |a| < |z| < \infty \tag{6.49}$$

(d) De la Ec. (6.27)
$$u[n] \leftrightarrow \frac{z}{z-1} \quad |z| > 1$$

y por la propiedad de inversión en el tiempo (6.44), se obtiene
$$u[-n] \leftrightarrow \frac{1/z}{1/z - 1} = \frac{1}{1-z} \quad |z| < 1 \tag{6.50}$$

6.4.5 Multiplicación por n (o Diferenciación en el Dominio de z)

Si $x[n]$ tiene transformada z con RDC = R, es decir,
$$x[n] \leftrightarrow X(z) \quad \text{RDC} = R$$

entonces
$$nx[n] \leftrightarrow -z\frac{dX(z)}{dz} \quad R' = R \tag{6.51}$$

Demostración:

Partiendo de la definición (6.3)
$$X(z) = \sum_{n=-\infty}^{\infty} x[n] z^{-n}$$

y diferenciando ambos lados con respecto a z, se obtiene

$$\frac{dX(z)}{dz} = \sum_{n=-\infty}^{\infty} -n\, x[n] z^{-n-1}$$

por lo que

$$-z\frac{dX(z)}{dz} = \sum_{n=-\infty}^{\infty} \{nx[n]\} z^{-n} = \mathcal{Z}\{nx[n]\}$$

de donde sigue la Ec. (6.51).

Por diferenciación sucesiva con respecto a z, la propiedad especificada por la Ec. (6.51) puede ser generalizada a

$$\mathcal{Z}\{n^k x[n]\} = (-z)^k \frac{d^k}{dz^k} X(z) \qquad (6.52)$$

Ejemplo 8. Determine la transformada Z de la secuencia $x[n] = n a^n u[n]$.

De las Ecs. (6.12) y (6.14) sabemos que

$$a^n u[n] \leftrightarrow \frac{z}{z-a} \qquad |z| > |a| \qquad (6.53)$$

Solución: Usando la propiedad de la multiplicación por *n* dada por la Ec. (6.51), se obtiene

$$n a^n u[n] \leftrightarrow -\frac{d}{dz}\left(\frac{z}{z-a}\right) = \frac{az}{(z-a)^2} \qquad |z| > |a| \qquad (6.54)$$

6.4.6 Acumulación

Si la secuencia $x[n]$ tiene transformada Z igual a $X(z)$ con región de convergencia R, es decir,

$$x[n] \leftrightarrow X(z) \qquad \text{RDC} = R$$

entonces

$$\sum_{k=-\infty}^{n} x(k) \leftrightarrow \frac{1}{1-z^{-1}} X(z) = \frac{z}{z-1} X(z) \qquad R' \supset R \cap \{|z|>1\} \qquad (6.55)$$

Observe que la expresión $\sum_{k=-\infty}^{n} x[k]$ es la contraparte en tiempo discreto de la operación de integración en el dominio del tiempo y se denomina *acumulación*. El operador comparable de la transformada de Laplace para la integración es $1/s$. La demostración de esta propiedad se deja como ejercicio.

6.4.7 Convolución

Si $x_1[n]$ y $x_2[n]$ son tales que

$$x_1[n] \leftrightarrow X_1(z) \qquad \text{RDC} = R_1$$
$$x_2[n] \leftrightarrow X_2(z) \qquad \text{RDC} = R_2$$

entonces la transformada de la convolución de estas secuencias es dada por

$$x_1[n] * x_2[n] \leftrightarrow X_1(z)X_2(z) \qquad R' \supset R \cap \{|z| > 1\} \qquad (6.56)$$

Esta relación juega un papel importante en el análisis y diseño de sistemas LIT de tiempo discreto, en analogía con el caso de tiempo continuo.

Demostración:

De la Ec. (2.9) se sabe que

$$y[n] = x_1[n] * x_2[n] = \sum_{k=-\infty}^{\infty} x_1[k] x_2[n-k]$$

entonces, por la definición (6.3)

$$Y(z) = \sum_{n=-\infty}^{\infty} \left(\sum_{k=-\infty}^{\infty} x_1[k] x_2[n-k] \right) z^{-n} = \sum_{k=-\infty}^{\infty} x_1[k] \left(\sum_{n=-\infty}^{\infty} x_2[n-k] z^{-n} \right)$$

Observando que el término entre paréntesis en la última expresión es la transformada Z de la señal desplazada, entonces por la propiedad de corrimiento en el tiempo (6.41) se tiene que

$$Y(z) = \sum_{k=-\infty}^{\infty} x_1[k] \left[z^{-k} X_2(z) \right] = \left(\sum_{k=-\infty}^{\infty} x_1[k] z^{-k} \right) X_2(z) = X_1(z) X_2(z)$$

con una región de convergencia que contiene la intersección de la RDC de $X_1(z)$ y $X_2(z)$. Si un cero de una de las transformadas cancela un polo de la otra, la RDC de $Y(z)$ puede ser mayor. Así que concluimos que

$$x_1[n] * x_2[n] \leftrightarrow X_1(z)X_2(z) \qquad R' \supset R \cap \{|z| > 1\}$$

6.5 La Transformada Z Inversa

La inversión de la transformada Z para hallar la secuencia $x[n]$ a partir de su transformada Z, $X(z)$, se denomina la transformada Z inversa y simbólicamente se denota como

$$x[n] = \mathcal{Z}^{-1}\{X(z)\} \qquad (6.57)$$

A continuación se discutirán tres métodos para hallar la transformada Z inversa.

6.5.1. Fórmula de Inversión

Igual que en el caso de la transformada de Laplace, se tiene una expresión formal para la transformada Z inversa en términos de una integración el plano z; es decir,

$$x[n] = \frac{1}{2\pi j} \oint_C X(z) z^{n-1} dz \qquad (6.58)$$

donde C es un contorno de integración con sentido antihorario que encierra el origen. La evaluación formal de la Ec. (6.57) requiere de la teoría de una variable compleja y normalmente es demasiado complicado para tener valor práctico.

6.5.2. Uso de Tablas de Trasformadas Z

En el segundo método para la inversión de $X(z)$, se trata de expresar a $X(z)$ como una suma

$$X(z) = X_1(z) + X_2(z) + \cdots + X_n(z) \qquad (6.59)$$

donde $X_1(z)$, $X_2(z)$, ... , $X_n(z)$ son funciones con transformadas inversas conocidas $x_1[n]$, $x_2[n]$, ... , $x_n[z]$, es decir, están tabuladas (tabla al final del capítulo). Entonces, de la propiedad de linealidad de la transformada Z se deduce que la transformada Z inversa viene dada por

$$x[n] = x_1[n] + x_2[n] + \cdots + x_n[z] \qquad (6.60)$$

6.5.3. Expansión en Series de Potencias

La expresión que define la transformada Z [Ec. (6.3)] es una serie de potencias donde los valores de la secuencia $x[n]$ son los coeficientes de z^{-n}. Así pues, si se da $X(z)$ como una serie de potencias en la forma

$$\begin{aligned} X(z) &= \sum_{n=-\infty}^{\infty} x[n] z^{-n} \\ &= \cdots + x[-2]z^2 + x[-1]z + x[0] + x[1]z^{-1} + x[2]z^{-2} + \cdots \end{aligned} \qquad (6.61)$$

es posible determinar cualquier valor particular de la secuencia determinando el coeficiente de la potencia apropiada de z^{-1}. Puede pasar que este enfoque no proporcione una solución en forma cerrada pero es muy útil para una secuencia de longitud finita donde $X(z)$ puede no tener una forma más sencilla que un polinomio en z^{-1}. Para transformadas Z racionales, se puede obtener una expansión en serie de potencias mediante división de polinomios, como se ilustrará con algunos ejemplos.

Ejemplo 9. Hallar la transformada Z inversa de

$$X(z) = z^2 \left(1 - \tfrac{1}{2} z^{-1}\right)\left(1 - z^{-1}\right)\left(1 + 2z^{-1}\right), \qquad 0 < |z| < \infty$$

Solución: Multiplicando los factores en esta ecuación, entonces es posible expresar $X(z)$ como

$$X(z) = z^2 + \tfrac{1}{2} z - \tfrac{5}{2} + z^{-1}$$

Luego, por la definición (6.3),

$$X(z) = x[-2]z^2 + x[-1]z + x[0] + x[1]z^{-1}$$

y se obtiene

$$x[n] = \left\{ \cdots, 1, \tfrac{1}{2}, -\tfrac{5}{2}, 1, 0, \cdots \right\}$$
$$\uparrow$$

Ejemplo 10. Usando la técnica de la expansión en serie de potencias, determine la transformada Z inversa de las transformadas siguientes:

(a) $\quad x(z) = \dfrac{1}{1 - a z^{-1}}, \qquad |z| < a$

(b) $\quad X(z) = \log\left(\dfrac{1}{1 - a z^{-1}}\right), \qquad |z| > a$

(c) $\quad X(z) = \dfrac{z}{2z^2 - 3z + 1} \qquad |z| < \dfrac{1}{2}$

Solución:

(a) Como la RDC es $|z|<a$, es decir, el interior de un círculo de radio a, $x[n]$ es una secuencia lateral derecha. Por tanto, debemos dividir de manera que obtengamos una serie en potencias de z en la forma siguiente. Multiplicando el numerador y el denominado de $X(z)$ por z, tenemos

$$X(z) = \frac{z}{z-a}$$

y procediendo a la división, obtenemos

$$X(z) = \frac{1}{1-az^{-1}} = \frac{z}{z-a} = -a^{-1}z - a^{-2}z^2 - a^{-3}z^3 - \cdots - a^{-k}z^k - \cdots$$

y por la definición (6.3), se obtiene

$$x[n] = 0 \quad n \geq 0$$
$$x[-1] = -a^{-1}, \; x[-2] = -a^{-2}, \; x[-3] = -a^{-3}, \; x[-k] = -a^{-k}, \; \cdots$$

de modo que

$$x[n] = -a^n u[-n-1]$$

(b) La expansión en serie de potencias para $\log(1-r)$ es dada por

$$\log(1-r) = -\sum_{n=1}^{\infty} \frac{1}{n} r^n \qquad |r|<1$$

Ahora

$$X(z) = \log\left(\frac{1}{1-az^{-1}}\right) = -\log(1-az^{-1}) \qquad |z|>|a|$$

Puesto que la RDC es $|z|>a$, es decir, $|az^{-1}|<1$, entonces $X(z)$ tiene la expansión en serie de potencias

$$X(z) = \sum_{n=1}^{\infty} \frac{1}{n}(az^{-1})^n = \sum_{n=1}^{\infty} \frac{1}{n} a^n z^{-n}$$

de la cual podemos identificar a $x[n]$ como

$$x[n] = \begin{cases} (1/n)a^n & n \geq 1 \\ 0 & n \leq 0 \end{cases}$$

o

$$x[n] = \frac{1}{n} a^n u[n-1]$$

(c) Puesto que la RDC es $|z|<\frac{1}{2}$, $x[n]$ es una secuencia lateral izquierda. Así pues, debemos dividir para obtener una serie de potencias en z. Procedemos entonces a la división para obtener

$$\frac{z}{1-3z+2z^2} = z + 3z^2 + 7z^3 + 15z^4 + \cdots$$

Entonces

$$X(z) = \cdots + 15z^4 + 7z^3 + 3z^2 + z$$

y, por la definición (6.3), se obtiene

$$x[n] = \left\{ \ldots, 15, 7, 3, 1, \underset{\uparrow}{0} \right\}$$

6.5.4. Expansión en Fracciones Parciales

Igual que en el caso de transformada de Laplace inversa, el método de expansión en fracciones parciales generalmente proporciona el método más útil para hallar la transformada Z inversa, especialmente cuando $X(z)$ es una función racional de z. Sea

$$X(z) = \frac{N(z)}{D(z)} = K \frac{(z-z_1)(z-z_2)\cdots(z-z_m)}{(z-p_1)(z-p_2)\cdots(z-p_n)} \qquad (6.62)$$

Suponiendo que $n \geq m$, es decir, el grado de $N(z)$ no puede exceder el grado de $D(z)$, y que todos los polos son sencillos, entonces la fracción $X(z)/z^*$ es una función propia y puede ser expandida en fracciones parciales como

$$\frac{X(z)}{z} = \frac{c_0}{z} + \frac{c_1}{z-p_1} + \frac{c_2}{z-p_2} + \cdots + \frac{c_n}{z-p_n} = \frac{c_0}{z} + \sum_{k=1}^{n} \frac{c_k}{z-p_k} \qquad (6.63)$$

donde

$$c_0 = X(z)\big|_{z=0} \qquad c_k = (z-p_k) \frac{X(z)}{z}\bigg|_{z=p_k} \qquad (6.64)$$

Por tanto, se obtiene

$$X(z) = c_0 + c_1 \frac{z}{z-p_1} + c_2 \frac{z}{z-p_2} + \cdots + c_n \frac{z}{z-p_n} = c_0 + \sum_{k=1}^{n} c_k \frac{z}{z-p_k} \qquad (6.65)$$

Determinando la RDC para cada término en la Ec. (6.65) a partir de la RDC total de $X(z)$ y usando una tabla de transformadas, es posible entonces invertir cada término para producir así la transformada Z inversa completa.

Si $m > n$ en la Ec. (6.62), entonces se debe añadir un polinomio en z al lado derecho de la Ec. (6.65), cuyo orden es $(m - n)$. Entonces, para $m > n$, la expansión en fracciones parciales tendrían la forma

$$X(z) = \sum_{q=0}^{m-n} b_q z^q + \sum_{k=1}^{n} c_k \frac{z}{z-p_k} \qquad (6.66)$$

Si $X(z)$ tiene polos de orden múltiple, digamos que p_i es el orden del polo múltiple con multiplicidad r, entonces la expansión de $X(z)/z$ consistirá de términos de la forma

$$\frac{\lambda_1}{z-p_i} + \frac{\lambda_2}{(z-p_i)^2} + \cdots + \frac{\lambda_r}{(z-p_i)^r} \qquad (6.67)$$

donde

---

* La expansión es de $X(z)/z$ debido a que las fracciones individuales tienen como denominador el factor de la forma $(1-az^{-1})$ y no $(z-a)$ como aparece en la expansión.

$$\lambda_{z-k} = \frac{1}{k!} \frac{d^k}{dz^k} \left[(z-p_i)^r \frac{X(z)}{z} \right]_{z=p_i} \quad (6.68)$$

Ejemplo 11

(a) Usando expansión en fracciones parciales, resuelva de nuevo el problema en el Ejemplo 10(c)

$$X(z) = \frac{z}{2z^2 - 3z + 1} \quad |z| < \frac{1}{2}$$

Usando expansión en fracciones parciales, obtenemos

$$\frac{X(z)}{z} = \frac{1}{2z^2 - 3z + 1} = \frac{1}{2(z-1)(z-\frac{1}{2})} = \frac{c_1}{z-1} + \frac{c_2}{z-\frac{1}{2}}$$

donde

$$c_1 = \frac{1}{2(z-\frac{1}{2})}\bigg|_{z=1} = 1 \quad c_2 = \frac{1}{2(z-1)}\bigg|_{z=1/2} = -1$$

Por tanto,

$$X(z) = \frac{z}{z-1} - \frac{z}{z-\frac{1}{2}} \quad |z| < \frac{1}{2}$$

(b) Si

$$F(z) = \frac{30z^2 - 12z}{6z^2 - 5z + 1}$$

entonces

$$\frac{F(z)}{z} = \frac{30z - 12}{6z^2 - 5z + 1} = \frac{3}{z - 1/2} + \frac{2}{z - 1/3}$$

Por tanto,

$$F(z) = \frac{3z}{z - 1/2} + \frac{2z}{z - 1/3}$$

y

$$f[n] = 3\left(\frac{1}{2}\right)^n + 2\left(\frac{1}{3}\right)^n$$

Ejemplo 12. Hallar la transformada Z inversa de

$$X(z) = \frac{z}{(z-1)(z-2)^2} \quad |z| > 2$$

Usando expansión en fracciones parciales, se tiene que

$$\frac{X(z)}{z} = \frac{1}{(z-1)(z-2)^2} = \frac{c_1}{z-1} + \frac{\lambda_1}{z-2} + \frac{\lambda_2}{(z-2)^2} \quad (6.69)$$

donde

$$c_1 = \frac{1}{(z-2)^2}\bigg|_{z=1} = 1 \quad \lambda_2 = \frac{1}{z-1}\bigg|_{z=2} = 1$$

Sustituyendo estos valores en la Ec. (6.69), se obtiene

$$\frac{1}{(z-1)(z-2)^2} = \frac{1}{z-1} + \frac{\lambda_1}{z-2} + \frac{1}{(z-2)^2}$$

Haciendo z = 0 en la expresión anterior (la expresión es válida para cualquier valor de z), se tiene que

$$-\frac{1}{4} = -1 - \frac{\lambda_1}{2} + \frac{1}{4}$$

de donde $\lambda_1 = -1$ y entonces

$$X(z) = \frac{z}{z-1} - \frac{z}{z-2} + \frac{z}{(z-2)^2} \qquad |z| > 2$$

Como la RDC es $|z| > 2$, $x[n]$ es una secuencia lateral derecha y de la tabla de transformadas se obtiene

$$x[n] = \left(1 - 2^n + n2^{n-1}\right)u[n]$$

Ejemplo 13. Calcule la transformada Z inversa de

$$X(z) = \frac{z^3 - 5z^2 + z - 2}{(z-1)(z-2)} \qquad |z| < 1$$

Si expandimos el denominador se tiene que

$$X(z) = \frac{z^3 - 5z^2 + z - 2}{(z-1)(z-2)} = \frac{z^3 - 5z^2 + z - 2}{z^2 - 3z + 2}$$

que es una función racional impropia; realizamos la división y se obtiene

$$X(z) = z - 2 + \frac{-7z + 2}{z^2 - 3z + 2} = z - 2 + \frac{-7z + 2}{(z-1)(z-2)}$$

Ahora, sea

$$X_1(z) = \frac{-7z + 2}{(z-1)(z-2)}$$

Entonces

$$\frac{X_1(z)}{z} = \frac{-7z + 2}{z(z-1)(z-2)} = \frac{1}{z} + \frac{5}{z-1} - \frac{6}{z-2}$$

y

$$X_1(z) = 1 + \frac{5z}{z-1} - \frac{6z}{z-2}$$

Por consiguiente

$$X(z) = z - 1 + \frac{5z}{z-1} - \frac{6z}{z-2} \qquad |z| < 1$$

Puesto que la RDC de X(z) es $|z| < 1$, $x[n]$ es una secuencia lateral izquierda y de la tabla de transformadas, se obtiene

$$x[n] = \delta[n+1] - \delta[n] + 5u[-n-1] - 6 \times 2^n u[-n-1]$$
$$= \delta[n+1] - \delta[n] + \left(5 - 6 \times 2^{n-1}\right)u[-n-1]$$

Ejemplo 14. Hallar la transformada Z inversa de

$$X(z) = \frac{4}{z-3} \qquad |z| > 3$$

Aquí $X(z)$ puede escribirse como

$$X(z) = \frac{4}{z-3} = 4z^{-1}\left(\frac{z}{z-3}\right) \qquad |z| > 3$$

Como la RDC es $|z| > 3$, $x[n]$ es una secuencia lateral derecha y de la tabla de transformadas se obtiene

$$3^n u[n] \leftrightarrow \frac{z}{z-3}$$

Usando la propiedad de corrimiento en el tiempo, se tiene entonces que

$$3^{n-1} u[n-1] \leftrightarrow z^{-1}\left(\frac{z}{z-3}\right) = \frac{1}{z-3}$$

y se concluye que

$$x[n] = 4(3)^{n-1} u[n-1]$$

Ejemplo 15. Hallar la transformada Z inversa de

$$X(z) = \frac{1}{\left(1-az^{-1}\right)^2} = \frac{z^2}{(z-a)^2}, \qquad |z| > |a|$$

De la Ec. (6.70) se sabe que

$$na^{n-1} u[n] \leftrightarrow \frac{z}{(z-a)^2} \quad |z| > |a| \tag{6.71}$$

Ahora, $X(z)$ puede escribirse como

$$X(z) = z\left[\frac{z}{(z-a)^2}\right] \qquad |z| > |a|$$

y aplicando la propiedad de corrimiento en el tiempo a la Ec. (6.71), se obtiene

$$x[n] = (n+1)a^n u[n+1] = (n+1)u[n]$$

ya que $x[-1] = 0$ en $n = -1$.

Polos Complejos. Hasta ahora sólo se han considerado transformadas inversas de funciones que tienen polos reales. Para polos complejos también aplica el mismo procedimiento de expansión en fracciones parciales; sin embargo, la transformada inversa resultante contiene funciones complejas. Por supuesto, la suma de estas funciones es real. Ahora se desarrollará un procedimiento diferente que expresa las transformadas inversas como la suma de funciones reales.

Considere primero la función real

$$\begin{aligned}x[n] &= Ae^{\Sigma n}\cos(\Omega n + \theta) = \frac{Ae^{\Sigma n}}{2}\left[e^{j\Omega n}e^{j\theta} + e^{-j\Omega n}e^{-j\theta}\right] \\ &= \frac{A}{2}\left[e^{(\Sigma + j\Omega)n}e^{j\theta} + e^{(\Sigma - j\Omega)n}e^{-j\theta}\right]\end{aligned} \tag{6.72}$$

donde Σ y Ω son reales. De la tabla al final del capítulo, la transformada Z de esta función es dada por

$$X(z) = \frac{A}{2}\left[\frac{e^{j\theta}z}{z-e^{\Sigma+j\theta}} + \frac{e^{-j\theta}z}{z-e^{\Sigma-j\theta}}\right]$$

$$= \frac{(Ae^{j\theta}/2)z}{z-e^{\Sigma+j\theta}} + \frac{(Ae^{-j\theta}/2)z}{z-e^{\Sigma-j\theta}} = \frac{k_1 z}{z-p_1} + \frac{k_1^* z}{z-p_1^*} \qquad (6.73)$$

La expansión en fracciones parciales común produce términos en la forma de la Ec. (6.73). Por tanto, dados k_1 y p_1 en (6.73), es posible resolver por la función en tiempo discreto de la Ec. (6.72), usando la relación siguiente:

$$p_1 = e^{\Sigma}e^{j\Omega} = e^{\Sigma}\angle\Omega \quad \Rightarrow \quad \Sigma = \ln|p_1|; \quad \Omega = \arg p_1 \qquad (6.74)$$

Así pues, se calculan Σ y Ω a partir de los polos y A y θ a partir de la expansión en fracciones parciales. Entonces es posible expresar la transformada inversa como la sinusoide de la Ec. (6.72).

Ejemplo 16. Determinar la transformada inversa de la función

$$X(z) = \frac{-2.753z}{z^2 - 1.101z + 0.6065}$$

Solución: $X(z)$ se puede escribir como

$$X(z) = \frac{-2.753z}{(z-0.55-j0.55)(z-0.55+j0.55)}$$

$$= \frac{k_1 z}{z-0.55-j0.55} + \frac{k_1^* z}{z-0.55+j0.55}$$

Ahora se divide ambos lados por z y se calcula k_1:

$$k_1 = (z-0.55-j0.55)\frac{-2.753}{(z-0.55-j0.55)(z-0.55+j0.55)}\bigg|_{z=-0.55+j0.55}$$

$$= \frac{-2.753}{2(j0.55)} = 2.50\angle 90°$$

De las Ecs. (6.73) y (6.74), se obtiene

$$p_1 = 0.55 + j0.55 = 0.7778\angle 45°$$

$$\Sigma = \ln|p_1| = \ln(0.7778) = -0.251; \quad \Omega = \arg p_1 = \frac{\pi}{4}$$

y

$$A = 2|k_1| = 2(2.50) = 5; \quad \theta = \arg k_1 = \frac{\pi}{2}$$

Entonces, por la Ec. (6.72),

$$x[n] = Ae^{\Sigma n}\cos(\Omega n + \theta) = 5e^{-0.25n}\cos\left(\frac{\pi}{4}n + \frac{\pi}{2}\right)$$

6.6 La Función del Sistema: Sistemas LIT en Tiempo Discreto

6.6.1. La Función del Sistema

En la Sec. 2.3 se demostró que la salida $y[n]$ de un sistema LIT de tiempo discreto es igual a la convolución de la entrada $x[n]$ con la respuesta al impulso $h[n]$; es decir,

$$y[n] = x[n] * h[n] \tag{6.75}$$

Aplicando la propiedad de convolución de la transformada Z, Ec. (6.56), se obtiene

$$Y(z) = X(z)H(z) \tag{6.76}$$

donde $Y(z)$, $X(z)$ y $H(z)$ son las transformadas Z de $y[n]$, $x[n]$ y $h[n]$, respectivamente. La Ec. (6.76) puede expresarse como

$$H(z) = \frac{Y(z)}{X(z)} \tag{6.77}$$

La transformada Z $H(z)$ de $h[n]$ se conoce como la *función del sistema* (o la *función de transferencia del sistema*). Por la Ec. (6.77), la función del sistema $H(z)$ también puede ser definida como la relación entre las transformadas Z de la salida $y[n]$ y de la entrada $x[n]$. La función del sistema caracteriza completamente al sistema. La Fig. 6.9 ilustra la relación de las Ecs. (6.75) y (6.76).

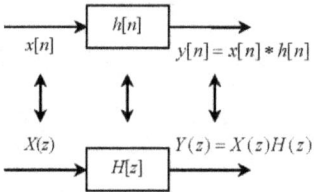

Figura 6.9 Respuesta al impulso y función del sistema.

Ejemplo 17. La entrada $x[n]$ y la respuesta al impulso $h[n]$ de un sistema LIT de tiempo discreto vienen dados por

$$x[n] = u[n], \quad h[n] = \alpha^n u[n], \quad 0 < \alpha < 1$$

Determine la salida $y[n]$ usando la transformada Z.

De la tabla de transformadas, se obtiene

$$x[n] = u[n] \quad \leftrightarrow \quad X(z) = \frac{z}{z-1}, \quad |z| > |1|$$

$$h[n] = \alpha^n u[n] \quad \leftrightarrow \quad H(z) = \frac{z}{z-\alpha}, \quad |z| > |\alpha|$$

Entonces, por la Ec. (6.76),

$$Y(z) = X(z)H(z) = \frac{z^2}{(z-1)(z-\alpha)} \quad |z| > |1|$$

Usando ahora expansión en fracciones parciales, se obtiene

$$\frac{Y(z)}{z} = \frac{z}{(z-1)(z-\alpha)} = \frac{c_1}{z-1} + \frac{c_2}{z-\alpha}$$

donde

$$c_1 = \frac{z}{z-\alpha}\bigg|_{z=1} = \frac{1}{1-\alpha}, \qquad c_2 = \frac{z}{z-1}\bigg|_{z=\alpha} = -\frac{\alpha}{1-\alpha}$$

de manera que

$$Y(z) = \frac{1}{1-\alpha}\frac{z}{z-1} - \frac{\alpha}{1-\alpha}\frac{z}{z-\alpha} \qquad |z|>1$$

cuya transformada Z inversa es

$$y[n] = \frac{1}{1-\alpha}u[n] - \frac{\alpha}{1-\alpha}\alpha^n u[n] = \left(\frac{1-\alpha^{n-1}}{1-\alpha}\right)u[n]$$

Ejemplo 18. La respuesta al escalón $s[n]$ de un sistema LIT de tiempo discreto viene dada por

$$x[n] = \alpha^n u[n], \qquad 0 < \alpha < 1$$

Determine la respuesta al impulso $h[n]$ del sistema.

Sean $x[n]$ y $y[n]$ la entrada y salida del sistema. Entonces

$$x[n] = u[n] \quad \leftrightarrow \quad X(z) = \frac{z}{z-1} \qquad |z|>1$$

$$y[n] = \alpha^n u[n] \quad \leftrightarrow \quad Y(z) = \frac{z}{z-\alpha} \qquad |z|>\alpha$$

Entonces, por la Ec. (6.76),

$$H(z) = \frac{Y(z)}{X(z)} = \frac{z-1}{z-\alpha} \qquad |z|>\alpha$$

Usando expansión en fracciones parciales, se obtiene

$$\frac{H(z)}{z} = \frac{z-1}{z(z-\alpha)} = \frac{1}{\alpha}\frac{1}{z} - \frac{1-\alpha}{\alpha}\frac{1}{z-\alpha}$$

o

$$H(z) = \frac{1}{\alpha} - \frac{1-\alpha}{\alpha}\frac{z}{z-\alpha}, \qquad |z|>\alpha$$

Tomando la transformada Z inversa, obtenemos

$$h[n] = \frac{1}{\alpha}\delta[n] - \frac{1-\alpha}{\alpha}\alpha^n u[n]$$

Cuando $n = 0$,

$$h[0] = \frac{1}{\alpha} - \frac{1-\alpha}{\alpha}$$

y por tanto

$$h[n] = \begin{cases} 1 & n=0 \\ -(1-\alpha)\alpha^{n-1} & n\geq 1 \end{cases}$$

por lo que $h[n]$ puede escribirse como

$$h[n] = \delta[n] - (1-\alpha)\alpha^{n-1}u[n-1]$$

Ejemplo 19. Se tiene que la salida $y[n]$ de un sistema LIT de tiempo discreto es $2\left(\frac{1}{3}\right)^n u[n]$ cuando la entrada $x[n]$ es el escalón unitario $u[n]$.

(a) Calcule la respuesta al impulso $h[n]$ del sistema.

(b) Determine la salida $y[n]$ cuando la entrada $x[n]$ es $\left(\frac{1}{2}\right)^n u[n]$.

Solución:

(a)
$$x[n] = u[n] \quad \leftrightarrow \quad X(z) = \frac{z}{z-1} \qquad |z| > 170$$

$$y[n] = 2\left(\frac{1}{3}\right)^n u[n] \quad \leftrightarrow \quad Y(z) = \frac{2(z-1)}{z-\frac{1}{2}} \qquad |z| > \frac{1}{3}$$

Usando expansión en fracciones parciales, se obtiene

$$\frac{H(z)}{z} = \frac{2(z-1)}{z\left(z-\frac{1}{3}\right)} = \frac{6}{z} - \frac{4}{z-\frac{1}{3}}$$

y

$$H(z) = 6 - 4\frac{z}{z-1}, \qquad |z| > \frac{1}{3}$$

Tomando la transformada Z inversa, obtenemos el resultado

$$h[n] = 6\delta[n] - 4\left(\frac{1}{3}\right)^n u[n]$$

(b)
$$x[n] = \left(\frac{1}{2}\right)^n u[n] \quad \leftrightarrow \quad X(z) = \frac{z}{z-\frac{1}{2}} \qquad |z| > \frac{1}{2}$$

Entonces

$$Y(z) = X(z)H(z) = \frac{2z(z-1)}{\left(z-\frac{1}{2}\right)\left(z-\frac{1}{2}\right)}, \qquad |z|\frac{11}{2}$$

Usando expansión en fracciones parciales una vez más, tenemos que

$$\frac{Y(z)}{z} = \frac{2(z-1)}{\left(z-\frac{1}{2}\right)\left(z-\frac{1}{3}\right)} = \frac{-6}{z-\frac{1}{2}} + \frac{8}{z-\frac{1}{3}}$$

Así que

$$Y(z) = -6\frac{z}{z-\frac{1}{2}} + 8\frac{z}{z-\frac{1}{3}} \qquad |z| > \frac{1}{2}$$

y la transformada Z inversa de $Y(z)$ es

$$y[n] = \left[-6\left(\frac{1}{2}\right)^n + 8\left(\frac{1}{3}\right)^n \right] u[n]$$

6.6.2. Caracterización de Sistemas LIT en Tiempo Discreto

Muchas de las propiedades de los sistemas LIT de tiempo discreto puede asociarse íntimamente con las características de la función de transferencia $H(z)$ en el plano z y en particular con las ubicaciones de los polos y la región de convergencia (RDC).

1. Causalidad

Para un sistema LIT de tiempo discreto, se tiene que

$$h[n] = 0, \quad n < 0$$

Como $h[n]$ es una señal unilateral derecha, el requisito correspondiente sobre $H(z)$ es que su RDC debe ser de la forma

$$|z| > r_{max}$$

Es decir, la RDC es el exterior de un círculo que contiene todos los polos de $H(z)$ en el plano z. En forma similar, si el sistema es anticausal, es decir,

$$h[n] = 0, \quad n \geq 0$$

entonces $h[n]$ es una señal lateral izquierda y la RDC de $H(z)$ debe ser de la forma

$$|z| < r_{max}$$

Es decir, la RDC es el interior de un círculo que no contiene polos de $H(z)$ en el plano z.

2. Estabilidad

En la Sec. 2.5 se estableció que un sistema LIT de tiempo discreto es estable (estabilidad de entrada acotada-salida acotada, que se abreviará EASA) si y sólo si [Ec. (2.53)]

$$\sum_{n=-\infty}^{\infty} |h[n]| < \infty$$

El requisito correspondiente sobre $H(z)$ es que su RDC contenga el círculo unitario, es decir, $|z| = 1$.

Ejemplo 20. Si un sistema LIT de tiempo discreto es estable (entrada acotada-salida acotada, EASA), demuestre que su función del sistema $H(z)$ debe contener el círculo unitario, es decir, $|z| = 1$.

Un sistema LIT de tiempo discreto tiene estabilidad EASA si y sólo si su respuesta al impulso $h[n]$ es absolutamente sumable, es decir,

$$\sum_{n=-\infty}^{\infty} |h[n]| < \infty$$

Ahora,

$$H(z) = \sum_{n=-\infty}^{\infty} h[n] z^{-n}$$

Sea $z = e^{j\Omega}$ de manera que $|z| = |e^{j\Omega}| = 1$. Entonces

$$\left| H(e^{j\Omega}) \right| = \left| \sum_{n=-\infty}^{\infty} h[n] e^{-j\Omega n} \right|$$

$$\leq \sum_{n=-\infty}^{\infty} \left| h[n] e^{-j\Omega n} \right| = \sum_{n=-\infty}^{\infty} |h[n]| < \infty$$

En consecuencia, vemos que si el sistema es estable, entonces $H(z)$ converge para $z = e^{j\Omega}$. Es decir, para LIT de tiempo discreto estable, la RDC de $H(z)$ debe contener el círculo unitario $|z| = 1$.

3. *Sistemas Causales y Estables*

Si el sistema es causal y estable, entonces *todos los polos de $H(z)$ deben estar ubicados en el interior del círculo unitario del plano z* ya que la RDC es de la forma $|z| > r_{máx}$, y como el círculo unitario es incluido en la RDC, debemos tener $r_{máx} < 1$. Por tanto, un sistema LIT causal en tiempo discreto es estable siempre que la región de convergencia de su función de transferencia incluya el círculo unitario.

6.6.3. Función del Sistema: Sistemas LIT Descritos por Ecuaciones de Diferencias Lineales con Coeficientes Constantes.

En la Sec. 2.9 se consideró un sistema LIT de tiempo discreto para el cual la entrada $x[n]$ y la salida $y[n]$ satisfacen la ecuación de diferencias lineal con coeficientes constantes de la forma

$$\sum_{k=0}^{N} a_k y[n-k] = \sum_{k=0}^{M} b_k x[n-k] \tag{6.78}$$

Aplicando la transformada Z y usando las propiedades de corrimiento en el tiempo, Ec. (6.41), y de linealidad, Ec. (6.30), de la transformada Z, obtenemos

$$\sum_{k=0}^{N} a_k z^{-k} Y(z) = \sum_{k=0}^{M} b_k z^{-k} X(z)$$

o

$$Y(z) \sum_{k=0}^{N} a_k z^{-k} = X(z) \sum_{k=0}^{M} b_k z^{-k} \tag{6.79}$$

Así pues,

$$H(z) = \frac{Y(z)}{X(z)} = \frac{\sum_{k=0}^{M} b_k z^{-k}}{\sum_{k=0}^{N} a_k z^{-k}} \tag{6.80}$$

Por tanto, $H(z)$ siempre es una expresión racional. Observe que la RDC de $H(z)$ no es especificada por la Ec. (6.80) sino que debe inferirse con requerimientos adicionales sobre el sistema; requerimientos como la causalidad o la estabilidad.

Para un *sistema causal*, el numerador de la función de transferencia $H(z)$ de la Ec. (6.80) no puede ser de orden mayor que el del denominador, cuando los exponentes son positivos. Si la función de transferencia se expresa en exponentes negativos, entonces el sistema es causal siempre que $a_0 \neq 0$.

Ejemplo 21. Un sistema LIT de tiempo discreto causal es descrito por la ecuación en diferencias

$$y[n] - \frac{3}{4}y[n-1] + \frac{1}{8}y[n-2] = x[n] \qquad (6.81)$$

donde $x[n]$ y $y[n]$ son la entrada y salida del sistema, respectivamente.

(a) Determine la función del sistema $H(z)$.
(b) Halle la respuesta al impulso $h[n]$ del sistema.
(c) Halle la respuesta al escalón $s[n]$ del sistema.

Solución:

(a) Tomando la transformada Z de la Ec. (6.80), se obtiene

$$Y(z) - \frac{3}{4}z^{-1}Y(z) + \frac{1}{8}z^{-2}Y(z) = X(z)$$

o

$$\left(1 - \frac{3}{4}z^{-1} + \frac{1}{8}z^{-2}\right)Y(z) = X(z)$$

Así que

$$H(z) = \frac{Y(z)}{X(z)} = \frac{1}{1 - \frac{3}{4}z^{-1} + \frac{1}{8}z^{-2}} = \frac{z^2}{z^2 - \frac{3}{4}z + \frac{1}{8}}$$

$$= \frac{z^2}{\left(z - \frac{1}{2}\right)\left(z - \frac{1}{8}\right)} \qquad |z| > \frac{1}{2}$$

(b) Usando expansión en fracciones parciales, se obtiene

$$\frac{H(z)}{z} = \frac{z}{\left(z - \frac{1}{2}\right)\left(z - \frac{1}{4}\right)} = \frac{2}{z - \frac{1}{2}} - \frac{1}{z - \frac{1}{4}}$$

y

$$H(z) = 2\frac{z}{z - \frac{1}{2}} - \frac{z}{z - \frac{1}{4}}, \qquad |z| > \frac{1}{2}$$

cuya transformada Z inversa es

$$h[n] = \left[2\left(\frac{1}{2}\right)^n - \left(\frac{1}{4}\right)^n\right]u[n]$$

(c)

$$x[n] = u[n] \quad \leftrightarrow \quad X(z)\frac{z}{z-1} \qquad |z| > 1$$

Entonces

$$Y(z) = X(z)H(z) = \frac{z^3}{(z-1)\left(z-\frac{1}{2}\right)\left(z-\frac{1}{4}\right)} \quad |z|>1$$

Usando de nuevo expansión en fracciones parciales, se obtiene

$$\frac{Y(z)}{z} = \frac{z^2}{(z-1)\left(z-\frac{1}{2}\right)\left(z-\frac{1}{4}\right)} = \frac{8/3}{z-1} - \frac{2}{z-\frac{1}{2}} + \frac{1/3}{z-\frac{1}{4}}$$

o

$$Y(z) = \frac{8}{3}\frac{z}{z-1} - 2\frac{z}{z-\frac{1}{2}} + \frac{1}{3}\frac{z}{z-\frac{1}{4}} \quad |z|>1$$

y la transformada Z inversa de Y(z) es

$$y[n] = s[n] = \left[\frac{8}{3} - 2\left(\frac{1}{2}\right)^n + \frac{1}{3}\left(\frac{1}{4}\right)^n\right]u[n]$$

Ejemplo 22. Considere un sistema LIT en el cual la entrada $x[n]$ y la salida $y[n]$ satisfacen la ecuación en diferencias lineal con coeficientes constantes

$$y[n] - \frac{1}{4}y[n-1] = x[n] + \frac{1}{3}x[n-1]$$

Aplicando la transformada Z en ambos lados de esta ecuación y usando las propiedades de linealidad y corrimiento en el tiempo, se obtiene

$$Y(z) - \frac{1}{4}z^{-1}Y(z) = X(z) + \frac{1}{3}z^{-1}X[n]$$

o

$$Y(z) = \frac{1 + \frac{1}{3}z^{-1}}{1 - \frac{1}{4}z^{-1}} X(z)$$

o

$$H(z) = \frac{Y(z)}{X(z)} = \frac{1 + \frac{1}{3}z^{-1}}{1 - \frac{1}{4}z^{-1}}$$

Ejemplo 23. Considérese un ejemplo de la aplicación de la transformada Z a la solución de una ecuación sencilla en comparación con el uso de fórmulas recursivas. Se quiere resolver la ecuación

$$y[n] - 3y\,y[n-1] = 6$$

con la condición inicial $y[-1] = 4$.

Solución. Se puede hallar $y[n]$ en forma recursiva: haciendo $n = 0, 1, 2, \ldots$, se obtiene

$$y[0] = 18, \quad y[1] = 60, \quad y[2] = 186, \quad \text{etc.}$$

Para determinar $y[n]$ para cualquier n, se aplica la transformada Z. Esto produce

$$Y(z) - 3\{z^{-1}Y(z) + y[-1]\} = \frac{6z}{z-1}$$

Por tanto,

$$Y(z) = \frac{18z^2 - 12z}{(z-3)(z-1)} = \frac{21z}{z-3} - \frac{3z}{z-1}$$

y el resultado es

$$y[n] = 21(3)^n - 3$$

Para un sistema LIT en tiempo discreto, causal y de orden N, la función de transferencia ($M = N$), la función de transferencia se puede expresar como

$$H(z) = \frac{Y(z)}{X(z)} = \frac{b_0 z^N + b_1 z^{N-1} + \cdots + b_{N-1} z + b_N}{a_0 z^N + a_1 z^{N-1} + \cdots + a_{N-1} z + a_N}$$

con $a_0 \neq 0$. El denominador de esta función de transferencia se puede factorizar como

$$a_0 z^N + a_1 z^{N-1} + \cdots + a_{N-1} z + a_N = a_0 (z - p_1)(z - p_2) \cdots (z - p_N) \tag{6.82}$$

Los ceros de este polinomio son los *polos* de la función de transferencia, donde por definición, los polos son los valores de z para los cuales $H(z)$ toma valores infinitos (no acotados).

Se supone primero que $H(z)$ no tiene polos repetidos. Entonces se puede expresar la salida $Y(z)$ como

$$\begin{aligned} Y(z) &= H(z)X(z) = \frac{b_0 z^N + b_1 z^{N-1} + \cdots + b_{N-1} z + b_N}{a_0 (z-p_1)(z-p_2)\cdots(z-p_N)} X(z) \\ &= \frac{k_1 z}{z - p_1} + \frac{k_2 z}{z - p_2} + \cdots + \frac{k_N z}{z - p_N} + Y_x(z) \end{aligned} \tag{6.83}$$

donde $Y_x(z)$ es la suma de los términos, en la expansión en fracciones parciales, que se originan en los polos de la función de entrada $X(z)$. Por tanto, $Y_x(z)$ es la *respuesta forzada*.

En la expansión en fracciones parciales de la Ec. (6.83) también se supone que el orden del numerador de $H(z)$ es menor que el del denominador. Si el orden del polinomio del numerador es igual o mayor que el del polinomio del denominador, la expansión en fracciones parciales incluirá, por supuesto, términos adicionales.

La transformada inversa de la Ec. (6.83) da

$$y[n] = k_1 p_1^n + k_2 p_2^n + \cdots + k_N p_N^n + y_x[n] = y_n[n] + y_x[n] \tag{6.84}$$

Los términos de $y_n[n]$ se originan en los polos de la función de transferencia: por tanto, $y_n[n]$ es la *respuesta natural*. La respuesta natural siempre está presente en la salida del sistema, independiente de la forma de la señal de entrada $x[n]$. El factor p_i^n en cada término de la respuesta natural se denomina un *modo* del sistema.

Si la entrada $x[n]$ está acotada, la respuesta forzada $y_x[n]$ permanecerá acotada, ya que $y_x[n]$ tiene la forma funcional de $x[n]$. De manera que una salida no acotada debe ser el resultado de que por lo menos una de los términos de la respuesta natural, $k_i p_i^n$, se vuelva no acotado. Esto sólo puede ocurrir si la magnitud de por lo menos un polo, $|p_i|$, sea mayor que uno.

Del análisis anterior se deduce el requerimiento para estabilidad EASA:

Un sistema LIT en tiempo discreto y causal es estable EASA, siempre que todos los polos de la función de transferencia del sistema estén en el interior del círculo unitario en el plano z.

La *ecuación característica del sistema* es, por definición, el polinomio del denominador de la función de transferencia igualado a cero. Por tanto, la ecuación característica es

$$a_0 z^N + a_1 z^{N-1} + \cdots + a_{N-1} z + a_N = a_0 (z - p_1)(z - p_2) \cdots (z - p_N) = 0 \tag{6.85}$$

El sistema es estable siempre que las raíces de esta ecuación estén en el interior del círculo unitario. Un desarrollo similar muestra que los mismos requisitos aplican si $H(z)$ tiene polos repetidos.

Ejemplo 24. Suponga que la función de transferencia de un sistema LIT es dada por

$$H(z) = \frac{2z^2 - 1.6z - 0.90}{z^3 - 2.5z^2 - 1.96z - 0.48}$$

La ecuación característica para este sistema es

$$z^3 - 2.5z^2 - 1.96z - 0.48 = (z - 0.5)(z - 0.8)(z - 1.2) = 0$$

Los polos de la función de transferencia están en 0.5, 0.8 y 1.2. Por tanto, el sistema es inestable ya que el polo en $z = 1.2$ está fuera del círculo unitario. Los modos del sistema son 0.5^n, 0.8^n y 1.2^n; el sistema es inestable, puesto que $\lim_{n \to \infty} 1.2^n$ no está acotado.

6.6.4. Interconexión de Sistemas

Para dos sistemas LIT (con respuestas al impulso $h_1[n]$ y $h_2[n]$, respectivamente) en cascada, la respuesta al impulso total $h[n]$ viene dada por

$$h[n] = h_1[n] * h_2[n] \tag{6.86}$$

Así que las funciones de los sistemas están relacionadas por el producto

$$H(z) = H_1(z) H_2(z), \qquad R \supset R_1 \cap R_2 \tag{6.87}$$

En forma similar, la respuesta al impulso de una combinación en paralelo de dos sistemas LIT está dada por

$$h[n] = h_1[n] + h_2[n] \tag{6.88}$$

y

$$H(z) = H_1(z) + H_2(z) \qquad R \supset R_1 \cap R_2 \tag{6.89}$$

Ejemplo 25. Considere el sistema de tiempo discreto de la Fig. 6.10. Escriba una ecuación de diferencias que relacione la salida $y[n]$ con la entrada $x[n]$.

Solución. Suponga que la entrada al elemento de retardo unitario es $q[n]$. Entonces, de la Fig. 6.10 vemos que

$$q[n] = 2q[n-1] + x[n]$$
$$y[n] = q[n] + 3q[n-1]$$

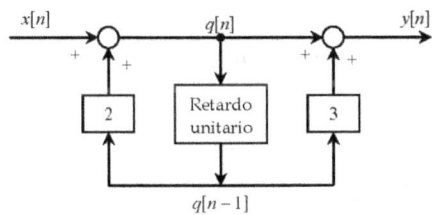

Figura 6.10

Tomando la transformada Z de estas ecuaciones, se obtiene

$$Q(z) = 2z^{-1}Q(z) + X(z)$$
$$Y(z) = Q(z) + 3z^{-1}Q(z)$$

Reacomodando, obtenemos

$$\left(1 - 2z^{-1}\right)Q(z) = X(z)$$
$$\left(1 + 3z^{-1}\right)Q(z) = Y(z)$$

de donde

$$H(z) = \frac{Y(z)}{X(z)} = \frac{1 + 3z^{-1}}{1 - 2z^{-1}}$$

Por lo tanto,

$$\left(1 - 2z^{-1}\right)Y(z) = \left(1 + 3z^{-1}\right)X(z)$$

o

$$Y(z) - 2z^{-1}Y(z) = X(z) + 3z^{-1}X(z)$$

Tomando ahora la transformada inversa y usando la propiedad de corrimiento en el tiempo, se obtiene la ecuación en diferencias para $y[n]$

$$y[n] - 2y[n-1] = x[n] + 3x[n-1]$$

Ejemplo 26. Considere el sistema de tiempo discreto mostrado en la Fig. 6.11. ¿Para qué valores de k es el sistema estable EASA?

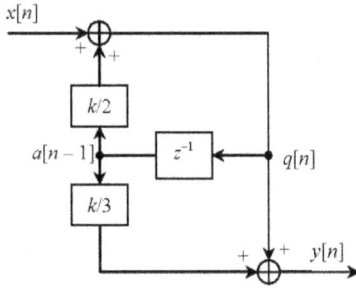

Figura 6.11

Solución. En la figura se observa que

$$q[n] = x[n] + \frac{k}{2}q[n-1]$$

$$y[n] = q[n] + \frac{k}{3}q[n-1]$$

Tomando la transformada Z de las dos ecuaciones anteriores, se obtiene

$$Q(z) = X(z) + \frac{k}{2}z^{-1}Q(z)$$

$$Y(z) = Q(z) + \frac{k}{3}z^{-1}Q(z)$$

Reacomodando, se tiene que

$$\left(1 - \frac{k}{2}z^{-1}\right)Q(z) = X(z)$$

$$\left(1 - \frac{k}{3}z^{-1}\right)Q(z) = Y(z)$$

y de éstas, se obtiene

$$H(z) = \frac{Y(z)}{X(z)} = \frac{1 + \frac{k}{3}z^{-1}}{1 + \frac{k}{2}z^{-1}} = \frac{z + k/3}{z + k/2} \qquad |z| > \left|\frac{k}{2}\right|$$

la cual muestra que el sistema tiene un cero en $z = -k/3$ y un polo en $z = -k/2$ y que la RDC es $|z| > |k/2|$. Entonces, como se mostró anteriormente, el sistema es estable EASA sólo si $|k| < 2$.

6.7   La Transformada Z Unilateral

6.7.1.   Definición

La *transformada Z unilateral* $X_I(z)$ de una secuencia $x[n]$ se define como

$$X_U[n] = \sum_{k=0}^{\infty} x[n]z^{-n} \qquad (6.90)$$

y difiere de la transformada bilateral en que la sumatoria se calcula para solamente $n \geq 0$. Así, la transformada Z unilateral de $x[n]$ puede considerarse como la transformada bilateral de $x[n]u[n]$. Como $x[n]u[n]$ es una secuencia lateral derecha, la RDC de $X_U(z)$ está siempre fuera de un círculo en el plano z.

6.7.2.   Propiedades Básicas

La mayoría de las propiedades de la transformada Z unilateral son las mismas que la de la transformada Z bilateral. La transformada unilateral es útil en el cálculo de la respuesta de un sistema causal a una entrada causal cuando el sistema es descrito por una ecuación en diferencias lineal de coeficientes constantes con condiciones iniciales diferentes de cero. La propiedad básica de la transformada Z unilateral que se utiliza en esta aplicación es la propiedad de corrimiento en el tiempo siguiente, la cual es diferente de la misma propiedad para la transformada bilateral.

Propiedad de Corrimiento en el Tiempo

Si $x[n] \leftrightarrow X_U(z)$, entonces para $m \geq 0$,

$$x[n-m] \leftrightarrow z^{-m}X_U(z) + z^{-m+1}x[-1] + z^{-m+2}x[-2] + \cdots + x[-m] \qquad (6.91)$$

$$x[n+m] \leftrightarrow z^m X_U(z) - z^m x[0] - z^{m-1}x[1] - \cdots - zx[m-1] \qquad (6.92)$$

6.7.3. La Función del Sistema

De manera similar al caso del sistema LIT de tiempo continuo, con la transformada Z unilateral, la función del sistema $H(z) = Y(z)/X(z)$ se define bajo la condición de que el sistema está en reposo, es decir, todas las condiciones iniciales son iguales a cero.

6.7.4. Valores Inicial y Final

Teorema del Valor Inicial

La propiedad del valor inicial se relaciona con determinar el valor inicial de una función, $x[0]$, directamente a partir de la transformada Z de esa función. Sea $x[n]$ una secuencia causal con transformada Z dada por $X(z)$. Entonces, por la definición de la transformada Z en la Ec. (6.90),

$$X(z) = x[0] + x[1]z^{-1} + x[2]z^{-2} + \cdots$$

y $x[0]$ se determina a partir de $X(z)$ determinando su límite conforme z tiende a infinito:

$$x[0] = \lim_{z \to \infty} X(z) \qquad (6.93)$$

que es el *teorema del valor inicial* para la transformada Z.

Teorema del Valor Final

La propiedad del valor final se relaciona con determinar el valor final (de estado estacionario) de una función directamente a partir de su transformada Z. Sea $x[n]$ una secuencia causal con transformada Z igual a $X(z)$. Entonces, si $X(z)$ es una función racional con todos sus polos estrictamente en el interior del círculo unitario excepto posiblemente por un polo de primer orden en $z = 1$, se tiene que

$$\lim_{N \to \infty} x[N] = \lim_{z \to 1} \left(1 - z^{-1}\right) X(z) \qquad (6.94)$$

que es el *teorema del valor final* para la transformada Z.

De la propiedad de corrimiento en el tiempo, Ec. (6.95), se tiene que

$$\mathcal{Z}\{x[n] - x[n-1]\} = \left(1 - z^{-1}\right) X(z) \qquad (6.96)$$

El lado izquierdo de esta última ecuación puede escribirse como

$$\sum_{n=0}^{\infty} \{x[n] - x[n-1]\} z^{-n} = \lim_{N \to \infty} \sum_{n=0}^{N} \{x[n] - x[n-1]\} z^{-n}$$

Si ahora hacemos que $z \to 1$, entonces es posible escribir esta ecuación como

$$\lim_{z \to 1} \left(1 - z^{-1}\right) X(z) = \lim_{N \to \infty} \sum_{n=0}^{N} \{x[n] - x[n-1]\} = \lim_{N \to \infty} x[N] = x[\infty]$$

siempre que $\lim_{N \to \infty} x[N]$ exista; esto es, que $x[N]$ tenga un valor final.

Ejemplo 27. Considere la función escalón unitario $u[n]$:
$$Z[u[n]] = \frac{z}{z-1}$$
Por el teorema del valor inicial, Ec. (6.93),
$$x[0] = \lim_{z\to\infty} \frac{z}{z-1} = \lim_{z\to\infty} \frac{1}{1-1/z} = 1$$
Se sabe que el valor final de $u[n]$ existe; por tanto, por el teorema del valor final, Ec. (6.94),
$$x[\infty] = \lim_{z\to 1}(z-1)\frac{z}{z-1} = \lim_{z\to 1} z = 1$$
Ambos de estos valores están correctos.

Ejemplo 28. Considere ahora la función sinusoidal $\operatorname{sen}(n\pi/2)$. De la tabla al final del capítulo,
$$Z[\operatorname{sen}(n\pi/2)] = \frac{z\operatorname{sen}(\pi/2)}{z^2 - 2z\cos(\pi/2) + 1} = \frac{z}{z+1}$$
Por el teorema del valor inicial,
$$x[0] = \lim_{z\to\infty} \frac{z}{z^2+1} = 0$$
que es el valor correcto. Por el teorema del valor final,
$$x[\infty] = \lim_{z\to 1}(z-1)\frac{z}{z^2+1} = 0$$
que es el valor incorrecto, ya que $\operatorname{sen}(n\pi/2)$ oscila en forma continua y por tanto no tiene un valor final definido.

A continuación se dan dos ejemplos de la aplicación de la transformada Z unilateral en la solución de ecuaciones en diferencias.

Ejemplo 29. Considere un sistema de tiempo discreto cuya entrada $x[n]$ y salida $y[n]$ están relacionadas por
$$y[n] - ay[n-1] = x[n], \qquad a \text{ constante}$$
Determine $y[n]$ con la condición auxiliar $y[-1] = y_{-1}$ y $x[n] = K b^n u[n]$.

Solución. Sea
$$y[n] \leftrightarrow Y_I(z)$$
Entonces, de la Ec. (6.91),
$$y[n-1] \leftrightarrow z^{-1}Y_U(z) + y[-1] = z^{-1}Y_U(z) + y_{-1}$$
De la tabla de transformadas tenemos la relación
$$x[n] \leftrightarrow X_U(z) = K\frac{z}{z-b} \qquad |z| > |b|$$
Tomando la transformada Z unilateral de la Ec. (6.96), se obtiene

$$Y_U(z) - a[Y_U(z) + y_{-1}] = K\frac{z}{z-b}$$

o

$$\left(\frac{z-a}{z}\right)Y_U(z) = ay_{-1} + K\frac{z}{z-b}$$

Entonces

$$x[n] = u[n-2] - u[n-4]$$

y usando expansión en fracciones parciales, obtenemos

$$Y_U(z) = ay_{-1}\frac{z}{z-a} + \frac{K}{b-a}\left(b\frac{z}{(z-b)} - a\frac{z}{z-a}\right)$$

Tomando ahora la transformada Z inversa, se obtiene el resultado

$$y[n] = ay_{-1}a^n u[n] + K\frac{b}{b-a}b^n u[n] - K\frac{a}{b-a}a^n u[n]$$

$$= \left(y_{-1}a^{n+1} + K\frac{b^{n+1} - a^{n+1}}{b-a}\right)u[n]$$

Ejemplo 30. Para la ecuación en diferencias

$$3y[n] - 4y[n-1] + y[n-2] = x[n], \quad \text{con } x[n] = \left(\frac{1}{2}\right)^n, \quad y[-1] = 1, \quad y[-2] = 2$$

Tomando la transformada Z unilateral de la ecuación dada, se obtiene

$$3Y_U(z) - 4\{z^{-1}Y_U + y[-1]\} + \{z^{-2}Y_U + z^{-1}y[-1] + y[-2]\} = X_U(z)$$

Sustituyendo las condiciones auxiliares $y[-1] = 1$, $y[-2] = 2$, y $X_I(z)$ en la expresión anterior, se obtiene

$$(3 - 4z^{-1} + z^{-2})Y_I(z) = 2 - z^{-1} + \frac{z}{z - \frac{1}{2}}$$

o

$$\frac{3(z-1)\left(z-\frac{1}{3}\right)}{z^2}Y_U(z) = \frac{3z^2 - 2z + \frac{1}{2}}{z\left(z - \frac{1}{2}\right)}$$

Entonces

$$Y_U(z) = \frac{z\left(3z^2 - 2z + \frac{1}{2}\right)}{3(z-1)\left(z - \frac{1}{2}\right)\left(z - \frac{1}{3}\right)}$$

$$= \frac{3}{2}\frac{z}{z-1} - \frac{z}{z-\frac{1}{2}} + \frac{1}{2}\frac{z}{z-\frac{1}{3}}$$

y, por tanto,

$$y[n] = \frac{3}{2} - \left(\frac{1}{2}\right)^n + \frac{1}{2}\left(\frac{1}{3}\right)^n \qquad n \geq -2$$

Ejemplo 31. El sistema de la Fig. 6.12 consiste un elemento de retardo y un multiplicador. Tiene como variable la entrada y[n] al elemento de retardo y su estado inicial es y[−1] = 8. Determinaremos y[n] para cualquier $n \geq 0$ usando la transformada Z.

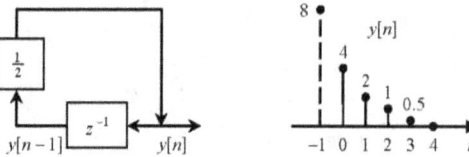

Figura 6.12

Como se observa en el diagrama,

$$y[n] = \frac{1}{2} y[n-1]$$

Aplicando la transformada Z en ambos lados de esta ecuación, se obtiene

$$Y(z) = \frac{1}{2} \left\{ z^{-1} Y(z) + y[-1] \right\}$$

Por tanto,

$$Y(z) = \frac{4z}{z - 0.5}$$

y la transformada Z inversa produce la solución

$$y[n] = 4(0.5)^n$$

la cual se indica en la Fig. 6.12.

6.8 La Transformada de Laplace y la Transformada Z

Si se representa la secuencia $x[n] = x(nT)$ como un tren de impulsos separados por el intervalo de tiempo T, el *período de muestreo*, el impulso en el *n*-ésimo instante, $\sqcap(t - nT)$, tiene el valor de ponderación $x(nT)$. Por consiguiente, la relación entre la secuencia $x(nT)$ y la señal $x^*(t)$ se puede expresar como

$$x^*(t) = \sum_{n=0}^{\infty} x(nT) \delta(t - nT) \tag{6.97}$$

Tomando la transformada de Laplace de ambos lados de la Ec. (6.97), se obtiene

$$X^*(s) = \mathcal{L}[x^*(t)] = \sum_{n+0}^{\infty} x\{nT\} e^{-nTs} \tag{6.98}$$

Comparando la Ec. (6.98) con la Ec. (6.90) para la transformada Z unilateral, vemos que esta última y la transformada de Laplace se relacionan a través de la equivalencia

$$z = e^{ts} \tag{6.99}$$

En verdad, la transformada Z unilateral definida por la Ec. (6.87) puede considerarse como un caso especial cuando $T = 1$. En consecuencia, la definición de la transformada Z unilateral se puede resumir como

$$X(z) = \mathcal{L}[x(kT)] = \mathcal{L}[x^*(t)] = \mathcal{Z}[X^*(z)]$$
$$= X^*(s)\big|_{z=e^{ts}}$$
(6.100)

Pares Ordinarios de Transformadas Z

$x[n]$	$X(z)$	RDC
$\delta[n]$	1	Toda z
$u[n]$	$\dfrac{1}{1-z^{-1}},\ \dfrac{z}{z-1}$	$|z|>1$
$-u[-n-1]$	$\dfrac{1}{1-z^{-1}},\ \dfrac{z}{z-1}$	$|z|>1$
$\delta[n-m]$	z^{-m}	Toda z excepto 0 si $m>0$ o ∞ si $m<0$
$a^n u[n]$	$\dfrac{1}{1-az^{-1}},\ \dfrac{z}{z-a}$	$|z|>a$
$-a^n u[-n-1]$	$\dfrac{1}{1-az^{-1}},\ \dfrac{z}{z-a}$	$|z|>a$
$na^n u[n]$	$\dfrac{az^{-1}}{(1-az^{-1})^2},\ \dfrac{az}{(z-a)^2}$	$|z|>a$
$-na^n u[-n-1]$	$\dfrac{az^{-1}}{(1-az^{-1})^2},\ \dfrac{az}{(z-a)^2}$	$|z|<a$
$(n+1)a^n u[n]$	$\dfrac{1}{(1-az^{-1})^2},\ \left[\dfrac{z}{z-a}\right]^2$	$|z|>a$
$(\cos\Omega_0 n)u[n]$	$\dfrac{z^2-(\cos\Omega_0)z}{z^2-(2\cos\Omega_0)z+1}$	$|z|>1$
$(\operatorname{sen}\Omega_0 n)u[n]$	$\dfrac{(\operatorname{sen}\Omega_0)z}{z^2-(2\cos\Omega_0)z+1}$	$|z|>1$
$(r^n \cos\Omega_0 n)u[n]$	$\dfrac{z^2-(r\cos\Omega_0)z}{z^2-(2r\cos\Omega_0)z+r^2}$	$|z|>r$
$r^n(\operatorname{sen}\Omega_0 n)u[n]$	$\dfrac{(r\operatorname{sen}\Omega_0)z}{z^2-(2r\cos\Omega_0)z+r^2}$	$|z|>r$
$\begin{cases} a^n & 0\le n\le N-1 \\ 0 & \text{otros valores de } n \end{cases}$	$\dfrac{1-a^N z^{-N}}{1-az^{-1}}$	$|z|>0$

Problemas

6.1 Halle las transformadas Z de las secuencias siguientes:

(a) $x[n] = \{\frac{1}{4}, 1, -\frac{1}{5}\}$

(b) $x[n] = 6\delta[n+5] - 4\delta[n-2]$

(c) $x[n] = 2\left(\frac{1}{3}\right)^n u[n] - 3(2)^n u[-n-1]$

6.2 Dado que

$$X(z) = \frac{z(z-4)}{(z-1)(z-2)(z-3)}$$

Especifique todas las regiones de convergencia posibles. ¿Para cuál RDC es $X(z)$ la transformada Z de una secuencia causal?

6.3 Demuestre la propiedad de inversión dada por la Ec. (6.43).

6.4 Determine la transformada Z de la señal $x_1[n] = \left(a^n \cos \Omega_0 n\right) u[n]$ a partir de la transformada de la señal $x_2[n] = (\cos \Omega_0 n) u[n]$, usando la propiedad de escalamiento.

6.5 Demuestre que si $x[n]$ es una secuencia lateral derecha y $X(z)$ converge para algún valor de z, entonces la RDC de $X(z)$ es de la forma

$$|z| > r_{máx} \quad \text{o} \quad \infty > |z| > r_{máx}$$

donde $r_{máx}$ es la magnitud máxima de cualquiera de los polos de $X(z)$.

6.6 Hallar la transformada Z inversa de

$$X(z) = \frac{2 + z^{-2} + 5z^{-3}}{z^2 + 3z + 2} \qquad |z| > 0$$

6.7 Determine las transformadas Z de las $x[n]$ siguientes:

(a) $x[n] = (n-2)u[n-2]$

(b) $x[n] = u[n-2] - u[n-4]$

(c) $x[n] = n\{u[n] - u[n-4]\}$

6.8 Usando la relación

$$a^n u[n] \leftrightarrow \frac{z}{z-a}, \qquad |z| > a$$

halle la transformada Z de (a) $x[n] = na^{n-1}u[n]$; (b) $x[n] = n(n-1)a^{n-2}u[n]$; y (c)

$$x[n] = n(n-1)\cdots(n-k+1)a^{n-k}u[n]$$

6.9 Determine la transformada inversa de

$$X(z) = \log\left(1 - \frac{1}{3}z^{-1}\right)$$

(a) usando la expansión en serie de potencias $\log(1-a) = -\sum_{k=1}^{\infty} (a^k/k)$, $|a|<1$, y (b) diferenciando $X(z)$ y usando las propiedades de la transformada Z.

6.10 Determine la transformada Z y la región de convergencia de la secuencia

$$x[n] = \begin{cases} 2^n \cos 3n & n < 0 \\ \left(\dfrac{1}{4}\right)^n \cos 3n & n \geq 0 \end{cases}$$

6.11 Determine la transformada Z inversa de cada una de las transformadas Z dadas mediante dos de los métodos explicados en el capítulo y compare los valores para n = 0, 1, 2, y 3. En cada caso, señale la RDC para su la validez de su resultado.

(a) $X(z) = \dfrac{z}{(z-1)(z-0.8)}$

(b) $X(z) = \dfrac{z(z+1)}{(z-1)(z-0.8)}$

(c) $X(z) = \dfrac{1}{(z-1)(z-0.8)}$

(d) $X(z) = \dfrac{1}{z(z-1)(z-0.8)}$

(e) $X(z) = \dfrac{z^2}{(z-1)^2(z-2)^2}$

(f) $X(z) = \dfrac{2z+3}{(z-2)^3}$

6.12 Determine la convolución de las secuencias causales siguientes:

$$h[n] = \left(\dfrac{1}{2}\right)^n, \qquad x[n] = \begin{cases} 1, & 0 \leq n \leq 10 \\ 0, & \text{otros valores de } n \end{cases}$$

6.13 Halle la función de transferencia del sistema mostrado en la Fig. P.6.13 si

$$h_1[n] = (n-1)u[n], \qquad h_2[n] = \delta[n] + nu[n-1] + \delta[n-2]$$

$$h_3[n] = \left(\dfrac{1}{3}\right)^n u[n]$$

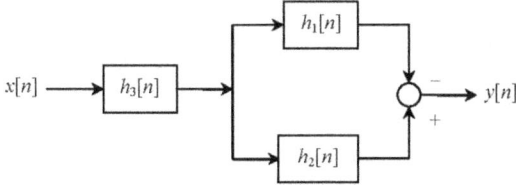

Figura P.6.13

6.14 Determine la respuesta al escalón del sistema con función de transferencia

$$H(z) = \frac{z - \frac{1}{2}}{z^2 + \frac{5}{6}z + \frac{1}{6}}$$

6.15 Considere el sistema mostrado en la Fig. P.6.15
  (a) Determine la función del sistema $H(z)$.
  (b) Halle la ecuación de diferencias que relaciona la salida $y[n]$ con la entrada $x[n]$.

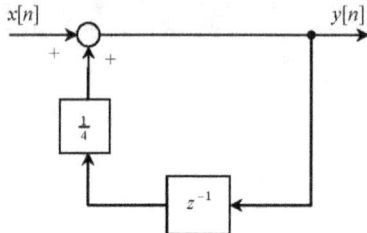

Figura P.6.15

6.16 Considere un sistema LIT de tiempo discreto cuya función de sistema $H(z)$ es dada por

$$H(z) = \frac{z}{z - \frac{1}{3}}, \qquad |z| > \frac{1}{3}$$

  (a) Calcule la respuesta al escalón $s[n]$.
  (b) Determine la salida $y[n]$ cuando la entrada es $x[n] = u[n]$.

6.17 Demuestre que un criterio simplificado para que el polinomio $X(z) = z^2 + a_1 z + a_2$ tenga todos sus polos en el interior del círculo unitario en el plano z lo da

$$|X(0)| < 1, \qquad X(-1) > 0, \qquad X(1) > 0$$

Use este criterio para hallar los valores de K para los cuales el sistema dado por

$$H(z) = \frac{0.8 K z}{(z - 0.8)(z - 0.5)}$$

sea estable.

6.18 (a) Cuando se aplica la excitación $x[n] = \left(-\frac{1}{2}\right)^n$ a un sistema LIT, la salida $y[n]$ es dada por $y[n] = 2\left(\frac{1}{3}\right)^n$. Determine la función de transferencia del sistema. (b) ¿Cuál es la respuesta al impulso correspondiente?

6.19 Resuelva la ecuación en diferencias

$$y[n] - 5y[n-1] + 6y[n-2] = 2, \qquad y[-1] = 6, \qquad y[n-2] = 4$$

6.20 Considere un sistema causal de tiempo discreto cuya salida $y[n]$ y entrada $x[n]$ están relacionadas por

$$y[n] - \tfrac{7}{12} y[n-1] + \tfrac{1}{12} y[n-2] = x[n]$$

(a) Halle la función del sistema $H(z)$.

(b) Calcule la respuesta al impulso $h[n]$

6.21 Demuestre que la solución general de la ecuación en diferencias

$$y[n] - 2\alpha y[n-1] + y[n-2] = 0$$

puede escribirse en la forma $y[n] = C\cosh\beta n + D\operatorname{senh}\beta n$, donde $\cosh\beta = \alpha$ y C y D son dos constantes arbitrarias. Determine $y[n]$ si $y[0] = E$, $y[10] = 0$ y $\beta = 1.25$.

6.22 (a) Demuestre que la salida $y[n]$ del sistema de la Fig. P.6.22 satisface la ecuación

$$2y[n] - y[n-1] = 4x[n] + 2x[n-1]$$

(b) El estado inicial del sistema es $q[-1] = 2$. Halle la respuesta de entrada cero. (c) Halle la función del sistema $H(z)$. (d) Determine la respuesta al impulso $h[n]$ y la respuesta al escalón.

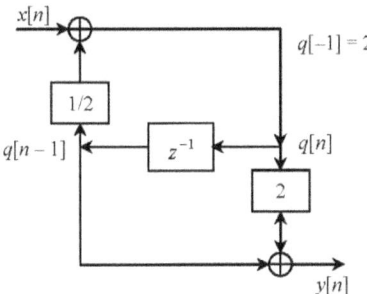

Figura P.6.22

6.23 Use la transformada Z unilateral para resolver las ecuaciones de diferencias siguientes con las condiciones iniciales dadas.

(a) $y[n] - 3y[n-1] = x[n]$, con $x[n] = 4u[n]$, $y[-1] = 1$

(b) $y[n] - 5y[n-1] + 6y[n-2] = x[n]$, con $x[n] = u[n]$, $y[-1] = 3$, $y[-2] = 2$

(c) $y[n] - \tfrac{1}{2} y[n-1] + \tfrac{1}{4} y[n-2] = x[n]$, $y[-1] = 0$, $y[-2] = 1$, $x[n] = \left(\tfrac{1}{3}\right)^n u[n]$

6.24 Determine la estabilidad de los sistemas causales con las siguientes funciones de transferencia:

(a) $H(z) = \dfrac{4(z-2)}{(z-1)(z-0.8)}$

(b) $H(z) = \dfrac{3(z+0.8)}{z(z-0.8)(z-2)}$

(c) $H(z) = \dfrac{3(z-0.8)}{z(z+0.8)(z+2)}$

(d) $H(z) = \dfrac{3(z-1)^2}{z^3 - 1.6z^2 + 0.64z}$

(e) $H(z) = \dfrac{2z - 1.5}{z^3 - 2z^2 + 0.99z}$

6.25 Dadas las siguientes transformadas Z unilaterales, determine la transformada Z inversa de cada función:

(a) $X(z) = \dfrac{0.5z^2}{(z-1)(z-0.5)}$

(b) $X(z) = \dfrac{0.5z}{(z-1)(z-0.5)}$

(c) $X(z) = \dfrac{0.5}{(z-1)(z-0.5)}$

(d) $X(z) = \dfrac{z}{z^2 - z + 1}$

6.26 Considere las transformadas en el Problema 6.25:

$$X_1(z) = \dfrac{0.5z^2}{(z-1)(z-0.5)}; \quad X_2(z) = \dfrac{0.5z}{(z-1)(z-0.5)}; \quad X_3(z) = \dfrac{0.5}{(z-1)(z-0.5)}$$

(a) Sin calcular las trasformadas inversas, establezca cómo están relacionadas $x_1[n]$, $x_2[n]$ y $x_3[n]$.

(b) Verifique los resultados en la parte (a) calculando las transformadas inversas.

CAPÍTULO 7

MODULACIÓN DE AMPLITUD

7.1. Introducción

Ahora se estudiará la transmisión de mensajes formados por señales continuas (analógicas). Cada señal de mensaje se selecciona de un número infinito de formas de onda posibles. Por ejemplo, en la transmisión de radio y televisión se tiene un número infinito de mensajes posibles y no todas las formas de ondas son conocidas. Esa colección de mensajes y formas de ondas puede ser modelada convenientemente mediante procesos aleatorios continuos, en donde cada función miembro del proceso aleatorio corresponde a una forma de onda del mensaje. Para el análisis se define la transmisión de señales analógicas como la transmisión por un canal dado de una señal $x(t)$ de pasabajas, arbitraria y de energía finita. En algunos casos se tomará a $x(t)$ como una señal de un solo tono (sinusoidal o de potencia).

Si el canal es de pasabajas por naturaleza, la señal de pasabajas portadora de la información (o señal del mensaje) puede transmitirse por el canal sin modificaciones. Esta clase de transmisión se conoce como *comunicación en la banda* base. La transmisión de esa señal por un canal de comunicaciones de pasabanda, como una línea telefónica o un canal satelital, requiere de una adaptación obtenida mediante un corrimiento de la banda de frecuencias contenidas en la señal a otra banda de frecuencias adecuada para la transmisión. Este corrimiento o traslación se alcanza mediante el proceso conocido como modulación.

La *modulación* es una operación realizada en el transmisor para obtener una transmisión eficiente y confiable de la información y consiste en la variación sistemática de algún atributo de una *onda portadora* o *modulada*, como por ejemplo la amplitud, la fase o la frecuencia, de acuerdo con una función de la señal del mensaje o *señal moduladora*. Aunque hay muchas técnicas de modulación, es posible identificar dos tipos básicos de ellas: la modulación de onda portadora continua (OC) y la modulación de pulsos. En la modulación OC, como dice su nombre, la onda portadora es continua (usualmente una onda sinusoidal), y se cambia alguno de sus parámetros proporcionalmente a la señal del mensaje. En la modulación de pulsos, la onda portadora es una señal de pulsos (con frecuencia una onda de pulsos) y se cambia un parámetro de ella en proporción a la señal del mensaje. En ambos casos, el atributo de la portadora puede ser cambiado en una forma continua o discreta. La modulación de pulsos discretos (digital) es un proceso discreto y es especialmente apropiado para mensajes que son discretos por naturaleza, como, por ejemplo, la salida de un teletipo. Sin embargo, con la ayuda del muestreo y la cuantización, se puede transmitir señales de mensajes que varían continuamente (analógicas) usando técnicas de modulación digital.

La modulación, además de usarse en los sistemas de comunicación para adaptar las características de la señal a las características del canal, también se utiliza para reducir el ruido y la interferencia, para transmitir simultáneamente varias señales por un mismo canal y para superar limitaciones físicas en el equipo.

El análisis de Fourier se adapta extremadamente bien para el análisis de señales moduladas; este estudio es el objetivo principal de este capítulo.

señal portadora. Entonces una señal portadora modulada general puede ser representada matemáticamente como

$$x_c(t) = A(t)\cos[\omega_c t + \phi(t)], \quad \omega_c = 2\pi f_c \tag{7.1}$$

En la Ec. (7.1), f_c se conoce como la *frecuencia portadora*, $A(t)$ es la *amplitud instantánea* de la portadora y $\phi(t)$ es el *ángulo* o *desviación de fase instantánea* de la portadora. Cuando $A(t)$ está relacionada linealmente con la señal del mensaje $x(t)$, el resultado es *modulación de amplitud*. Si $\phi(t)$ o su derivada está linealmente relacionada con $x(t)$, entonces se tiene *modulación de fase o de frecuencia*. Se usa el nombre común de *modulación angular* para denotar tanto la modulación de fase como la de frecuencia.

En tanto que la modulación es el proceso de transferir información a una portadora, la operación inversa de extraer la señal portadora de la información de la portadora modulada se conoce como *demodulación*. Para diferentes tipos de esquemas de modulación, se considerarán diferentes métodos de demodulación y se supondrá que la demodulación se realiza en la ausencia de ruido. El efecto del ruido sobre la calidad de la señal de salida de diferentes métodos de transmisión modulada no es parte de los objetivos de este texto.

En el análisis de los esquemas de modulación OC se prestará mucha atención a tres parámetros importantes: la potencia transmitida, el ancho de banda de transmisión y la complejidad del equipo para modular y demodular. Estos parámetros, junto con la calidad de la señal de salida en la presencia de ruido, proporcionarán la base para la comparación de diferentes esquemas de modulación.

En la *modulación de pulsos*, un tren periódico de pulsos cortos actúa como la señal portadora.

7.3. Transmisión de Señales de Banda Base Analógicas

Los sistemas de comunicación en los cuales ocurre la transmisión de señales sin modulación se denominan *sistemas de banda base*. En la Fig. 7.1 se muestran los elementos funcionales de un sistema de comunicación de banda base. El transmisor y el receptor amplifican la potencia de la señal y realizan las operaciones de filtrado apropiadas. En el sistema no se ejecutan operaciones de modulación ni demodulación. El ruido y la distorsión de la señal debidos a las características no ideales del canal hacen que la señal de salida $y(t)$ sea diferente de la señal de entrada $x(t)$. Ahora se identificarán diferentes tipos de distorsión, sus causas y las curas posibles

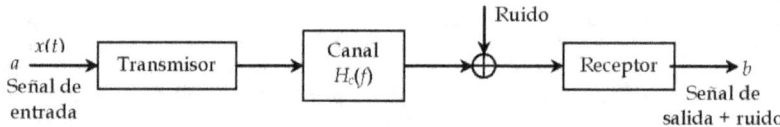

Figura 7.1 Un sistema de comunicación de banda base.

7.3.1 Distorsión de la Señal en la Transmisión en la Banda Base

Se dice que la señal de salida $y(t)$ no está distorsionada si "se parece" a la señal de entrada $x(t)$. Más específicamente, si $y(t)$ difiere de $x(t)$ por una constante de proporcionalidad y un retardo temporal finito, entonces se dice que la transmisión *no está distorsionada*. Es decir,

$$y(t) = Kx(t - t_d) \tag{7.2}$$

para transmisión sin distorsión. La constante K es la atenuación y t_d es el retardo temporal. La pérdida de potencia en la transmisión (en dB) es $20\log_{10}K$ y en la Tabla 1 se dan valores típicos de pérdidas de transmisión para varios medios.

El requisito para transmisión sin distorsión expresado por la Ec. (7.2) puede cumplirse si la función de transferencia total del sistema entre los puntos a y b en la Fig. 7.1 es

$$H(f) = K\exp(-j2\pi f t_d) \quad \text{para} \quad |f| < f_x \tag{7.3}$$

donde f_x es el ancho de banda de la señal en la banda base. Si se supone que el transmisor y el receptor no producen distorsión de la señal, entonces la respuesta del canal tiene que satisfacer la condición

$$H_c(f) = K\exp(-j2\pi f t_d) \quad \text{para} \quad |f| < f_x \tag{7.4}$$

para una transmisión sin distorsión.

Tabla 1. Valores típicos de pérdidas de transmisión

Medio de Transmisión	Frecuencia	Pérdida, dB/km
Par de alambres (0.3 cm de diámetro)	1 kHz	0.05
Par de alambres trenzados (calibre 16)	10 kHz	2
	100 kHz	3
	300 kHz	6
Cable coaxial (1 cm de diámetro)	100 kHz	1
	1 MHz	2
	3 MHz	4
Cable coaxial (15 cm de diámetro)	100 MHz	1.5
Guía de onda rectangular (5×2.5 cm)	10 GHz	5
Guía de onda helicoidal (5 cm de diámetro)	100 GHz	1.5
Cable de fibra óptica	3.6×10^{14} Hz	2.5
	2.4×10^{14} Hz	0.5
	1.8×10^{14} Hz	0.2

La condición dada por la Ec. (7.4) es bastante fuerte y, en el mejor de los casos, los canales reales sólo pueden satisfacer esta condición aproximadamente. Por ello, siempre ocurrirá algo de distorsión en la transmisión de señales aunque ella se puede minimizar mediante un diseño apropiado. Un enfoque conveniente para minimizar la distorsión de una señal es identificar diferentes tipos de distorsión e intentar minimizar sus efectos dañinos por separado.

Los tres tipos comunes de distorsión encontrados en un canal son:

1. Distorsión de amplitud debida a $|H_c(f)| \neq K$.
2. Distorsión de fase (o retardo) debida a que

$$\text{ángulo}\{H_c(f)\} \neq -2\pi f t_d \pm m\pi \quad (m \text{ es un entero} > 0)$$

3. Distorsión no lineal debida a elementos no lineales presentes en el canal.

Las primeras dos categorías se conocen como *distorsión lineal* y la tercera como *distorsión no lineal*. Ahora se analizarán por separado.

7.3.2 Distorsión Lineal

Si la respuesta de amplitud del canal no es plana en la banda de frecuencias para las cuales el espectro de la entrada es diferente de cero, entonces diferentes componentes espectrales de la señal de entrada son modificados en forma diferente. El resultado es *distorsión de amplitud*. Las formas más comunes de la distorsión de amplitud son la atenuación excesiva o el realce de las bajas frecuencias en el espectro de la señal. Resultados experimentales indican que si $|H_c(f)|$ es constante hasta dentro de ±1 dB en la banda del mensaje, entonces la distorsión de amplitud será despreciable. Más allá de estas observaciones cualitativas, no se puede decir mucho sobre la distorsión de amplitud sin un análisis más detallado.

Si el desplazamiento de fase es arbitrario, diferentes componentes de la señal de entrada sufren retardos temporales diferentes lo cual resulta en *distorsión de fase* o *de retardo*. Una componente espectral de la entrada con frecuencia f sufre un retardo $t_d(f)$,

$$t_d(f) = -\frac{\text{ángulo de } \{H(f)\}}{2\pi f} \quad (7.5)$$

El lector puede verificar que un ángulo de $\{H(f)\} = -2\pi t_d f \pm m\pi$ resultará en una respuesta $y(t) = \pm x(t - t_d)$, es decir, no ocurre distorsión. Cualquier otra respuesta de fase, incluyendo un desplazamiento constante de fase θ, $\theta \neq \pm m\pi$, producirá distorsión.

La distorsión por retardo es un problema crítico en la transmisión de pulsos (datos). No obstante, el oído humano es sorprendentemente insensible a esta distorsión y por tanto la distorsión por retardo no es preocupante en la transmisión de audio.

7.3.3 Compensación

El remedio teórico para la distorsión lineal es la compensación mostrada en la Fig. 7.2. Si la función de transferencia del compensador satisface la relación

$$H_{eq} = \frac{K \exp(-j2\pi f t_d)}{H_c(f)} \quad \text{para} \quad |f| < f_x \quad (7.6)$$

se tiene entonces que $H_c(f) H_{eq}(f) = K \exp(-j2\pi f t_d)$ y así no se tendrá distorsión. Sin embargo, es muy raro que se pueda diseñar un compensador que satisfaga exactamente la Ec. (7.6). Pero son posibles excelentes aproximaciones, especialmente con un filtro transversal como el mostrado en la Fig. 7.3.

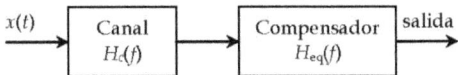

Figura 7.2 Compensador del canal.

La salida del compensador mostrado en la Fig. 7.3 puede escribirse como

$$y(t) = c_{-1} z(t) + c_0 z(t - \Delta) + c_1 z(t - 2\Delta)$$

a partir de la cual se obtiene la función de transferencia del filtro como

$$H_{eq}(f) = c_{-1} + c_0 \exp(-j\omega\Delta) + c_1 \exp(-j\omega 2\Delta), \quad \omega = 2\pi f$$

Generalizando esta relación a un compensador con $2M + 1$ derivaciones, tenemos entonces que

$$H_{eq}(f) = \exp(-j\omega M \Delta) \left(\sum_{m=-M}^{M} c_m \exp(-j\omega m \Delta) \right) \tag{7.7}$$

que está en la forma de una serie de Fourier exponencial con periodicidad $1/\Delta$. Por tanto, si se va a compensar el canal en la banda f_m del mensaje, es posible aproximar el lado derecho de la Ec. (7.6) mediante una serie de Fourier (en el dominio de la frecuencia) con periodicidad $1/\Delta \geq 2f_m$. Si la aproximación en serie de Fourier tiene $2M + 1$ términos, entonces se necesita un compensador con $2M+1$ derivaciones.

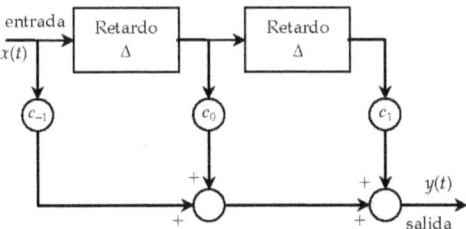

Figura 7.3 Un filtro transversal compensador de tres derivaciones.

7.3.4 Distorsión No Lineal y Compansión

Los canales y dispositivos electrónicos prácticos, tales como amplificadores, con frecuencia exhiben características de transferencia no lineales que resultan en una distorsión no lineal de la señal. En la Fig. 7.4 se muestra un ejemplo de la característica de transferencia de un elemento no lineal sin memoria. En general, estos dispositivos actúan linealmente cuando la entrada $x(t)$ es pequeña, pero distorsionan la señal cuando la amplitud de la entrada es grande.

SEÑALES Y SISTEMAS
Jose Morón

CAPÍTULO SIETE:
MODULACIÓN DE AMPLITUD

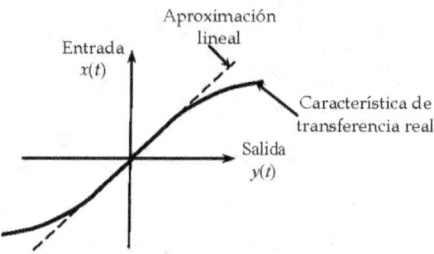

Figura 7.4 Característica de transferencia de un dispositivo no lineal.

Para investigar la naturaleza de la distorsión no lineal de la señal, supongamos que la característica de transferencia del dispositivo no lineal puede ser modelada por la relación

$$y(t) = a_1 x(t) + a_2 x^2(t) + a_3 x^3(t) + \cdots \tag{7.8}$$

Ahora, si la entrada es la suma de dos ondas coseno, digamos $\cos 2\pi f_1 t + \cos 2\pi f_2 t$, entonces la salida contendrá términos de *distorsión armónica* en las frecuencias $2f_1$, $2f_2$ y términos de *distorsión de intermodulación* en las frecuencias $f_1 \pm f_2$, $2f_2 \pm f_1$, $2f_1 \pm f_2$, y así sucesivamente. En un caso general, si $x(t) = x_1(t) + x_2(t)$, entonces $y(t)$ contendrá los términos $x_1^2(t)$, $x_2^2(t)$, $x_1(t)x_2(t)$, y así sucesivamente. En el dominio de la frecuencia es fácil ver que aunque $X_1(f)$ y $X_2(f)$ puedan estar separadas en frecuencia, el espectro de $x_1(t)x_2(t)$ [obtenido a partir de $X_1(f) * X_2(f)$] puede solaparse con $X_1(f)$ o $X_2(f)$ o con ambas. Esta forma de distorsión por intermodulación (o diafonía) es de importancia en sistemas donde varias señales son concentradas (multicanalizadas) y transmitidas por el mismo canal.

La característica de transferencia mostrada en la Fig. 7.4 sugiere que una solución para minimizar la distorsión no lineal es mantener la amplitud de la señal dentro de la banda lineal de operación de la característica. Esto se obtiene usualmente usando dos dispositivos no lineales, un compresor y un expansor, como se muestra en la Fig. 7.5.

Un compresor esencialmente reduce la banda de amplitudes de una señal de entrada de manera que caiga dentro de la banda lineal del canal. Para una señal $x(t)$ de valores positivos, por ejemplo, podemos usar un compresor con una característica de transferencia $g_{comp}[x(t)] = \log_e [x(t)]$. Puesto que un compresor reduce la banda de la señal de entrada, también reduce la banda de la señal de salida. La señal de salida es expandida al nivel apropiado mediante el expansor que opera a la salida del canal. Idealmente, un expansor tiene una característica de transferencia g_{exp} que produce la relación $g_{exp}\{g_{comp}[x(t)]\} = x(t)$. Por ejemplo, si $g_{comp}[x(t)] = \log_e[x(t)]$, entonces $g_{exp}[y(t)] = \exp[y(t)]$ producirá $g_{exp}\{g_{comp}[x(t)]\} = x(t)$. La operación combinada de comprimir y expandir se denomina *compansión*. La compansión se usa extensivamente en sistemas telefónicos para compensar por la diferencia en el nivel de la señal entre oradores altos y bajos.

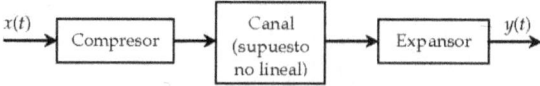

Figura 7.5 Compansión.

7.4. Esquemas de Modulación Lineales OC

La modulación lineal se refiere al corrimiento directo de frecuencias del espectro del mensaje usando una portadora sinusoidal. La portadora modulada se representa por

$$x_c(t) = A(t)\cos\omega_c t \qquad (7.9)$$

en la cual la amplitud de la portadora $A(t)$ está relacionada linealmente con la señal del mensaje $x(t)$. Dependiendo de la naturaleza de la relación espectral entre $x(t)$ y $A(t)$, se encuentran los siguientes tipos de esquemas de modulación lineal: *modulación de banda lateral doble* (DSB, por sus siglas en inglés), *modulación de amplitud* (AM), *modulación de banda lateral única* (SSB por sus siglas en inglés) y *modulación de banda lateral residual* (VSB por sus siglas en inglés). Cada uno de estos esquemas tiene sus propias ventajas distintivas, desventajas y aplicaciones prácticas. Ahora se estudiarán estos diferentes tipos de esquemas de modulación lineal poniendo énfasis en tópicos tales como los espectros de las señales, potencia y ancho de banda, métodos de demodulación y la complejidad de transmisores y receptores.

En el análisis de esquemas de modulación lineales, se usarán uno de tres modelos diferentes para la señal del mensaje $x(t)$: un solo tono de frecuencia, f_x, una combinación de tonos restringidos en frecuencia a menores o iguales que f_x, o una señal arbitraria de pasabajas de energía finita con una transformada de Fourier $X(f)$, la cual es idénticamente igual a cero para $|f| > f_x$.

7.4.1 Modulación de Banda Lateral Doble (DSB)

Probablemente el método conceptualmente más sencillo es el de modulación de amplitud de banda lateral doble con portadora suprimida. La modulación de banda lateral doble (DSB, por sus iniciales en inglés) resulta cuando la amplitud $A(t)$ es proporcional a la señal del mensaje $x(t)$, es decir, el mensaje de pasabajas $x(t)$ es multiplicado por una señal portadora $A_c \cos\omega_c t$, como se muestra en la Fig. 7.6a, para obtener la señal $A_c x(t)\cos\omega_c t$. La señal modulada $x_c(t)$ es

$$x_c(t) = A_c x(t)\cos\omega_c t = A(t)\cos\omega_c t, \quad \omega_c = 2\pi f_c \qquad (7.10)$$

y $x_c(t)$ se conoce como la señal *modulada en banda lateral doble*. La Ec. (7.10) revela que la amplitud instantánea de la portadora $A(t)$ es proporcional a la señal del mensaje $x(t)$. Un ejemplo en el dominio del tiempo de la señal modulada $x(t)$ se muestra en la Fig. 7.6d para una señal de mensaje sinusoidal.

Del teorema de modulación (desplazamiento en frecuencia) se obtiene que el espectro de frecuencia de la señal DSB dada en la Ec. (7.10) es

$$X_c(f) = \frac{1}{2}A_c[X(f+f_c) + X(f-f_c)] \qquad (7.11)$$

donde $f_c = \omega_c/2\pi$. Las representaciones en el dominio de la frecuencia de $X(f)$ y $X_c(f)$ se muestran en las Figs. 7.6e y 7.6f para una señal de mensaje de pasabajas. Se puede ver que $X_c(f)$ contiene la distribución espectral de $X(f)$, excepto que la magnitud es dividida por 2 y centrada en f_c y $-f_c$, en vez de estar todas centradas en $f = 0$.

SEÑALES Y SISTEMAS
Jose Morón

CAPÍTULO SIETE:
MODULACIÓN DE AMPLITUD

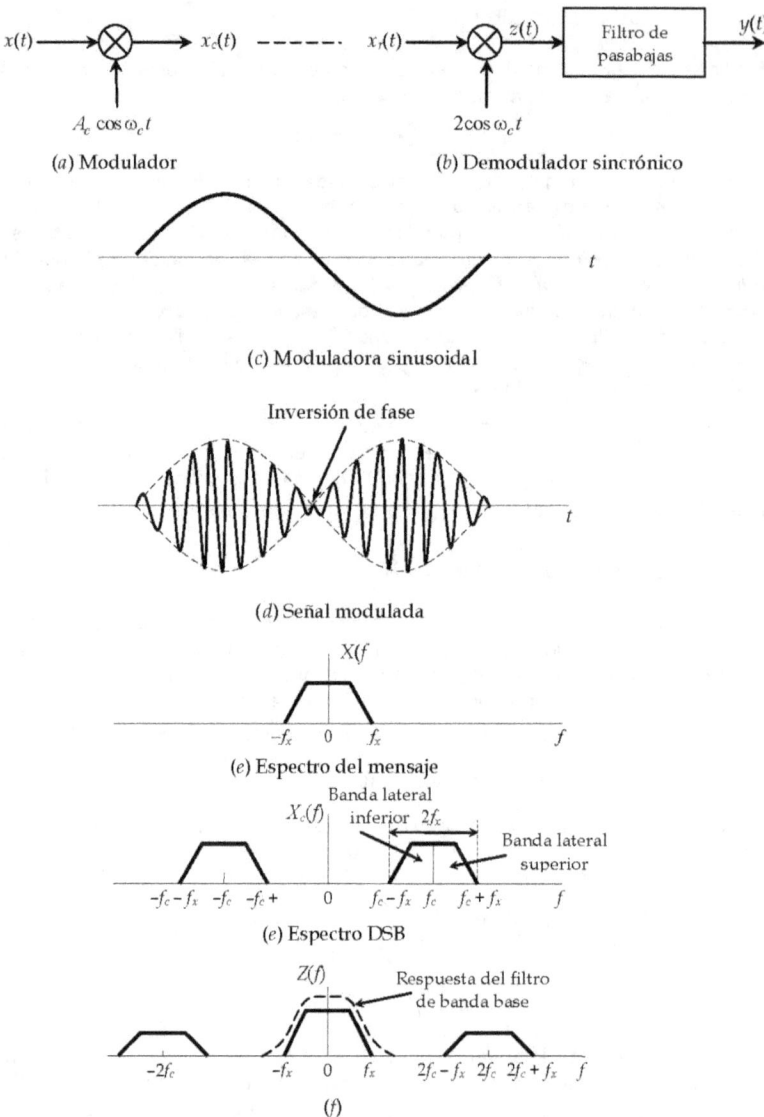

Figura 7.6 Modulación de banda lateral doble. (a) Modulador. (b) Demodulador sincrónico (o coherente). (c) Señal moduladora sinusoidal. (d) Señal modulada. (e) Espectro del mensaje para una $x(t)$ arbitraria. (f) $X_c(f)$. (g) $Z(f)$.

La banda espectral ocupada por la señal del mensaje se denomina la *banda de frecuencias de la banda base* y la señal del mensaje usualmente se conoce como la *señal de la banda base*. La operación de multiplicar señales se llama *mezclado* o *heterodinaje*. En la señal trasladada, la parte del espectro de la señal de la banda base que está sobre f_c aparece en el intervalo f_c a $f_c + f_x$ y se denomina la *señal de la banda lateral superior*. La parte de la señal modulada que está entre $f_c - f_x$ y

f_c se llama la *señal de la banda lateral inferior*. La señal portadora de frecuencia f_c también se conoce como la *señal del oscilador local*, la *señal mezcladora* o la *señal heterodina*. Como se observa en la Fig. 7.6f, el espectro de $X_c(f)$ no tiene una portadora identificable. Por ello, este tipo de modulación también se conoce como *modulación de banda lateral doble con portadora suprimida* (DSB-SC). La frecuencia portadora f_c es normalmente mucho más alta que el ancho de banda de la señal de la banda base f_x. Es decir,

$$f_c \gg f_x \qquad (7.12)$$

Potencia y Ancho de Banda de la Señal Transmitida. En la Fig. 7.6f se observa que el ancho de banda B_T requerido para transmitir una señal del mensaje con ancho de banda f_x usando modulación DSB es $2f_x$ Hz:

$$B_T = 2f_x \qquad (7.13)$$

Para calcular el promedio de la potencia transmitida S_T de la señal modulada, supóngase que $x(t)$ es una señal de potencia. Entonces,

$$S_T = \lim_{T \to \infty} \frac{1}{T} \int_{-T/2}^{T/2} A_c^2 x^2(t) \cos^2(\omega_c t) \, dt = \lim_{T \to \infty} \frac{1}{T} \left[\int_{-T/2}^{T/2} \frac{A_c^2}{2} x^2(t) \, dt + \int_{-T/2}^{T/2} \frac{A_c^2}{2} x^2(t) \cos 2\omega_c t \, dt \right]$$

El valor de la segunda integral es cero (¿por qué?), y si se define la potencia promedio de la señal S_x como

$$S_x = \lim_{T \to \infty} \frac{1}{T} \int_{-T/2}^{T/2} x^2(t) \, dt$$

entonces

$$S_T = S_c S_x \qquad (7.14)$$

donde $S_c = A_c^2/2$ es la potencia promedio de la portadora.

Demodulación de la Señal de la Banda Base. Para que sea adecuado al oído humano en el terminal receptor del enlace de comunicaciones, el proceso de modulación debe ser invertido; este proceso se denomina *demodulación*.

La demodulación se obtiene en una forma semejante a la forma en que se obtuvo la modulación. Si se supone que el canal es ideal, entonces la señal recibida $x_r(t)$ tendrá la misma forma que $x_c(t)$. Es decir,

$$x_r(t) = a_c x(t) \cos \omega_c t$$

donde a_c/A_c es la atenuación del canal. La señal del mensaje en la banda base $x(t)$ puede ser recuperada de la señal recibida $x_r(t)$ multiplicando $x_r(t)$ por una portadora generada por un "oscilador local" y filtrando a pasabajas la señal producto. El oscilador local se sintoniza para que produzca una señal sinusoidal con la misma frecuencia que la de la portadora en el transmisor. La salida del multiplicador es entonces

$$z(t) = [a_c x(t) \cos \omega_c t] 2 \cos \omega_c t$$
$$= a_c x(t) + a_c x(t) \cos 2\omega_c t$$

y, aplicando la propiedad de desplazamiento de frecuencia de la transformada de Fourier, el espectro de $Z(f)$ está dado por

$$Z(f) = a_c X(f) + \frac{1}{4} a_c [X(f - 2f_c) + X(f + f_c)]$$

El espectro de $Z(f)$ se muestra en la Fig. 7.6g, de la cual es obvio que si

$$f_x < 2f_c - f_x \quad \text{o} \quad f_c > f_x$$

entonces no hay solapamiento de $X(f)$ con $X(f - 2f_c)$ o con $X(f + 2f_c)$. Por tanto, el filtrado de $Z(f)$ mediante un filtro de pasabajas ideal con una frecuencia de corte B, $f_x < B < 2f_c - f_x$ producirá una señal de salida $y(t)$,

$$y(t) = a_c x(t)$$

que es teóricamente una réplica de la señal del mensaje transmitida $x(t)$.

Aunque el ancho de banda del filtro de pasabajas puede estar entre f_x y $2f_c - f_x$, él debe ser tan pequeño como sea posible para reducir los efectos de cualquier ruido que pueda acompañar la señal recibida. Si hay ruido presente, entonces se debe insertar un filtro de pasabanda con una frecuencia central f_c y un ancho de banda de $2f_x$ antes del multiplicador en la Fig. 7.6b para limitar la potencia de ruido que entra al demodulador.

El esquema de recuperación de la señal mostrado en la Fig. 7.6b se denomina un esquema de demodulación *sincrónico* o *coherente*. Este esquema requiere que en el receptor esté disponible una señal de un oscilador local que esté perfectamente sincronizada con la señal portadora usada para generar la señal modulada. Éste es un requisito bastante rígido y no puede obtenerse fácilmente en sistemas prácticos. La falta de sincronismo resultará en distorsión de la señal. Suponga que la señal del oscilador local tiene una desviación de frecuencia igual a $\Delta\omega$ y y una desviación de fase igual a θ. Entonces la señal producto $z(t)$ tendrá la forma

$$z(t) = a_c x(t)\cos(\Delta\omega t + \theta) + \text{ términos de frecuencia doble}$$

y la señal de salida $y(t)$ será entonces

$$y(t) = a_c x(t)\cos(\Delta\omega t + \theta) \tag{7.15}$$

Más adelante se verificará que cuando $\Delta\omega = 0$ y $\theta = \pi/2$, la señal se pierde completamente. Cuando $\theta = 0$, entonces $y(t) = a_c x(t)\cos(\Delta\omega t)$ variará provocando una seria distorsión de la señal. Este problema es bastante grave ya que usualmente $f_c \gg f_x$ de modo que aun un pequeño error porcentual en f_c ocasionará una desviación Δf que puede ser ¡comparable o mayor que f_x! La evidencia experimental indica que para señales de audio, una $\Delta f > 30$ Hz se convierte en inaceptable. Para señales de audio puede ser posible ajustar manualmente la frecuencia y la fase de la portadora local hasta que la salida "se oiga" bien. Desafortunadamente, las desviaciones de fase y de frecuencia de la portadora con frecuencia son cantidades que varían con el tiempo requiriendo entonces ajustes casi continuos.

Existen varias técnicas usada para generar una portadora coherente para la demodulación. En el método mostrado en la Fig. 7.7, se extrae una componente de la portadora de la señal DSB usando un circuito cuadrático y un filtro de pasabandas. Si $x(t)$ tiene un valor de CD igual a cero, entonces $x_c(t)$ no tiene ninguna componente espectral en f_c. No obstante, $x^2(t)$ tendrá una componente de CD diferente de cero y por tanto se puede extraer una componente de frecuencia discreta en $2f_c$ del espectro de $x_r^2(t)$ usando un filtro con una pasabanda angosta. La frecuencia de esta componente puede ser reducida a la mitad para proporcionar la portadora deseada para la modulación.

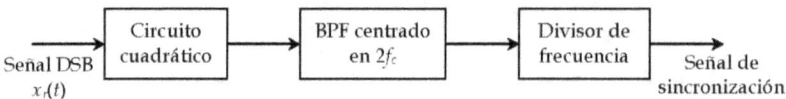

Figura 7.7 Un sincronizador cuadrático.

En el segundo método mostrado en la Fig. 7.8, una pequeña señal portadora (piloto) se transmite junto con la señal DSB; en el receptor, la portadora piloto puede extraerse, amplificarse y usarse como una portadora local sincronizada para la demodulación (Fig. 7.8b).

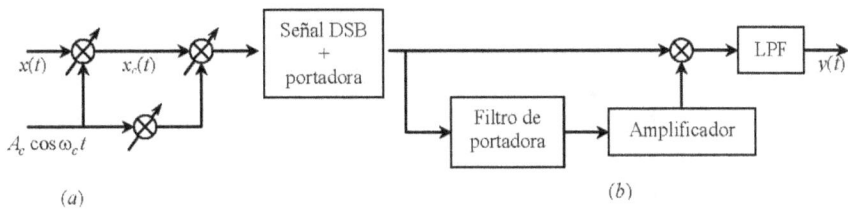

Figura 7.8 Sistema DSB con portadora piloto. (a) Transmisor. (b) Receptor

Si la amplitud de la portadora insertada es lo suficientemente grande, entonces la señal recibida puede ser demodulada sin tener que generar la portadora en el receptor. Una señal DSB con una componente de portadora discreta grande se llama una señal modulada en amplitud (AM).

Ejemplo 1. Evalúe el efecto de un error de fase en el oscilador local en la demodulación de banda lateral doble sincrónica.

Solución. Suponga que el error de fase del oscilador local es ϕ. Entonces la portadora local es expresada como $\cos(\omega_c t + \phi)$. Ahora,

$$x_{DSB}(t) = m(t)\cos\omega_c t$$

donde $m(t)$ es la señal del mensaje y si designamos la salida del multiplicador en la Fig. 7.6b por $d(t)$, entonces

$$\begin{aligned} d(t) &= [m(t)\cos\omega_c t]\cos(\omega_c t + \phi) \\ &= \frac{1}{2}m(t)[\cos\phi + \cos(2\omega_c t + \phi)] \\ &= \frac{1}{2}m(t)\cos\phi + \frac{1}{2}m(t)\cos(2\omega_c t + \phi) \end{aligned}$$

El segundo término en el lado derecho es eliminado por el filtro de pasabajas y se obtiene

$$y(t) = \frac{1}{2}m(t)\cos\phi \qquad (7.16)$$

Esta salida es proporcional a $m(t)$ cuando ϕ es una constante. La salida se pierde completamente cuando $\phi = \pm \pi/2$. Así pues, el error de fase en la portadora local produce atenuación en la señal de salida sin ninguna distorsión siempre que ϕ sea constante pero diferente de $\pm\pi/2$. Si el error de fase varía aleatoriamente con el tiempo, entonces la salida también variará aleatoriamente, es decir, de forma indeseable.

Ejemplo 2. Evalúe el efecto de un pequeño error de frecuencia en el oscilador local en la demodulación DSB sincrónica.

Solución. Suponga que el error de frecuencia del oscilador local es $\Delta\omega$. La portadora local es expresada entonces como $\cos(\omega_c + \Delta\omega)t$. Así que

$$d(t) = m(t)\cos\omega_c t \cos(\omega_c + \Delta\omega)t$$
$$= \frac{1}{2}m(t)\cos(\Delta\omega)t + \frac{1}{2}m(t)\cos 2\omega_c t$$

y

$$y(t) = \frac{1}{2}m(t)\cos(\Delta\omega)t \qquad (7.17)$$

Es decir, la salida es la señal *m(t)* multiplicada por una sinusoide de baja frecuencia. Es decir un efecto de "batido" y, como ya se mencionó, es una distorsión muy indeseable.

7.4.2 Modulación de Amplitud Ordinaria (AM)

Un tipo más común de modulación de amplitud es la modulación de banda lateral doble con una componente de portadora en el espectro de frecuencia de la señal modulada. La radiodifusión comercial de AM usa este método. Una señal modulada en amplitud se genera añadiendo una componente grande de portadora a la señal DSB. La señal AM tiene se describe matemáticamente como

$$x_c(t) = A_c[1 + x(t)]\cos\omega_c t \qquad (7.18)$$
$$= A(t)\cos\omega_c t \qquad (7.19)$$

donde *A(t)* es la *envolvente* de la portadora modulada y *x(t)* es la señal del mensaje. Para una recuperación fácil de la señal usando esquemas de demodulación sencillos, la amplitud de la señal tiene que ser pequeña y la componente de CD de la señal tiene que ser igual a cero, es decir,

$$|x(t)| < 1 \quad \text{y} \quad \lim_{T\to\infty} \frac{1}{T}\int_{-T/2}^{T/2} x(t)dt = 0$$

Más adelante se explicará la necesidad de estas restricciones.

En el dominio de la frecuencia, el espectro de la señal AM está dado por

$$X_c(f) = \frac{1}{2}A_c[X(f-f_c) + X(f+f_c)]$$
$$+ \frac{1}{2}A_c[\delta(f-f_c) + \delta(f+f_c)] \qquad (7.20)$$

En la Fig. 7.9 se muestran ejemplos de señales AM en el dominio del tiempo y en el de la frecuencia. Se observa que el espectro de frecuencia de la señal modulada contiene la componente con la frecuencia de la señal además de la señal del mensaje desplazada en frecuencia. De aquí el nombre que de esta técnica de modulación es *modulación de amplitud de banda lateral doble con portadora*. Debido a que la técnica está tan difundida, con frecuencia se denomina simplemente, aunque con menos precisión, modulación AM.

La componente distintiva en la frecuencia de la portadora de la señal AM no contiene información y podría considerarse como un derroche de potencia en la señal transmitida. Sin embargo, la presencia de esta componente de la portadora hace posible la demodulación y recuperación de la señal del mensaje sin la necesidad de un oscilador local en el receptor para generar una señal con la frecuencia portadora.

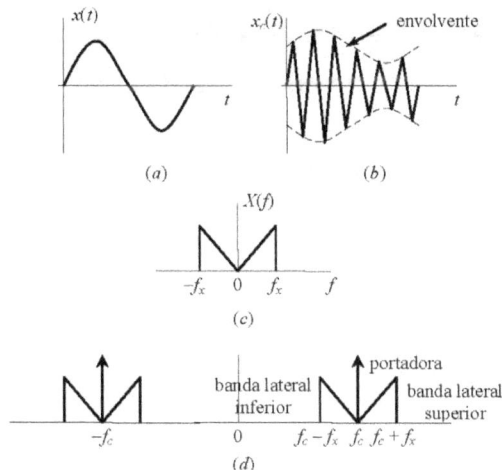

Figura 7.9 Modulación de amplitud. (a) señal del mensaje sinusoidal. Señal AM. (c) Espectro del mensaje para una señal arbitraria $x(t)$. (d) Espectro de la señal modulada.

7.4.3 Índice de Modulación

La señal AM presenta dos características únicas; una es que está presente una componente con frecuencia de la portadora y la otra es que la envolvente $A(t)$ de la portadora modulada tiene la misma forma que $x(t)$ siempre que $f_c \gg f_x$ y que $A(t) = A_c[1 + x(t)]$ no se haga negativa. La suposición de que $|x(t)| < 1$ garantiza que $A(t)$ no se hará negativa. Si $x(t)$ es menor que -1, entonces $A(t)$ se hace negativa y resulta una distorsión de envolvente, como se muestra en la Fig. 7.10.

Un parámetro importante de una señal AM es su *índice de modulación m*, el cual se define como

$$m = \frac{[A(t)]_{\text{máx}} - [A(t)]_{\text{mín}}}{[A(t)]_{\text{máx}} + [A(t)]_{\text{mín}}} \qquad (7.21)$$

Cuando *m* es mayor que 1 se dice que la portadora está *sobremodulada*, resultando en *distorsión de envolvente*.

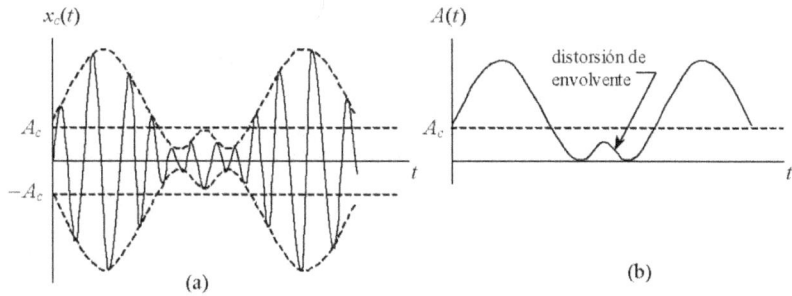

Figura 7.10 Distorsión de envolvente de una señal AM. (a) Señal modulada. (b) Envolvente $A(t)$.

7.4.4 Potencia y Ancho de Banda de la Señal Transmitida

De la Fig. 7.9d se observa que el ancho de banda de la señal AM es

$$B_T = 2f_x$$

Suponiendo que $x(t)$ es una señal de potencia, se puede calcular la potencia promedio de la señal transmitida como

$$S_T = \lim_{T \to \infty} \int_{-T/2}^{T/2} A_c^2 [1 + x(t)]^2 \cos^2 \omega_c t \, dt$$

$$= \lim_{T \to \infty} \int_{-T/2}^{T/2} \frac{A_c^2}{2} [1 + x^2(t) + 2x(t)][1 + \cos 2\omega_c t] \, dt$$

$$= S_c + S_c S_x \tag{7.22}$$

donde $S_c = A_c^2/2$ y S_x es la potencia promedio normalizada de la señal.

Como ya se mencionó, la onda portadora por sí sola, sin modulación, no transporta ninguna información hasta el receptor. Por ello, se puede concluir que una porción de la potencia transmitida S_T es "desperdiciada" en la portadora. Más adelante se verá que la simplicidad de los demoduladores AM depende de esta potencia y, por tanto, la portadora no es del todo una pérdida.

Para señales AM, el porcentaje de la potencia total que lleva información se usa como una medida de la *eficiencia de potencia*. Ésta se denota por η y la se define como

$$\eta = \frac{S_c S_x}{S_c + S_c S_x} \tag{7.23}$$

Se deja como un ejercicio demostrar que la máxima eficiencia para una señal arbitraria $x(t)$ es 50% y, como se demostrará más adelante, la máxima eficiencia para una señal de mensaje en onda seno es 33.3% (recuerde que $|x(t)| < 1$ y por tanto $S_x \leq 1$).

Ejemplo 3. Una estación AM comercial está transmitiendo con una potencia promedio de 10 kW. El índice de modulación es 0.707 para una señal del mensaje sinusoidal. Determine la eficiencia de potencia de transmisión y la potencia promedio en la componente de portadora de la señal transmitida.

Solución. Para una señal del mensaje sinusoidal con un índice de modulación de 0.707, la señal modulada está dada por

$$x_c(t) = A_c(1 + 0.707 \cos \omega_x t) \cos \omega_c t$$

Por tanto,

$$S_x = \tfrac{1}{2}(0.707)^2 = 0.25$$

$$\eta = \frac{0.25 S_c}{S_c + 0.25 S_c} = 20\%$$

Ahora, $S_c + 0.25 S_c = 10$ kW, y de aquí que $S_c = 8$ kW. Observe la proporción entre la potencia usada para transmitir información y la usada para transmitir la portadora.

Ejemplo 4. Otra forma de escribir la *eficiencia* η de la AM ordinaria es como el porcentaje de la potencia total llevada por las bandas laterales, es decir,

$$\eta = \frac{P_s}{P_t} \quad (7.24)$$

donde P_s es la potencia transportada por las bandas laterales y P_t es la potencia total de la señal AM.
(a) Determine η para $m = 0.5$ (50 % de modulación). (b) Demuestre que para AM de un solo tono, $\eta_{máx}$ es 33.3 % para $m = 1$.

Solución. Para modulación de un solo tono

$$x(t) = a_m \cos \omega_m t$$

el índice de modulación es

$$m = \frac{a_m}{A_c}$$

Por lo tanto,

$$x(t) = a_m \cos \omega_m t = m A_c \cos \omega_m t$$

y la señal AM es entonces

$$x_c(t) = [A_c + x(t)]\cos \omega_c t = A_c [1 + m \cos \omega_m t] \cos \omega_c t$$

o

$$\begin{aligned} x_c(t) &= A_c \cos \omega_c t + m A_c \cos \omega_m t \cos \omega_c t \\ &= A_c \cos \omega_c t + \tfrac{1}{2} m A_c \cos(\omega_c - \omega_m)t + \tfrac{1}{2} m A_c \cos(\omega_c + \omega_m)t \end{aligned}$$

entonces

$$P_c = \text{potencia en la portadora} = \tfrac{1}{2} A_c^2$$

$$P_s = \text{potencia en las bandas laterales} = \tfrac{1}{2}\left[\left(\tfrac{1}{2}mA_c\right)^2 + \left(\tfrac{1}{2}mA_c\right)^2\right] = \tfrac{1}{4} m^2 A_c^2$$

La potencia total P_t es

$$P_t = P_c + P_s = \tfrac{1}{2} A_c^2 + \tfrac{1}{4} m^2 A_c^2 = \tfrac{1}{2}\left(1 + \tfrac{1}{2} m^2\right) A_c^2$$

Así pues,

$$\eta = \frac{P_s}{P_t} \times 100\% = \frac{\tfrac{1}{4} m^2 A_c^2}{\left(\tfrac{1}{2} + \tfrac{1}{4} m^2\right) A_c^2} \times 100\% = \frac{m^2}{2 + m^2} \times 100\%$$

con la condición que $m \leq 1$.

(a) Para $m = 0.5$,

$$\eta = \frac{(0.5)^2}{2 + (0.5)^2} \times 100\% = 11.1\%$$

(b) Como $m \leq 1$, se puede ver que $\eta_{máz}$ ocurre para $m = 1$ y está dada por

$$\eta = \tfrac{1}{2} \times 100\% = 33.3\%$$

7.4.5 Modulación de Banda Lateral Única (SSB)

El requisito de potencia del transmisor y el ancho de banda de transmisión son parámetros importantes de un sistema de comunicación. Los ahorros en el requerimiento de potencia y en el ancho de banda son altamente deseables. El esquema AM despilfarra tanto potencia transmitida como ancho de banda de transmisión. El esquema de modulación DSB tiene menos requerimientos de potencia que la AM pero usa el mismo ancho de banda que ella. Ambas, la modulación DSB y la AM, retienen las bandas laterales superior e inferior de la señal del mensaje resultando en un ancho de banda de transmisión que es el doble del ancho de banda de la señal del mensaje.

El espectro de cualquier señal $x(t)$ de valores reales debe exhibir la condición de simetría dada por

$$X(f) = X^*(f)$$

y por ello las bandas laterales de la AM y la DSB están relacionadas en forma única entre sí por la simetría. Si se da entonces la amplitud y la fase de una, siempre es posible reconstruir la otra. De aquí que el ancho de banda puede ser reducido a la mitad si se elimina completamente una banda lateral. Esto conduce a la *modulación de banda lateral única* (SSB, por sus siglas en inglés). En la modulación SSB, el ahorro en ancho de banda es acompañado por un aumento considerable en la complejidad del equipo.

Además de la complejidad del equipo, los sistemas SSB prácticos tienen una pobre respuesta de baja frecuencia. Es posible una reducción en la complejidad del equipo y mejoras en la respuesta de baja frecuencia si solamente se suprime parcialmente una banda lateral en lugar de eliminarla completamente. Los esquemas de modulación en los cuales se transmite una banda lateral más un residuo de la segunda banda lateral se conocen como *esquemas de modulación de banda lateral residual* (VSB por sus siglas en inglés). La modulación VSB se usa ampliamente para transmitir señales de mensajes que tienen anchos de banda muy grandes y contenidos significativos de baja frecuencia (tales como en la transmisión de datos de alta velocidad y en televisión).

En la modulación SSB sólo se transmite una de las dos bandas laterales que resultan de la multiplicación de la señal del mensaje $x(t)$ con una portadora. En la Fig. 7.11a se muestra la generación de una señal SSB de banda lateral superior mediante el filtrado de una señal DSB, esto se conoce como el método de *discriminación de frecuencia*. La recuperación de la señal de la banda base mediante demodulación sincrónica se muestra en la Fig. 7.11b En las Figs. 7.11c, d y e muestran la representación en el dominio de la frecuencia de las operaciones importantes en un esquema de modulación SSB. La descripción en el dominio del tiempo de señales SSB es algo más difícil, excepto por el caso de modulación de tono

De la Fig. 7.11 se puede verificar que el ancho de banda de la señal SSB es

$$B_T = f_x \qquad (7.25)$$

Y el promedio de la potencia transmitida es

$$S_T = \tfrac{1}{2} S_c S_x \qquad (7.26)$$

Las operaciones de modulación y demodulación para la señal SSB como se muestran en la Fig. 7.11 parecen muy sencillas. Sin embargo, la implementación práctica es bastante difícil por dos razones. Primero, el modulador requiere de un filtro de banda lateral ideal; segundo, el demodulador requiere de una portadora sincrónica.

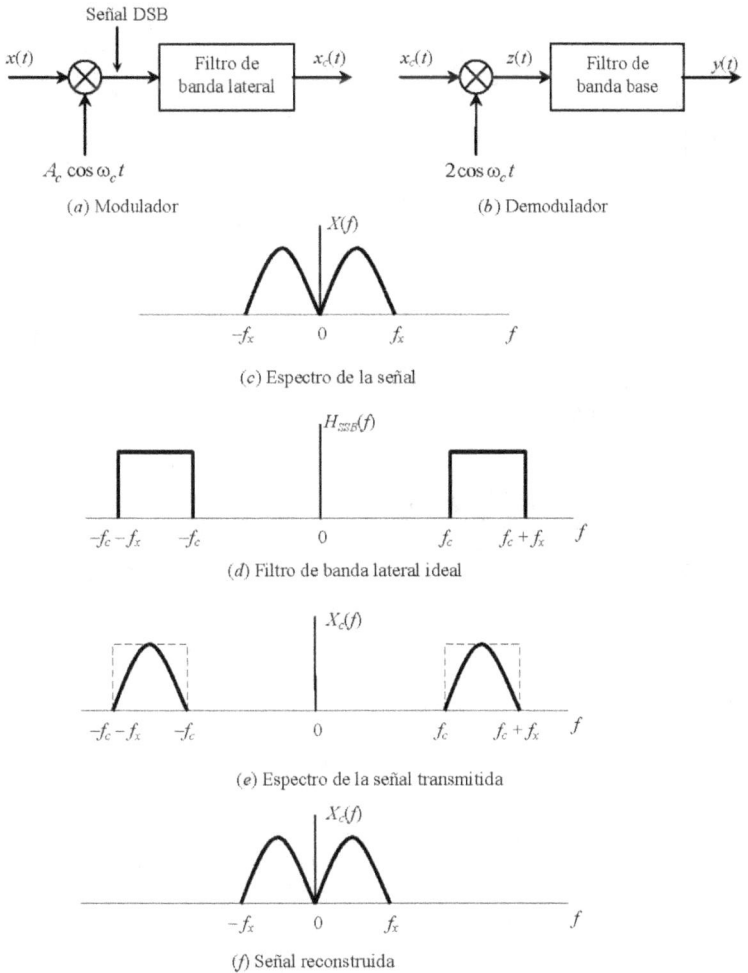

Figura 7.11 Modulación de banda lateral única.

Las características agudas del corte requerido del filtro de banda lateral $H_{SSB}(f)$ no pueden ser sintetizadas exactamente. Por ello, se debe atenuar una parte de la banda lateral deseada o pasar una porción de la banda lateral no deseada. Afortunadamente, muchas (no todas) señales de mensaje tienen poco o ningún contenido de bajas frecuencias. Estas señales (por ejemplo, de voz o música) tienen "agujeros" a frecuencia cero y estos agujeros aparecen como un espacio vacante centrado en la frecuencia de la portadora. La región de transición de un filtro de banda lateral práctico puede ser acomodada en esta región como se muestra en la Fig. 7.12. Como una regla empírica, la relación $2\alpha/f_c$ no puede ser menor que 0.01 si se desea una frecuencia de corte razonable. La anchura de la región de transición 2α está limitada a la anchura del "agujero" en el espectro y para una f_c dada, puede no ser posible obtener un valor razonable para la relación $2\alpha/f_c$. Para esos casos, el proceso de modulación puede hacerse en dos o más etapas usando una o más frecuencias portadoras.

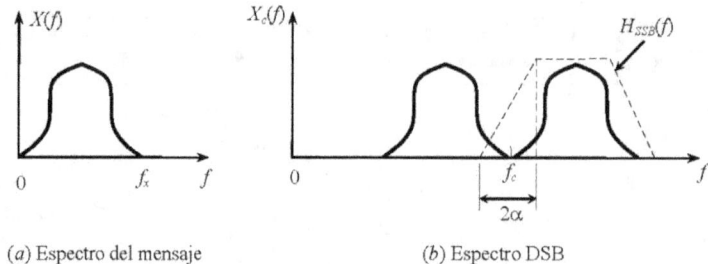

Figura 7.12 Características del filtro de banda lateral. (a) Espectro del mensaje. (b) Espectro DSB.

La señal SSB puede ser generada por otro método denominado el *método de desplazamiento* o *de corrimiento de fase*, el cual no requiere de un filtro de banda lateral. Para ilustrar cómo trabaja este método, supongamos que la señal del mensaje tiene la forma

$$x(t) = \sum_{i=1}^{n} X_i \cos(2\pi f_i t + \theta_i), \quad f_n \leq f_x \qquad (7.27)$$

Entonces la señal SSB (banda lateral superior) correspondiente a $x(t)$ está dada por

$$x_c(t) = \frac{A_c}{2} \sum_{i=1}^{n} X_i \cos[2\pi(f_c + f_i)t + \theta_i]$$

Podemos re-escribir $x_c(t)$ como

$$x_c(t) = \frac{A_c}{2} \left\{ \left[\sum_{i=1}^{n} X_i \cos(2\pi f_i t + \theta_i)\right] \cos 2\pi f_c t - \left[\sum_{i=1}^{n} X_i \,\text{sen}(2\pi f_i t + \theta_i)\right] \text{sen}\, 2\pi f_c t \right\}$$

$$= \frac{A_c}{2}[x(t)\cos 2\pi f_c t] - \frac{A_c}{2}\hat{x}(t)\,\text{sen}\, 2\pi f_c t \qquad (7.28)$$

donde $\hat{x}(t)$ se define como

$$\hat{x}(t) = \sum_{i=1}^{n} X_i \,\text{sen}(2\pi f_i t + \theta_i) \qquad (7.29)$$

Las Ecs. (7.27), (7.28) y (7.29) sugieren que una señal SSB puede ser generada a partir de dos señales de doble banda lateral (DSB) que tienen portadoras en cuadratura $\frac{1}{2}A_c \cos \omega_c t$ y $\frac{1}{2}A_c \,\text{sen}\, \omega_c t$ moduladas por $x(t)$ y $\hat{x}(t)$. La *componente de la señal en cuadratura* $\hat{x}(t)$ [conocida como la transformada de Hilbert de $x(t)$], se obtiene a partir de $x(t)$ desplazando la fase de cada componente espectral de $x(t)$ por 90°. En la Fig. 7.13 se muestra un modulador SSB de desplazamiento de fase consistente de dos moduladores DSB (de producto) y redes apropiadas de desplazamiento de fase. El diseño de circuitos para el desplazamiento de fase no es trivial y un diseño imperfecto generalmente resulta en distorsión de las componentes de baja frecuencia.

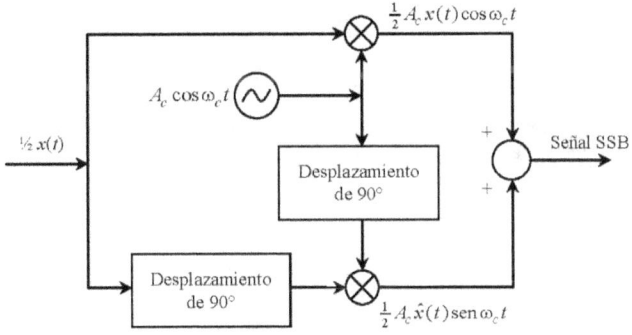

Figura 7.13 Modulador SSB por desplazamiento de fase.

En lugar de usar un demodulador sincrónico, se puede añadir una componente de portadora a la señal SSB (preferiblemente en el transmisor) e intentar demodular la señal SSB usando un demodulador de envolvente. Sin embargo, este procedimiento conducirá a alguna distorsión de la señal y a desperdiciar potencia transmitida como se discute en la sección siguiente.

Ejemplo 6. Demuestre que si la salida del modulador de corrimiento de fase (Fig. 7.14) es una señal SSB, (a) la diferencia de las señales en la unión de suma produce la SSB de banda lateral superior (USB, por sus siglas en inglés) y (b) la suma produce la señal SSB de banda lateral inferior (LSB por sus siglas en inglés). Es decir,

$$x_c(t) = x_{\text{USB}}(t) = m(t)\cos\omega_c t - \hat{m}(t)\sen\omega_c t \tag{7.30}$$

es una señal SSB de banda lateral superior y

$$x_c(t) = x_{\text{LSB}}(t) = m(t)\cos\omega_c t + \hat{m}(t)\sen\omega_c t \tag{7.31}$$

es una señal SSB de banda lateral inferior.

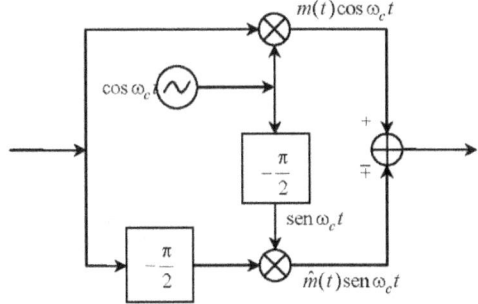

Figura 7.14

SEÑALES Y SISTEMAS
Jose Morón

CAPÍTULO SIETE:
MODULACIÓN DE AMPLITUD

Solución:

(a) Supóngase que

$$m(t) \leftrightarrow M(\omega) \quad y \quad \hat{m}(t) \leftrightarrow \hat{M}(\omega)$$

Entonces aplicando el teorema de modulación o la propiedad de corrimiento de frecuencia de la transformada de Fourier, tenemos

$$m(t)\cos\omega_c t \leftrightarrow \frac{1}{2}M(\omega-\omega_c)+\frac{1}{2}M(\omega+\omega_c)$$

$$\hat{m}(t)\operatorname{sen}\omega_c t \leftrightarrow \frac{1}{2j}\hat{M}(\omega-\omega_c)-\frac{1}{2j}\hat{M}(\omega+\omega_c)$$

Tomando la transformada de Fourier de la Ec. (7.30), se obtiene

$$X_c(\omega) = \frac{1}{2}M(\omega-\omega_c) + \frac{1}{2}M(\omega+\omega_c) - \left[\frac{1}{2j}\hat{M}(\omega-\omega_c) - \frac{1}{2j}\hat{M}(\omega+\omega_c)\right]$$

También se sabe que

$$\hat{M}(\omega-\omega_c) = -j\operatorname{sgn}(\omega-\omega_c)M(\omega-\omega_c)$$

$$\hat{M}(\omega+\omega_c) = -j\operatorname{sgn}(\omega+\omega_c)M(\omega+\omega_c)$$

y así

$$X_c(\omega) = \frac{1}{2}M(\omega-\omega_c) + \frac{1}{2}M(\omega+\omega_c)$$

$$-\left[-\frac{1}{2}\operatorname{sgn}(\omega-\omega_c)M(\omega-\omega_c) + \frac{1}{2}\operatorname{sgn}(\omega+\omega_c)M(\omega+\omega_c)\right]$$

$$= \frac{1}{2}M(\omega-\omega_c)[1+\operatorname{sgn}(\omega-\omega_c)] + \frac{1}{2}M(\omega+\omega_c)[1-\operatorname{sgn}(\omega+\omega_c)]$$

Puesto que

$$1+\operatorname{sgn}(\omega-\omega_c) = \begin{cases} 2 & \omega>\omega_c \\ 0 & \omega<\omega_c \end{cases} \quad y \quad 1-\operatorname{sgn}(\omega+\omega_c) = \begin{cases} 2 & \omega<-\omega_c \\ 0 & \omega>-\omega_c \end{cases}$$

se obtiene

$$X_c(\omega) = \begin{cases} 0 & |\omega|<\omega_c \\ M(\omega+\omega_c) & \omega<-\omega_c \\ M(\omega-\omega_c) & \omega>\omega_c \end{cases}$$

la cual se dibuja en la Fig. 7.15*b*. Observe que $x_c(t)$ es una señal SSB de banda lateral superior.

(b) En una forma similar, tomando la transformada de Fourier de la Ec. (7.31), se obtiene que

$$X_c(\omega) = \frac{1}{2}M(\omega-\omega_c)[1-\operatorname{sgn}(\omega-\omega_c)] + \frac{1}{2}M(\omega+\omega_c)[1+\operatorname{sgn}(\omega+\omega_c)]$$

Como

$$1-\operatorname{sgn}(\omega-\omega_c) = \begin{cases} 2 & \omega<\omega_c \\ 0 & \omega>\omega_c \end{cases} \quad y \quad 1+\operatorname{sgn}(\omega+\omega_c) = \begin{cases} 2 & \omega>-\omega_c \\ 0 & \omega<-\omega_c \end{cases}$$

Tenemos entonces que

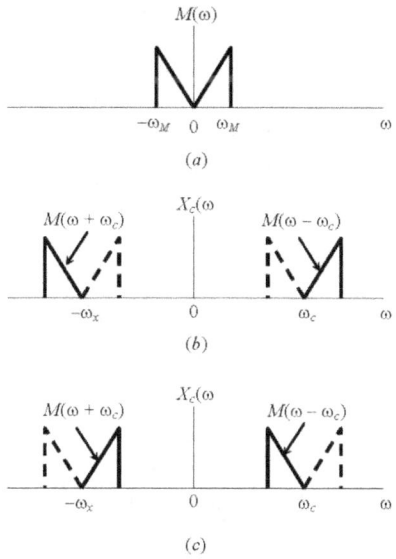

Figura 7.15

$$X_c(\omega) = \begin{cases} 0 & |\omega| > \omega_c \\ M(\omega - \omega_c) & \omega < \omega_c \\ M(\omega + \omega_c) & \omega > -\omega_c \end{cases}$$

la cual se dibuja en la Fig. 7.15c. Vemos que $x_c(t)$ es una señal SSB de banda lateral inferior.

Ejemplo 7. Demuestre que una señal SSB puede ser demodulada por el detector sincrónico de la Fig. 7.16, (a) Dibujando el espectro de la señal en cada punto y (b) obteniendo la expresión en el dominio del tiempo de las señales en cada punto.

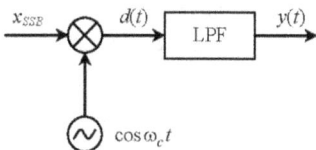

Figura 7.16 Detector sincrónico

Solución:

(a) Sea $M(\omega)$, el espectro del mensaje $m(t)$, como se muestra en la Fig. 7.17a. Suponga también que $x_{SSB}(t)$ es una señal SSB de banda lateral inferior y que su espectro es $X_{SSB}(\omega)$, como se muestra en la Fig. 7.17b. La multiplicación por $\cos\omega_c t$ desplaza el espectro de $X_{SSB}(\omega)$ hasta $\pm\omega_c$ y se obtiene $D(\omega)$, el espectro de $d(t)$, Fig. 7.17c. Después de un filtrado de pasabajas, se obtiene

$Y(\omega)=\frac{1}{2}M(\omega)$, el espectro de y(t). Así pues, la salida es $y(t)=\frac{1}{2}m(t)$, la cual es proporcional a m(t).

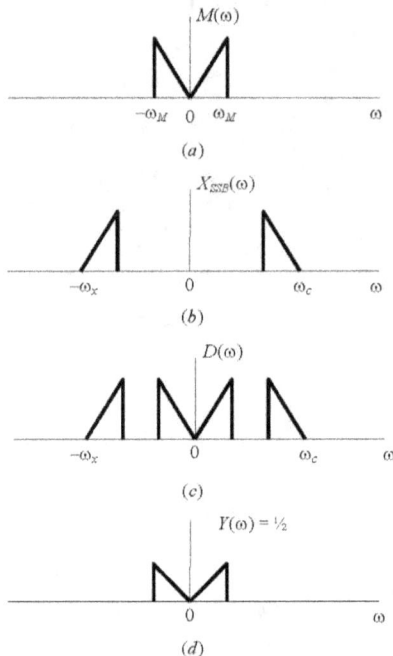

Figura 7.17

(b) De la Ec. (7.28), la señal $x_{SSB}(t)$ se puede escribir como

$$x_{SSB}(t) = m(t)\cos\omega_c t \mp \hat{m}(t)\sen\omega_c t$$

Así que

$$\begin{aligned}d(t) &= x_{SSB}(t)\cos\omega_c t \\ &= m(t)\cos^2\omega_c t \mp \hat{m}(t)\sen\omega_c t\cos\omega_c t \\ &= \tfrac{1}{2}m(t)(1+\cos 2\omega_c t) \mp \tfrac{1}{2}\hat{m}(t)\sen 2\omega_c t \\ &= \tfrac{1}{2}m(t) + \tfrac{1}{2}m(t)\cos 2\omega_c t \mp \tfrac{1}{2}\hat{m}(t)\sen 2\omega_c t\end{aligned}$$

Por tanto, después del filtrado de pasabajas se obtiene

$$y(t) = \tfrac{1}{2}m(t)$$

7.4.6 Modulación de Banda Lateral Residual (VSB)

Muchas señales de mensajes como la de video en TV, facsímile y señales de datos de alta velocidad tienen un ancho de banda muy grande y un contenido significativo de baja frecuencia. La modulación SSB tiene una pobre respuesta de baja frecuencia. Aun cuando la DSB trabaja bien para mensajes con alto contenido de bajas frecuencias, el ancho de banda de transmisión de la DSB es el doble del de la SSB. Un esquema de modulación que ofrece el mejor compromiso entre la conservación del ancho de banda, respuesta de baja frecuencia mejorada y mejor eficiencia de potencia es la *modulación de banda lateral residual* (VSB, por sus siglas en inglés).

La modulación VSB se obtiene filtrando señales DSB o AM en una forma tal que se pasa casi completamente una banda lateral pero sólo un residuo de la otra banda. En la Fig. 7.18 se muestra una función de transferencia de un filtro VSB típico. Un requisito importante y esencial del filtro de VSB, $H_{VSB}(f)$, es que debe tener simetría impar con respecto a f_c y una respuesta relativa de ½ en f_c.

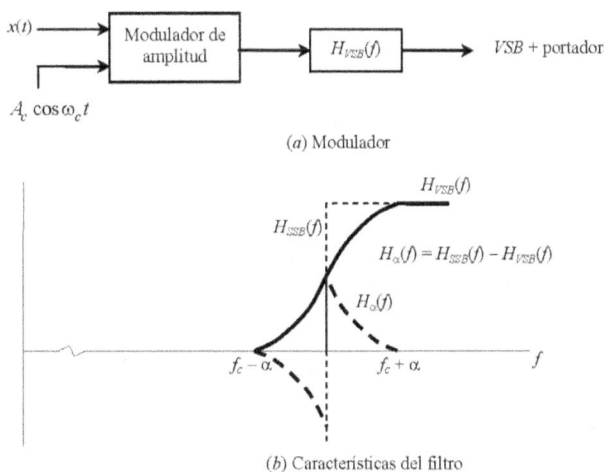

Figura 7.18 Modulación VSB. (a) Modulador. (b) Características del filtro.

El filtro de banda lateral VSB tiene un intervalo de transición de anchura 2α Hz y el ancho de banda de transmisión de la señal VSB es

$$B_T = f_x + \alpha, \qquad \alpha < f_x \tag{7.32}$$

Para derivar una expresión en el dominio del tiempo para la señal VSB, expresemos $H_{VSB}(f)$ como

$$H_{VSB}(f) = H_{SSB}(f) - [H_\alpha(f)] \tag{7.33}$$

donde $H_\alpha(f)$ representa la diferencia entre la respuesta de los filtros SSB y VSB. Se requiere que $H_\alpha(f)$ tenga simetría impar con respecto a f_c (la razón de este requerimiento se aclarará cuando se trabaje el Problema 3.26). La entrada al filtro VSB es $A_c[1+x(t)]\cos\omega_c t$ y la señal de salida puede expresarse en la forma

$$\underbrace{x_c(t)}_{\substack{VSB+\\portadora}} = \underbrace{\tfrac{1}{2}A_c\cos\omega_c t}_{portadora} + \underbrace{\tfrac{1}{2}A_c[x(t)\cos\omega_c t - \hat{x}(t)\operatorname{sen}\omega_c t]}_{\text{señal SSB}} - \tfrac{1}{2}A_c x_\alpha(t)\operatorname{sen}\omega_c t \tag{7.34}$$

$$\underbrace{\hphantom{\tfrac{1}{2}A_c\cos\omega_c t + \tfrac{1}{2}A_c[x(t)\cos\omega_c t - \hat{x}(t)\operatorname{sen}\omega_c t] - \tfrac{1}{2}A_c x_\alpha(t)\operatorname{sen}\omega_c t}}_{\text{señal VSB}}$$

En la Ec. (7.34), $\tfrac{1}{2}A_c x_\alpha(t)\operatorname{sen}\omega_c t$ es la respuesta de $H_\alpha(f)$ a la entrada $A_c x(t)\cos\omega_c t$. La Ec. (7.34) también se puede escribir como

$$x_c(t) = \tfrac{1}{2}A_c[1+x(t)]\cos\omega_c t - \tfrac{1}{2}A_c\gamma(t)\operatorname{sen}\omega_c t \qquad (7.35)$$

donde $\gamma(t) = \hat{x}(t) + x_\alpha(t)$. Si $\gamma(t) = 0$, entonces la Ec. (7.35) se reduce a una señal AM y cuando $\gamma(t) = \hat{x}(t)$, tenemos una señal SSB + portadora.

Aunque no es fácil derivar una expresión exacta para la potencia promedio transmitida en la modulación VSB, podemos obtener cotas para S_T como

$$S_c + \tfrac{1}{2}S_c S_x \le S_T \le S_c S_x + S_c \qquad (7.36)$$

donde S_c es la potencia de la portadora y S_x es la potencia de la señal.

El lector puede verificar que la señal VSB puede ser demodulada mediante un demodulador sincrónico. Sin embargo, resulta que es posible demodular una señal VSB con una pequeña distorsión usando demodulación de envolvente si se ha añadido una componente grande de portadora a la señal VSB en el transmisor.

Demodulación de Envolvente de Señales de Banda Lateral Suprimida. Con frecuencia es deseable combinar la demodulación de envolvente de la AM con la conservación del ancho de banda de las señales de banda lateral suprimida. La demodulación de envolvente perfecta y libre de distorsión requiere ambas bandas laterales y una señal portadora grande. Añadiendo una portadora a la señal VSB, se obtiene

$$x_c(t) = A_c\{[1+x(t)]\cos\omega_c t - \gamma(t)\operatorname{sen}\omega_c t\} \qquad (7.37)$$

Para AM, $\gamma(t)=0$; y $\gamma(t)=\hat{x}(t)$ para SSB + portadora. Para VSB + portadora, $\gamma(t)$ toma un valor intermedio.

La envolvente de $x_c(t)$ se encuentra escribiendoen

$$x_c(t) = R(t)\cos[\omega_c t + \phi(t)]$$

donde $R(t)$ es la envolvente dada por

$$\begin{aligned}R(t) &= A_c\left\{[1+x(t)]^2 + [\gamma(t)]^2\right\}^{1/2} \\ &= A_c[1+x(t)]\left\{1+\left[\frac{\gamma(t)}{1+x(t)}\right]^2\right\}^{1/2}\end{aligned} \qquad (7.38)$$

La Ec. (7.38) muestra que la envolvente está distorsionada (la envolvente sin distorsión, igual que en el caso AM, es $A_c[1+x(t)]$). Sin embargo, si $|\gamma(t)| \ll 1$, la distorsión es despreciable y $R(t) \approx A_c[1+x(t)]$, igual que en el caso AM. Así que la clave para el éxito de la detección de envolvente de señales de banda lateral suprimida está mantener pequeño el componente de cuadratura $\gamma(t)$.

Para la señal SSB + portadora, $\gamma(t)=\hat{x}(t)$ y, por tanto, $\Gamma(t)$ no puede ignorarse. Adicionalmente, en la portadora se desperdicia una cantidad substancial de potencia, mucho más que en la AM. Para una señal VSB con una banda lateral no demasiado pequeña, la mayor parte del tiempo $|\gamma(t)|$ es pequeña comparada con $|x(t)|$. Así que la demodulación de envolvente puede usarse sin una distorsión excesiva. También, para una señal VSB + portadora, se puede demostrar que la potencia transmitida promedio es

$$S_T \approx S_c + S_c S_x$$

que es esencialmente la misma potencia que en AM.

La anchura permisible de la banda lateral residual dependerá de las características espectrales de $x(t)$ y de la cantidad de distorsión que se pueda tolerar. Las transmisiones de TV comercial utilizan VSB + portadora con un 30% de banda lateral residual. Mientras que la distorsión puede ser bastante apreciable, la evidencia experimental indica que la calidad de la imagen no se degrada mucho. Posteriormente discutiremos varios aspectos interesantes de las señales de la TV comercial.

7.5. Conversión de Frecuencias (Mezclado)

La traslación de frecuencia, también conocida como *conversión de frecuencia* o *mezclado*, es la operación más importante en los sistemas de modulación lineal. La modulación traslada el espectro del mensaje hacia frecuencias superiores y la demodulación es básicamente una operación de traslación de frecuencias hacia abajo. La traslación de frecuencias también se usa a menudo para trasladar una señal de pasabanda con una frecuencia portadora hasta una nueva frecuencia central. Esto se puede obtener multiplicando la señal de pasabanda por una señal periódica como se indica en la Fig. 7.19.

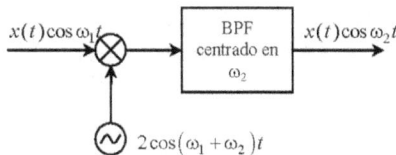

Figura 7.19 Conversión o mezclado de frecuencias.

7.6. Multicanalización por División de Frecuencias

La transmisión simultánea de varias señales de mensajes por un solo canal se denomina multicanalización ("multiplexing", en inglés). Hay dos tipos básicos de técnicas de multicanalización: *multicanalización por división de frecuencias* (FDM, por sus siglas en inglés) y *multicanalización por división de tiempo* (TDM, por sus siglas en inglés). En la FDM, el ancho de banda disponible en el canal es dividido en varias "ranuras" que no se solapan y a cada señal de mensaje se le asigna una de esas ranuras de frecuencias dentro de la pasabanda del canal. Las señales individuales pueden ser extraídas de la señal FDM mediante un filtrado apropiado. La FDM se utiliza en la telefonía de larga distancia, telemetría de sondas espaciales y en otras aplicaciones.

El principio de la FDM se ilustra en la Fig. 7.20 para tres señales de mensajes que se supone están limitadas en banda. En general, si las señales de mensajes no están estrictamente limitadas en banda, entonces será necesario un filtrado de pasabajas. Las señales limitadas en banda modulan individualmente las *subportadoras* con frecuencias f_{c_1}, f_{c_2} y f_{c_3}. Las tres señales aparecen simultáneamente en el tiempo, pero están separadas en frecuencia. La modulación de subportadoras mostrada en aqui es del tipo SSB, pero se puede emplear cualquier técnica de modulación. Las señales moduladas son sumadas para producir una señal multicanalizada completa $x(t)$ cuyo espectro se muestra en la Fig. 7.20c.

Si se escogen adecuadamente las frecuencias subportadoras, entonces cada mensaje de señal ocupa una bandade frecuencias sin ningún solapamiento. Aunque los mensajes individuales están claramente identificados en el dominio de la frecuencia, la señal multicanalizada no tendrá ningún parecido con las señales de mensajes en el dominio del tiempo. La señal multicanalizada $x(t)$ puede ser transmitida directamente o usada para modular otra portadora de frecuencia f_c antes de la transmisión.

La recuperación de las señales de mensajes individuales se muestra en la Fig. 7.21 y se hace con filtros de pasabanda. El primer paso en la recuperación es la demodulación para extraer $x(t)$ a partir de $x_c(t)$. Filtros de pasabanda de $x_c(t)$ con frecuencias centrales de f_{c_1}, f_{c_2} y f_{c_3} y con anchos de banda adecuados, separan a $x_{c_1}(t)$, $x_{c_2}(t)$ y $x_{c_3}(t)$. Finalmente, los mensajes son recuperados demodulando individualmente a $x_{c_1}(t)$, $x_{c_2}(t)$ y $x_{c_3}(t)$. Al equipo de multicanalización y de desmulticanalización a menudo se le refiere por las siglas "MUC".

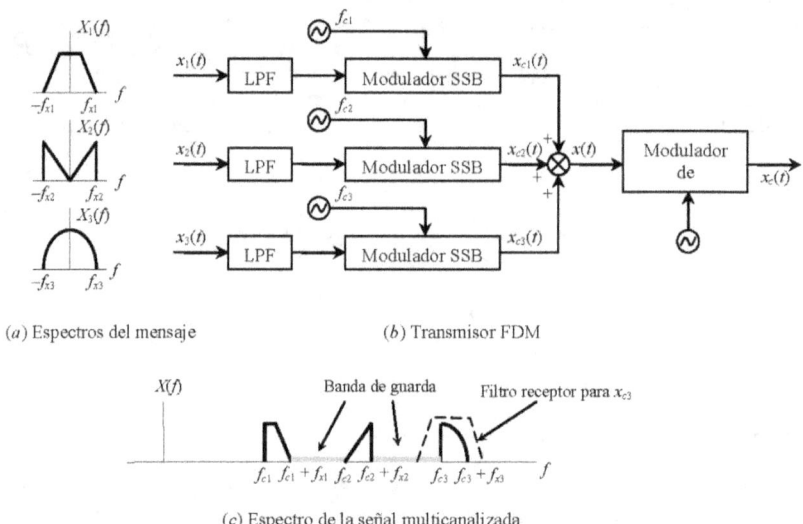

(a) Espectros del mensaje (b) Transmisor FDM

(c) Espectro de la señal multicanalizada

Figura 7.20 Multicanalización por división de frecuencia (FDM) (a) Espectrodel mensaje. (b) Transmisor FDM. (c) Espectro de la señal multicanalizada.

Observe que se requiere un filtro de pasabanda que pueda sintonizarse en un receptor para permitir la selección directa de una entre varias señales multicanalizadas en frecuencia. Los filtros de pasabanda sintonizables son difíciles de implementar. En la radiodifusión comercial de AM este problema se resuelva con el receptor *superheterodino*. En vez de un filtro sintonizable, se usa un oscilador sintonizable para desplazar la información desde la frecuencia portadora hasta una frecuencia constante seleccionado. Esta frecuencia se denomina la *frecuencia intermedia*. El receptor puede entonces emplear filtros de pasabanda fija con una frecuencia central f_i. La señal de información es remodulada de la señal de frecuencia intermedia, la cual tiene la misma banda de frecuencia, indiferentemente de la frecuencia portadora de la señal recibida seleccionada.

Uno de los problemas principales con la FDM es la *diafonía*, es decir, el acoplamiento cruzado indeseado entre un mensaje y otro. La diafonía (intermodulación) surge principalmente a causa de no-linealidades en el sistema y se deben tomar precauciones considerables para reducir las no-linealidades en dispositivos que procesan señales FDM. Una segunda fuente de diafonía es una separación espectral imperfecta de las señales debido a filtrado imperfecto y a derivas en las frecuencias de las subportadoras. Para reducir la posibilidad de solapamiento espectral, los espectros modulados son separados en frecuencia mediante *bandas de guarda*, en las cuales se puedan acomodar las regiones de transición del filtro.

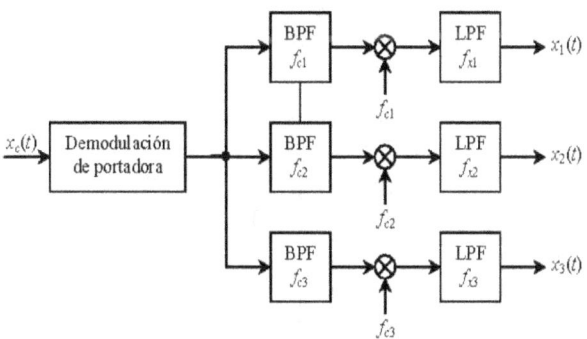

Figura 7.21 Receptor de FDM.

El ancho de banda mínimo de una señal FDM es igual a la suma de los anchos de banda de todas las señales de mensajes. Si se usa un esquema de modulación diferente de la SSB para multicanalizar, el ancho de banda de la señal FDM será mayor. La presencia de las bandas de guarda aumenta aún más el ancho de banda.

7.7. Modulación de Amplitud de Pulsos

En esta sección se presenta un método de modulación conocido como *modulación de amplitud de pulsos* (PAM, por sus iniciales en inglés). El método se base en un tipo de señal portadora diferente de la sinusoidal. La señal portadora es un tren de pulsos rectangulares. La señal portadora sinusoidal $x(t)$ se muestra en la Fig. 7.22(a) y la Fig. 7.22(b) muestra una señal portadora de pulsos $p(t)$ en la forma usada en la modulación de amplitud de pulsos, donde la frecuencia de la portadora $f_c = 1/T_c$.

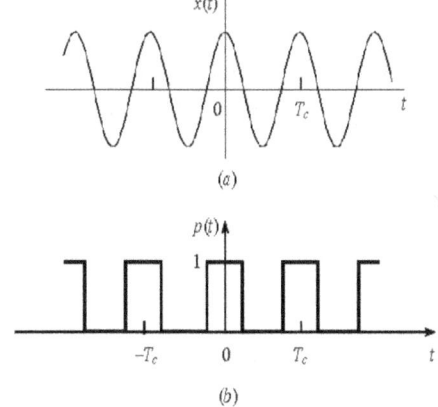

Figura 7.22 Señales portadoras para modulación de amplitud.

En la Fig. 7.23 se muestra un sistema que realiza la modulación de amplitud de pulsos y en la Fig. 7.23(b) se muestra una señal $y(t)$ típica de muestre de amplitud de pulsos del tipo de *tope natural*. En el análisis de este sistema se usarán la serie y la transformada de Fourier.

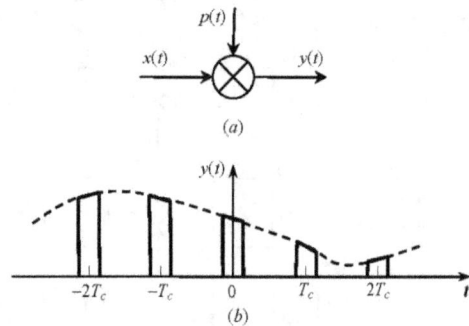

Figura 7.23 Modulación de amplitud de pulsos.

Se comienza el análisis con la serie de Fourier del tren de pulsos $p(t)$ mostrado en la Fig. 7.22(b). La forma exponencial de la serie de Fourier para esta señal es

$$p(t) = \sum_{k=-\infty}^{\infty} c_k e^{jk\omega_c t}, \qquad c_k = \frac{T}{T_c} \frac{\text{sen}(k\omega_c T/2)}{k\omega_c T/2} \qquad (7.39)$$

donde $\omega_c = 2\pi/T_c$. La forma trigonométrica combinada de esta serie es dada por

$$p(t) = c_0 + \sum_{k=1}^{\infty} 2|c_k|\cos(k\omega_c t + \theta_k) \qquad (7.40)$$

donde $\theta_k = \arg c_k$. En la Ec. (7.40) se observa que la modulación de amplitud de pulsos puede considerarse como una variación de la modulación de amplitud sinusoidal, donde la señal portadora es una suma de sinusoides y no una sola sinusoide. De (7.40), la salida del modulador en la Fig. 7.23 es

$$y(t) = x(t)p(t) = x(t)\left[c_0 + \sum_{k=1}^{\infty} 2|c_k|\cos(k\omega_c t + \theta_k)\right]$$

$$= C_0 x(t) + \sum_{k=1}^{\infty} 2|c_k| x(t)\cos(k\omega_c t + \theta_k) \qquad (7.41)$$

Ahora se supone que $x(t)$ está limitada en banda, como se muestra en la Fig. 7.24(a), con $X(\omega) = 0$ para $\omega > \omega_M$. Esta suposición permite demostrar las propiedades de la modulación de amplitud de pulsos. Como se estudió previamente para la modulación DSB-AM, el efecto de las multiplicaciones por $\cos(k\omega_c t + \theta_k)$ en la Ec. (7.41) es replicar el espectro de frecuencias $X(\omega)$ en torno a las frecuencias centrales $\pm k\omega_c$, $k = 1, 2, \ldots$. Este efecto se ilustra en la Fig. 7.24(b). El espectro de frecuencias de la señal $y(t)$ con modulación de amplitud de pulsos es multiplicado por c_k. Por tanto, el espectro de frecuencias de $Y(\omega)$ es el de la Fig. 7.24(a), multiplicado por c_k. El resultado final es como se da en la Fig. 7.24(c). Cada réplica es una versión no distorsionada de $X(\omega)$, ya que c_k es constante para cada valor de k.

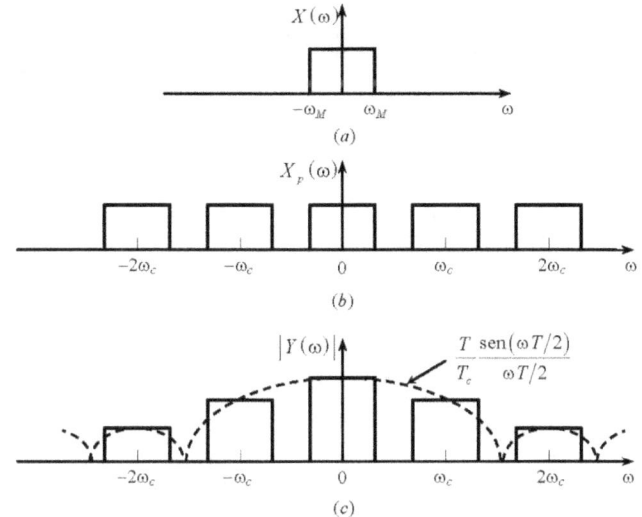

Figura 7.24 Espectros de amplitud para la modulación de amplitud de pulsos.

La transformada de Fourier de $p(t)$ en las Ecs. (7.39) y (7.40) es dada por

$$P(\omega) = \sum_{k=-\infty}^{\infty} 2\pi c_k \delta(\omega - \omega_c), \qquad c_k = \frac{T}{T_c} \frac{\text{sen}(k\omega_c T/2)}{k\omega_c T/2} \qquad (7.42)$$

y la señal modulada es entonces una convolución en frecuencia:

$$Y(\omega) = \frac{1}{2\pi} X(\omega) * P(\omega) = \sum_{k=-\infty}^{\infty} c_k X(\omega - \omega_k) \qquad (7.43)$$

Observe que cada término en la Fig. 7.24(b) es multiplicado por c_k y se obtiene como resultado la gráfica en la Fig. 7.24(c).

7.8. Multicanalización por División de Tiempo

Una aplicación importante de la modulación de amplitud de pulsos es la multicanalización ("*multiplexing*") por división de tiempo. En la Sección 7.6 se consideró la multicanalización por división de frecuencia, donde las señales se separaron en frecuencia pero no en el tiempo; ésta es la razón por la cual es posible la recuperación de las señales usando filtros de pasabanda. En la multicanalización por división de tiempo, se transmiten varias señales simultáneamente por el mismo canal y las señales están separadas en el tiempo, pero no lo están en frecuencia. Cada señal está modulada en amplitud de pulsos, sin solapamiento entre ellas.

La Fig. 7.25(a) ilustra un sistema sencillo para la modulación de amplitud de pulsos y multicanalización por división de tiempo de tres señales. Los conmutadores electrónicos son controlados por las señales $s_1(t)$, $s_2(t)$ y $s_3(t)$, las cuales se muestran en la Fig. 7.25(b), de modo que el circuito se completa con las tres señales de modulación, en orden. En el terminal receptor de la transmisión, otro conmutador electrónico, el cual está sincronizado con el conmutador multicanalizador, se usa para separar la señal multicanalizada por división de tiempo en tres señales separadas. La señal $y_i(t)$ es la señal modulada por amplitud de pulsos de $x_i(t)$, $i = 1, 2, 3$. La demodulación de $y_i(t)$ se alcanza con un filtro de pasabajas, como se muestra en la Fig. 7.25(c). Obsérvese que no se requieren filtros de pasabanda en la demodulación de las señales moduladas por amplitud de pulsos. Observe también que cada señal debe estar limitada en banda de modo que $\omega_M < \omega_{c/2}$.

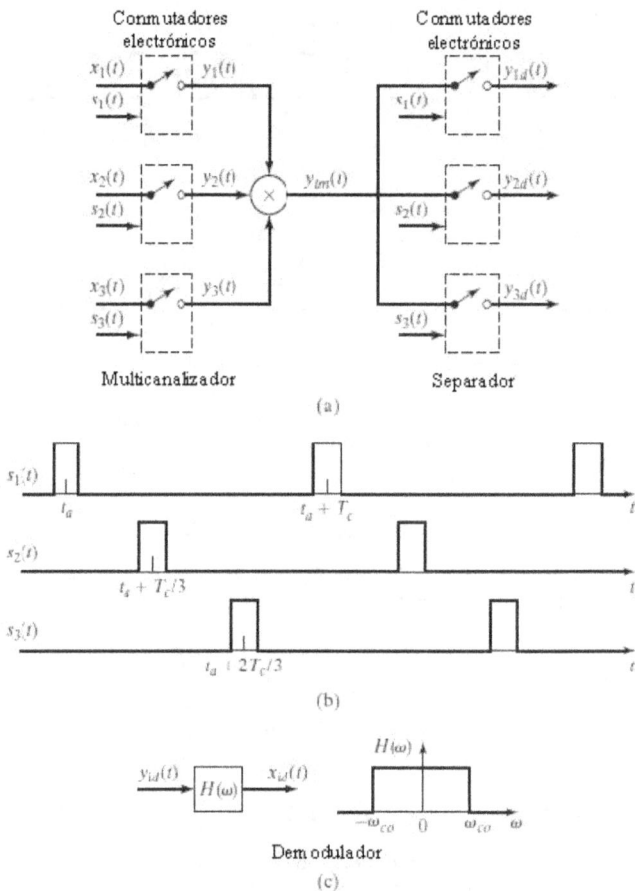

Figura 7.25 Un sistema para multicanalización por división de tiempo.

Problemas

7.1 Dos señales $x_1(t)$ y $x_2(t)$ cuyas transformadas de Fourier $X_1(f)$ y $X_2(f)$ se muestran en la Fig. 7.26, se combinan para formar la señal

$$y(t) = x_1(t) + 2x_2(t)\cos 2\pi f_c t, \quad f_c = 20000 \text{ Hz}$$

(a) Determine el ancho de banda de la señal $y(t)$.

(b) Dada $y(t)$, ¿cómo se separarían $x_1(t)$ y $2x_2(t)\cos 2\pi f_c t$?

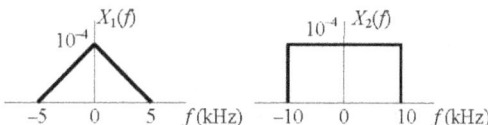

Figura 7.26

7.2 Una señal $m(t)$ tiene una transformada de Fourier

$$M(f) = \begin{cases} 1, & f_1 \leq f \leq f_2, \ f_1 = 1 \text{ kHz}; \ f_2 = 10 \text{ kHz} \\ 0, & \text{otros valores de } f \end{cases}$$

Suponga que se forma una señal $y(t) = m(t)\cos 2\pi(10)^6 t$. Halle la banda de frecuencias para la cual $y(t)$ tiene componentes espectrales diferentes de cero. También determine la relación entre las frecuencias más alta y más baja [para las cuales $|Y(f)| \neq 0$] de $y(t)$. Compare esta relación con f_2/f_1. ¿Es $y(t)$ una señal de banda angosta? (Se dice que una señal de pasa-bandas es una señal de banda angosta si $f_{\text{alta}}/f_{\text{baja}} \approx 1$.)

7.3 Considere un sistema con la amplitud y respuesta de fase mostradas en la Fig. 7.27 y las tres entradas siguientes:

$$x_1(t) = \cos 500\pi t + \cos 2000\pi t$$
$$x_2(t) = \cos 500\pi t + \cos 2500\pi t$$
$$x_3(t) = \cos 2500\pi t + \cos 3500\pi t$$

(a) Determine las salidas $y_1(t)$, $y_2(t)$ y $y_3(t)$.

(b) Identifique el tipo de distorsión, si la hay, sufrida por cada una de las señales de entrada.

7.4 Demuestre que un filtro RC de pasabajas da una transmisión casi libre de distorsión si la entrada al filtro está limitada en banda a $f_x \ll f_0 = 1/2\pi RC$.

7.5 Suponga que una función de transferencia con "rizos" en la respuesta de amplitud puede ser aproximada por

$$H(f) = \begin{cases} (1 + \alpha \cos \omega t_0)\exp(-j\omega t_d), & |\alpha| < 1, \ |f| < f_x \\ 0 & \text{otros valores de } f \end{cases}$$

donde f_x es el ancho de banda de la señal de entrada $x(t)$. Demuestre que la salida $y(t)$ es

$$y(t) = x(t - t_d) + \frac{\alpha}{2}\left[x(t - t_d + t_0) + x(t - t_d - t_0)\right]$$

es decir, $y(t)$ tiene un par de ecos.

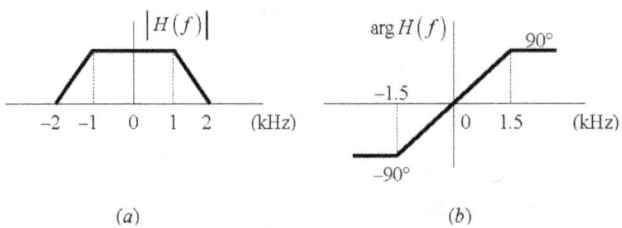

Figura 7.27 (a) Respuesta de amplitud. (b) Respuesta de fase

7.6 La función de transferencia de un canal se muestra en la Fig. 7.28. La entrada al canal es una señal de pasabajas $x(t)$ con un ancho de banda igual a f_x. Diseñe un compensador de cinco derivaciones para este canal. (*Ayuda*: Expanda $1/H_c(f)$ como una serie de Fourier en el intervalo $[-f_x, f_x]$ y use los coeficientes de la serie para ajustar las ganancias de las tomas del compensador.)

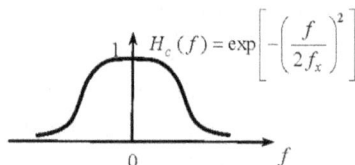

Figura 7.28 $H_c(f)$ para el Problema 7.6.

7.7 Un elemento no-lineal en un sistema de comunicación tiene la característica de transferencia

$$y(t) = x(t) + 0.2\, x^2(t) + 0.02\, x^3(t)$$

La salida deseada es el primer término. Si la entrada a la no-linealidad es $x(t) = \cos 700\pi t + \cos 150\pi t$, determine:

(a) los términos de distorsión en las frecuencias de la señal de entrada;

(b) los términos de distorsión de segundo armónico;

(c) los términos de distorsión de tercer armónico;

(d) los términos de distorsión por intermodulación.

7.8 Considere una señal $x(t) = x_2(t) + x_1(t)\cos 2\pi f_c t$, donde $x_1(t)$ y $x_2(t)$ tienen los espectros mostrados en la Fig. 7.26 y f_c = 2000 Hz. Suponga que $x(t)$ se aplica a una no-linealidad con una característica de transferencia $y(t) = x(t) + 0.002\, x^2(t)$. Dibuje las componentes que forman el espectro de $y(t)$ e identifique los términos de intermodulación (productos cruzados).

7.9 Una señal de pasabajas $x(t)$ con un ancho de banda de 10 kHz es multiplicada por $\cos\omega_c t$ para producir $x_c(t)$. Determine el valor de f_c para que el ancho de banda de $x_c(t)$ sea un 1% de f_c.

7.10 Una señal de pasabajas $x(t) = 2\cos 2000\pi t + \text{sen}\, 4000\pi t$ es aplicada a un modulador DSB que opera con una frecuencia de portadora igual a 100 kHz. Dibuje la densidad espectral de potencia de la salida del modulador.

7.11 Se pueden generar señales DSB multiplicando la señal del mensaje por una portadora no-sinusoidal como se muestra en la Fig. 7.29.

(a) Demuestre que el esquema mostrado en la figura trabajará si $g(t)$ no tiene componente CD y la frecuencia de corte del filtro es $f_c + f_x$, donde f_c es la frecuencia fundamental de $g(t)$ y f_x es el ancho de banda de $x(t)$.

(b) Suponga que $x(t) = 2\cos 1000\pi t$ y que $g(t)$ es como se muestra en la Fig. 7.27. Determine el ancho de banda del filtro. Escriba una expresión para la salida $x_c(t)$.

(c) ¿Cómo modificaría el sistema si $g(t)$ tiene una componente CD?

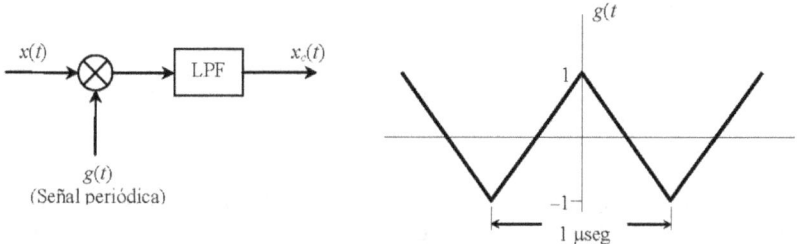

Figura 7.29 Modulador DSB para el Prob. 7.11

7.12 Demuestre que es posible demodular una señal DSB $x_c(t) = A_c x(t)\cos 2\pi f_c t$ multiplicándola por una onda rectangular con un período $T = 1/f_c$ y luego pasando la salida por un filtro de pasabajas (suponga que la onda rectangular es una función par de t).

7.13 Demuestre que la potencia promedio de una señal DSB $x_c(t) = A_c x(t)\cos\omega_c t$ es $S_c S_x$ [Ec. (3.14)] probando que

$$\lim_{T\to\infty}\frac{1}{t}\int_{-T/2}^{T/2} x^2(t)\cos 2\omega_c t\, dt = 0$$

Suponga que $x(t)$ está limitada en banda a f_x y que $f_c \gg f_x$.

7.14 Una forma de onda modulada en amplitud tiene la forma

$$x_c(t) = 10(1 + 0.5\cos 2000\pi t + 0.5\cos 4000\pi t)\cos 20000\pi t$$

(a) Dibuje el espectro de amplitudes de $x_c(t)$.

(b) Determine la potencia promedio contenida en cada componente espectral incluyendo la portadora.

(c) Halle la potencia total, la potencia en las bandas laterales y la eficiencia en potencia.

(d) ¿Cuál es el índice de modulación?

7.15 En la Fig. 7.30 se muestra una forma de onda AM. Suponga que la señal del mensaje es sinusoidal.

(a) Determine el índice de modulación.

(b) Calcule S_c, S_x y la eficiencia en potencia.

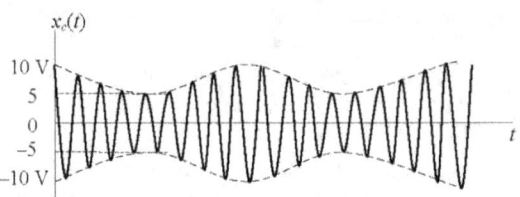

Figura 7.30 Forma de onda para el Prob. 7.15.

7.16 Un transmisor AM desarrolla una salida de potencia no modulada de 400 vatios a través de una carga resistiva de 50 ohmios. La portadora es modulada por un solo tono con un índice de modulación de 0.8.

(a) Escriba la expresión para la señal AM $x_c(t)$ suponiendo que f_x = 5 kHz y f_c = 1 MHz.

(b) Halle la potencia promedio total de la salida del modulador.

(c) Halle la eficiencia de potencia del modulador.

7.17 Los moduladores prácticos con frecuencia tienen una *limitación de potencia pico* además de una limitación de potencia promedio. Suponga que un modulador DSB y un modulador AM están operando con una señal

$$x(t) = 0.8\cos 200\pi t$$

y con una forma de onda portadora igual a $10\cos 2\pi f t$ ($f_c \gg 100$ Hz).

(a) Determine la potencia pico (instantánea) de las señales DSB y AM.

(b) Obtenga la relación entre la potencia pico y la potencia promedio en las bandas laterales para las señales DSB y AM y compare las relaciones.

7.18 Considere el modulador de conmutación mostrado en la Fig. 7.31.

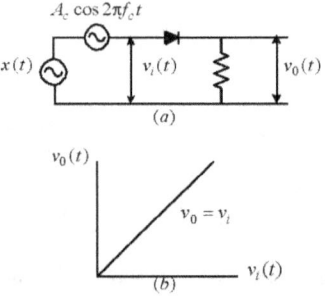

Figura 7.31 (a) Modulador de conmutación. (b) Características del diodo ideal.

(a) Suponiendo que $\max|x(t)| \ll A_c$ y que el diodo actúa como un conmutador ideal, demuestre que

$$v_0(t) \approx A_c\left[\cos(2\pi f_c t) + mx(t)\right]g_p(t)$$

donde $g_p(t)$ es un tren de pulsos rectangulares con período $1/f_c$ y un ciclo de trabajo de ½.

(b) Sustituyendo la serie de Fourier para $g_p(t)$ en la ecuación anterior, demuestre que $v_0(t)$ tiene un componente de la forma $A[1+mx(t)]\cos(2\pi f_c t)$.

(c) Suponiendo que $x(t)$ es una señal de pasabajas limitada en banda a f_x Hz ($f_x \ll f_c$), demuestre que es posible generar una señal AM mediante un filtrado de pasa-bandas de $v_0(t)$.

7.19 Una señal AM de la forma $R_x(t)\cos(2\pi f_c t)$ pasa por un canal de pasabandas con una función de transferencia $H(f) = K\exp[j\theta(f)]$. La respuesta de fase del canal es de tal forma que puede ser aproximada por una serie de Taylor con dos términos como

$$\theta(f+f_c) \approx \theta(f_c) + f\left.\frac{d\theta(f)}{df}\right|_{f=f_c}$$

Demuestre que la señal en la salida del canal puede ser representada por

$$y(t) = KR_x(t-t_R)\cos[2\pi f_c(t-t_c)]$$

donde el *retraso de la portadora* t_c y el *retraso de la envolvente* t_R están dados por

$$t_R = -\frac{1}{2\pi}\left.\frac{d\theta(f)}{df}\right|_{f=f_c}$$

$$t_c = -\frac{\theta(f_c)}{2\pi f_c}$$

7.20 Considere el demodulador de ley cuadrática para señales AM mostrado en la Fig. 7.32.

(a) Dibuje el espectro de la salida $\tilde{x}(t)$.

(b) Demuestre que si $|x(t)| \ll 1$, entonces $\tilde{x}(t) \approx a + kx(t)$, donde *a* y *k* son constantes.

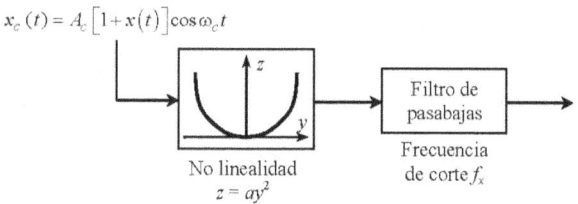

Figura 7.32 Demodulador de ley cuadrática para señal AM.

7.21 La señal $x_c(t) = 2(1+0.4\cos 6000\pi t)\cos 10^6 \pi t$ es aplicada a un dispositivo de ley cuadrática con una característica de transferencia $y = (x+4)^2$. La salida del dispositivo de ley cuadrática es filtrada por un LPF ideal con una frecuencia de corte de 8000 Hz. Dibuje el espectro de amplitudes de la salida del filtro.

7.22 Una señal $x(t) = 2\cos 1000\pi t + \cos 2000\pi t$ es multiplicada por una portadora igual a $10\cos 10^5 \pi t$. Escriba la expresión para los términos de la banda lateral superior de la señal producto.

7.23 Con frecuencia se usa un esquema de modulación de multietapas para generar una señal SSB usando filtros con $2\alpha/f_c < 0.01$ (Fig. 7.14). Suponga que queremos usar el esquema mostrado en la Fig. 7.33 para generar una señal SSB con una frecuencia portadora $f_c = 1$ MHz. El espectro de la señal moduladora se muestra en la Fig. 7.34. Suponga que se tienen filtros de pasa-bandas que proporcionarán 60 dB de atenuación en un intervalo de frecuencias que es aproximadamente 1% de la frecuencia central del filtro. Especifique las frecuencias portadoras y las características del filtro para esta aplicación.

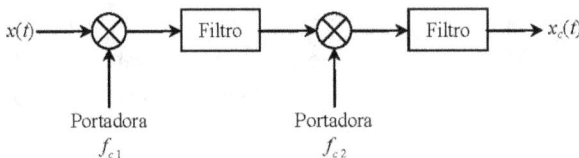

Figura 7.33 Un modulador SSB de dos etapas.

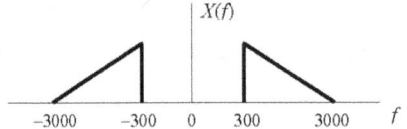

Figura 7.34 Espectro de la señal para el Prob. 7.23.

7.24 La Fig. 7.35 muestra el *modulador SSB de Weaver.* Analice su operación tomando $x(t) = \cos 2\pi f_x t$ $(f_x < 2B)$. Demuestre que $x_c(t)$ es una señal SSB.

7.25 Dibuje el diagrama esquemático de un demodulador sincrónico para una señal VSB. Demuestre que el filtro VSB que se usa para general la señal VSB debe tener la simetría mostrada en la Fig. 7.18.

7.26 Verifique la afirmación que sigue a la Ec. (7.33).

7.27 Obtenga una expresión para una señal VSB generada con $x(t) = \cos 2\pi f_x t$ y $H_{VSB}(f_c + f_x) = 0.5 + a$, $H_{VSB}(f_c - f_x) = 0.5 - a$, $(0 < a < 0.5)$. Escriba la respuesta en la forma de envolvente y de fase y en la forma de cuadratura. Tome $a = 0.25$ y evalúe el término de distorsión en la Ec. (7.38).

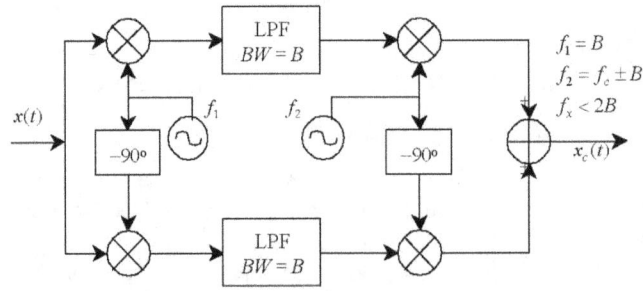

Figura 7.35 Modulador SSB de Weaver (compare este modulador con el de la Fig. 7.15).

7.28 Dibuje el diagrama de bloques para un modulador AM que usa un dispositivo no-lineal cuya característica de transferencia es $v_{sal} = a_1 v_{en} + a_3 v_{en}^3$.

7.29 Suponga que los elementos no-lineales usados en un modulador balanceado (Fig. 7.22a) no están sintonizados. Es decir, uno de ellos tiene la característica de transferencia $v_{sal} = a_{11} v_{en} + a_{12} v_{en}^2 + a_{13} v_{en}^3$, mientras que el segundo tiene la característica de transferencia $v_{sal} = a_{21} v_{en} + a_{22} v_{en}^2 + a_{23} v_{en}^3$. Halle la señal de salida.

7.30 Dada una señal real $m(t)$, defina una señal

$$m_+ = m(t) + j\hat{m}(t)$$

donde $\hat{m}(t)$ es la transformada de Hilbert de $m(t)$ y $m_+(t)$ se llama una *señal analítica*.

(a) Demuestre que

$$\mathcal{F}[m_+(t)] = M_+(t) = \begin{cases} 2M(\omega) & \omega > 0 \\ 0 & \omega < 0 \end{cases}$$

(b) Demuestre que

$$\text{Re}[m(t)e^{j\omega_c t}]$$

es una SSB de banda lateral superior y

$$\text{Re}[m_+(t)e^{-j\omega_c t}]$$

es una señal SSB de banda lateral inferior.

7.31 Dos señales de mensaje $x_1(t)$ y $x_2(t)$ pueden ser moduladas sobre la misma portadora usando el esquema de *multicanalización de cuadratura* mostrado en la Fig. 7.36.

(a) Verifique la operación de este esquema de multicanalización de cuadratura.

(b) Si el oscilador local en el receptor tiene una desviación de fase igual a $\Delta\theta$ con respecto a la portadora del transmisor, determine las salidas $y_1(t)$ y $y_2(t)$ (suponga que $\Delta\theta \ll 1$).

7.32 Sesenta señales de voz de grado telefónico son multicanalizadas usando FDM. El ancho de banda de la señal de voz es 3 kHz y se requiere una banda de guarda de 1 kHz entre canales de voz adyacentes. La modulación de la subportadora es SSB (USB) y $f_{c_1} = 0$.

(a) Dibuje el espectro típico de la señal multicanalizada.

(b) Si todos los canales se multicanalizan directamente, calcule el número de osciladores y moduladores SSB requeridos.

(c) Suponga que la multicanalización se hace usando cinco grupos de 12 canales cada uno para formar un supergrupo de 60 canales. Dibuje un diagrama de bloques del multicanalizador indicando todas las frecuencias de las subportadoras. ¿Cuántos osciladores y moduladores se necesitan para implementar este esquema de multicanalización?

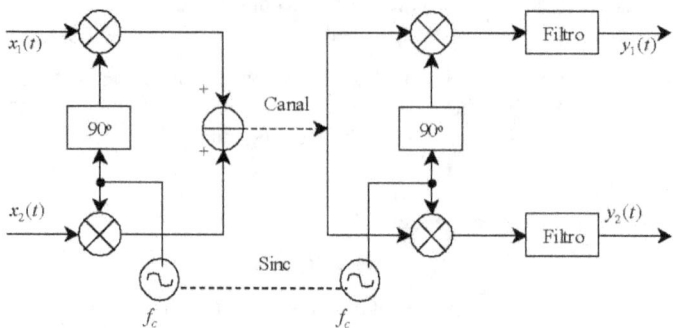

Figura 7.36 Esquema de multicanalización en cuadratura.

7.33 Los BPF en el receptor FDM para el problema anterior tienen

$$|H(f - f'_c)| = \left[1 + \left(\frac{f - f'_c}{B}\right)^{2n}\right]^{-1/2}$$

donde f'_c es la frecuencia de la subportadora +1.5 kHz y B es el ancho de banda de 3 dB del filtro. El ancho de banda del filtro debe ser 3 kHz y se requiere que el filtro tenga una atenuación de al menos 20 dB en la región de rechazo, es decir,

$$|H(f - f'_c)| < -20 \text{ dB} \quad \text{para} \quad |f - f'_c| > 1.5 \text{ kHz}$$

Determine un valor adecuado de n.

7.34 Dos señales $x_1(t)$ y $x_2(t)$ son multicanalizadas para formar

$$x(t) = x_1(t) + x_2(t)\cos 2\pi f_c t$$

$x_1(t)$ y $x_2(t)$ son señales de paso bajo limitadas en banda a 5 kHz con $X_1(f) = X_2(f) = 0.0001$ para $|f| < 5$ kHz y $f_c = 15$ kHz. El canal por el cual se va a transmitir $x(t)$ tiene una característica de transferencia no-lineal y la salida del canal es

$$y(t) = x(t) + 0.2\, x^2(t)$$

(a) Dibuje el espectro de $x(t)$ y de $y(t)$. Explique las dificultades asociadas con la demodulación de $x_1(t)$ y $x_2(t)$ a partir de $y(t)$.

(b) ¿Cuál de las señales demoduladas sufre la peor distorsión?

7.35 Con referencia al Prob. 7.34, suponga que la señal multicanalizada es

$$x(t) = x_1(t)\cos 2\pi f_{c_1} t + x_2(t)\cos 2\pi f_{c_2} t$$

$$f_{c_1} \gg 5 \text{ kHz} \quad \text{y} \quad f_2 = f_{c_1} + 20 \text{ kHz}$$

(a) Dibuje el espectro de $x(t)$ y de $y(t)$.

(b) ¿Pueden recuperarse $x_1(t)$ y $x_2(t)$ a partir de $y(t)$.

7.36 En la Fig. 7.37a se muestra el espectro de una señal de mensaje $m(t)$. Para asegurar privacidad en la comunicación, esta señal es aplicada a un sistema (conocido como un perturbador.

Scrambler en inglés) mostrado en la Fig. 7.37b. Analice el sistema y dibuje el espectro de la salida x(t).

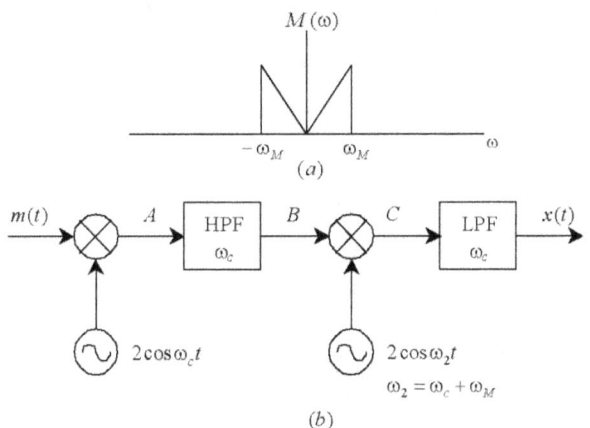

Figura 7.37 (HPF = filtro de pasaaltas, LPF = filtro de pasabajas).

REFERENCIAS

1. Bracewell, Ronald N.: *The Fourier Transform and its Applications*. McGraw Hill, (2000).
2. Carlson, A. Bruce, Crilly, Paul B., Rutledge, Janet C.: *Communication Systems*. McGraw Hill, (2002).
3. Chen, Wai-Kai: *Linear Networks and Systems*. World Scientific, (1990).
4. Churchill, Ruel V.: *Operational Mathematics*. McGraw Hill, New York (1972).
5. Davis, Harry F.: *Fourier Series and Orthogonal Functions*. Dover, New York (1989).
6. Hsu, Hwei P.: *Signals and Systems*. McGraw Hill, (1995).
7. Kuo, Benjamín C.: *Sistemas de Control Automático*. Prentice-Hall, (1995).
8. LePage, Wilbur R.: *Complex Variables and the Laplace Transform for Engineers*. Dover, (1980).
9. Oppenheim, Alan V., Willsky, Alan S., Young, Ian T.: *Signals and Systems*. Prentice-Hall, (1983).
10. Papoulis, A.: *The Fourier Integral and its Applications*. McGraw-Hill, (1962)
11. Picinbono, Bernard: *Principles of Signals and Systems: Deterministic Signals*. Artech House, (1988).
12. Sansone, G.: *Orthogonal Functions*. Dover, New York (1991).
13. Shanmugan, K. Sam: *Digital and Analog Communication Systems*. Wiley, (1979).
14. Sneddon, Ian N.: *Fourier Transforms*. Dover, (1995).
15. Tolstov, G. P.: *Fourier Series*. Dover, (1962).
16. Wylie, C. R., Barret, L. C.: *Advanced Engineering Mathematics*. McGraw-Hill, (1995).
17. Zadeh, L., Desoer, C.: *Linear System Theory*. Dover, (2008).

Este libro se terminó de imprimir el día 20 de agosto de 2019, en el Taller Editorial del poeta **Luis Perozo Cervantes**, ubicado en la ciudad de Maracaibo, en el estado federal del Zulia, al norte de Suramérica, en continente descubierto por Cristobal Colón, dentro del Planeta Tierra; en el mismo día pero de 1945 en que nace en Maracaibo, el decimista, músico y compositor gaitero Heriberto Molina.

www.sultana.com.ve

www.ingramcontent.com/pod-product-compliance
Lightning Source LLC
Chambersburg PA
CBHW081423220526
45466CB00008B/2252